高等学校土木工程专业系列教材——建筑工程类

U0169496

建 筑 材 料

（第4版）

李固华 主 编

崔圣爱 李福海 副主编

西南交通大学出版社
·成 都·

图书在版编目（CIP）数据

建筑材料：含学习指导.1，建筑材料／李固华主编.—4版.—成都：西南交通大学出版社，2022.8
高等学校土木工程专业系列教材.建筑工程类
ISBN 978-7-5643-8833-1

Ⅰ.①建… Ⅱ.①李… Ⅲ.①建筑材料－高等学校－教材 Ⅳ.①TU5

中国版本图书馆 CIP 数据核字（2022）第 141104 号

高等学校土木工程专业系列教材——建筑工程类
Jianzhu Cailiao (Di 4 Ban) (Han Xuexi Zhidao)
建筑材料（第4版）（含学习指导）

李固华／主　编

责任编辑／李芳芳
封面设计／何东琳设计工作室

西南交通大学出版社出版发行
（四川省成都市金牛区二环路北一段 111 号西南交通大学创新大厦 21 楼　610031）
发行部电话：028-87600564　　028-87600533
网址：http://www.xnjdcbs.com
印刷：成都蓉军广告印务有限责任公司

成品尺寸　185 mm×260 mm
总印张　21　　总字数　518 千
版次　2005 年 11 月第 1 版　　2010 年 3 月第 2 版
　　　2013 年 6 月第 3 版　　2022 年 8 月第 4 版
印次　2022 年 8 月第 13 次

书号　ISBN 978-7-5643-8833-1
套价　59.00 元

第 4 版前言

本教材为大学本科土木工程类、工程管理等专业的教学用书，也可作为建筑学专业参考用书，是在第 3 版（2013 年编写）教材的基础上进行修订而成的。

由于土木工程发展很快，且新技术、新材料不断涌现，第 3 版部分内容已满足不了现阶段的需要，因此，有必要对相关章节作适当修订，以适应教学需要。修订后的教材保留了第 3 版的特色，并根据现行的国家有关标准、规范和国内有关的建筑材料新技术、新工艺、新成就改写或补充了部分内容；书中继续保留了每章复习题，去掉了试验内容。单独编制了《建筑材料实验指导及手册》，作为本书的配套教材同时出版。

修订后的教材最大特点：

（1）紧密围绕现行规范、标准，对相关内容进行更新；

（2）紧密围绕实际工程和市场应用现状，对相关内容进行更新或补充；

（3）适当补充工程案例，更方便结合工程案例进行学习和理解。

参加本次修订的有西南交通大学李固华（绪论、第四章、全书编写指导和统稿）、崔圣爱（第三、五、九章）、李福海（第一、二、六章）、陈昭（第七章）、蒲励耘（第十二章）、李茂红（第十章、参与编写第十一章）、楚珑晟（第八章、参与编写第十一章）、高文君（参与编写第九章）。全书由李固华主编，崔圣爱、李福海担任副主编。

编　者

2022 年 4 月

本书课件

第3版前言

本教材为大学本科土木工程、工程管理及建筑学等专业的教学用书，是在第2版（2010年编写）教材的基础上进行修订而成的。

由于土木工程发展很快，且新技术、新材料不断涌现，国家有关标准、规范在2008—2012年做了大量的修订，第2版部分内容已满足不了需要，因此，有必要对相关章节作适当修订，以适应教学需要。修订后的教材保留了第2版的特色，并根据现行的国家有关标准、规范和国内外有关的建筑材料新技术、新工艺、新成就改写了部分内容；书中继续保留了每章复习题和建筑材料试验内容。

参加本次修订的有西南交通大学杨彦克（绪论、第四章及有关试验）、何川祥（第一、二章及有关试验）、李固华（第三、六章及有关试验）、潘绍伟（第五、七章及有关试验）、叶跃忠（第八、九、十、十一、十二章及有关试验）。全书由杨彦克、李固华、潘绍伟担任主编，叶跃忠、何川祥担任主审。

感谢对本书提出宝贵意见的老师和同学。

编　者
2013年5月

第 2 版前言

本教材为大学本科土木工程、工程管理及建筑学等专业的教学用书，是在第一版（2005 年编写）教材的基础上进行修订而成的。

第一版《建筑材料》的选材符合教育部对普通高等学校本科专业的要求，但由于土木工程专业在原有的专业方向上有了较大的拓宽，涵盖的方向更多，且随着新材料、新技术的出现和国家有关标准、规范的修订，部分内容已满足不了需要，因此，有必要对相关章节内容作适当修订，以适应教学需要。修订后的教材保留了第 1 版教材特色，并根据现行的国家有关标准、规范和国内外有关的建筑材料新技术、新工艺、新成就改写了部分内容；书中继续保留了每章复习题和建筑材料试验内容。

参加本次修订的有西南交通大学杨彦克（绪论、第四章及有关试验）、何川祥（第一、二章及有关试验）、李固华（第三、六章及有关试验）、潘绍伟（第五、七章及有关试验）、叶跃忠（第八、九、十、十一、十二章及有关试验）。全书由杨彦克、李固华、潘绍伟担任主编，叶跃忠、何川祥担任主审。

感谢对本书提出宝贵意见的老师和同学。

编　者
2010 年 2 月

第1版前言

根据国家教育委员会对普通高等学校本科专业目录的修订，土木工程专业与原有专业目录有了较大变化，专业面涵盖了原来的交通、土建、道路工程、桥梁工程、地下结构工程等多个专业方向。本教材是为适应按大类专业培养人才的要求，根据各专业特点，并按高等学校土木工程专业指导委员会编制的"土木工程材料课程教学大纲"的要求而编写的。本书重点讲述了建筑材料的基本性能、无机胶凝材料（重点是水泥）、混凝土和砂浆、钢材与铝合金、木材、合成高分子材料、沥青及防水材料、墙体材料及石材等。

由于建筑材料课程强调实践环节，本书将建筑材料试验集中在后面，并列出了每个试验所采用的试验规范。

本教材除适合铁道桥梁、铁道工程、地下工程、工民建等专业的教学外，还适合建筑学、工程管理等专业的教学。教材深入浅出，叙述生动，结合工程实际，既注重理论知识又突出该课程的工程实际应用特点。

参加本书编写的有西南交通大学杨彦克（绪论、第四章及有关试验）、何川祥（第一章、第二章及有关试验）、李固华（第三章、第六章及有关试验）、潘绍伟（第五章、第七章及有关试验）、叶跃忠（第八、九、十、十一、十二章及有关试验）。全书由杨彦克、李固华、潘绍伟担任主编，叶跃忠、何川祥担任主审。

本书在编写过程中，得到了西南交通大学土木工程学院领导和建筑材料教研室、建筑材料实验室同志们的大力支持和帮助，他们对书中内容提出了宝贵的意见，在此表示衷心的感谢。

编　者
2005 年 5 月

目　录

绪 论

一、建筑材料与土木工程

广义上的建筑材料是指构成土木工程的材料总和，它包括结构材料、围护材料、装饰材料，以及各种功能材料（如防水、保温隔热、隔声吸声、透光反光材料）、门窗材料、小五金材料等。

建筑材料的发展是随着社会科技的进步而不断发展的。人类的祖先最早就是从利用自然界材料建造人们赖以生活的住所开始，因此才有了后来的古罗马建筑、埃及金字塔、中国的万里长城。人类在土木工程的建造中发现（发明）了许多现在仍被广泛使用的建筑材料，如石灰、石膏、波特兰水泥、钢铁、减水剂、碳纤维等，也正是由于出现了钢筋混凝土、高强合金钢、高强纤维等，才使今天的建筑发生了如此巨大的变化。如波兰的 65 m 高的钢筋混凝土世纪大厅；德国采用玻璃纤维增强水泥建造的联邦园艺展览厅的双曲抛物面屋顶，直径 31 m，厚 1 cm，质量 25 t；还有我国已建成通车的苏通长江公路大桥，全长 8 206 m，主跨 1 088 m，是一座双塔斜拉桥。这些都说明材料的发展对土木工程的发展贡献是多么巨大。

现代土建工程中采用的钢材强度已达 1 800 MPa 甚至超过 2 000 MPa，碳纤维强度可达 2 000 ~ 4 000 MPa，而混凝土材料强度在很多建筑中已用到 100 ~ 150 MPa，水泥基纤维复合材料性能更优异，通过选材及配比可配制出远高于普通混凝土强度、极低渗透性、极高耐久性的 UHPC（超高性能混凝土）制品，或配制出高延性的（伸长率可达 3%及以上）具有开裂自修复性能的 ECC（工程设计的水泥基材料）材料。只有不断应用新型材料，才可能有结构的创新和发展。可以这样认为：如果说土木建筑业的发展可以折射出社会的进步，那么建筑材料的发展对它的促进作用则功不可没。

随着现代社会的发展，人们对土木建筑工程，如桥梁、隧道、高层建筑、城市交通网、地下铁路、大型标志性建筑、大型水利工程、海港工程等，提出了更高的要求，除了高强轻质外，还要求高寿命（100 ~ 500 年）、低能耗、绿色环保。

从成本上考虑，一项土建工程，材料所占工程造价的比例是最高的（根据工程性质的不同，其比例在 50% ~ 80% 范围内变化）。因此，合理且正确地选用材料，是降低工程造价的关键，否则会因材料选用不当甚至严重失误而导致重大工程事故的发生。

二、我国建筑材料的发展

新中国成立初期，我国水泥年产量仅为 66 万吨，钢产量几乎为零。改革开放后我国土木工程和建材业得到了迅速的发展，1996 年我国钢产量突破 1 亿吨，跃居世界第一位，2014

年以后钢产量占全世界的 47%～49%；1985 年水泥年产量已达 1.5 亿吨，居世界第一，2014 年以后我国水泥产量占世界产量的 50%左右，我国是名副其实的建筑材料生产大国。当然，我国的建筑材料产业得益于蓬勃发展的建筑业，但基建投资的迅速发展，使一些生产还停留在高能耗、低效率、高污染状况。要改善现状，必须建立健全相关法律，并与国际接轨。

随着科学技术的发展，材料的研究与开发利用已成为国民经济的支柱产业，并相应产生了一门新的学科——材料科学。它是运用物理、化学、力学的基本理论，通过电子显微镜、X 射线、红外光谱仪及其他现代测试手段，研究材料的组成、内部结构和性能以及它们之间相互作用的一门科学。它的产生为材料的研制、生产和应用提供了广泛的理论依据，也为新产品的产生奠定了理论基础。随着土木工程的发展，人们对未来的建筑材料提出了以下要求：

（1）高耐久性。有较高的预期寿命，且综合单价（含运营期维护费）低。

（2）高性能。要求综合性能优良，如轻质结构材料，高强度、高抗震性的材料。

（3）多功能化。既是承重材料，又可作为围护材料，还具有良好的保温、隔热、隔声等功能。如多功能玻璃墙可起到装饰、隔声、吸热、防辐射、单面透光等作用。

（4）低碳、绿色、环保。材料从生产、施工到使用多个环节均是低碳、低能耗和低污染，不影响生态环境。

（5）智能化。某些土木工程重要部位的材料在发生破坏前能产生自救功能，或发出警示信号等。

三、建筑材料的分类

建筑材料品种繁多，由于使用和生产的目的不同，分类方法也不同。如按化学成分可分为无机材料、有机材料和复合材料，如表 1 所示。

表 1　按化学成分的建筑材料的分类

建筑材料	无机材料	金属材料	黑色金属：钢、铁
			有色金属：铝及铝合金、铜及铜合金
		非金属材料	天然石材：石灰岩、大理石、花岗岩、砂岩
			陶瓷和玻璃：砖、瓦、玻璃、陶瓷
			无机胶凝材料：石膏、石灰、菱苦土、水玻璃、水泥
			混凝土与砂浆：混凝土、砂浆、硅酸盐制品
	有机材料	植物材料	木材、竹材、纤维制品
		高分子材料	塑料：聚乙烯、聚氯乙烯、工程塑料
			涂料：聚乙烯醇、丙烯酸酯、聚氨酯
			胶黏剂：环氧类、聚醋酸乙烯、丙烯酸酯
			密封膏：聚硫橡胶
		沥青材料	石油沥青、煤沥青
	复合材料	金属与非金属：钢筋混凝土、钢丝网水泥、钢纤维混凝土	
		有机与无机：聚合物混凝土、沥青混凝土、纤维增强塑料	

若按材料在工程中的功能可分为承重材料、防水材料、隔热保温材料、吸声材料、装饰材料和防护材料等；按用途可分为结构材料、墙体材料、屋面材料、地面材料、装饰材料等。

四、建筑材料的标准与工程建设规范

为确保土木工程质量的百年大计，必须从材料的生产、运输、保管、施工、验收等方面全方位监控，而监控的依据为规范。目前我国已制定了各种建筑材料的技术标准，它们包括有关产品的规格、分类、技术要求、检验方法、验收方法、验收标准、包装标志、运输和储存等要求。

按照这些标准，企业可进行生产质量控制，也可依此评定产品质量合格与否，并为需求方对产品质量进行验收提供了依据。

我国建筑材料标准分为国家标准、部委行业标准、地区标准和企业标准。国家标准和部委行业标准是全国通用标准。

世界各国对建筑材料均有各自的国家标准，如美国的"ASTM"标准、德国的"DIN"标准、英国的"BS"标准、日本的"JIS"标准等。另外，世界范围还统一使用"ISO"国际标准。

我国常用的标准有：

（1）国家标准。国家标准有强制性标准（代号 GB），推荐标准（代号 GB/T）。

（2）部委行业标准。有建筑工业标准（代号 JG）、建材行业标准（代号 JC）、冶金行业标准（代号 YB）、交通行业标准（代号 JT）、铁道行业标准（代号 TB）等。

（3）地方标准（代号 DB）和企业标准（代号 QB）。

另外，我国土木工程协会标准（代号 CCES）也是全国推荐标准，它具有前瞻性和引导性。

标准表示方法一般是由标准名称、部门代号、编号和批准年份等组成。例如，国家标准《建设用砂》（推荐性）为 GB/T 14684—2012，国家标准《通用水泥》（强制性）为 GB 175—2007。对强制性标准，任何技术（或产品）不得低于其规定的要求；对推荐性国家标准，也可执行其他标准。地方标准和企业标准所制定的技术要求应高于国家标准。

五、本课程的目的和要求

建筑材料课程是针对土木类及相关专业开设的专业基础课。它是从工程实用的角度去研究材料的原料和生产、成分和组成、结构和构造、环境条件等因素对材料性能的影响以及其相互关系的一门应用科学。作为未来的土木工程技术人员，有关建筑材料的基本知识是必须具备的，这样才能在今后从事专业技术工作时，合理选择和使用建筑材料。

虽然建筑材料种类、品种、规格繁多，但常用的建筑材料品种并不多，通过对常用的、有代表性的建筑材料的学习，可为今后工作中了解和运用其他建筑材料打下基础。

建筑材料课程是土木、建筑类专业教学计划中开设较早的专业基础课，就专业培养目标及建立课程知识体系而言，学习本课程的目的在于合理地应用各种建筑材料，而应用的前提条件是熟练掌握各种材料的性能。学好建筑材料就必须抓住材料的性能这个"中心"，学习者孤立地去死记这一性能实际上是很困难的。只有通过学习材料的组成、结构、构造和其性能的内在联系，以及影响这些性能的因素，才有可能从本质上去认识它和掌握它。

此外，在学习建筑材料课程时，可把相关内容分为三个层次。第一层次是建筑材料基础知识，所谓基础知识是指在土木工程中与建筑材料有关的术语，如标准试件、标准强度、强度等级、屈服强度（R_{eL}）、材料牌号、材料技术指标等；第二层次是建筑材料的基本性质，它包括材料的生产工艺，材料的组成、结构、构造和性能的关系及其影响因素，这一层次要求学生重点掌握，并能运用已有的理论知识对上述关系进行分析；第三层次是有关建筑材料的基本技能，指能够结合工程实际，正确选用材料，而且可根据工程实际情况对材料进行改性，设计并计算材料配比、材料强度、耐久性等。上述三个层次也是本门课程考核的重点。

在学习中，通常可通过对比法找出它们的共性和各自的特性。此外，要抓住建筑材料中典型材料和通用材料，举一反三，紧密联系工程实际问题，在学习中寻求答案，这样有助于增强学习的兴趣和效率。

本课程是一门实践性很强的课程，为了配合理论教学，还开设了必要的建筑材料试验。试验是本课程的重要教学环节，通过试验可验证所学的基础理论，熟悉材料检验方法，掌握一定的试验技能，对培养分析和判断问题的能力、试验工作能力以及严谨的科学态度十分有益，也为今后从事既有材料的改性、新材料的研制以及材料方面的科学研究打下基础。

第一章　建筑材料的基本性质

各种不同结构形式、不同使用环境和不同使用功能的现代建筑物是由具有相应优良性能的建筑材料构筑而成的。建筑材料性能的优劣在很大程度上决定了建筑物的安全性、耐久性、适用性和美观性。因此，熟悉和掌握各种建筑材料的技术性质和特点，对现代建筑工程技术人员而言是十分重要的。

建筑材料的技术性质繁多，为便于研究，本书把不同材料所具有的一些重要的共同性质称为材料的基本性质。在本章中主要介绍材料的物理性质、力学性质、耐久性质等，并讨论这些性质与材料的组成、结构和构造的关系。

第一节　材料的组成、结构和构造与性质的关系

影响材料性质的因素较多，通常可归纳为两部分，即外部因素和材料自身的内部因素。材料的组成、结构和构造是影响其性质的内部因素。

一、材料的组成

建筑材料的组成是指材料的化学成分或矿物成分，它不仅影响着材料的化学性质，也是决定材料各种性质的重要因素。

1. 化学组成

化学组成是指构成材料的各种化学元素和氧化物含量。根据化学组成可大致判断材料的一些性质，如耐火性、化学稳定性等。不同化学组成的材料其性质不同，如碳素钢随含碳量的改变，其强度、硬度、塑性、冲击韧性等将发生变化；硅酸盐水泥熟料中若游离氧化钙含量过多会影响水泥体积的安定性。由于多数建筑材料的化学组成非常复杂，因此很难用某种化合物进行表示，也很难找到化学组成与材料性能之间的直接关系。部分情况下即使化学组成相同，其性质也不尽相同，如金刚石和石墨、有机高分子材料的同分异构现象等。因此，对不同的材料应采用与之相适宜的化学组成分析方法，如石油沥青材料在工程实践中是采用化学组分的分析方法代替化学元素的分析方法。

2. 矿物组成

矿物组成是指构成材料的矿物种类与含量。矿物是指具有相对固定的化学成分和结构特征的单质和化合物，包括天然矿物和人造矿物。组成矿物的物质是各种氧化物和无机盐类，无机非金属材料则是由不同的矿物组成，每一种矿物均具有一些特殊的性质，如果不考虑材料内部各种矿物之间的相互作用，无机非金属材料的性质取决于组成该材料的各种矿物的相对含量。如硅酸盐水泥中，若硬化强度较高的熟料矿物硅酸三钙含量高，则该水泥的硬化强度较高；若水化放热量较小的熟料矿物硅酸二钙含量较多，则该水泥为水化速度较慢的低热水泥。

二、材料的结构

材料的结构是决定材料性能最重要的因素，是指用肉眼或放大镜无法观察到的材料内部的组织状态，它可分为微观结构和亚微观结构。

（一）微观结构

微观结构是原子、分子层次的材料内部组织状态，可通过电子显微镜、X射线衍射等检测手段对其进行观察、分析和研究。建筑材料的微观组织结构可分为晶体结构、玻璃体结构和胶体结构。

1. 晶体结构

晶体结构是材料内部质点（离子、原子、分子）按照特定的规则排列形成的呈周期重复的空间点阵。它根据各类质点在空间排列规律的不同而构成不同的晶格形式，如体心立方晶格、面心立方晶格、六方晶格、斜方晶格等。

单晶体具有规则的几何外形、固定的熔点、各向异性、化学稳定性好等特点。这些性能特点与单晶体中质点种类及相互作用力、排列方式、密集程度、质点处于最低能量位置等结构特征之间有必然的联系。质点之间的相互作用根据质点种类不同有共价键（原子键）、离子键、分子键等，其中原子键力最大，离子键力次之，分子键力最小。金属键力则由电子数目确定，电子越多，结合力越大。质点密集程度较高的材料密度较大，强度较高，硬度也较高。钢材中晶格的质点密集程度很高，质点间有金属键联结着，这使得钢材具有很强的塑性变形能力，且具有良好的导热性和导电性。一定数目的自由电子也使得钢材有较高的强度。如果晶格中质点的密集程度不高，则材料的变形能力则较弱，即使质点间以共价键联结，其脆性也很大，如天然石材等。

实际上多数晶体材料是由很多的微小晶粒杂乱堆积而成，因而其性能特点是大致各向同性，且具有固定的熔点和稳定的化学性质。材料结构中微小晶粒之间的接触面称为材料的晶界面，晶界面的界面性质及界面面积在很大程度上影响着材料的宏观性质。晶体尺寸越小，单位体积晶界面积就越大，通常情况下，材料的内聚力也就越大，从而具有较好的宏观力学性质。例如采用合金化、热处理等工艺措施可使建筑钢材中的晶粒细化、粒形改变、强化铁素体，从而获得较好的力学性能。

在复杂的晶体结构中，原子团可联结成不同的结构形式。在建筑材料中占有重要地位的硅酸盐晶体材料,其基本结构单元——硅氧四面体联结形式的不同导致了性能上的巨大差异。具有空间结构形式的硅酸盐晶体材料,其整体性好,较为坚固,如石英砂等;具有平面网状结构的硅酸盐晶体材料,由于结构平面间的联结较为薄弱,因此易分解成片状,如云母等;具有链状结构形式的硅酸盐晶体材料,链与链之间的联结作用弱于链本身,则形成纤维状物质,纤维材料顺纤维方向的抗拉强度和抵抗变形的能力均很强,如石棉等。

2. 玻璃体结构

玻璃体结构是材料内部质点无规律地排列而形成的紊乱的空间点阵。玻璃体材料是无定型物质,性能特点为各向同性,且无固定熔点,仅出现软化现象,具有化学不稳定性。其性能特点与结构内部质点种类及质点在空间无规律排列的紊乱程度有关。

晶体材料熔融物经缓慢冷却后可重新生成晶体,其再结晶程度与冷却速度有关。如果熔融物冷却速度很快,液相黏度将急剧增大,质点来不及回到原来的位置便凝固成固体状态。所以,玻璃体结构是无机非金属晶体熔融物经急速冷却后在常温下保留的高温组织状态。

由于高温组织状态中各质点均处于极不稳定的位置,均具有较高的能量,因此玻璃体材料具有较高的内部能量。在一定的条件下,无机非金属玻璃体材料易发生化学反应。如火山灰、粉煤灰、粒化高炉矿渣在碱性和硫酸盐环境中具有较好的水硬胶凝性能而用作建筑材料;混凝土用天然岩石骨料中若含有无定型二氧化硅则易产生碱-骨料反应,生成膨胀性的碱-硅酸凝胶,从而导致混凝土开裂破坏;而含结晶态二氧化硅的石英砂在常温下却不能与石灰进行化学反应。

3. 胶体结构

胶体结构是指大量微小的固体粒子(直径为 1 ~ 100 μm)均匀稳定地分散在介质中所形成的结构。由于分散介质可以有不同的形态,因此胶体材料在常温下呈固态、半固态、液态等形式。

由于胶体材料中分散相固体粒子尺寸很小,因此具有很大的内比表面积和表面能,从而具有很强的吸附能力和黏结强度。水泥石强度理论认为:水泥石具有较高强度的原因是水泥水化产物 —— 水泥凝胶具有巨大的内比表面积(约 210 m^2/g)。

液态和半液态胶体由于脱水作用或质点的凝聚作用而产生凝胶。凝胶具有固体性质,但凝胶在长期应力作用下又具有黏性液体的流动性,这个性质是混凝土徐变机理的理论依据。

胶体结构材料的性能取决于分散相和分散介质的性质,以及介于两者之间的相互作用和相对含量。如建筑石油沥青中油分组分(液体分散介质)含量较多时,沥青的流动性和塑性较好,但黏性和温度稳定性较差。由于石油沥青和煤沥青两者表面张力相差很大,因此两者不能直接混合形成稳定的胶体结构。

胶体材料是一种非晶体材料,在外力作用下,其弹性变形和塑性变形并没有明显的界限划分,而是同时产生可恢复的弹性变形和不可恢复的黏性流动。

(二)亚微观结构

材料的亚微观结构是指借助光学显微镜所能观察到的材料内部的组织状态。材料的亚微观结构与性能之间往往有直接的联系,因此对亚微观结构的研究是改善材料性能、开发新型材料的有效途径。

利用亚微观光学显微镜，可研究钢材中各种晶体组织，如铁素体、珠光体、渗碳体等的分布及含量，从而确定钢材的力学性能；可以观察木材内部组织，如管胞、导管、木纤维、树脂道的分布情况；可对水泥熟料进行物相分析，借此确定各种熟料矿物的晶相及相对含量，以预测水泥的性能并指导水泥生产；可观察材料中较小孔隙的情况，研究混凝土中骨料与水泥石的黏结。利用光学显微硬度仪，可研究复合材料中两相界面作用的效应及范围等。

三、材料的构造

材料的构造是指宏观的内部组织状态和具有特定性质的材料单元的组合情况。材料的性质不但与材料的组成和结构有关，也与材料的构造有极其密切的联系。常见的材料构造有材料的孔隙构造，天然岩石的层状构造及层理，木材的纤维构造，混凝土的三相多孔构造等。

天然或人工的石材由固体和孔隙组成，当固体的性质确定以后，石材的性质在很大程度上由孔隙构造决定。孔隙构造的内容包括：孔隙率、孔径分布、孔几何形状、孔连通程度等。通常情况下，材料的孔隙率小，则有效承载面积大，材料的密实度高、强度高并具有较好的耐久性；当孔隙率不变时，若接近球形的孔较多，则应力集中程度小，强度较高；孔径分布指材料内部各种不同尺寸的孔的数量分布情况。研究表明，在前述两个条件（孔隙率、孔几何形状）相同时，含小孔多的天然或人工石材性能较优；连通孔多会降低材料的耐久性和隔热性。

具有层理或纹理的材料是各向异性的，如云母可沿其解理面分解；天然石料的开采可沿岩石层状构造的方向进行；木材具有较高的顺纹抗弯强度，在纤维方向具有较小的干缩变形值。

使用单一种类的材料已很难满足现代建筑的要求，因此应研发、应用更多的复合材料以获得更多的优良性能。复合材料的性能取决于各材料组成单元的性质、相对含量和相互作用。按各材料单元的组合方式，可将材料分为堆聚构造材料（如水泥、混凝土等）、纤维构造材料（如纤维混凝土、纤维增强塑料等）、层状构造材料（如胶合板等）和散粒构造材料（如膨胀珍珠岩等）。

第二节 材料的物理性质

材料的物理性质包含材料与质量、水、热等有关的性质。

一、材料与质量有关的性质

（一）材料的密度（ρ）

材料的密度是指材料在绝对密实状态下单位体积的干质量。材料的密度按下式计算：

$$\rho = \frac{m}{V}$$

式中　ρ —— 材料的密度（g/cm^3）；

m —— 材料在干燥状态下的质量（g）；

V —— 材料在绝对密实状态下的体积（cm^3）。

材料在绝对密实状态下的体积是指不包括材料内部孔隙的固体实体积。按材料内部孔隙的多少可分为密实材料、多孔材料和微孔材料。除钢材、玻璃等少数密实材料外，绝大多数材料内部都有一定数量的孔隙。在测定材料的密度时，应先将试样磨细，烘干至恒质量，称取规定质量试样，然后将其装入李氏瓶，用排液法测得固体实体积，再由上式计算得到密度。在试验过程中将材料磨得越细，所测得的固体实体积值就越精确。

（二）材料的视密度（ρ'）

工程中使用的某些材料，如混凝土用砂、石骨料等均属较为密实的材料，其颗粒内部孔隙极少，用排水法测出的颗粒体积与实体积基本相同。所以，砂、石的表观密度可近似地视作其密度，常称为视密度。其视密度值和密度值或表观密度值相差很小，为方便应用，对这类材料可用视密度代替密度或表观密度。材料的视密度按下式计算：

$$\rho' = \frac{m}{V'}$$

式中　ρ' —— 材料的视密度（g/cm^3）；

m —— 材料在干燥状态下的质量（g）；

V' —— 材料的视体积（cm^3）。

材料的视体积用排液法进行测定，其值为材料的固体体积与材料内孔（常压下水或其他液体无法进入的孔）体积之和。

（三）材料的表观密度（ρ_0）

材料的表观密度是指块体材料在自然状态下单位体积的质量。材料的表观密度按下式计算：

$$\rho_0 = \frac{m}{V_0}$$

式中　ρ_0 —— 块体材料的表观密度（g/cm^3 或 kg/m^3）；

m —— 块体材料在自然状态下的质量（g 或 kg）；注意：一般为干燥状态，当有说明时，按照测定时的实际含水状态。

V_0 —— 块体材料在自然状态下的体积或表观体积（cm^3 或 m^3）。

在测定材料的干燥状态下的表观密度时，其表观体积，先用蜡或其他材料封闭材料的外孔（常压下水或其他液体能够进入的孔），然后用排液法测定，其值为材料的固体体积和材料的内、外孔体积三者之和。

在实际工程中，有时需要测定含有水分的材料的表观密度。当材料含水时，其质量和体积均发生改变，此时测定的表观密度应注明含水情况。

（四）材料的堆积密度（ρ_0'）

材料的堆积密度是粉状或粒状材料在堆积状态下单位体积的干质量。材料的堆积密度按下式计算：

$$\rho_0' = \frac{m}{V_0'}$$

式中　ρ_0' —— 材料的堆积密度（kg/m^3）；

　　　m —— 材料在干燥状态下的堆积质量（kg）；

　　　V_0' —— 材料在堆积状态下的体积（m^3）。

　　材料的堆积体积用容积升进行测定，当散粒材料将容积升填满时，该容积升的体积则为堆积体积。该体积数值为所填材料的固体体积、孔隙体积以及粒料之间的空隙体积三者之和。材料的堆积方法对堆积密度的测定结果有很大的影响，因此对不同材料应按相应的试验规程进行堆积体积测定。工程中需要测定含水材料的堆积密度时，应对其含水情况加以注明。

（五）材料的密实度和孔隙率

1. 材料的密实度（D）

材料的密实度是指材料自然状态下体积内被固体物质充实的程度，即固体体积占表观体积的比例。材料的密实度按下式计算：

$$D = \frac{V}{V_0} \times 100\%$$

或

$$D = \frac{\rho_0}{\rho} \times 100\%$$

2. 材料的孔隙率（P）

孔隙率是指材料的孔隙体积占表观体积的比例。材料的孔隙率按下式计算：

$$P = \frac{V_0 - V}{V_0} \times 100\% = \left(1 - \frac{V}{V_0}\right) \times 100\% = \left(1 - \frac{\rho_0}{\rho}\right) \times 100\%$$

材料的密实度和孔隙率的关系为：

$$D + P = 1$$

3. 开口孔隙率（P_k）与口孔隙率（P_b）

开口孔隙率是指材料在实验室（常温和 100 kPa 真空抽气）条件下可被水（或其他液体）进入的孔隙体积与材料的自然状态体积之比的百分数。材料的开口孔隙率按下式计算：

$$P_k = \frac{m_1 - m}{V_0} \times \frac{1}{\rho_{H_2O}} \times 100\%$$

式中　P_k —— 材料的开口孔隙率（%）；

　　　m_1 —— 材料在真空条件下吸水达饱和面干状态时的质量（g）；

　　　m —— 材料在干燥状态下的质量（g）；

　　　ρ_{H_2O} —— 水的密度（g/cm^3）。

材料的闭口孔隙率按下式计算：

$$P_b = P - P_k$$

式中　P_b —— 材料的闭口孔隙率（%）；

P——材料的（总）孔隙率（%）。

材料的密实度与孔隙率反映了材料的致密程度。通常情况下，对同种材料而言，孔隙率越小，开口孔隙越少，则材料的强度越高，吸水性越小，抗渗性和抗冻性也越好。

几种材料的密度、表观密度、堆积密度的数据如见表 1.1 所示。

表 1.1 几种常用建筑材料的密度、表观密度及堆积密度

材　料	密度（视密度）/g·cm⁻³	表观密度/kg·m⁻³	堆积密度/kg·m⁻³
钢	7.8～7.9	7 850	—
花岗岩	2.7～3.0	2 500～2 900	—
石灰岩	2.4～2.6	1 600～2 400	1 400～1 700（碎石）
砂	2.60	—	1 400～1 700
水泥	2.8～3.1	—	1 100～1 300
普通混凝土	—	1 950～2 500	—
沥青混凝土	—	2 300	—
水泥砂浆	—	2 100～2 200	—
木　材	1.55	400～800	—
泡沫塑料	—	20～50	—

（六）材料的填充率和空隙率

1. 材料的填充率（D'）

材料的填充率是指散粒材料在堆积体积中，被颗粒自然状态体积填充的程度。材料的填充率按下式计算：

$$D' = \frac{V_0}{V_0'} \times 100\%$$

或

$$D' = \frac{\rho_0'}{\rho_0} \times 100\%$$

2. 材料的空隙率（P'）

材料的空隙率是指散粒材料在堆积体积中，颗粒之间的空隙体积占堆积体积的百分率。材料的空隙率按下式计算：

$$P' = \frac{V_0' - V_0}{V_0'} \times 100\% = \left(1 - \frac{V_0}{V_0'}\right) \times 100\% = \left(1 - \frac{\rho_0'}{\rho_0}\right) \times 100\%$$

在建筑工程中，用作填充材料的散粒材料的空隙率具有重要的实际意义。如混凝土施工中采用空隙率较小的砂、石材料可达到节约水泥的目的，且可提高混凝土的密实度，从而提高混凝土的强度和耐久性。

二、材料与水有关的性质

处于地下、水中以及地面的建筑物会与水或大气中的水汽接触，水介质会对建筑物形成侵蚀，严重时还会降低建筑物的使用功能。因此，了解建筑材料与水有关的性质是十分必要的。

（一）材料的亲水性和憎水性

在材料-水-空气三相体系的三相点（A 点）上存在三种界面张力：材料与水的界面张力（$\sigma_{1,2}$），材料与空气的界面张力（$\sigma_{1,3}$），水与空气的界面张力（$\sigma_{2,3}$）。材料的亲水性和憎水性如图 1.1 所示。两相界面张力实质上是两相单位接触面上的界面自由能，界面能越小则体系处于越稳定的状态，这就是能量最低原则。

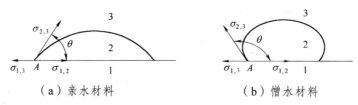

（a）亲水材料　　　　　　　（b）憎水材料

图 1.1　材料的亲水性和憎水性

将三种界面张力投影到水平面上可得下面的方程式：

$$\sigma_{1,3} - \sigma_{1,2} - \sigma_{2,3}\cos\theta \doteq 0$$

则可得：

$$\cos\theta = \frac{\sigma_{1,3} - \sigma_{1,2}}{\sigma_{2,3}}$$

式中，θ 称为润湿角。当 θ 为零时，材料完全被水润湿；当 $0<\theta\leqslant90°$ 时，材料表面可润湿，即当材料与水的界面张力小于材料与空气的界面张力时，材料为亲水性材料；当 $90°<\theta\leqslant180°$ 时，材料为憎水性材料。

上述概念也可应用到其他液体对固体材料的浸润情况，相应地称为亲液性材料和憎液性材料。

（二）材料的吸水性和吸湿性

1. 材料的吸水性

材料的吸水性是指材料在水中吸水的性质，用吸水率定量表示。

材料在没有压力的水中吸水达到饱和面干状态时的含水率，称为吸水率。吸水率有两种表示方法：

质量吸水率为：

$$\beta = \frac{m_1 - m}{m} \times 100\%$$

体积吸水率为：

$$\beta' = \frac{m_1 - m}{V_0} \times \frac{1}{\rho_{\mathrm{H_2O}}} \times 100\% = \beta \times \frac{\rho_0}{\rho_{\mathrm{H_2O}}}$$

其中：

$$V_0 = \frac{m}{\rho_0}$$

式中　m —— 材料在干燥状态下的质量（g）；

m_1 —— 常压下材料吸水达到饱和面干状态时的质量（g）；

V_0 —— 材料在自然状态下的体积（cm^3）；

ρ_{H_2O} —— 水的密度（g/cm^3）；

ρ_0 —— 块体材料的表观密度（g/cm^3）。

影响材料吸水性的因素除材料本身与水的亲和能力外，更重要的是材料的孔隙构造。当孔隙率较大且连通孔较多时，材料的吸水率大。材料吸水后其性能有所变化，如体积膨胀、表观密度增加、强度降低、导热性能提高、耐久性降低等。

材料在常温和真空抽气（100 kPa）条件下，在水中吸水至饱和面干时的含水率称为材料的饱水率。材料的饱水率可分为质量饱水率 $\beta_饱$ 和体积饱水率 $\beta'_饱$。

常压下的材料体积吸水率相当于开口宽孔隙的孔隙率，而体积饱水率则相当于全部开口孔隙的孔隙率。显然，体积吸水率值小于体积饱水率值，两者之差相当于在常压条件下水无法进入的窄小开口孔隙的孔隙率，两者之比称为材料的饱水系数。

饱水系数为：

$$K_饱 = \frac{\beta'}{\beta'_饱}$$

饱水系数越大，说明材料的开口宽孔隙越多，一般岩石的饱水系数为 0.50～0.80。饱水系数可用以间接说明材料的抗冻性：在常压条件下工作的材料吸水饱和并结冰后，孔隙中水结冰体积膨胀约9%。当饱水系数小于91%时，即在开口孔隙中开口宽孔隙小于91%，此时由于尚有未被水填充的窄开口孔隙，因而水体有膨胀的余地；反之，如饱水系数大于91%，水结冰时没有足够多的窄开口孔隙来容纳因结冰而膨胀的水体积，从而导致材料破坏。

2. 材料的吸湿性

材料的吸湿性是指材料在潮湿空气中吸水的性质，用含水率定量表示。

材料所含水的质量与干燥状态下材料的质量之比称为含水率。材料的含水率按下式计算：

$$\omega = \frac{m_1 - m}{m} \times 100\%$$

式中　ω —— 材料的含水率（%）；

m_1 —— 材料在含水状态下的质量（g 或 kg）；

m —— 材料在干燥状态下的质量（g 或 kg）。

影响材料含水率的因素有：材料的亲水性、孔隙构造以及环境的温度和湿度等。材料在潮湿空气中吸水时，对于开口大孔，水虽易进入但难以充满；而若开口孔多、细小且连通时，材料的吸湿量增大。当环境的温度和湿度恒定时，材料中的含水率也会趋于稳定，即材料的吸水速度和水分蒸发速度达到相对平衡，此时材料的含水率称为平衡含水率。在木材加工和使用之前，应将木材干燥至使用时周围环境的平衡含水率，以避免由于含水率的变化而引起木材各项性能的改变。在混凝土施工中，应随时测定砂、石的含水率，作为混凝土施工配合比的计算依据，否则会因实际用水量增大而使水灰比增大，从而降低混凝土的强度和耐久性。

（三）材料的耐水性

材料在水作用下不发生破坏，强度也不显著降低的性质称为耐水性。材料的耐水性用软化系数表示，即

$$K_{软} = \frac{f_{饱}}{f_{干}}$$

式中　$K_{软}$ —— 材料的软化系数；

　　　$f_{饱}$ —— 材料在吸水饱和状态下的抗压强度（MPa）；

　　　$f_{干}$ —— 材料在干燥状态下的抗压强度（MPa）。

$K_{软}$ 值的大小表明材料浸水饱和后强度降低的程度，$K_{软}$ 值越小，材料的耐水性越差。一般情况下，材料含有水分时，强度均有所降低，原因可能是水分在组成材料微粒的表面形成水膜，削弱了微粒间的结合力。不同材料其 $K_{软}$ 值相差很大，如黏土 $K_{软}$ =0，金属 $K_{软}$ =1。软化系数是受水作用的结构物的重要指标。经常位于水中或潮湿环境中的重要结构物的主要结构材料，要求其软化系数不应小于 0.85 ~ 0.95；受潮较轻或次要结构物的材料，软化系数不应小于 0.75 ~ 0.85。

（四）材料的抗渗性

材料抵抗压力水渗透的性质称为抗渗性。根据达西定律，透过材料的水量与透水面积、透水时间和静水压力水头成正比，与材料厚度成反比，即：

$$Q = K \cdot F \cdot t \cdot \frac{H}{d}$$

或　　　　　　$$K = \frac{Q}{F \cdot t} \cdot \frac{d}{H}$$

式中　Q —— 透水量（cm³）；

　　　K —— 渗透系数 [cm³/（cm² · h）或 cm/h]；

　　　F —— 透水面积（cm²）；

　　　t —— 透水时间（h）；

　　　H —— 静水压力水头（cm）；

　　　d —— 试件厚度（cm）。

渗透系数越小，材料的抗渗性就越好。

材料的抗渗性还可用抗渗等级表示。抗渗等级是以标准试件在标准试验方法下材料不透水时所能承受的最大水压力进行确定。抗渗等级越高，材料的抗渗性能越好。

材料抗渗性的高低与材料的孔隙率和孔隙特征有关。密实度大且具有较多封闭孔或极小孔隙的材料不易被水渗透。

（五）材料的抗冻性

抗冻性是指材料在吸水饱和的状态下，经历多次冻融循环，保持其原有性质或不显著降

低原有性质的能力。工程上材料的抗冻性用抗冻等级进行评定。抗冻等级是指浸水饱和的试件经历冻融循环，当其强度降低或质量损失达到规定值时的冻融循环次数。对于寒冷地区的建筑结构物，尤其是桥梁、道路、水工结构物所用的材料，其抗冻等级是非常重要的技术指标。

冻融破坏作用主要是因材料孔隙中的水分结冰产生膨胀压力而引起的效应。当材料孔隙充满水时，膨胀压力在孔壁形成拉应力，当应力值超过材料的抵抗极限时，内部将产生局部开裂破坏。有时材料孔隙中并未充满水仍发生了冻融破坏，这是由于材料内外部存在温度差，材料内部温度较高而具有较高的蒸汽压力，此时水蒸气由内向外迁移并在材料外表面孔隙中凝结而达到饱和状态，从而引起材料表面的冻融破坏。

同种材料的抗冻性主要取决于材料的含水状态、孔隙构造和强度等。孔隙含水未达饱和状态时，冰冻压力可因空气的压缩而受到抑制；粗大孔隙水分不易充满其中；闭口孔隙不易进水；极细孔隙虽然能吸水饱和，但孔壁对水的吸附力很大，因此具有较低的冰点。一般情况下认为毛细孔既易充满水分又易结冰，所以毛细孔多的材料的抗冻性差；强度高、变形能力大、耐水性好的材料抗冻性好。

恶劣的环境常使材料更易遭受冻融破坏，因此，处于低温、温差变化大、干湿交替和冻融循环频繁的环境中的结构物所用的材料，应要求具有较好的抗冻性。

三、材料与热有关的性质

（一）材料的导热性

当材料两侧面存在温度差时，热量会从温度较高的一侧向温度较低的一侧传导，这个性质称为材料的导热性。在单向稳定热量传导的情况下，通过材料厚度方向传导的热量与两侧温度差、传热时间、传热面积成正比，与材料厚度成反比，即：

$$Q = \lambda \cdot \frac{\Delta t \cdot T \cdot A}{D}$$

或

$$\lambda = \frac{Q \cdot D}{\Delta t \cdot T \cdot A}$$

式中　Q —— 通过材料传递的热量（J）；

λ —— 导热系数［W/（m·K）］；

Δt —— 材料两侧温度差（K）；

T —— 传热时间（s）；

A —— 传热面积（m²）；

D —— 材料厚度（m）。

材料的导热系数越小，其保温隔热性能越好。

影响材料导热性的最主要因素是材料的组成、结构和构造。一般情况下，无机材料导热性较有机材料好；晶体材料的导热系数大于玻璃体材料；金属材料导热量大于非金属材料。同种材料中，孔隙率较大且具有较多细小而封闭的孔隙的。其保温隔热性较好；当具有粗大开口且连通的孔隙时，由于空气对流作用，其导热系数较大（导热系数以固态物质最大、液态次之、气态最小）。

材料的含水状态影响其保温隔热性能，尤其是在材料内部孔隙所含水分结冰以后。水的导热系数是空气导热系数的 25 倍，冰导热系数是水导热系数的 4 倍，因此，当材料的含水率较高或孔隙中水分结冰时，材料的绝热性将显著降低。

（二）材料的热容

材料在受热或冷却时会吸收或放出热量，同时伴随有材料内部温度的改变，这种性质称为材料的热容。材料吸收或放出的热量按下式计算：

$$Q = c \cdot m \cdot \Delta t$$

或

$$c = \frac{Q}{m \cdot \Delta t}$$

式中　Q —— 材料吸收或放出的热量（J）；

　　　c —— 材料的比热容［J/（g·K）］；

　　　m —— 材料的质量（g）；

　　　Δt —— 材料的温度变化（K）。

材料的热容量为比热容与材料质量的乘积。墙体、屋面等围护结构的热容量越大，其保温隔热性能越好。采用热容量较大的材料，对于保持室内温度稳定具有很重要的意义。在炎热的夏季，白天室外温度较高，如果建筑物围护结构材料的热容量较大，升高温度所需吸收的热量较多，因此室内温度升高较慢。在冬季，房屋采暖后，热容量较大的建筑物，其围护材料本身储存的热量较多，停止采暖后短时间内室内温度降低不会很快。

材料的比热容和导热系数是建筑物热工计算的重要依据。如表 1.2 所示为几种常见物质的比热容和导热系数。

表 1.2　几种常见物质的比热容与导热系数

物　质	比热容 c/［kJ/（kg·K）］	导热系数 λ/［W/（m·K）］	物　质	比热容 c/［kJ/（kg·K）］	导热系数 λ/［W/（m·K）］
水（4℃）	4.19	0.58	混凝土	约 0.84	1.28～1.51
冰	2.05	2.20	木　材	约 2.51	0.17～0.41
铁、钢	0.48	58.15	静止空气	1.00	0.023
砖	0.80～0.88	0.70～0.87	泡沫塑料	1.30	0.03

（三）材料的线膨胀系数

材料温度每上升 1℃（或下降 1℃）时，所引起的线度改变值与材料在 0℃ 时的线度值之比，称为线膨胀系数。

线膨胀系数是计算因温度变化而引起的结构变形和内部温度应力等的重要参数。复合材料中各组成单元应具有大致相同的热膨胀性，否则会因温度的变化而导致各组成单元间联结的破坏。

钢筋、混凝土及骨料岩石的线膨胀系数如下：钢筋为 $(10\sim12)\times10^{-6}$ ℃$^{-1}$，混凝土为 $(5.8\sim12.6)\times10^{-6}$ ℃$^{-1}$，骨料岩石为 $(6.3\sim12.4)\times10^{-6}$ ℃$^{-1}$。

第三节　材料的力学性质

材料的力学性质是指材料在外力作用下有关强度和变形的性质。材料的力学性质决定了建筑物的安全性，因此是建筑结构设计最重要的依据。

一、材料的理论强度

固体材料的理论强度可用双原子模型理论和表面能理论进行研究。

材料是由无数的质点（原子、离子、分子等）组成的，材料的宏观力学行为与材料内部质点位置及质点间相互作用密切相关。为便于研究，只讨论两个原子的相互作用与宏观力学行为的关系。两原子之间的作用力包括吸引力和排斥力，当无外力作用时，两质点的排斥力与吸引力相等，合力为零，两质点间距离（r_0）为平衡距离，此时原子处于最低能量状态；当外力作用于材料时，原子间相互作用力及距离均会发生改变。材料受压力作用时，两原子间距离变小（$r < r_0$），原子间排斥力急剧增大；材料受拉力作用时，两原子间距离变大（$r > r_0$），原子间吸引力占优势。当原子间距离达到 r_m 时，材料抵抗拉伸的能力达到极限；当原子间距离超过 r_m 时，材料的抵抗力逐渐降低直至被拉断（见图 1.2）。由于原子间的排斥力是非常大的，所以固体材料在外力作用下的破坏基本上是由内部拉应力所造成。

下面利用双原子模型理论（见图 1.2）和表面能理论推导出材料的理论强度。

先做出以下三点假定：

（1）假定与原子间拉力垂直的单位面积上的拉应力为 σ；

（2）假定合力线 $r \geq r_0$ 的部分为正弦曲线 $\sigma = \sigma_{max} \cdot \sin\frac{\pi}{a}(r - r_0)$；

（3）假定材料拉断时外力做功等于两个新断面上的表面能。

上述（1）（2）假定如图 1.3 所示。

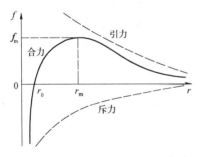

图 1.2　两原子间相互作用力曲线

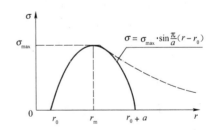

图 1.3　材料理论强度推导示意图

将材料在曲线 r_0 处的弹性变形性质定义为材料的弹性模量 E，则：

$$E = \lim_{r \to r_0}\left(r_0 \cdot \frac{\mathrm{d}\sigma}{\mathrm{d}r} \right) = \lim_{r \to r_0}\left[r_0 \cdot \frac{\sigma_{max}\pi}{a}\cos\frac{\pi}{a}(r - r_0) \right] = \sigma_{max} \cdot \pi \cdot \left(\frac{r_0}{a} \right) \tag{1.1}$$

拉力使原子距离从 r_0 变到 $(r_0 + a)$ 时在单位面积上所做的功为：

$$W = \int_{r_0}^{r_0+a} \sigma(r)\mathrm{d}r = \int_{r_0}^{r_0+a} \sigma_{max} \sin\frac{\pi}{a}(r-r_0)\mathrm{d}r = \left[-\frac{a \cdot \sigma_{max}}{\pi} \cos\frac{\pi}{a}(r-r_0) \right]\Bigg|_{r_0}^{r_0+a}$$

$$= \frac{2a\sigma_{max}}{\pi} \tag{1.2}$$

设材料单位表面能为 γ，则拉断时两个单位新表面的表面能为 2γ，根据假定（3），有：

$$W = \frac{2a\sigma_{max}}{\pi} = 2\gamma$$

可得：

$$a = \frac{\pi\gamma}{\sigma_{max}} \tag{1.3}$$

将式（1.3）代入式（1.1），得：

$$E = \sigma_{max} \cdot \pi \frac{r_0}{\dfrac{\pi\gamma}{\sigma_{max}}} = \sigma_{max}^2 \cdot \frac{r_0}{\gamma}$$

整理后，得：

$$\sigma_{max} = \sqrt{\frac{E\gamma}{r_0}} \tag{1.4}$$

式（1.4）即为固体材料的理论强度公式。该公式表明：材料的弹性模量（E）和比表面能（γ）越大，原子间平衡距离（r_0）越小，则材料的理论抗拉强度（σ_{max}）就越大。

例 已知某岩石有关数据为 $E = 7\times10^4\,\mathrm{MPa}$，$r_0 = 3\times10^{-7}\,\mathrm{mm}$，$\gamma = 2\times10^{-4}\,(\mathrm{N \cdot mm})/\mathrm{mm}^2$。试计算该岩石的理论抗拉强度。

解
$$\sigma_{max} = \sqrt{\frac{E\gamma}{r_0}} = \sqrt{\frac{7\times10^4 \times 2\times10^{-4}}{3\times10^{-7}}} = 6.8\times10^3 \ (\mathrm{MPa})$$

即该岩石的理论强度为 $6.8\times10^3\,\mathrm{MPa}$。

实际中，坚固的岩石抗压强度约为 100 MPa，与理论强度相比有巨大的差距，这是由于实际材料内部存在许多缺陷。根据格利菲斯脆性材料的断裂理论，当材料受外力作用时微裂缝尖端处会产生高度应力集中现象，当缺陷处的应力超过材料的理论断裂强度时，材料即发生破坏。对于人工结构材料，如何减少其内部缺陷以提高材料的力学性能，在工程实践中具有非常重要的意义。

二、材料的强度和比强度

这里所讲的强度是指材料的试验强度。材料的试验强度是模拟实际结构或构件的形状、承受荷载的类型等在实验室条件下测得的材料强度。经过长期的实践和研究，以现行的国家材料试验规范和标准方法测得的各种材料的强度与实际结构或构件的情况具有较好的一致性。

材料的强度试验通常是破坏性试验，即以在荷载作用下材料丧失抵抗能力的极限状态作为试验强度的评定依据。而试验强度值作为评定材料强度等级的依据，材料强度等级是结构设计的依据。

　　根据荷载种类的不同，材料的强度主要有抗压强度、抗拉强度、抗弯（折）强度及抗剪强度。试验强度分类如表 1.3 所示。

表 1.3　试验强度分类

强度类别	试验装置举例	计　算　式	备　注
抗压强度 f_y	混凝土	$f_y = \dfrac{P}{A}$	
抗拉强度 f_l	钢	$f_l = \dfrac{P}{A}$	P—破坏荷载（N） A—受荷面积（mm^2） L—试验标距（mm） b—断面宽度（mm） d—断面高度（mm）
抗剪强度 f_z	木材	$f_z = \dfrac{P}{A}$	
抗弯强度 f_w	木材	$f_w = \dfrac{3}{2} \cdot \dfrac{PL}{bd^2}$	

　　影响材料强度的因素可分为内部因素和外部因素两种。

　　材料的组成、结构和构造是影响强度的内部因素。例如，建筑钢材的含碳量增多或加入某些合金元素时其强度明显提高；结晶程度高、晶粒小且均匀分布的花岗石具有很高的强度。不同结构和构造的材料对不同种类荷载的抵抗能力有较大的差异：脆性材料（如砖、石材、混凝土和铸铁等）抗压强度较高，而抗拉强度和抗折强度却很低；纤维类材料（如木材等）顺纤维方向的抗拉强度和抗弯强度很高，而抗压强度却较低；金属材料（如钢材等）则具有基本相等的、较高的抗压强度和抗拉强度。对同种材料来说，孔隙构造是影响强度的重要因素，一般情况下，孔隙率较小、孔径较小且接近球形的孔较多时，材料强度较高。在工程实践中应对不同材料的强度加以合理利用，如石材、混凝土、砖等常用于基础、墙、柱等受压结构；木材常用于梁、桁架等受拉及受弯构件；钢筋混凝土、预应力钢筋混凝土既可用于受拉和受弯的梁、板结构，也可用于受压结构；型钢用于钢结构建筑物。

　　试验条件及方法对材料强度测定结果也有重要的影响。其中主要影响因素有：试件的形状和尺寸、试件表面平整度、试验机加荷速度、试验时的温度与湿度、试件的含水率等。为了使强度试验值有较高的准确性、可重复性和可比较性，在强度试验中必须严格按照国家现行有关试验规范和标准进行。

　　现代建筑有向更大空间、更大跨度和超高层建筑发展的趋势。采用轻质高强的结构材料可减轻建筑物自重，增加建筑物使用空间和使用面积，节约原材料资源和能源，降低建筑物造价，提高建筑物抗震性能，并能增加建筑物的跨度和高度。

　　比强度数值上等于材料的强度与表观密度的比值，它是衡量材料轻质高强性能的主要指标。如表 1.4 所示列出了钢材、木材和混凝土的比强度值。由表 1.4 可知，混凝土的比强度较低，由于混凝土是现代建筑中最主要的结构材料，预计在未来较长时期内也没有其他材料可取代混凝土的地位，因此研制轻质高强的混凝土是一项十分迫切的任务。

表 1.4 钢材、木材和混凝土的强度比较

材　　料	表观密度/kg·m^{-3}	抗压强度/MPa	比强度/MPa·m^3·kg^{-1}
低碳钢	7 850	420	0.054
铝合金	2 800	450	0.160
普通混凝土	2 400	40	0.017
松　木	500	35（顺纹）	0.070
烧结普通砖	1 700	10	0.006
花岗岩	2 550	175	0.069

三、材料在荷载作用下的变形

材料在荷载作用下会发生变形，其变形的特征表现为材料的弹性和塑性。

材料的弹性是指在外力取消后能完全恢复到原来形状和尺寸的性质，这种变形称为弹性变形。材料的弹性变形可分为线弹性变形和非线弹性变形，在应力-应变图上分别表现为直线和曲线。材料的塑性是指外力取消后材料仍保持变形后的形状与尺寸，并不产生裂缝的性质，这种不能恢复的变形称为塑性变形或永久变形。理想塑性在应力-应变图上表现为在屈服应力水平时的水平直线。

实际上，完全弹性的材料是不存在的，可用材料的应力-应变曲线来研究材料的弹性性质。应力-应变曲线上各点的切线斜率称为材料的切线弹性模量，它的数值大小代表了材料在外力作用下抵抗弹性变形的能力。大多数材料受外力作用超过某应力水平时，其应力-应变曲线将发生趋向水平方向的弯曲，即随应力水平的增加，材料的切线弹性模量将逐渐降低，当应力水平达到强度极限时，切线模量为零，即材料完全丧失了抵抗弹性变形的能力。实际材料在外力作用下若变形过大会使建筑物丧失使用功能，所以工程上对材料弹性模量的定义是在较低应力水平下材料抵抗弹性变形的能力。不同材料的弹性变形性质不同，其工程弹性模量定义的方法也不同，如钢材以应力-应变曲线上直线段的斜率作为弹性模量，混凝土则以割线模量表示其弹性性质。

如图 1.4 所示列举了三类典型材料的应力-应变曲线，其中阴影部分表示弹性变形。

晶体材料在低应力水平下通常呈现很好的线弹性，金属晶体材料的弹性模量很高，这是由于其主价键（金属键、离子键和共价键）对外力有很强抵抗能力的缘故。

弹性体材料是具有卷曲的长分子链结构的高分子聚合物，主链之间只有少量的次链或无次链联结，如橡胶等。在拉应力作用下，卷曲的主链很容易被拉直，因此在较低拉应力水平时可产生较大的弹性变形；在压应力作用下，主链进一步卷曲填充在内部间隙中，此时主价键的抵抗力增强，抵抗弹性变形的能力反而增大。

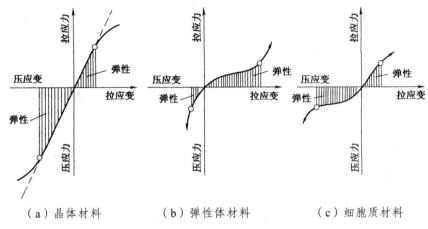

（a）晶体材料　　　　（b）弹性体材料　　　　（c）细胞质材料

图 1.4　各类材料的弹性变形

细胞质材料主要是由管状细胞顺纵向排列组合而成。木材的纤维细胞无卷曲现象，因此在顺纤维方向的拉应力作用下一开始就呈现较好的线弹性；在压应力作用下，细长的木纤维细胞容易失稳并发生横向的弯曲，所以在很小的压应力水平时即产生较大的弹性变形。

同样完全塑性的材料也是不存在的，大多数材料的变形性质呈弹塑性。部分材料在应力水平较低时，其变形特征主要表现为弹性，而在应力水平较高时，则主要表现为塑性，建筑钢材就是这样的材料（见图 1.5）。部分材料在受力后，弹性变形和塑性变形同时产生，如果取消外力，则弹性变形可以恢复，而塑性变形则不能恢复，混凝土材料受力后的变形就属于这种类型（见图 1.6）。

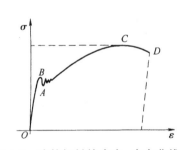

图 1.5　建筑钢材的应力-应变曲线

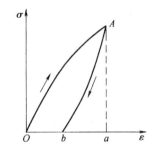

图 1.6　混凝土的应力-应变曲线

四、材料的韧性和脆性

材料的韧性是在动荷载（冲击、震动荷载等）作用下，可吸收较多的能量，并能产生较大的塑性变形而不致破坏的性能。材料的韧性可用冲击韧性值表示，其值为材料在冲击荷载作用下单位冲断截面上所消耗的冲击功。韧性好的材料，如建筑钢材（软钢）、木材可用于桥梁、吊车梁、塔吊等承受冲击或震动荷载的结构。多数材料在低温条件下的韧性会急剧降低，所以在寒冷地区还应考虑材料在低温下的冷脆性。

脆性指材料在外力作用下不产生明显的塑性变形而突然破坏的性质。脆性材料的特点是破坏时的变形值非常小，脆性材料的抗拉强度很低，仅为抗压强度的几分之一甚至几十分之一，在震动力或冲击荷载作用下极易破坏。砖、石材、陶瓷、玻璃、混凝土、铸铁等均属于脆性材料。

五、材料的硬度和耐磨性

材料的硬度是指材料抵抗其他较硬物体压入或刻划的能力。材料的硬度按试验方法可分为压痕硬度、冲击硬度、回弹硬度、刻痕硬度等。金属材料通常采用金刚钻或淬火钢球在一定荷载下压入金属材料表面，用压痕的深度或单位压痕面积上的应力值来表示其硬度值；岩石矿物材料则多用刻痕硬度。天然矿物的硬度按莫氏硬度分为十级，其硬度递增的顺序为：滑石、石膏、方解石、萤石、磷灰石、正长石、石英、黄玉、刚玉、金刚石。

材料的硬度又表示其局部表面在外力作用下抵抗弹性变形和塑性变形的能力。多数材料的强度和硬度之间有一定的联系，一般情况下，材料的硬度值较高其抗压强度也较高。因此，可通过测定材料的硬度值进而大致推测强度值等其他力学性质。例如，建筑钢材可通过测定其布氏硬度或洛氏硬度进而推测钢材的极限强度。由于材料的硬度试验只是局限在表面很小的区域内，因此属于非破损性试验。在工程实践中，对混凝土结构采用的回弹值检测，就是通过混凝土的回弹硬度来推算混凝土的强度，并借此评定结构的质量。另外，还可通过材料的显微硬度测定研究在亚微观结构中复合材料各材料单元之间的联结性能。

材料的耐磨性是指材料表面在摩擦力、边缘剪切力和冲击力的作用下抵抗磨损的能力。一般情况下，硬度较高的材料具有较好的耐磨性。公路路面、地面、大坝的溢流面、机场跑道、钢轨等都应采用耐磨性较好的材料。

材料的耐磨性通常用耐磨硬度或磨耗率表示，按下式计算：

块体材料：

$$Q = \frac{G_1 - G_2}{A}$$

散粒材料：

$$Q = \frac{G_1 - G_2}{G_1} \times 100\%$$

式中　Q —— 材料的耐磨硬度（g/cm^2）或磨耗率（%）；

　　　G_1、G_2 —— 材料耐磨性试验前后的质量（g）；

　　　A —— 试件受磨面积（cm^2）。

第四节　材料的耐久性、装饰性和环保性

一、材料的耐久性

材料的耐久性是指材料在长期使用过程中，抵抗其自身及外界环境因素的破坏作用，保持其原有性能不变质、不破坏的能力。材料耐久性的对立面即材料的劣化。

影响材料耐久性的因素有材料的组成、结构与构造的内部影响因素和外界环境对材料的

破坏作用。材料在使用环境中受到的破坏作用是错综复杂的，通常可分为物理作用、化学作用和生物作用三个方面。

（1）物理作用：材料使用环境中的温度变化、湿度变化和冻融循环、风力、浪力等破坏作用。这些破坏作用会使材料内部产生体积膨胀和收缩，使材料内部的裂缝逐渐发展，最后导致材料发生破坏。例如，因波浪、潮流等引起的物理侵蚀和机械侵蚀，因干湿循环引起的具有物理作用的湿胀干缩和盐的结晶与积累的膨胀破坏等。

（2）化学作用：环境中各种酸、碱、盐等物质的溶液及有害气体的侵蚀作用。这些物质会与材料产生化学反应，而引起材料质的改变，从而导致破坏。如海水、沼泽水、工业废水、工业废气、酸雨、空气中二氧化碳和二氧化硫等对建筑物的有害作用。

（3）生物作用：各种昆虫或菌类对材料的破坏作用，如真菌对木材的腐蚀作用，白蚁对建筑物的破坏等。

材料在使用环境中受到的破坏作用可以不止一种，如同时受到多种不利因素的联合破坏，将使建筑物的寿命大大缩短。

材料的耐久性直接影响建筑物的安全性和经济性。现代社会基础设施的建设日趋大型化和综合化，如超高层建筑、大型水利设施、海底隧道、人工岛等，且耗资巨大、建设周期长、维修困难。此外，随着人类对地下、海洋等苛刻环境的开发，也要求高耐久性的材料。造成结构物破坏的原因是多方面的，一般仅由于荷载的作用而遭破坏的实例并不多，而由于耐久性原因产生的破坏却日益增多，尤其是处于特殊环境下的结构物，如水工结构物、海洋工程结构物、盐碱结晶环境中的工程结构物等对耐久性的要求比对强度的要求更为重要。工程设计中按耐久性进行设计的比例越来越大，未来很多的大型建筑会由按耐久性设计取代目前使用的按强度进行的设计。

在目前的工程实践中，合理地选择材料并正确地设计、施工、使用和维护，可显著性地提高材料的耐久性，延长建筑物的寿命，降低使用过程中的运行费用和维修费用，从而获得较佳的社会效益和经济效益。

对材料耐久性的评定，可根据某些指标将材料划分为若干等级，如材料的抗渗等级、抗冻等级、抗老化等级、抗腐蚀等级等。

提高材料耐久性的有效途径是提高材料在使用环境中的化学稳定性，并改善内部孔的构造。

二、材料的装饰性

随着社会经济水平的提高，人们越来越追求舒适、美观、整洁和健康的居住、工作和各种室外活动的环境。建筑装饰材料是指能够美化环境、协调人工环境与自然环境之间关系、增加环境情趣的一类材料，它是目前发展和变化最快的建筑材料。

装饰材料对环境的美化效果主要取决于材料的光学性质、表面性质和几何性质。

1. 材料的光学性质

材料的光学性质包括颜色、光泽和透明性，其主要取决于材料的组成和结构。不同的颜色给人的感受不同：白色或浅色常给人以明快、清新的感觉；深色则显端庄、稳重；红色、橙色、黄色等属暖色，使人感到热烈、兴奋、温暖；绿色、蓝色、紫罗兰色等属冷色，使人感到宁静、优雅、清凉。光泽是材料对光线的反射（镜面反射和漫反射）效果，而镜面反射是产生光泽的主要因素，金属等晶体材料具有较好的光泽。透明性是光线对材料的透射效果，玻璃等非晶体材料具有较好的透明性。用具有较好光泽和透明性的材料进行装饰的环境，使人产生轻快感、豪华感和大空间感。

2. 材料的表面性质

材料的表面性质是指材料表面的粗细程度、软硬程度、凹凸现象、纹理构造、花纹图案等构造特征和材料表面的导热性质与化学性质等。人通过触觉、视觉、嗅觉从材料表面性质得到的综合感受称为材料的质感。例如，导热系数大的金属材料具有冷的触觉感受；天然石材、木材的晶斑和纹理给人以回归自然的感觉；混凝土给人以笨重、粗犷和脆硬的感觉；铝合金玻璃幕墙具有现代派的效果，使人感觉轻快、活跃、积极向上；材料表面的艺术图案、花纹、雕刻给人以优雅、柔和、轻松的感觉；天然木材装饰具有良好的触觉和视觉效果。

3. 材料的几何性质

材料的几何性质是指建筑装饰材料的几何形状与尺寸以及装饰物的空间造型形式。装饰制品有板状、块状、波浪片状、筒状、薄片状、异型等形状和不同的尺寸与规格，使用时可拼成各种图案和花纹。现场施工的地面、内外墙面和柱面等，通过适当的造型，如对水磨石、水刷石、干粘石、喷刷涂料进行分格形成各种图形，可获得一定的装饰效果。各种景观材料和园林造型材料，如绿化混凝土、彩色地砖、仿石、仿木材和仿古混凝土装饰制品等可提升环境的美观、整洁和趣味。

三、材料的环保性

材料的环保性主要涉及以下内容：

（1）材料在原材料开采、生产、运输、储存等过程中对地球资源、能源和环境的影响。

（2）材料在建筑施工中对能源的消耗以及产生的粉尘、污水、垃圾、噪音等对环境的影响。

（3）材料在使用过程中，其对人体健康、安全的危害问题以及能源的消耗问题。

（4）建筑物在解体时形成的垃圾、粉尘等对环境的影响以及垃圾的回收利用问题。

建筑材料的大量生产和使用，一方面为人类带来了越来越多的物质享受，另一方面也给地球的环境和生态平衡造成了不良的影响。我国每年要开采 50 多亿吨的黏土、石灰石和砂、石等材料用于生产水泥和混凝土，并砍伐了大量树木，从而造成自然景观的破坏、河床变形和改道，水土流失，耕地减少等现象。在消耗大量能源的同时，排出二氧化碳和二氧化硫等有害气体和粉尘。此外，城市噪声的 1/3 来自建筑施工。混凝土路面材料的不透水性、不透气性造成城市洪水泛滥、地下水位下降，严重影响植物生长，产生"热岛"现象。无机矿物质材料含有放射性物质，如放射性元素含量高的花岗石、大理石、煤矸石砖等，会使人患放射病、癌症或遗传性疾病；有机材料中，含高挥发性有机物质的涂料，含甲醛等过敏性化学物质较多的胶合板、纤维板、胶黏剂，以及含微细纤维物质的石棉纤维水泥制品等，都会对人体健康产生严重的危害。另外，有些装饰材料在温度较高时会放出有害气体。因此，研究材料的环保性，开发环保型材料，是 21 世纪建筑材料发展的重要课题。例如，利用工业废料、建筑垃圾等生产各种材料，研制新型保温隔热材料、吸声材料、绿色装饰装修材料、新型墙体材料、自密实混凝土、透水透气性混凝土、绿化混凝土、水中生物适应型混凝土，以及高强度、高性能、高耐久性材料等。

环保型材料是指既能减轻对地球环境造成的负荷，又能与自然生态环境友好协调共生、可持续发展，并能为人类构造更安全、舒适、健康环境的材料。

复习思考题

1. 什么叫作材料的组成？举例说明材料的组成与材料性质的联系。

2. 不同微观结构的材料性能特点如何？并利用其结构特点加以解释。

3. 材料的孔隙构造包括哪些内容？孔隙构造的改变如何影响材料的各种性质？

4. 什么叫作材料的绝对密实体积、视体积、表观体积和堆积体积？如何进行测定？

5. 什么是材料的孔隙率、密实度、开口孔隙率和闭口孔隙率？如何进行计算？

6. 什么是材料的空隙率和填充率？如何进行计算？其值大小在工程中有何实际意义？

7. 如何根据能量最低原则来说明材料的亲水性和憎水性？

8. 什么是材料的吸水性？用什么技术指标表示？如何计算？它与材料的孔隙构造有何联系？

9. 什么叫作材料的饱水率和饱水系数？有何实用意义？

10. 什么是材料的含水率？在工程中有何实用意义？

11. 什么是材料的抗渗性、抗冻性和耐水性？各用什么指标表示？如何通过改善材料孔隙的构造来提高这些性能？

12. 材料的导热系数、比热容和热容量与建筑物的使用功能有何联系？

13. 材料理论强度公式的物理意义是什么？材料实际强度为什么与理论强度存在巨大差异？

14. 影响材料强度的因素有哪些？

15. 在工程实践中如何对不同材料的强度进行合理利用？

16. 什么是材料的比强度？采用轻质高强材料对现代建筑有何意义？

17. 材料的弹性、塑性、韧性、脆性、硬度、耐磨性的定义是什么？相应的技术指标有哪些？

18. 简述材料塑性、韧性、耐磨性的工程实用意义。

19. 什么叫作材料的耐久性？影响材料耐久性的因素有哪些？

20. 高耐久性材料的应用对现代建筑有何意义？

21. 建筑装饰材料对环境的美化效果主要取决于哪些因素？

22. 什么叫作环保型建筑材料？材料的环保性主要涉及哪些方面的问题？

23. 某材料的干燥质量为 m，表面涂以密度为 $\rho_{蜡}$ 的石蜡后质量为 m_1，将涂有石蜡的材料放入水中称得质量为 m_2，试求该材料的表观密度（水的密度为 $\rho_水$）。

24. 已知密度为 2.80 g/cm³、视密度为 2.66 g/cm³ 的某材料干燥质量为 812 g，常压下吸水至饱和面干时质量为 820 g，该材料的饱水系数为 0.70。试求该材料的表观密度、质量吸水率、体积吸水率、开口孔隙率和闭口孔隙率（水的密度为 1 g/cm³）。

第二章 气硬性胶凝材料

建筑材料中，凡是材料自身或与其他物质（如水等）混合后，经过一系列化学变化、物理变化或物理化学变化，能逐渐硬化形成人造石，并且能将散粒材料（如砂、石子等）和块、片状材料（如砖、石块等）胶结成具有强度的整体，这一类材料统称为建筑用胶凝材料。

胶凝材料按其化学组成，可分为有机胶凝材料、无机胶凝材料和复合胶凝材料；按其获得方式，可分为天然胶凝材料和人工胶凝材料。目前在建筑工程中使用量最大的是人工的无机胶凝材料。

无机胶凝材料通常是一些粉状的矿物质材料，将其加水后可进行水化、凝结硬化而具有胶凝性能。无机胶凝材料按其硬化时的条件可分为气硬性胶凝材料和水硬性胶凝材料。

气硬性胶凝材料只能在空气中进行硬化，且只能在空气中保持或发展其强度，如石灰、石膏、水玻璃等；水硬性胶凝材料不仅能在空气中，也能更好地在水中硬化并保持和发展其强度，如各种水泥。

第一节 建筑石膏

石膏是一种古老的建筑胶凝材料，公元前 2500 年建造的古埃及胡夫金字塔就采用了石膏砂浆作为胶凝材料来黏结和砌筑石块。现代建筑中，石膏作为胶凝材料仍有着广泛的应用。石膏原料丰富，生产工艺简单，生产能耗低，价格低廉，不污染环境。石膏具有许多优良的性能，特别适用于现代建筑的室内隔断、装饰、装修工程。另外，石膏作为原材料还可应用于混凝土工程、硅酸盐制品和水泥工业等方面。总之，石膏作为一种环保型建筑材料已引起人们越来越多的重视。

一、石膏的原料和生产

生产石膏的原料包括天然二水石膏（$CaSO_4 \cdot 2H_2O$）、天然无水石膏（$CaSO_4$）和化工石膏。

天然二水石膏质地较软，故又称为软石膏，是生产石膏胶凝材料的最主要原料。纯净的二水石膏呈透明无色或白色状，但天然二水石膏矿物常含有砂、黏土、碳酸盐矿物以及氧化铁等各种杂质而呈灰色、褐色、赤色、淡黄色等多种颜色。天然二水石膏矿物晶形常呈板状、叶片状、针状和纤维状，有时也可见柱状晶形和燕尾形的双生连晶。天然二水石膏的密度介于 2.20 ~ 2.40 g/cm^3 范围内，莫氏硬度为 2。

天然无水石膏质地较硬，故又称为硬石膏，其密度为 2.90 ~ 3.00 g/cm³，莫氏硬度为 3 ~ 4。硬石膏一般为白色或透明无色，如含有杂质，则呈浅蓝、浅灰或浅红色。

化工石膏是化学工业生产中得到的副产品或废料，其主要化学成分是硫酸钙，也常用作生产石膏的原料，如磷石膏、氟石膏、芒硝石膏等。

石膏胶凝材料的主要生产工序是原料破碎、加热和熟料磨细。

在较低加热温度（120 ~ 180 ℃）条件下，天然二水石膏脱去 $1\frac{1}{2}$ 个结晶水而成为半水石膏，这种半水石膏通常称为低温煅烧石膏。

低温煅烧的半水石膏因加热时环境压力不同所得到的品种也不同：当二水石膏在蒸压条件下加热时脱出的结晶水为液体，得到的产品为 α 型半水石膏；当二水石膏在缺少水蒸气的干燥（常压）条件下加热时脱出的结晶水为水蒸气，得到的产品为 β 型半水石膏。加热化学反应式如下：

$$CaSO_4 \cdot 2H_2O \xrightarrow{\text{125 ℃ 0.13 MPa}} \alpha\text{-}CaSO_4 \cdot \frac{1}{2}H_2O + 1\frac{1}{2}H_2O$$

$$CaSO_4 \cdot 2H_2O \xrightarrow{\text{107~170 ℃}} \beta\text{-}CaSO_4 \cdot \frac{1}{2}H_2O + 1\frac{1}{2}H_2O$$

α 型半水石膏又称为高强石膏，它的原材料为杂质含量较少的天然二水石膏。由于 α 型半水石膏晶粒较粗大，在水中的分散较小，用其制备成标准稠度的净浆时需水量较小，故其浆体硬化后孔隙率较低，从而强度较高。

β 型半水石膏又称为普通建筑石膏，是建筑上应用最多的石膏品种。β 型半水石膏的晶粒较细小，在水中的分散度较大，需水量较大，硬化时水化产物不能充分地占据浆体的原充水空间，因此其硬化浆体孔隙率较大，强度较低。

二、煅烧温度和石膏变种

随着煅烧温度的增高，石膏成品的组成和结构将发生改变，从而形成不同的石膏变种。在石膏胶凝材料生产中，可通过控制煅烧温度得到更多的石膏品种。

在不同的煅烧温度下，石膏的变种可分为可溶性硬石膏（$CaSO_4 \text{III}$）、不溶性硬石膏（$CaSO_4 \text{II}$）和高温煅烧石膏（$CaSO_4 \text{I} + CaO$）。

当煅烧温度升至 230 ~ 360℃ 时，形成可溶性硬石膏。该石膏变种已无结晶水，但此时石膏晶体仍基本保持了原来半水石膏的结晶格子形式。由于水分子的失去使可溶性硬石膏的结构比较疏松，它的标准稠度需水量比半水石膏高 25% ~ 30%，所以硬化后强度较低。在石膏生产中应尽量避免出现可溶性硬石膏这一石膏变种。

当煅烧温度升至 500 ~ 750℃ 时，可得到不溶性硬石膏变种。此时石膏晶体已不再是原半水石膏的结晶格子形式，结构较为致密，因而难溶于水。由于溶解度较小，不溶性硬石膏水化反应能力降低较多，在没有激发剂存在的情况下，不溶性硬石膏几乎不能发生水化反应。生产中常将不溶性硬石膏磨成细粉并加入石灰等激发剂，使其具备一定的水硬胶凝性能，这种掺有激发剂的不溶性硬石膏磨细物称为硬石膏水泥或无水石膏水泥。

当煅烧温度达到 800 ~ 1 100 ℃ 时，形成高温煅烧石膏变种。高温煅烧石膏中除了完全脱水的无水石膏外，还有因部分 $CaSO_4$ 发生分解而得到的游离 CaO。此石膏变种仍较好地保持了硬石膏的结晶格子形式，由于分解出部分三氧化硫而导致其结构较疏松，因而不加激发剂，也具有水化、硬化的能力。这一石膏变种凝结较为缓慢，但耐水性、耐磨性较好，适用于制作地板，故又称地板石膏。

三、建筑石膏的水化、凝结与硬化

（一）建筑石膏的水化

建筑石膏加水后会立即与水进行化学反应生成二水石膏。其反应式为：

$$CaSO_4 \cdot \frac{1}{2}H_2O + 1\frac{1}{2}H_2O \longrightarrow CaSO_4 \cdot 2H_2O$$

化学反应研究的主要对象是反应方向和反应速度，用溶解-结晶理论可解释石膏化学反应的方向问题。

半水石膏加水后迅速溶解，很快形成半水石膏的饱和溶液，由于二水石膏具有比半水石膏小得多的溶解度，因此该溶液对二水石膏来说是高度过饱和的，故很快析出二水石膏晶体。由于二水石膏晶体的析出使溶液的浓度降低，破坏了原有的溶解平衡，此时半水石膏会进一步溶解以补偿因二水石膏析晶而在液相中减少的离子浓度。如此不断地进行半水石膏的溶解和二水石膏的析晶，直到半水石膏完全水化为止。

半水石膏的溶解度与同条件下二水石膏的平衡溶解度之比称为石膏溶液的过饱和度。石膏的反应速度实质上取决于溶液的过饱和度，过饱和度越大，水化反应速度越快。工程上常采用掺外加剂的方法改变半水石膏的溶解度，以此来控制石膏溶液的过饱和度和水化速度，从而满足施工需要。

（二）建筑石膏的凝结与硬化

石膏的凝结硬化过程是物理或物理化学变化的过程,通常可采用一些重要的物理量参数,如流动性、放热量、强度等和时间参数的关系进行研究。

研究结果表明石膏浆体在不同的龄期具有不同的结构特征，根据这些结构特征可将石膏浆体的凝结硬化过程分为下述三个阶段：

第一阶段，相应于石膏浆体的悬浮体结构形成。石膏加水后由于水的溶解作用和分散作用，使细微的固体粒子悬浮在水中，此时水为连续相，固体为分散相。过饱和溶液中有晶体析出但数量较少，浆体由于快速溶解而有显著的放热现象，此时浆体具有良好的流动性和可塑性。此阶段持续时间较短。

第二阶段，相应于凝聚结构的形成。在这一阶段，随着水化的进行，虽然水化产物在半水石膏固体粒子表面不断析出，固相尺寸和比例不断增大，但因固体粒子之间仍未直接接触，彼此之间存在一层水膜，粒子通过水膜以分子力相互作用，故这种结构无实质性的强度并具有触变复原的特性。在此阶段中，浆体的流动性和可塑性随时间的增加而逐渐降低。

第三阶段，相应于结晶结构网的形成和发展。在这个阶段，由于晶核的大量形成、长大以及晶体之间互相接触连生，逐渐在整个浆体中形成结晶结构网。固相成为连续相，水成为分散相，此时浆体已具有强度并随时间的增长而增长，直至水化条件终结时，强度才停止发展，并不再具有触变复原性。此阶段持续时间较长。

建筑石膏的凝结硬化过程如图 2.1 所示。

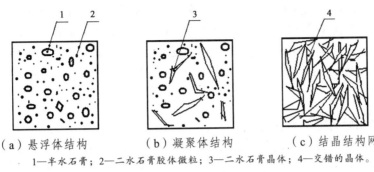

（a）悬浮体结构　　　（b）凝聚体结构　　　（c）结晶结构网

1—半水石膏；2—二水石膏胶体微粒；3—二水石膏晶体；4—交错的晶体。

图 2.1　建筑石膏凝结硬化示意图

四、建筑石膏的性质

通常所指的建筑石膏为 β 型半水石膏磨细而成的白色粉末材料，密度为 2.50 ~ 2.70 g/cm³，堆积密度为 800 ~ 1 450 kg/m³。

国家建筑石膏标准规定：建筑石膏的基本技术要求包括强度、细度和凝结时间，并根据这些技术要求将其划分为 3.0、2.0、1.6 三个等级，如表 2.1 所示。

表 2.1　建筑石膏物理力学性能（GB 9776—2008）

等级	细度（0.2 mm 方孔筛筛余）/%	凝结时间/min		2 h 强度/MPa	
		初凝	终凝	抗折	抗压
3.0				≥3.0	≥6.0
2.0	≤10	≥3	≤30	≥2.0	≥4.0
1.6				≥1.6	≥3.0

与水泥等相比，石膏具有以下特性：

1. 凝结硬化快、强度低

建筑石膏一般在加水后 30 min 左右即可完全凝结，在室内自然干燥条件下，一星期左右可完全硬化。为满足施工操作的要求，往往需掺加适量缓凝剂，如可掺 0.1% ~ 0.2% 的动物胶（需经石灰处理过）或 1% 亚硫酸纸浆废液，也可掺 0.1% ~ 0.5% 的硼砂或柠檬酸等。建筑石膏强度低，如表 2.1 所示。

2. 硬化后体积微膨胀

石膏浆体在凝结硬化初期会产生体积微膨胀（膨胀率为 0.05% ~ 0.15%），这使得石膏制品表面光滑细腻、尺寸精确、轮廓清晰、形体饱满，且干燥时不开裂，有利于制造复杂图案花形的石膏装饰制品。

3. 孔隙率高

建筑石膏水化的理论需水量为 18.6%，但为满足施工要求的可塑性，实际加水量为 60% ~

80%。石膏凝结后，多余水分蒸发，在石膏硬化体内留下大量孔隙，孔隙率可高达 40%～60%，因而建筑石膏制品的表观密度小（800～1 000 kg/m³）、强度低。石膏制品的热容量大，其大量的孔隙可随着室内温度的变化，吸收和放出水分，以此来调节室内温度和湿度，因此具有一定的调温调湿功能。当空气湿度较大时，石膏制品可通过毛细孔隙吸收水分；当空气湿度较小时，石膏制品又可将吸收的水分释放出来，以维持湿度的平衡性。石膏制品孔隙率高，且均为微细的毛细孔，故导热系数小[0.121～0.205 W/(m·K)]，隔热保温性与吸声性亦好。

4. 防火性好

建筑石膏硬化后的主要成分是二水石膏，而制品的大量孔隙中也会存在一些自由水分。遇火时，首先孔隙中的自由水蒸发，继而二水石膏中结晶水吸收热量也大量蒸发，在制品表面形成水蒸气幕，隔绝空气，可有效阻止火势蔓延。同时，又因其导热系数小，传热慢，故防火性好。制品厚度越大，防火性能越好。

五、石膏的应用

建筑石膏原料丰富、分布广泛、生产工艺简单、价格便宜、无污染，且具有上述许多优良的性能，是现代建筑中一种非常重要的材料。建筑石膏主要应用于室内装修、装饰、隔断、吊顶、保温隔热、吸声及防火等方面，一般做成石膏抹面灰浆、石膏装饰制品、石膏板制品后进行施工和安装。另外，在建筑工程的其他方面也有广泛的用途。

1. 制备石膏砂浆和粉刷石膏

由于建筑石膏的优良特性，常被用于室内高级抹灰和粉刷。建筑石膏加水、砂及缓凝剂拌和成石膏砂浆，可用于室内抹灰。石膏粉刷层表面坚硬、光滑细腻，不起灰，便于进行再装饰，如粘墙纸、刷涂料等。

由于石膏的"呼吸"作用，调节室内空气湿度，提高舒适度的功能。建筑石膏加水拌和成石膏浆体，可作为室内粉刷涂料，这时应加缓凝剂，以保证有足够的施工时间。

2. 制作石膏装饰制品

在建筑石膏中加入水、少量的纤维增强材料和胶料后，拌和均匀制成石膏浆体，利用石膏硬化时体积膨胀的性质，可成型制成各种石膏雕塑、饰面板及各种建筑装饰零件，如石膏角线、线板、角花、灯圈、罗马柱、雕塑等艺术装饰石膏制品（见图 2.2）。

图 2.2 石膏装饰制品

3. 制作各种石膏板制品

建筑石膏是制作各种石膏板材的主要原料，石膏板是一种质量轻、强度较高、绝热、吸声、防火、可锯可钉的建筑板材，是当前着重发展的新型轻质板材。石膏板广泛地应用于各种建筑物的内隔墙、墙体覆面板、天花板和各种装饰板。

在石膏板的生产制作过程中，为了获得更多优良的性能，通常加入一些其他材料和外加剂。制造石膏板时加入锯末、膨胀珍珠岩、膨胀蛭石、陶粒、膨胀矿渣等轻质多孔材料，或加入泡沫剂、加气剂等可减小其表观密度并提高保温性、隔音性；在石膏板中加入纸筋、麻刀、石棉、玻璃纤维等增强材料，或在石膏板表面粘贴纸板，可提高其抗裂性、抗弯强度并减小脆性；在石膏板中加入水泥、粉煤灰、粒化矿渣以及各种有机防水剂可提高其耐水性。加入沥青质防水剂并在板面包覆防水纸或乙烯树脂的石膏板，不仅可用于室内，也可用于室外，甚至可用于浴室的墙板。

我国目前生产的石膏板，主要有纸面石膏板、空心石膏条板、石膏装饰板和纤维石膏板等。

纸面石膏板以建筑石膏作芯材、两面用纸作护面制作而成，主要用于内墙、隔墙和天花板处，安装时需先架设龙骨。

石膏空心条板以建筑石膏为主要原料，加入纤维等材料以类似于混凝土空心板生产工艺制成。石膏空心条板孔数为 7~9 个，孔洞率为 30%~40%，无须设置龙骨，施工方便，主要用于内墙和隔墙。

石膏装饰板的主要原料为建筑石膏、少量的矿物短纤维和胶料。石膏装饰板是具有多种图案和花饰的正方形板材，边长为 300~900 mm，有平板、多孔板、印花板、压花板、浮雕板等，造型美观多样，主要用于公共建筑的墙面装饰和天花板等。

纤维石膏板是以建筑石膏、纸浆、玻璃或矿棉短纤维为原料制成的无纸面石膏板。这种石膏板的抗弯强度和弹性模量均高于纸面石膏板，可用于内墙和隔墙，也可用来代替木材制作家具。

另外，还有石膏蜂窝板、穿孔石膏板、防潮石膏板、石膏矿棉复合板等，可分别用作绝热板、吸声板，以及墙面、顶棚、地面基层板材料。

4. 石膏的其他用途

石膏除了广泛地应用于建筑装修、装饰工程外，还大量地应用于建筑工程中的其他方面。例如，加入泡沫剂或加气剂可制成多孔石膏砌块制品，用作建筑物的填充墙材料，可改善或提高绝热、隔音等性能，并能降低建筑物自重。

在硅酸盐水泥生产中必须加入石膏作为缓凝剂；石膏可生产无熟料水泥，如石膏矿渣无熟料水泥等；石膏可制造硫铝酸盐膨胀水泥和自应力水泥；石膏可生产各种硅酸盐制品和用作混凝土的早强剂等。高温煅烧石膏可做成无缝地板、人造大理石、地面砖以及墙板和代替白水泥用于建筑装修。

建筑石膏在运输和储存过程中应防止受潮，储存期一般不宜超过三个月，超过三个月后，其强度可降低 30%。

第二节　建筑石灰

石灰也是一种古老的建筑胶凝材料。在西周时期的陕西凤雏遗址中，其土坯墙就采用了三合土（石灰、黄沙、黏土）抹面，距今已有 3 000 多年的历史。由于石灰原材料分布广、储量大、生产工艺简单、成本低廉、性能优良，所以至今仍被广泛应用于建筑工程和建筑材料工业生产中。

一、石灰的原料与生产

制造石灰的原料是以碳酸钙为主要成分的天然岩石，如石灰石、白云石、白垩、大理石碎块等，另外还可利用电石渣（主要成分为氢氧化钙）等工业废渣来生产石灰。

将主要成分为碳酸钙的原料，在适当的温度下进行煅烧，分解出二氧化碳，得到以氧化钙为主要成分的气硬性胶凝材料 —— 生石灰。其反应式为：

$$CaCO_3 \xrightarrow{1\ 000\sim1\ 200\ ℃} CaO + CO_2 \uparrow$$

碳酸钙的分解过程是可逆的，为了使反应向正方向进行，在石灰煅烧过程中必须适当提高煅烧温度并及时排出二氧化碳气体。

天然石灰原料中常含有黏土等杂质，当黏土杂质含量超过 8% 时，由于固相反应生成较多的水硬性矿物，如 β 型硅酸二钙等，会使石灰性质发生变化，即由气硬性石灰转向水硬性石灰，因此在石灰生产中应控制黏土杂质的含量。

另外，石灰原料中还常含有碳酸镁成分，在石灰煅烧时会形成氧化镁。根据生石灰中氧化镁的含量可分为钙质生石灰（氧化镁含量不大于 5%）和镁质生石灰（氧化镁含量大于 5%）。

碳酸钙分解时，失去原质量 44% 的二氧化碳气体，而煅烧石灰的表观体积仅比石灰石表观体积减小 10%～15%，因此生石灰具有多孔结构。

常压下，碳酸钙的理论分解温度为 898℃，实际生产中煅烧温度受到原材料种类、结构、致密程度、料块尺寸、杂质含量以及窑体热损失等诸多因素的影响，实际煅烧温度应显著高于理论温度，一般控制在 1 000～1 200℃ 或者更高一些。

控制适宜的煅烧温度和煅烧时间是获得优质生石灰的必要条件。

在煅烧温度过低、煅烧时间不充分的情况下，碳酸钙不能完全分解，将生成欠火石灰。欠火石灰会降低生石灰的产浆量，使生石灰的胶凝性能变差。在煅烧温度过高、煅烧时间过长的情况下，则生成过火石灰。过火石灰结构致密，具有较小的内比表面积且晶粒粗大，此时氧化钙处于烧结状态，其表面常被原料中易熔黏土杂质熔化时所形成的玻璃釉状物包覆，因此过火石灰的消解很慢。过火石灰用于工程中时会发生质量事故，在正常煅烧石灰硬化以后，过火石灰才缓慢地吸湿消解，放出热量并产生体积膨胀，引起石灰硬化浆体的隆起和开裂。

石灰原料中所含的菱镁矿杂质，其分解温度远低于碳酸钙的分解温度，在煅烧过程中氧化镁处于过烧状态，从而导致影响石灰的质量。故当原料中菱镁矿含量较多时，应在保证碳酸钙充分分解的前提下尽量降低煅烧温度。对于硅酸盐制品，为避免引起体积安定性不良，应限制原料中菱镁矿的含量。

二、石灰的消解

建筑工地上使用石灰时，通常将生石灰加水，使之消解为氢氧化钙，即熟石灰后，再进行施工，这个过程称为石灰的消解或熟化。其反应式为：

$$CaO + H_2O \longrightarrow Ca(OH)_2 + 64.9 \text{ kJ/mol}$$

生石灰熟化时放出大量的热量，其最初 1 h 的放热量是半水石膏的 10 倍和普通硅酸盐水泥的 9 倍；生石灰熟化时体积膨胀 1 ~ 2.5 倍。石灰水化时的上述特征，在使用过程中必须予以特别的重视。

在生石灰的消解过程中应注意温度的控制：温度过低时消解速度较慢，温度过高时又会引起可逆反应，使氢氧化钙重新分解，从而影响消解质量。生石灰在消解过程中的体积膨胀会产生 14 MPa 以上的膨胀压力，当使用生石灰来制作石灰制品和硅酸盐制品时，如果不设法抑制或消除生石灰的这种有害膨胀，它就会使制品发生破坏性的体积变形。因此，在建筑工程中采用熟石灰进行施工不失为一种安全可靠的方法。

生石灰消解的理论用水量为其质量的 32%，由于石灰消解时温度较高，水分蒸发较多，为了保证氧化钙的充分水化，实际的用水量明显多于理论用水量。

根据用水量的不同，可将生石灰消解成消石灰粉和石灰膏两种熟石灰。

加入适量的水（一般为生石灰质量的 60% ~ 80%）可得到消石灰粉，具体的加水量按实际情况以经验确定，加入的水分应保证生石灰充分消解又不致过湿成团。消解过程在密闭的容器中进行较佳，此时既可减少热量损失和水分蒸发，又能防止碳化。工地上常采用分层喷淋法生产消石灰粉。将生石灰碎块平铺于不能吸水的平地上，每层厚约 20 cm，用水喷淋一次，然后上面再铺一层生石灰，接着再喷淋一次，直至 5 ~ 7 层为止，最后用砂或土予以覆盖，以保持温度、防止水分蒸发，使石灰充分消解，同时又可阻止产生碳化作用。在此条件下静置 14 d 以上即可取出使用。消石灰粉用于拌制石灰土（石灰、黏土）和三合土（石灰、黏土、碎砖或砂石、炉渣等骨料），应用于道路基层、建筑物基础、地面等工程。

加入大量的水可制得消石灰膏。石灰膏是将生石灰在化灰池或熟化机中加水搅拌，先消解成稀薄乳状的石灰浆，然后经滤网过滤去除未消解颗粒或杂质后流入储灰池，石灰浆的表面应覆盖一层水，以隔绝空气防止石灰浆碳化。在此条件下静置 14 d 以上后，除去上层水分取出储灰池中沉淀物（即石灰膏）进行施工。石灰膏用于调制石灰砂浆或水泥石灰混合砂浆，应用于工业与民用建筑的砌筑工程和抹灰工程。

上述两种熟石灰消解时静置 14 d 以上的过程称为石灰的陈伏。石灰陈伏的目的是消除过火石灰的危害，得到质地较软、可塑性较好的熟石灰。在陈伏过程中应注意防止石灰碳化。

建筑工程中采用熟石灰进行施工，主要是为了避免生石灰由于水化时的放热和体积膨胀所带来的破坏。但熟石灰的硬化速度较慢，强度较低。用球磨机将块状生石灰磨细而得到的粉末状产品称为磨细生石灰粉，磨细生石灰水化时放热均匀且无明显的体积膨胀，因此磨细生石灰可不经消解，加入适量的水（一般占石灰质量的 100% ~ 150%）拌匀后即可使用。这时熟化和硬化成为一个连续的过程，由于磨得很细，过火石灰体积膨胀的危害得到了很好的抑制，因此磨细生石灰使用时不需陈伏。与一般使用方法相比，磨细生石灰制品具有较快的硬化速度和较高的强度。目前，磨细生石灰工艺不仅大量应用于建筑材料工业生产，也越来越多直接应用于建筑工程中。

三、石灰浆的硬化

气硬性石灰在空气中的硬化是通过结晶和碳化两个同时进行的过程来完成的。

1. 结晶过程

石灰浆体在干燥环境中，其自由水逐渐蒸发或被基层材料吸收，将引起氢氧化钙溶液的过饱和，从而产生结晶过程。氢氧化钙晶粒随结晶的进行不断长大并彼此靠近，最后交错结合在一起，形成一个整体。另外，石灰浆体由于失水收缩产生毛细管压力，使石灰粒子互相紧密靠拢而获得强度。

2. 碳化过程

石灰浆体表面的氢氧化钙与空气中的二氧化碳发生反应，生成实际上不溶于水的碳酸钙晶体，释放出的水分则被逐渐蒸发。其反应式为：

$$Ca(OH)_2 + CO_2 + n\,H_2O \longrightarrow CaCO_3 + (n+1)H_2O$$

上述反应只在有水存在的情况下才能进行。

由于生成碳酸钙时体积有所膨胀，且碳酸钙的强度明显高于氢氧化钙，因此碳化后石灰浆体的密实度和强度均有明显的提高。由于空气中二氧化碳的浓度很小，按体积计算仅占整个空气的 0.03%，且石灰浆体表面已形成致密的碳化层，使二氧化碳很难再深入其内部，因此碳化的过程更加缓慢；同时，已形成的碳化层也阻止了浆体内部水分的蒸发，使氢氧化钙的结晶速度减缓。因而石灰浆体的硬化是非常缓慢的。

值得注意的是，上述内容是指石灰浆在空气中凝结硬化，而生石灰用于生产硅酸盐制品以及消石灰粉的工程应用时的硬化与上述不同，生石灰生产硅酸盐制品等是将本身的氢氧化钙与环境中较为活性的二氧化硅、三氧化二铝等参与反应而凝结硬化成为水硬性胶凝材料，可参见后面的掺混合材料水泥的水化、硬化。

四、建筑石灰的技术要求与性质

1. 石灰的技术要求

建筑石灰根据成品加工方法的不同，可分为块状的建筑生石灰、磨细的建筑生石灰粉、建筑消石灰粉和建筑消石灰膏。

建筑生石灰为块状和磨细粉状，其颜色随成分不同而异。纯净的为白色，含杂质时呈灰色、浅黄色等。过火石灰色泽暗淡呈灰黑色，欠火石灰其断面中部色彩深于边缘色彩。

生石灰的密度取决于原料成分和煅烧条件，通常为 3.10～3.40 g/cm^3；堆积密度取决于原料成分、煅烧品质、装料紧密程度及粒块尺寸等，通常为 600～1 100 kg/m^3。消石灰粉的密度约为 2.10 g/cm^3，堆积密度为 400～700 kg/m^3。

建筑石灰的质量好坏主要取决于有效物质（CaO + MgO）的含量和杂质的含量。有效物质是石灰中能够和水发生水化反应的物质，它的含量反映了石灰的胶凝能力，有效物质越多，产浆量越高，按标准《建筑生石灰》（JC/T 479—2013）建筑生石灰中 MgO 含量超过 5% 为镁质石灰，含量不超 5% 的为钙质石灰。欠火石灰和各种杂质则无胶凝能力。过火石灰的存在会影响体积安定性。石灰粉的细度越大，施工性能越好，硬化速度越快，质量也越好。块状生石灰中细颗粒含量越多质量越差。建筑消石灰粉还有游离水含量的限制和体积安定性合格的要求。

2. 石灰浆的特性

1）保水性好

生石灰消解为石灰浆时生成的氢氧化钙颗粒极细小（粒径约 1 μm），呈胶体分散状态，比表面积大，对水的吸附能力强，表面能吸附一层较厚的水膜，因而保水性好，水分不易泌出，并且水膜使颗粒间的摩擦力减小，故可塑性也较好。在水泥砂浆中加入石灰浆使可塑性显著提高，且克服了水泥砂浆保水性差的缺点。

2）硬化慢、强度低

由于石灰浆体在硬化过程中的结晶作用和碳化作用都极为缓慢，所以强度低。如 1:3 配比的石灰砂浆，其 28 d 的抗压强度只有 0.2～0.5 MPa。

3）硬化时体积收缩大

石灰浆体在干燥硬化过程中蒸发出大量的游离水，由于毛细水的失去产生毛细管压力，使毛细孔孔径缩小，从而引起硬化浆体体积收缩。石灰浆体的硬化收缩变形较大，会导致已硬化的浆体局部开裂破坏。因此，石灰不宜单独使用，通常在其中掺入砂、纸筋、草秸、麻刀等来缓解体积收缩变形。

4）硬化后耐水性差

由于石灰浆体硬化慢、强度低，在石灰硬化体中，大部分仍是尚未碳化的 $Ca(OH)_2$。$Ca(OH)_2$ 微溶于水，当已硬化的石灰浆体受潮时，耐水性极差，软化系数接近于零，强度丧失，引起溃散，故石灰不宜用于潮湿环境及易受水浸泡的部位。

五、建筑石灰的应用

石灰作为一种传统的建筑材料，其几千年的使用历史足以印证人类对这种材料的信任和依赖，至今石灰仍作为重要的建筑材料广泛应用于各类建筑工程和建筑材料工业生产中。

1. 配制石灰砂浆和灰浆

采用石灰膏作为原材料可配制石灰砂浆和石灰水泥混合砂浆，其施工和易性较好，广泛应用于工业与民用建筑的砌筑和抹灰工程中。石灰砂浆应用于吸水性较大的基层（如普通黏土砖）时，应事先将基底润湿，以免石灰砂浆脱水过快而成为干粉，丧失胶凝能力。

在建筑工程中，常用石灰膏或消石灰粉与其他不同材料加水拌和均匀而获得各种灰浆，如石灰麻刀灰浆、石灰纸筋灰浆等，用于建筑抹面工程。

用石灰膏或消石灰粉掺入大量水可配制成石灰乳涂料。可在涂料中加入碱性颜料，以获得各种色彩；加入少量水泥、粒化高炉矿渣或粉煤灰可提高耐水性；调入干酪素、氯化钙或明矾，可减少涂层的粉化现象。石灰乳涂料可用于对装饰要求不高的室内粉刷。

2. 配制石灰土和三合土

消石灰粉在建筑工程中广泛用于配制石灰土和三合土。石灰土为消石灰粉与细粒黏土均匀拌和而成，质量比为 1:2～1:4；三合土为消石灰粉、黏土、砂和石子或炉渣等混合而成，质量比为 1:2:3。石灰土和三合土的施工方法是加入适量的水，通过分层击打、夯实或碾压密实使结构层具有较高的密实度。石灰土和三合土结构层具有一定的水硬胶凝性能，石灰稳定土的作用机理尚待继续研究。其原因可能是在强力夯打和振动碾压的作用下，黏土微粒表面被部分活化，此时黏土表面少量的活性氧化硅和氧化铝与石灰进行化学反应，生成了水硬性的水化硅酸钙和水化铝酸钙，将黏土颗粒胶结起来。另外，石灰中的少量黏土杂质经煅烧后也具有一定的活性，炉渣等中也存在一些活性成分，因此石灰土结构层的强度和耐水性得以提高。石灰土和三合土广泛应用于建筑物基础、垫层、堤坝、公路基层和各种地面工程中。

3. 生产硅酸盐制品

硅酸盐制品是以石灰和硅质材料（如石英砂、煤矸石、粉煤灰、矿渣等）为主要原料，加水拌和成型后，经蒸汽养护或蒸压养护得到的成品。钙质材料与硅质材料经水热合成后，其胶凝物质主要是水化硅酸钙盐类，故统称为硅酸盐制品。常用的有各种粉煤灰砖及砌块、炉渣砖和矿渣砖及砌块、蒸压灰砂砖及砌块、蒸压灰砂混凝土空心板、加气混凝土等。

4. 制造碳化制品

用磨细生石灰与砂子、尾矿粉或石粉配料，加入少量石膏经加水拌和压制成型，制得碳化砖坯体；用磨细生石灰、纤维填料（如玻璃纤维）和轻质骨料（如矿渣）经成型后得到碳化板坯体。上述两种坯体利用石灰窑所产生的二氧化碳废气进行人工碳化后，即可得到轻质的碳化砖和碳化板制品。石灰制品经碳化后其强度将大幅提高，如灰砂制品经碳化后强度可提高 4 ~ 5 倍。碳化石灰空心板的表观密度为 700 ~ 800 kg/m³（当孔洞率为 34% ~ 39% 时），抗弯强度为 3 ~ 5 MPa，抗压强度为 5 ~ 15 MPa，导热系数小于 0.2 W/（m·K），可锯、可刨、可钉，所以这种材料适宜用作非承重的内墙隔板、天花板等。

5. 生产无熟料水泥

将石灰和活性的玻璃体矿物质材料（活性的天然硅质材料或工业废料），按适当比例混合磨细或分别磨细后再均匀混合，制得的非煅烧水硬性胶凝材料称为无熟料水泥。如石灰矿渣水泥、石灰粉煤灰水泥、石灰烧黏土水泥、石灰烧煤矸石水泥、石灰沸石岩水泥、石灰页岩灰水泥等。

无熟料水泥的共同特性是强度较低，特别是早期强度较低、水化热较低，对于软水、矿物水等有较强的抵抗能力。适用于大体积混凝土工程，蒸汽养护的各种混凝土制品，水中混凝土和地下混凝土工程；不宜用于对强度要求高，特别是早期强度要求高的工程，不宜在低温条件下施工。

第三节　水玻璃

水玻璃俗称泡花碱，是一种能溶于水的硅酸盐，由不同比例的碱金属氧化物和二氧化硅组成。建筑上常用的水玻璃为硅酸钠的水溶液，它是无色或淡黄色、灰白色的黏稠液体。

一、水玻璃的生产

水玻璃的生产可采用湿法或干法。湿法生产硅酸钠水玻璃时，将石英砂和苛性钠溶液置于压蒸锅（0.2～0.3 MPa）内，用蒸汽加热，并加以搅拌，使之直接反应生成液体水玻璃。干法是指将石英砂和碳酸钠磨细拌匀，在 1 300～1 400℃ 温度下熔化，经冷却后得到固体水玻璃，然后在水中加热溶解得到液体水玻璃。其反应式为：

$$2NaOH + n\ SiO_2 \xrightarrow{\text{湿法}} Na_2O \cdot n\ SiO_2 + H_2O$$

$$Na_2CO_3 + n\ SiO_2 \xrightarrow{\text{干法}} Na_2O \cdot n\ SiO_2 + CO_2 \uparrow$$

氧化硅与氧化钠的分子数比 n 称为水玻璃模数，一般为 1.5～3.5。n 值越大，则水玻璃的黏度越大，黏结力、强度、耐酸性、耐热性也较好，但其在水中的溶解能力降低。同一模数的液体水玻璃，其浓度越高，溶液的密度越大，黏结力越强。

水玻璃模数的大小可根据要求配制，加入氢氧化钠或硅胶可改变水玻璃的模数。工程中也可将两种不同模数的水玻璃掺配使用，以满足施工需要。当液体水玻璃的浓度太小或太大时，可用加热浓缩或加水稀释的方法进行调整。

建筑上常用水玻璃的模数为 2.6～3.0，溶液密度为 1.30～1.50 g/cm^3。

二、水玻璃的硬化

液体水玻璃在空气中与二氧化碳反应，生成无定型的硅酸凝胶，在干燥环境中，硅酸凝胶逐渐脱水产生质点凝聚而硬化。其反应式如下：

$$Na_2O \cdot n\ SiO_2 + CO_2 + m\ H_2O \longrightarrow Na_2CO_3 + n\ SiO_2 \cdot m\ H_2O$$

$$n\ SiO_2 \cdot m\ H_2O \longrightarrow n\ SiO_2 + m\ H_2O$$

由于空气中二氧化碳含量有限，液体水玻璃的碳化速度很慢。为加速硬化，在施工中常使用促硬剂，常用的促硬剂为氟硅酸钠。水玻璃加入氟硅酸钠后发生如下反应，促使硅酸凝胶加速析出：

$$2(Na_2O \cdot n\ SiO_2) + Na_2SiF_6 + m\ H_2O \longrightarrow (2n+1)SiO_2 \cdot m\ H_2O + 6NaF$$

氟硅酸钠的用量为水玻璃质量的 12%～15%，用量太少不能达到促硬效果，用量过多则使水玻璃凝结过快，使施工困难，强度也不高。

三、水玻璃的性质与应用

水玻璃是一种气硬性胶凝材料，其最终强度取决于无定型硅酸胶体物质在干燥环境中脱水凝聚形成凝胶的过程。硬化后的水玻璃中仍含有少量氟化钠、氟硅酸钠和硅酸钠等可溶性盐，因此水玻璃的硬化速度较慢，耐水性较差。

水玻璃为胶体物质，具有良好的黏结能力；液体水玻璃对其他多孔材料的渗透性较好，其硬化时析出的硅酸凝胶有堵塞毛细孔隙而防止水渗透的作用；水玻璃的高温稳定性较好，温度较高时，无定型硅酸更易脱水凝聚，强度无降低甚至有所提高；水玻璃是一种酸性材料，具有较高的耐酸性能，能抵抗大多数无机酸和有机酸的侵蚀作用。根据上述水玻璃的性质，它在建筑工程中的应用范围广泛。

1. 表面浸渍涂料

水玻璃涂刷于其他材料表面，可提高抗风化能力。用浸渍法处理后的多孔材料其密实度、强度、抗渗性、抗冻性和耐腐蚀性均有不同程度的提高。工程上常采用密度为 1.35 g/cm³ 的水玻璃溶液对黏土砖、硅酸盐制品、水泥混凝土和石灰石等表面进行多次涂刷和浸渍，均可获得良好的效果。特别是对于含有氢氧化钙的材料，如水泥混凝土和硅酸盐制品等，由于水玻璃与石灰产生化学反应，生成水化硅酸钙凝胶，浸渍效果更佳。但水玻璃不能用于涂刷和浸渍石膏等制品，否则会产生化学反应，在制品孔隙中形成大量硫酸钠结晶，产生膨胀压力，从而导致制品的破坏。

2. 配制建筑涂料和防水剂

将水玻璃与聚乙烯按比例配合，加入填料、助剂、色浆及稳定剂，可配制成内墙涂料；水玻璃可用作水泥的快凝剂，用于抢修或堵漏；以水玻璃为基料，加入两种、三种、四种或五种矾配制成的防水剂，分别称为二矾、三矾、四矾或五矾防水剂。

3. 配制耐酸混凝土和砂浆

采用模数为 3.3 ~ 4.0、密度为 1.30 ~ 1.45 g/cm³ 的水玻璃，12% ~ 15% 的氟硅酸钠促硬剂和磨细的耐酸矿物粉末填充剂（如石英砂、辉绿岩粉、铸石粉等）可配制水玻璃耐酸胶泥，在其中加入耐酸粗、细骨料，即可配制成耐酸砂浆和耐酸混凝土。水玻璃耐酸材料广泛应用于防腐工程中。

4. 配制耐热混凝土和砂浆

水玻璃硬化后形成二氧化硅空间网状骨架，具有良好的耐热性。以水玻璃为胶凝材料，氟硅酸钠为促硬剂，掺入磨细的填料（如黏土熟料粉、石英砂粉、砖瓦粉末等）及耐热粗、细骨料（如耐火砖碎块、铬铁矿、玄武岩等）可配制成水玻璃耐热混凝土或砂浆，其极限使用温度在 1 200 ℃ 以下。

5. 灌浆材料

将模数为 2.5 ~ 3.0 的液体水玻璃和氯化钙溶液加压注入土层中，两种溶液发生化学反应，析出硅酸胶体包裹土颗粒并填充其空隙。硅酸凝胶因吸附地下水而产生体积膨胀，可加固土地基并提高地基的承载力。

第四节　镁氧水泥

镁氧水泥又称镁质胶凝材料、氯氧镁水泥或镁质水泥，它是将轻烧氧化镁胶凝材料和工业氯化镁的水溶液混合调制而成的一种气硬性胶凝材料。

轻烧氧化镁通常采用菱苦土。菱苦土是以天然菱镁矿（主要成分为 $MgCO_3$）为主要原料，经煅烧后再磨细得到的以氧化镁为主要成分的白色或浅黄色粉末材料。我国菱镁矿蕴藏量丰富，矿藏分布较广，辽宁、吉林、内蒙古、宁夏、山东、湖北等为主要产地。菱苦土与工业氯化镁的质量应符合《镁质胶凝材料用原料》（JC/T 449—2021）的规定。

碳酸镁一般在 400 ℃ 开始分解，600~650 ℃ 时分解反应剧烈进行，实际煅烧温度一般为 750~850 ℃。其反应式如下：

$$MgCO_3 \xrightarrow{煅烧} MgO + CO_2 \uparrow$$

煅烧适度的菱苦土密度为 3.10~3.40 g/cm^3，堆积密度为 800~900 kg/m^3。

用水拌和菱苦土时，浆体凝结缓慢，生成的氢氧化镁是一种松散的、胶凝能力较差的物质，因此浆体硬化后强度很低。通常采用氯化镁（$MgCl_2 \cdot 6H_2O$）水溶液代替水进行调拌，此时的主要水化产物是氧氯化镁（$x\,MgO \cdot y\,MgCl_2 \cdot z\,H_2O$）复盐和氢氧化镁。用氯化镁水溶液（卤水）拌和比用水拌和时硬化更快、强度更高，拌和时氯化镁和菱苦土的适宜质量比为 0.50~0.60。

镁氧水泥的技术要求主要有：有效氧化镁含量、体积安定性、凝结时间、抗压和抗折强度等，另外对菱苦土还有细度要求。根据这些指标将镁氧水泥分为Ⅰ级品、Ⅱ级品、Ⅲ级品。轻烧氧化镁物理化学性能应符合表 2.2 中的规定。

表 2.2　镁氧水泥的强度要求（JC/T 449—2021）

指　标		级　别		
		Ⅰ级	Ⅱ级品	Ⅲ级
氧化镁/活性氧化镁（MgO）/%		≥90/70	≥80/55	≥70/40
游离氧化钙（fCaO）/%		≤1.5	≤2.0	≤2.0
烧失量		≥6	≥8	≥12
细度（80 μm 筛析法）筛余/%		≤10	≤10	≤10
抗折强度/MPa	1 d	≥5.0	≥4.0	≥3.0
	3 d	≥7.0	≥6.0	≥5.0
抗压强度/MPa	1 d	≥25.0	≥20.0	≥15.0
	3 d	≥30.0	≥25.0	≥20.0
凝结时间	初凝/min	≥40	≥40	≥40
	终凝/h	≤7	≤7	≤7
安定性		合格	合格	合格

镁氧水泥与木材及其他植物纤维有较强的黏结力，而且碱性较弱，不会腐蚀分解纤维。建筑工程中常用其制作菱苦土木屑地面、木屑板和木丝板等代替木材。菱苦土板材可用于室内地面、内墙、隔墙、天花板，还可用于窗台、门窗框和楼梯扶手等。

镁氧水泥吸湿性大，耐水性差，易泛霜、变形，故其制品不宜用于潮湿环境。另外，因含有氯离子且碱性较低，钢筋易锈蚀，故其制品中不宜配置钢筋。

为提高镁氧水泥制品的耐水性，可掺加适量的活性混合材料（如磨细碎砖或粉煤灰等）和改性剂；在制品中掺加适量的滑石粉、石英砂、石屑等可提高强度和耐磨性，但会降低隔热性和增大表观密度；加入泡沫剂可制成轻质多孔的镁氧水泥保温隔热制品；在生产时加入碱性颜料可得到不同色彩的制品。

菱苦土在运输储存时应避免受潮和碳化，存期不宜过长，否则将失去胶凝性能。

将白云石（$MgCO_3 \cdot CaCO_3$）经过煅烧并磨细可生产出苛性白云石，又名白云灰，其主要成分为氧化镁和碳酸钙，如下：

$$MgCO_3 \cdot CaCO_3 \xrightarrow{650\sim750\ ℃} MgO + CaCO_3 + CO_2 \uparrow$$

苛性白云石为白色粉末，其性质与菱苦土相似，但凝结较慢，强度较低。强度较高的白云灰其用途与菱苦土相似，低强度的白云灰可用作建筑灰浆。

复习思考题

1. 什么叫作建筑胶凝材料和气硬性胶凝材料？

2. 不同煅烧条件下石膏的品种有哪些？不同的石膏品种的组成和结构如何？各自性能如何？

3. 简述半水石膏的水化和凝结硬化过程。

4. 什么叫作石膏浆体的悬浮体结构、凝聚结构和结晶结构？

5. 建筑石膏的性能有哪些特点？与其应用的关系如何？

6. 为什么说石膏是一种很好的室内装饰材料？

7. 煅烧温度和煅烧时间对生石灰的质量有何影响？

8. 工地上熟化石灰的方法有哪些？为何要采用熟石灰进行施工？

9. 什么叫作石灰的陈伏？有何目的？

10. 用磨细生石灰代替熟石灰进行施工有何优点？为何要将生石灰磨细？

11. 建筑石灰有哪些用途？与其性能有何联系？

12. 水玻璃的模数、溶液密度对其性能有何影响？

13. 水玻璃在建筑工程中的应用主要有哪些？与其性质有何联系？

14. 为什么菱苦土在使用时不能用水拌和？

15. 镁氧水泥在建筑上的应用主要有哪些？

16. 无机气硬性胶凝材料共同的缺点是什么？其原因有哪些？如何进行改善？

第三章 水 泥

凡磨成细粉末状，加入适量水后成为塑性浆体，既能在水中硬化，又能将砂、石等散状材料或纤维材料胶结在一起的水硬性胶凝材料，通称为水泥。

水泥是最重要的建筑材料，广泛用于工业、农业、水利、交通、城市建设、海港和国防建设中，水泥已成为任何建筑工程中均不可缺少的建筑材料。

水泥的发展历史可以追溯到 18 世纪，当时人们开始利用天然的水泥岩（黏土含量为 20%~25% 的石灰石）煅烧、磨细生产天然水泥，后来利用石灰石和一定量的黏土磨细、煅烧生产水硬性的石灰。直到 1824 年，英国建筑工人阿斯普丁（Aspdin）申请了生产波特兰水泥（portland cement，我国称为硅酸盐水泥）的专利，并于 1825—1843 年间大规模地用于修建泰晤士河的隧道工程中，水泥才得到日益普遍的应用和发展。我国从 1876 年开始生产水泥，1985 年我国水泥产量达到 1.5 亿吨，跃居世界第一，至今仍一直保持总产量第一的地位。2014 年，我国水泥产量达到最高峰 24.76 亿吨，约占全球水泥产量的 58%。之后一直保持在 23 亿~24 亿吨范围内，2021 年我国水泥产量为 23.63 亿吨。水泥在生产过程中对环境会产生气、水及噪声等污染，其中主要污染是对大气排放粉尘及有害气体。近些年，我国在结构性调整和减少烟尘排放方面取得了重要进展，不少新型干法生产线的粉尘治理已达到国际先进水平，部分先进立窑也基本做到了无烟无尘。但是，当前我国水泥工业的结构性矛盾仍十分突出，从总体上看，环境污染仍比较严重。2020 年，我国水泥碳排 12.3 亿吨，占建材行业碳排总量的 84.3%，占全国碳排总量的比例约为 13.5%。"十四五"期间水泥工业如何做好提质增效、节能减排，是水泥行业需要面对的关键问题。

水泥发展快速，为满足各种土木工程的需要，水泥的品种已发展到 200 余种。按照组成水泥的矿物成分，可分为硅酸盐类水泥、铝酸盐类水泥、硫铝酸盐类水泥等；按照其用途和性能，可分为通用水泥、专用水泥和特性水泥三大类。通用水泥是以硅酸盐水泥熟料和适量的石膏，以及规定的混合材料制成的水硬性胶凝材料。按照通用硅酸盐水泥的组分（混合材料的品种和掺量等）分为硅酸盐水泥、普通硅酸盐水泥、矿渣硅酸盐水泥、火山灰硅酸盐水泥、粉煤灰硅酸盐水泥和复合硅酸盐水泥。专用水泥是指专门用途的水泥，如道路硅酸盐水泥、砌筑水泥、油井水泥等。特性水泥是指某种性能比较突出的水泥，如快硬硅酸盐水泥、低热水泥、抗硫酸盐水泥等。

水泥的品种虽然很多，但是在常用的水泥中，硅酸盐水泥是最基本的。因此，本章以硅酸盐水泥为主要内容，在此基础上对其他几种常用水泥进行简要介绍。

第一节 硅酸盐水泥

凡由硅酸盐水泥熟料、0%~5%石灰石或粒化高炉矿渣、适量石膏磨细制成的水硬性胶凝材料，统称为硅酸盐水泥。硅酸盐水泥分为两种类型，不掺加混合材料的称为Ⅰ型硅酸盐水泥，代号 P.Ⅰ。在硅酸盐水泥粉磨时掺加不超过水泥质量5%的石灰石或粒化高炉矿渣混合材料的称为Ⅱ型硅酸盐水泥，代号 P.Ⅱ。

一、生产简介和矿物组成

硅酸盐水泥的原材料主要是石灰质原料和黏土质原料。石灰质原材料主要提供 CaO，可采用石灰石、白垩、石灰质凝灰岩和泥灰岩等。黏土质原料主要提供 SiO_2、Al_2O_3 及少量的 Fe_2O_3，当 Fe_2O_3 不能满足配合料的成分要求时，需要校正原料铁粉或铁矿石进行提供。部分情况下也需要硅质校正原料，如砂岩、粉砂岩等补充 SiO_2。

硅酸盐水泥是以几种原材料按一定比例混合后磨细制成生料，然后将生料送入回转窑或立窑煅烧，煅烧后得到以硅酸钙为主要成分的水泥熟料，再与适量石膏共同磨细，最后得到硅酸盐水泥成品。概括地讲，硅酸盐水泥的主要生产工艺过程为"两磨"（磨细生料、磨细水泥）和"一烧"（生料煅烧成熟料）。

硅酸盐水泥的生产工艺流程如图 3.1 所示。

图 3.1 硅酸盐水泥生产的工艺流程

煅烧是水泥生产的主要过程，生料要经历干燥(100 ~ 200 ℃)、预热(300 ~ 500 ℃)、分解(500 ~ 900 ℃黏土脱水分解成为 SiO_2 和 Al_2O_3，后期石灰石分解为 CaO 和 CO_2)、烧成(1 000 ~ 1 200 ℃生成铝酸三钙、铁铝酸四钙和硅酸二钙，1 300 ~ 1 450 ℃生成硅酸三钙)和冷却几个阶段。

水泥熟料中的主要矿物成分为硅酸三钙（$3CaO \cdot SiO_2$，简写式为 C_3S）、硅酸二钙（$2CaO \cdot SiO_2$，简写式为 C_2S）、铝酸三钙（$3CaO \cdot Al_2O_3$，简写式为 C_3A）和铁铝酸四钙（$4CaO \cdot Al_2O_3 \cdot Fe_2O_3$，简写式为 C_4AF），以及少量有害的游离氧化钙（CaO）、氧化镁（MgO）、氧化钾（K_2O）、氧化钠（Na_2O）与三氧化硫（SO_3）等成分。

不同矿物成分具有不同的性质，硅酸盐水泥熟料中主要矿物成分特性如表 3.1 所示。

表 3.1 硅酸盐水泥熟料中主要矿物成分特性

矿物组成	$3CaO \cdot SiO_2$ (C_3S)	$2CaO \cdot SiO_2$ (C_2S)	$3CaO \cdot Al_2O_3$ (C_3A)	$4CaO \cdot Al_2O_3 \cdot Fe_2O_3$ (C_4AF)
水化速度	快	慢	最快	快
水化热	多	少	最多	中
强度	高	早期低后期高	低	低*
收缩	中	中	大	小
抗硫酸盐腐蚀性	中	最好	差	好
含量范围/%	37 ~ 60	15 ~ 37	7 ~ 15	10 ~ 18

注：* 有资料显示 $4CaO \cdot Al_2O_3 \cdot Fe_2O_3$ 的强度为中等。

水泥熟料中各种矿物成分的相对含量变化时，水泥的性质也随之改变。由此可生产出不同性质的水泥。例如，提高 C_3S 的含量，可制成高强度水泥；提高 C_3S 和 C_3A 的总含量，可制得快硬早强水泥；降低 C_3A 和 C_3S 的含量，则可制得低水化热的水泥（如中热水泥等）。

二、硅酸盐水泥的水化、凝结与硬化

水泥加水拌和后形成具有可塑性的水泥浆，经过一定的时间，水泥浆体逐渐变稠失去塑性，但尚不具备强度，这一过程称为水泥的凝结。凝结过程又分为初凝和终凝两个阶段。随着时间的延续，强度逐渐增加，形成坚硬的水泥石，这个过程称为水泥的硬化。凝结与硬化，是人为划分的两个阶段，实际上它们是水泥浆体中发生的一种连续而复杂的物理化学变化过程。

（一）硅酸盐水泥的水化

熟料矿物与水进行的化学反应简称为水化反应。当水泥颗粒与水接触后，其表面的熟料矿物成分开始发生水化反应，生成水化产物并放出一定热量。

1. 硅酸三钙

在常温下，C_3S 水化反应可大致用下列方程式表示：

$$2(3CaO \cdot SiO_2) + 6H_2O \longrightarrow 3CaO \cdot 2SiO_2 \cdot 3H_2O + 3Ca(OH)_2$$

生成的产物水化硅酸钙（$3CaO \cdot 2SiO_2 \cdot 3H_2O$）中 CaO/SiO_2（称为钙硅比）的真实比例和结合水量与水化条件及水化龄期等有关。水化硅酸钙几乎不溶于水，而以胶体微粒析出，并逐渐凝聚成为凝胶，通常将这些成分不固定的水化硅酸钙称为 C-S-H 凝胶。

C-S-H 凝胶尺寸很小，具有巨大的内比表面积，凝胶粒子间存在范德华力和化学结合键，由它构成的网状结构具有很高的强度，所以硅酸盐水泥的强度主要由 C-S-H 凝胶提供。

水化生成的 $Ca(OH)_2$，在溶液中的浓度很快达到过饱和，以六方晶体形式析出。$Ca(OH)_2$ 的强度、耐水性和耐久性都很差。

2. 硅酸二钙

C_2S 水化反应速度慢，放热量小，虽然水化产物与硅酸三钙相同，但数量不同，因此硅酸二钙早期强度低，但后期强度高。其水化反应方程式为：

$$2(2CaO \cdot SiO_2) + 4H_2O \longrightarrow 3CaO \cdot 2SiO_2 \cdot 3H_2O + Ca(OH)_2$$

3. 铝酸三钙

C_3A 水化反应迅速，水化放热量很大，生成水化铝酸三钙。其水化反应方程式为：

$$3CaO \cdot Al_2O_3 + 6H_2O \longrightarrow 3CaO \cdot Al_2O_3 \cdot 6H_2O$$

水化铝酸三钙为立方晶体。

在液相中氢氧化钙浓度达到饱和时，铝酸三钙还发生如下水化反应：

$$3CaO \cdot Al_2O_3 + Ca(OH)_2 + 12H_2O \longrightarrow 4CaO \cdot Al_2O_3 \cdot 13H_2O$$

水化铝酸四钙为六方片状晶体。在氢氧化钙浓度达到饱和时，其数量迅速增加，使得水泥浆体加水后迅速凝结，来不及施工。因此，在硅酸盐水泥生产中，通常加入 2%～3% 的石膏，调节水泥的凝结时间。水泥中的石膏迅速溶解，与水化铝酸钙发生反应，生成针状晶体的高硫型水化硫铝酸钙（$3CaO \cdot Al_2O_3 \cdot 3CaSO_4 \cdot 31H_2O$，又称钙矾石），沉积在水泥颗粒表面，形成保护膜，延缓了水泥的凝结时间。当石膏耗尽时，铝酸三钙还会与钙矾石反应生成单硫型水化硫铝酸钙（$3CaO \cdot Al_2O_3 \cdot CaSO_4 \cdot 12H_2O$）。

4. 铁铝酸四钙

C_4AF 与水反应，生成立方晶体的水化铝酸三钙和胶体状的水化铁酸一钙：

$$4CaO \cdot Al_2O_3 \cdot Fe_2O_3 + 7H_2O \longrightarrow 3CaO \cdot Al_2O_3 \cdot 6H_2O + CaO \cdot Fe_2O_3 \cdot H_2O$$

在有氢氧化钙或石膏存在时，C_4AF 将进一步水化生成水化铝酸钙和水化铁酸钙的固溶体或水化硫铝酸钙和水化硫铁酸钙的固溶体。

5. 石 膏

硅酸盐水泥熟料加水拌和，由于铝酸三钙的迅速水化，使水泥浆产生速凝，导致无法正常施工。在水泥生产中，加入适量石膏作为调凝剂，使水泥浆凝结时间满足施工要求。石膏参与的水化反应如下：

$$3CaO \cdot Al_2O_3 \cdot 6H_2O + 3(CaSO_4 \cdot 2H_2O) + 19H_2O \longrightarrow 3CaO \cdot Al_2O_3 \cdot 3CaSO_4 \cdot 31H_2O$$

高硫型水化硫铝酸钙晶体（钙矾石）

石膏消耗完后，进一步发生下列反应：

$$3CaO \cdot Al_2O_3 \cdot 3CaSO_4 \cdot 31H_2O + 2(3CaO \cdot Al_2O_3 \cdot 6H_2O) + H_2O \longrightarrow$$
$$3(3CaO \cdot Al_2O_3) \cdot CaSO_4 \cdot 12H_2O$$

低硫型水化硫铝酸钙晶体

高硫型水化硫铝钙是难溶于水的针状晶体，它沉淀在熟料颗粒的周围，阻碍了水分的渗入，对水泥凝结起延缓作用。

水化物中 CaO 与酸性氧化物（如 SiO_2 或 Al_2O_3）的比值称为碱度，一般情况下硅酸盐水泥水化产生的水化物为高碱性水化物。如果忽略一些次要的和少量的成分，硅酸盐水泥与水发生作用后，生成的主要水化产物是：水化硅酸钙和水化铁酸钙凝胶，氢氧化钙、水化铝酸钙和水化硫铝酸钙晶体。在完全水化的水泥石中，水化硅酸钙约占 50%，氢氧化钙约占 25%。

（二）硅酸盐水泥的凝结与硬化

硅酸盐水泥的凝结硬化过程，按照水化放热曲线（或水化反应速度）和水泥浆体结构的变化特征分为四个阶段。

1. 初始反应期

硅酸盐水泥加水拌和后，水泥颗粒分散于水中，形成水泥浆，水泥颗粒表面的熟料，特别是 C_3A 迅速水化，在石膏条件下形成钙矾石，并伴随有显著的放热现象，此为水化初始反应期，时间只有 $5 \sim 10$ min。此时，水化产物不是很多，它们相互之间的引力较小，水泥浆体具有可塑性。由于各种水化产物的溶解度均很小，不断地沉淀析出，初始阶段水化速度很快，来不及扩散，于是在水泥颗粒周围析出胶体和晶体（水化硫铝酸钙、水化硅酸钙和氢氧化钙等），逐渐围绕着水泥颗粒形成一水化物膜层。

2. 潜伏期

水泥颗粒的水化不断进行，使包裹水泥颗粒表面的水化物膜层逐渐增厚。膜层的存在减缓了外部水分向内渗入和水化产物向外扩散的速度，因而减缓了水泥的水化，水化反应和放热速度减慢。在潜伏期，水泥颗粒间的水分可渗入膜层与内部水泥颗粒进行反应，所产生的水化产物使膜层向内增厚，同时水分渗入膜层内部的速度大于水化产物透过膜层向外扩散的速度，造成膜层内外浓度差，形成了渗透压，最终导致膜层破裂，水化反应加速，潜伏期结束。因为此段时间水化产物不够多，水泥颗粒仍是分散的，水泥的流动性基本不变。此段时间一般持续 30 ~ 60 min。

3. 凝结期

从硅酸盐水泥的水化放热曲线看，放热速度加快，经过一定的时间后，达到最大放热峰值。膜层破裂以后，周围饱和程度较低的溶液与尚未水化的水泥颗粒内核接触，再次使反应速度加快，直至形成新的膜层。

水泥凝胶体膜层的向外增厚以及随后的破裂、扩展，使水泥颗粒之间原来被水所占的空隙逐渐减小，而包有凝胶体的颗粒，则通过凝胶体的扩展而逐渐接近，以致在某些点相接触，并以分子键相连接，构成较为疏松的空间网状凝聚结构。当有外界扰动时（如振动），凝聚结构破坏，撤去外界扰动，结构又能够恢复，这种性质称为水泥的触变性。触变性随水泥的凝聚结构的发展而将丧失。凝聚结构的形成使得水泥开始失去塑性，此时为水泥的初凝。初凝时间一般为 1 ~ 3 h。

随着水化的进行和凝聚结构的发展，固态的水化物不断增加，颗粒间的空间逐渐减小，水化物之间相互接触点数量增加，形成结晶体和凝胶体互相贯穿的凝聚 —— 结晶结构，使得水泥完全失去塑性，同时又是强度开始发展的起点，此时为水泥的终凝。终凝时间一般为 3 ~ 6 h。

4. 硬化期

随着水化的不断进行，水泥颗粒之间的空隙逐渐缩小为毛细孔，由于水泥内核的水化，使水化产物的数量逐渐增多，并向外扩展填充于毛细孔中，凝胶体间的空隙越来越小，浆体进入硬化阶段而逐渐产生强度。在适宜的温度和湿度条件下，水泥强度可以持续地增长（6 h 至若干年）。

水泥颗粒的水化和凝结硬化是从水泥颗粒表面开始的，随着水化的进行，水泥颗粒内部的水化越来越困难，经过长时间水化后（几年、甚至几十年），多数水泥颗粒仍剩余尚未水化的内核。所以，硬化后的水泥石结构是由水泥凝胶体（胶体与晶体）、未水化的水泥内核以及孔隙组成，它们在不同时期相对数量的变化，决定着水泥石的性质。

水泥石强度发展的规律是：3 ~ 7 d 内强度增长最快，28 d 内强度增长较快，超过 28 d 后强度将继续发展，但非常缓慢。因此，一般把 3 d 和 28 d 作为其强度等级评定的标准龄期。

（三）水泥石的结构

在水泥水化过程中形成的以水化硅酸钙凝胶为主体，其中分布着氢氧化钙等晶体的结构，通常称为水泥凝胶体。在常温下硬化的水泥石，是由水泥凝胶体、未水化的水泥内核与孔隙所组成。

T·C·鲍威尔认为，凝胶是由尺寸很小（$1 \times 10^{-7} \sim 1 \times 10^{-5}$ cm）的凝胶微粒（胶粒）与位于胶粒之间（$1 \times 10^{-7} \sim 3 \times 10^{-7}$ cm）的凝胶孔（胶孔）组成。

胶孔尺寸仅比水分子尺寸大一个数量级，这个尺寸太小以致不能在胶孔中形成晶核和长成微晶体，因而不能为水化产物所填充，所以胶孔的孔隙率基本上是个常数，其体积约占凝胶体本身体积的 28%，不随水灰比与水化程度的变化而变化。

水泥水化物，特别是 C-S-H 凝胶具有高度分散性，且其中又包含大量的微细孔隙，所以水泥石有很大的内比表面积，采用水蒸气吸附法测定的内比表面积约 2.1×10^5 m²/kg，与未水化的水泥相比提高 3 个数量级。这样使水泥具有较高的黏结强度，同时胶粒表面可强烈地吸附一部分水分，此水分与填充胶孔的水分，合称为凝胶水。凝胶水的数量随着凝胶的增多而增大。

毛细孔的孔径大小不一，一般大于 2×10^{-5} cm。毛细孔中的水分称为毛细水。毛细水的结合力较弱，脱水温度较低，脱水后形成毛细孔。

在水泥浆体硬化过程中，随着水泥水化的进行，水泥石中的水泥凝胶体体积将不断增加，并填充于毛细孔内，使毛细孔体积不断减小，水泥石的结构越来越密实，因而使水泥石的强度不断提高。

拌和水泥浆体时，水与水泥的质量之比称为水灰比。水灰比是影响水泥石结构性质的重要因素。水灰比大时，水化生成的水泥凝胶体不足以堵塞毛细孔，这样不仅会降低水泥石的强度，也会降低它的抗渗性和耐久性。如水灰比为 0.4 时，完全水化时水泥石的孔隙率为 29.3%；而水灰比为 0.7 时，则为 50.3%。但对于毛细孔前者为 2.2%，后者为 31.0%。因此，后者的强度和耐久性均很低。

（四）影响水泥水化和凝结硬化的主要因素

影响水泥水化和凝结硬化的直接因素是矿物组成。此外，水泥的水化和凝结硬化还与水泥的细度、拌和用水量、养护温湿度和养护龄期等有关。

1. 水泥细度

水泥颗粒的粗细直接影响到水泥的水化和凝结硬化。因为水化是从水泥颗粒表面开始，逐渐深入其内部。水泥颗粒越细，与水的接触表面积越大，整体水化反应越快，凝结硬化也越快。

2. 用水量

为使水泥制品能够成型，水泥浆体应具有一定的塑性和流动性，所加入的水一般要远超过水化的理论需水量。多余的水在水泥石中形成较多的毛细孔和缺陷，会影响水泥的凝结硬化和水泥石的强度。

3. 养护条件

保持适宜的环境温度和湿度，促使水泥性能发展的措施，称为养护。提高环境温度，可以促进水泥水化，加速凝结硬化，早期强度发展较快；但温度太高（超过 40℃），将对后期强度产生不利的影响。温度降低时，水化反应减慢，当日平均温度低于 5℃时，硬化速度严重降低，必须按照冬季施工进行蓄热养护，才能保证水泥制品强度的正常发展。当水结冰时，水化停止,而且由于体积膨胀,还会破坏水泥石的结构。

潮湿环境下的水泥石能够保持足够的水分进行水化和凝结硬化,使水泥石强度不断增长。环境干燥时,水分将很快地蒸发,水泥浆体中缺乏水泥水化所需要的水分,水化无法正常进行,强度也无法正常发展。同时,水泥制品失水过快,可能导致其出现收缩裂缝。

4. 养护龄期

水泥的水化和凝结硬化在一个较长时间内是一个不断进行的过程。早期水化速度快,强度发展也较快,后续逐渐减缓。

5. 其他因素

在水泥中添加少量物质,能使水泥的某些性质发生显著改变,称为水泥的外加剂。其中一些外加剂能显著改变水泥的凝结硬化性能,如缓凝剂可延缓水泥的凝结时间,速凝剂可加速水泥的凝结,早强剂可提高水泥混凝土的早期强度。一般来说,混合材料的加入使得水泥的早期强度降低,但后期强度提高,凝结时间稍微延长。不同品种水泥的强度发展速度不同。

三、硅酸盐水泥的技术性质

(一)细 度

细度是指粉体材料的粗细程度。通常用筛分析的方法或比表面积的方法来测定。筛分析法以 80 μm 方孔筛的筛余率表示,比表面积法是以 1 kg 质量材料所具有的总表面积(m^2/kg)表示。

一般认为,粒径小于 40 μm 的水泥颗粒才具有较高的活性,大于 100 μm 时,则几乎接近惰性。水泥颗粒越细,其比表面积越大,与水的接触面越多,水化反应进行得越快、越充分,凝结硬化越快,早期强度越高;成本也较高,越易吸收空气中水分而受潮,不利于储存;特别是在空气中硬化收缩性加大,降低了水泥制品的抗裂性能。铁路标准《铁路混凝土工程施工质量验收标准》(TB 10424—2018)硅酸盐水泥、普通硅酸盐水泥比表面积应在 300 ~ 350 m^2/kg 范围内,超出范围则不合格。

国家标准(GB 175—2007/XG3—2018)规定:硅酸盐水泥比表面积应大于 300 m^2/kg。

(二)凝结时间

水泥的凝结时间分为初凝和终凝。初凝时间是指从水泥加水拌和起到水泥浆开始失去塑性所需的时间;终凝时间是指从水泥加水拌和时开始,到水泥浆完全失去可塑性并开始具有强度(但还没有强度)的时间。水泥初凝时,凝聚结构形成,水泥浆开始失去塑性,若在水泥初凝后还在进行施工,不但因水泥浆体塑性降低不利于施工成型,而且还将影响水泥内部结构的形成,导致降低强度。所以,为使混凝土和砂浆有足够的时间进行搅拌、运输、浇注、振捣、成型或砌筑,水泥的初凝时间不能太短;当施工结束以后,则要求混凝土尽快硬化,并具有强度,因此水泥的终凝时间不能太长。

水泥凝结时间的测定,是以标准稠度的水泥净浆,在规定的温度和湿度条件下,用凝结时间测定仪进行测定。

国家标准规定：硅酸盐水泥的初凝时间不得早于 45 min，终凝时间不得迟于 390 min。

（三）体积安定性

水泥体积安定性是指水泥在凝结硬化过程中体积变化是否均匀。如果水泥在硬化过程中产生不均匀的体积变化，即安定性不良。使用安定性不良的水泥，水泥制品表面将鼓包、起层、产生膨胀性的龟裂等，强度降低，甚至引起严重的工程质量事故。

水泥体积安定性不良是由于熟料中含有过多的游离氧化钙、游离氧化镁或掺入的石膏过量等因素所造成的。

熟料中所含的游离 CaO 和 MgO 均属过烧，水化速度很慢，在已硬化的水泥石中继续与水反应，体积膨胀，引起不均匀的体积变化，在水泥石中产生膨胀应力，降低了水泥石强度，造成水泥石龟裂、弯曲、崩溃等现象。其反应式为：

$$CaO + H_2O = Ca(OH)_2$$
$$MgO + H_2O = Mg(OH)_2$$

若水泥生产中掺入的石膏过多，在水泥硬化以后，石膏还会继续与水化铝酸钙发生反应，生成水化硫铝酸钙，体积约增大 1.5 倍，同样引起水泥石开裂。

国家标准规定用沸煮法来检验水泥的体积安定性。测试方法为雷氏法，也可用试饼法检验。当有争议时以雷氏法为准。试饼法是用标准稠度的水泥净浆做成试饼，经恒沸 3 h 后，用肉眼观察未发现裂纹，用直尺检查没有弯曲，则安定性合格；反之，为不合格。雷氏法是通过测定雷氏夹中的水泥浆经沸煮 3 h 后的膨胀值来判断的，当两个试件沸煮后的膨胀值的平均值不大于 5.0 mm 时，该水泥安定性合格；反之，为不合格。沸煮法起加速氧化钙水化的作用，所以只能检验游离的 CaO 过多引起的水泥体积安定性不良。

游离 MgO 的水化作用比游离 CaO 更加缓慢，必须用压蒸方法才能检验出它是否有危害作用。

石膏的危害则需长期浸在常温水中才能发现。因为 MgO 和石膏的危害作用不便于快速检验。国家标准规定：水泥出厂时，硅酸盐水泥中 MgO 的含量不得超过 5.0%，如经压蒸安定性检验合格，允许放宽到 6.0%。硅酸盐水泥中 SO_3 的含量不得超过 3.5%。

体积安定性不合格的水泥不得在工程中使用。但某些体积安定性不良的水泥在放置一段时间后，由于水泥中游离 CaO 吸收空气中的水分而水化，而变得合格。

（四）强　度

水泥的强度主要取决于水泥熟料矿物组成和相对含量以及水泥的细度，另外还与用水量、试验方法、养护条件、养护时间有关。

水泥强度一般是指水泥胶砂试件单位面积上所能承受的最大外力，根据外力作用方式的不同，把水泥的强度分为抗压强度、抗折强度、抗拉强度等，这些强度之间既有内在的联系，又有很大的区别。水泥的抗压强度最高，一般是抗拉强度的 8～20 倍，实际建筑结构中主要是利用水泥的抗压强度。

国家标准（GB/T 17671—2021）规定：水泥的强度用胶砂试件检验。将水泥和中国 ISO 标准砂按 1∶3，水灰比为 0.5 的比例，以规定的方法搅拌制成标准试件（尺寸为 40 mm×40 mm×160 mm），在标准条件下［（20±1）℃的水中］养护至 3 d 和 28 d，测定两个龄期的抗折强度和抗压强度。根据测定的结果，将硅酸盐水泥分为 42.5，42.5R，52.5，52.5R，62.5，62.5R 六个强度等级，其中带 R 的为早强型水泥。各强度等级的水泥，各龄期的强度不得低于如表 3.2 所示的数值。

表 3.2　各强度等级硅酸盐水泥各龄期的强度值（GB 175—2007/XG3—2018）

强度等级	抗压强度/MPa		抗折强度/MPa	
	3 d	28 d	3 d	28 d
42.5	≥17.0	≥42.5	≥3.5	≥6.5
42.5R	≥22.0		≥4.0	
52.5	≥23.0	≥52.5	≥4.0	≥7.0
52.5R	≥27.0		≥5.0	
62.5	≥28.0	≥62.5	≥5.0	≥8.0
62.5R	≥32.0		≥5.5	

（五）其他技术性质

1. 水化热

水泥的水化是放热反应，放出的热量称为水化热。水泥的放热过程可以持续很长时间，但大部分热量是在早期放出，放热对混凝土结构影响最大的也是在早期，特别是在最初 3 d 或 7 d 内。硅酸盐水泥水化热很大，当用硅酸盐水泥来浇注大型基础、桥梁墩台、水利工程等大体积混凝土构筑物时，由于混凝土本身是热的不良导体，水化热积蓄在混凝土内部不易发散，使混凝土内部温度急剧上升，内外温差可达到 50 ~ 60 ℃，产生很大的温度应力，导致混凝土开裂，严重影响了混凝土结构的完整性和耐久性。因此，大体积混凝土中一般要严格控制水泥的水化热，部分情况下还应对混凝土结构物采用相应的温控施工措施，如原材料降温，使用冰水，埋冷凝水管及测温和特殊的养护等。

水化热和放热速率与水泥矿物成分及水泥细度有关。各熟料矿物在不同龄期放出的水化热可参见表 3.3。由表中可看出，C_3A 和 C_3S 的水化热最大，放热速率也快，C_4AF 水化热中等，C_2S 水化热最小，放热速度也最慢。由于硅酸盐水泥的水化热很大，因此不能用于大体积混凝土中。

表 3.3　各主要矿物成分不同龄期放出的水化热　　　　　　单位：J/g

矿物名称	凝 结 硬 化 时 间					完全水化
	3 d	7 d	28 d	90 d	180 d	
C_3S	406	460	485	519	565	669
C_2S	63	105	167	184	209	331
C_3A	590	661	874	929	1 025	1 063
C_4AF	92	251	377	414	—	569

2. 标准稠度用水量

在测定水泥的凝结时间、体积安定性等时，为避免出现误差并使结果具有可比性，必须在规定的水泥标准稠度下进行试验。所谓标准稠度，是采用按规定的方法拌制的水泥净浆，在水泥标准稠度测定仪上，当标准试杆沉入净浆并能稳定在距底板（6 ± 1）mm时。其拌和用水量为水泥的标准稠度用水量，按照此时水与水泥质量的百分比计。

水泥的标准调度用水量主要与水泥的细度及其矿物成分等有关。硅酸盐水泥的标准稠度用水量一般在21%~28%范围内。

3. 不溶物和烧失量

不溶物是指水泥经酸和碱处理后，不能被溶解的残余物。它是水泥中非活性组分的反映，主要由生料、混合材和石膏中的杂质产生。国家标准规定：Ⅰ型硅酸盐水泥中的不溶物不得超过0.75%，Ⅱ型不得超过1.50%。

烧失量是指水泥经高温灼烧以后的质量损失率。Ⅰ型硅酸盐水泥中的烧失量不得大于3.0%；Ⅱ型不得大于3.5%。

4. 碱含量

硅酸盐水泥除含主要矿物成分以外，还含有少量 Na_2O、K_2O 等。水泥中的碱含量按 $Na_2O + 0.658K_2O$ 的计算值进行表示。当用于混凝土中的水泥碱含量过高，同时骨料具有一定的碱活性时，会发生有害的碱-骨料反应。因此，国家标准规定：若使用活性骨料，用户要求提供低碱水泥时，水泥中碱含量不得大于0.6%或由供需双方商定。

国家标准规定：通用性水泥的化学指标、凝结时间、安定性、强度均合格，则为合格品，其中任意一项不合格的则为不合格品。

四、水泥石耐腐蚀性

硅酸盐水泥硬化后在通常的使用条件下，其强度在几年甚至几十年中仍有提高，且有较好的耐久性。但在某些腐蚀性介质的作用下，强度下降，起层剥落，严重时会引起整个工程结构的破坏。

引起水泥石腐蚀的原因有很多，下面介绍几种典型的腐蚀。

（一）软水腐蚀（溶出性侵蚀）

软水是不含或仅含少量钙、镁可溶性盐的水。如雨水、雪水、蒸馏水以及含重碳酸盐很少的河水和湖水等。当水泥石长期与软水接触时，水泥石中的某些水化物按照溶解度的大小，依次缓慢地被溶解。在静止的和无压力的水中，水泥石周围的水很快被溶出的 $Ca(OH)_2$ 所饱和，溶出停止，影响的部位仅限于水泥石的表面部位，对水泥石性能基本无不良的影响。但在流动水、压力水中，水流不断地将溶出的 $Ca(OH)_2$ 带走，而降低周围 $Ca(OH)_2$ 浓度。水泥石中水化产物均必须在一定的石灰浓度的液相中才能稳定存在，低于此极限石灰浓度时，水化产物将会发生逐步分解。各主要水化产物稳定存在时所必需的极限石灰（CaO）浓度是：氢氧化钙约为1.3 g/L，水化硅酸三钙稍大于1.2 g/L，水化铁铝酸四钙约为1.06 g/L，水化硫铝酸钙约为0.045 g/L。

　　各种水化产物与水作用时，由于 $Ca(OH)_2$ 溶解度最大，故其首先被溶出。在水量不多或无水压的情况下，由于周围的水被溶出的 $Ca(OH)_2$ 所饱和，溶出作用很快中止。但在大量水或流动水中，$Ca(OH)_2$ 会不断溶出，特别是当水泥石渗透性较大而又受压力水作用时，水不仅能渗入内部，而且还能产生渗流作用，将 $Ca(OH)_2$ 溶解并摄滤出来。因此，不仅减小了水泥石的密实度，影响其强度，而且由于液相中 $Ca(OH)_2$ 的浓度降低，还会使一些高碱性水化产物向低碱性转变或溶解。于是水泥石的结构会相继受到破坏，强度不断降低，裂隙不断扩展，渗漏更加严重，最后可能导致整体被破坏。

　　当环境水的水质较硬，环境水中重碳酸盐能与水泥石中的 $Ca(OH)_2$ 起作用，生成几乎不溶于水的 $CaCO_3$。其反应式为：

$$Ca(OH)_2 + Ca(HCO_3)_2 = 2CaCO_3 + 2H_2O$$

　　生成的碳酸钙积聚在已硬化水泥石的孔隙内，可阻滞外界水的浸入和内部的氢氧化钙向外扩散，所以以硬水不会对水泥石产生腐蚀。

（二）硫酸盐腐蚀

　　在一些湖水、海水、沼泽水、地下水以及某些工业污水中，常含钠、钾、铵等的硫酸盐，水泥石将发生硫酸盐腐蚀。以硫酸钠为例，硫酸钠（如 10 个结晶水的芒硝）与氢氧化钙反应生成二水石膏，即：

$$Na_2SO_4 \cdot 10H_2O + Ca(OH)_2 = CaSO_4 \cdot 2H_2O + 2NaOH + 8H_2O$$

而二水石膏与水化铝酸钙反应生成高硫型的水化硫铝酸钙，即：

$$3CaO \cdot Al_2O_3 \cdot 6H_2O + 3(CaSO_4 \cdot 2H_2O) + 19H_2O = 3CaO \cdot Al_2O_3 \cdot 3CaSO_4 \cdot 31H_2O$$

　　生成的高硫型水化硫铝酸钙含有大量结晶水，体积增加到 1.5 倍，由于是在已硬化的水泥石中发生上述反应，因此，对水泥石的破坏作用很大。高硫型水化硫铝酸钙呈针状晶体，俗称"水泥杆菌"。

　　当水中硫酸盐浓度较高时，硫酸钙会在毛细孔中直接结晶成二水石膏，体积增大，同样会引起水泥石的破坏。

（三）镁盐的腐蚀

　　在海水及地下水中，含有大量的镁盐，主要是硫酸镁和氯化镁。它们与水泥石中的氢氧化钙发生如下反应：

$$MgCl_2 + Ca(OH)_2 = CaCl_2 + Mg(OH)_2$$

$$MgSO_4 + Ca(OH)_2 + 2H_2O = CaSO_4 \cdot 2H_2O + Mg(OH)_2$$

　　生成的氢氧化镁松软而无胶凝能力，氯化钙易溶于水；生成的二水石膏则引起硫酸盐腐蚀。因此，硫酸镁对水泥石起着镁盐和硫酸盐双重腐蚀的作用。

（四）碳酸腐蚀

　　在工业污水、地下水中，常溶解有一定量的二氧化碳，它对水泥石的腐蚀作用如下：

　　首先弱碳酸与水泥石中的氢氧化钙反应生成碳酸钙：

$$Ca(OH)_2 + CO_2 + H_2O = CaCO_3 + 2H_2O$$

然后再与弱碳酸作用生成碳酸氢钙（这是一个可逆反应）：

$$CaCO_3 + CO_2 + H_2O \rightleftharpoons Ca(HCO_3)_2$$

生成的碳酸氢钙易溶于水。当水中含有较多的碳酸，并超过平衡浓度时，反应向右进行。因此，水泥石中固体的氢氧化钙不断转变为易溶的重碳酸钙而溶失。氢氧化钙浓度的降低还会导致水泥石中其他水泥水化物的分解，促使腐蚀作用进一步加剧。

（五）一般酸类腐蚀

工业废水、地下水、沼泽水中常含有无机酸和有机酸，工业窑炉的烟气中常含有二氧化硫，遇水后生成亚硫酸。各种酸类对水泥石有不同程度的腐蚀作用，它们与水泥石中的氢氧化钙起中和反应，生成的化合物或易溶于水，或体积膨胀，在水泥石中形成孔洞或膨胀压力。腐蚀作用较强的无机酸有盐酸、氢氟酸、硝酸、硫酸，有机酸有醋酸、蚁酸和乳酸。

例如，盐酸与水泥石中的氢氧化钙起反应：

$$2HCl + Ca(OH)_2 = CaCl_2 + 2H_2O$$

生成的氯化钙易溶于水。硫酸与水泥石中的氢氧化钙起反应：

$$H_2SO_4 + Ca(OH)_2 = CaSO_4 \cdot 2H_2O$$

生成的二水石膏可与水泥石中的水化铝酸钙作用，生成高硫型的水化硫铝酸钙或直接在水泥石孔隙中结晶产生膨胀压力。

（六）盐类循环结晶腐蚀

海水及某些土壤中含有较多的无机盐，水泥制品将产生由干湿循环引起的循环结晶腐蚀作用。在反复的干湿循环作用下，即使不发生明显的化学反应，渗入水泥制品孔隙中的盐类不断地溶解结晶同样会导致严重的破坏。如表3.4所示给出温格雷（E. M. Winkler）计算的常见盐类的结晶压力。

表 3.4　盐类的结晶压力

盐的化学式	密度/g · cm^{-3}	摩尔体积/cm^3 · mol^{-1}	压力/atm* （过饱和度为2）	
			0 ℃	50 ℃
$CaSO_4 \cdot 2H_2O$	2.32	55	282	334
$MgSO_4 \cdot 12H_2O$	1.45	232	67	80
$MgSO_4 \cdot 7H_2O$	1.68	147	105	125
$Na_2SO_4 \cdot 10H_2O$	1.46	220	72	83
$NaCl$	2.17	28	554	654

注： * 1 atm = 101 325 Pa。

海水中含有大量的无机盐，而长期处于海水浪溅区中的混凝土结构，最易发生破坏，破坏的原因之一为海水中的混凝土在干湿循环条件下受到海盐的循环结晶腐蚀。无机盐含量大的盐碱土壤中的混凝土结构，如电线杆等，受腐蚀最严重的部位均在地表附近，此处同样是干湿循环下盐类循环结晶最严重的部位。

（七）水泥石腐蚀的基本原因和防止措施

1. 引起水泥石腐蚀的根本原因

（1）水泥石中含有氢氧化钙、水化铝酸钙等不耐腐蚀的水化产物。

（2）水泥石本身不密实，有很多毛细孔，腐蚀性介质易通过毛细孔深入水泥石内部，加速腐蚀的进程或引起盐类的循环结晶腐蚀。

实际的腐蚀往往是一个极为复杂的过程，可能是几种类型作用同时存在，互相影响。促使腐蚀发展的因素还有较高的温度、较快的水流速、干湿循环等。

2. 防止水泥石腐蚀的措施

（1）根据工程所处的环境特点，选择适宜的水泥品种。硅酸盐水泥的水化产物中氢氧化钙和水化铝酸钙含量均较高，因此耐腐蚀性差。在有腐蚀性介质的环境中应优先考虑采用掺混合材料的硅酸盐水泥或特种水泥。

（2）提高水泥石的密实程度。水泥石密实度越高，抗渗能力越强，腐蚀介质难以进入。部分工程因混凝土不够密实，在腐蚀的环境中过早地被破坏。提高水泥石的密实度，可有效地延缓各类腐蚀作用。降低水灰比、掺加减水剂、改进施工方法等可提高水泥石的密实程度。

3. 表面防护处理

在腐蚀作用较强时，可采用表面涂层或表面加保护层的方法。如采用各种防腐涂料、玻璃、陶瓷、塑料、沥青防腐层等。

五、硅酸盐水泥的特性和应用

（1）硅酸盐水泥凝结正常，硬化快，早期强度与后期强度均高。适用于重要结构的高强混凝土和预应力混凝土工程。

（2）耐冻性和耐磨性好。适用于冬季施工以及严寒地区反复遭受冻融的工程。

（3）水化过程放热量大。不宜用于大体积混凝土工程。

（4）耐腐蚀差。硅酸盐水泥水化产物中，$Ca(OH)_2$ 的含量较高，耐软水腐蚀和耐化学腐蚀性较差，不适用于受流动的或有水压的软水作用的工程，也不适用于受海水及其他腐蚀介质作用的工程。

（5）耐热性差。硅酸盐水泥石受热达 200～300 ℃ 时，水化物开始脱水，强度开始下降。当温度达到 500～600 ℃ 时，氢氧化钙分解，强度明显下降；当温度达到 700～1 000 ℃ 时，强度降低更多，甚至完全破坏。因此，硅酸盐水泥不适用于耐热要求较高的工程。

（6）抗碳化性好，干缩小。水泥中的 $Ca(OH)_2$ 与空气中的 CO_2 的作用称为碳化。由于水泥石中的 $Ca(OH)_2$ 含量多，抗碳化性好，因此，用硅酸盐水泥配制的混凝土对避免钢筋生锈的保护作用强。硅酸盐水泥的干燥收缩小，不易产生干缩裂纹，适用于干燥的环境中。

水泥储运方式主要有散装和袋装。散装水泥从出厂、运输、储存到使用，直接通过专用工具进行。散装水泥污染少，节约人力物力，具有较好的经济和社会效益。我国水泥目前多采用 50 kg 包装袋的形式，但正大力提倡和发展散装水泥。

水泥在运输和保管时，不得混入杂物。不同品种、标号及出厂日期的水泥，应分别储存，并加以标志，不得混杂。散装水泥应分库存放。袋装水泥堆放时应考虑防水防潮，堆置高度一般不超过 10 袋，每平方米可堆放 1 t 左右。使用时应考虑先存先用的原则，水泥在存放过程中会吸收空气中的水蒸气和二氧化碳，发生水化和碳化，使水泥结块，强度降低。一般情况下，袋装水泥储存 3 个月后，强度降低 10% ~ 20%；6 个月后降低 15% ~ 30%；一年后降低 25% ~ 40%。因此，水泥的存放期为 3 个月，超过 3 个月应重新试验确定其强度。

第二节　掺混合材的硅酸盐水泥

掺混合材的硅酸盐水泥是由硅酸盐熟料，掺入适量的混合材料和石膏共同磨细制成的水硬性胶凝材料。掺混合材的硅酸盐水泥种类较多，主要有普通硅酸盐水泥、矿渣硅酸盐水泥、火山灰质硅酸盐水泥、粉煤灰硅酸盐水泥、复合硅酸盐水泥等。

一、混合材料

在水泥生产过程中，掺入的天然或人工矿物材料，称为水泥混合材料。

加入混合材料，可在水泥生产过程中节约能源，综合利用工业废料，降低成本，同时可改善水泥的某些性能。

混合材料按其性能可分为活性混合材料和非活性混合材料两大类。

（一）非活性混合材料

常温下不能与氢氧化钙和水发生水化反应或反应很弱，也不能产生凝结硬化的混合材料称为非活性混合材料。非活性混合材料在水泥中主要起填充作用，掺入硅酸盐水泥中主要起调节水泥标号、降低水化热等作用。属于这类的混合材料有磨细石英砂、石灰石、黏土、慢冷矿渣及其他与水泥矿物成分不起反应的工业废渣等。

（二）活性混合材料

常温下能与氢氧化钙和水发生水化反应，生成水硬性的水化物，并能够逐渐凝结硬化产生强度的混合材料称为活性混合材料。常用的活性混合材料有粒化高炉矿渣、火山灰质混合材料和粉煤灰等。

1. 粒化高炉矿渣

高炉炼铁时，浮在铁水表面的熔融矿渣，经过水淬急冷成粒后即为粒化高炉矿渣。淬冷的目的在于阻止结晶，形成化学不稳定的玻璃体，具有潜在化学能，即潜在活性。如果熔融的矿渣自然缓慢冷却，凝固后成为完全结晶的块状矿渣，活性很低，属于非活性混合材料。

粒化高炉矿渣的主要化学成分为 CaO（38% ~ 46%），SiO_2（26% ~ 42%）和 Al_2O_3（7% ~ 20%），另外还有少量的 MgO，FeO，MnO，TiO_2 等。可见，矿渣的主要成分与硅酸盐水泥中的氧化物基本相同，只是氧化物之间的比例不同而已。影响矿渣活性的因素主要有两个：一是化学成分，活性组分主要指氧化钙、氧化铝和氧化镁；二是玻璃体的含量，矿渣是结晶和玻璃相的聚合体。前者是惰性组分，而后者是活性组分，矿渣中玻璃体占90%左右，而且玻璃相的组分越多，矿渣的潜在活性就越大。

国家标准《用于水泥中的粒化高炉矿渣》（GB/T 203—2008）规定：矿渣玻璃体含量应不低于70%。

2. 火山灰质混合材料

火山喷发时，随同熔岩一起喷发的大量碎屑沉积在地面或水中的松软物质，称为火山灰。由于火山喷出物在空气中急冷，火山灰含有一定量的玻璃体，其主要成分为 SiO_2 和 Al_2O_3。火山灰质的混合材料泛指以活性 SiO_2 和活性 Al_2O_3 为主要成分的活性混合材料。它的应用是从火山灰开始的，故而得名，但并不仅限于火山灰。火山灰质混合材料按照其成因，分为天然和人工两大类。天然的有火山灰、凝灰岩、浮石、沸石岩、硅藻土、硅藻石和蛋白石等；人工的有烧页岩、烧黏土、煤渣、煤矸石、硅灰等。

火山灰质混合材料结构上的特点是疏松多孔，内比表面积大，易吸水，但由于品种多，其活性也有较大的差别。

3. 粉煤灰

粉煤灰是从燃煤火力发电厂的烟道气体中收集的粉尘，又称为飞灰（Fly-ash）。主要成分为 SiO_2（40% ~ 65%）和 Al_2O_3（15% ~ 40%）。从火山灰质混合材料泛指的定义来看，粉煤灰属于火山灰质混合材，但粉煤灰一般为呈玻璃态的实心或空心的球状颗粒，表面结构致密，性质与其他的火山灰质混合材有所不同，它是一种产量很大的工业废料，故单独列出。

粉煤灰的颗粒大小与形状对其活性有很大的影响，颗粒越细，密实球体形玻璃体含量越高，活性越高，标准稠度需水量越低。

（三）活性混合材料的水化

粒化高炉矿渣、火山灰质混合材料和粉煤灰属于活性混合材料，它们与水拌和后，不发生水化及凝结硬化（仅粒化高炉矿渣有微弱的水化反应）。但在氢氧化钙饱和溶液中，常温下会发生显著的水化反应：

$$x\,Ca(OH)_2 + SiO_2 + m\,H_2O \longrightarrow x\,CaO \cdot SiO_2 \cdot (x+m)H_2O$$

$$y\,Ca(OH)_2 + Al_2O_3 + n\,H_2O \longrightarrow y\,CaO \cdot Al_2O_3 \cdot (y+n)H_2O$$

生成的水化硅酸钙和水化铝酸钙是具有水硬性的水化物。式中，x、y 值取决于混合材料的种类、石灰和活性 SiO_2 及活性 Al_2O_3 之间的比例、环境温度以及作用的时间等。对于掺常用混合材料的硅酸盐水泥，x、y 值一般为 1 或稍大于 1，即生成的水化物的碱度降低（与硅酸盐水泥水化物相比），为低碱性的水化物。

活性 SiO_2 和 $Ca(OH)_2$ 相互作用形成无定形水化硅酸钙，再经过较长一段时间后，逐渐转变为凝胶或微晶体。

活性 Al_2O_3 与 $Ca(OH)_2$ 作用形成水化铝酸钙。当液相中有石膏存在时，水化铝酸钙与石膏反应生成水化硫铝酸钙。

可以看出，氢氧化钙和石膏的存在使活性混合材料的潜在活性得以发挥。它们起着激发水化、促进凝结硬化的作用，故称为活性混合材料的激发剂。常用的激发剂有碱性激发剂（如石灰）和硫酸盐激发剂（如石膏）。

掺活性混合材料的水泥与水拌和后，首先是水泥熟料水化，然后是水泥熟料的水化物 $Ca(OH)_2$ 与活性混合材料中的 SiO_2 及 Al_2O_3 进行水化反应（一般称为二次水化反应）。因此，掺混合材料的硅酸盐水泥水化速度减慢，水化热降低，早期强度降低。

二、普通硅酸盐水泥

（一）定义及组成

凡由硅酸盐水泥熟料、>5% 且 ≤20% 混合材料、适量石膏磨细制成的水硬性胶凝材料，称为普通硅酸盐水泥（简称普通水泥，Ordinary Portland cement），代号 P.O。

掺活性混合材料时，最大掺量不得超过 20%，其中允许使用不超过水泥质量 5% 的窑灰或不超过水泥质量 8% 的非活性混合材料。

（二）技术要求

国家标准（GB 175—2007/XG3—2018）对普通水泥的技术要求如下：

（1）细度。比表面积不小于 300 m^2/kg。

（2）凝结时间。初凝时间不得早于 45 min，终凝时间不得迟于 10 h。

（3）强度。强度等级按照 3 d 和 28 d 龄期的抗压强度和抗折强度进行划分，共分为 42.5、42.5R、52.5、52.5R 四个强度等级。各等级水泥的强度要求见表 3.5 中的数值。

表 3.5　普通水泥各强度等级的强度要求（GB 175—2007/XG3—2018）

强度等级	抗压强度/MPa		抗折强度/MPa	
	3 d	28 d	3 d	28 d
42.5	≥17.0	≥42.5	≥3.5	≥6.5
42.5R	≥22.0		≥4.0	
52.5	≥23.0	≥52.5	≥4.0	≥7.0
52.5R	≥27.0		≥5.0	

（4）体积安定性。氧化镁含量、三氧化硫含量、碱含量要求等同硅酸盐水泥，烧失量不得大于5.0%。

（三）性能与使用

普通水泥是在硅酸盐水泥熟料的基础上掺入低于20%的混合材料，虽然掺入的数量不多，但扩大了强度等级范围，对硅酸盐水泥的性能有一定的改善作用，更利于工程的选用。与硅酸盐水泥相比，早期硬化稍慢，水化热略有降低，强度稍有下降；抗冻性、耐磨性、抗碳化性能略有降低；耐腐蚀性能稍好。普通水泥比硅酸盐水泥应用范围更广，目前是我国最常用的一种水泥，广泛应用于各种工程建设中。

三、矿渣硅酸盐水泥、火山灰质硅酸盐水泥、粉煤灰硅酸盐水泥及复合硅酸盐水泥

（一）定义及组成

凡由硅酸盐水泥熟料和粒化高炉矿渣、适量石膏磨细制成的水硬性胶凝材料称为矿渣硅酸盐水泥（简称矿渣水泥，Portland blastfurnace-Slag cement），代号 P. S。水泥中的粒化高炉矿渣掺加量按照质量百分比计为 20%～70%。矿渣硅酸盐水泥分为混合材料掺量为>20%且≤50%（P. S. A）和掺量为>50%且≤70%（P. S. B）两种。

凡由硅酸盐水泥熟料和火山灰质混合材料、适量石膏磨细制成的水硬性胶凝材料称为火山灰质硅酸盐水泥（简称火山灰水泥，portland pozzolana cement），代号 P. P。水泥中火山灰质混合材料掺量按质量百分比计为>20%且≤40%。

凡由硅酸盐水泥熟料和粉煤灰、适量石膏磨细制成的水硬性胶凝材料统称为粉煤灰硅酸盐水泥（简称粉煤灰水泥，Portland Fly-ash cement），代号 P. F。水泥中粉煤灰的掺量按质量百分比计为>20%且≤40%。

复合硅酸盐水泥是由两种及两种以上混合材料共同掺入水泥中，其混合材料掺量为>20%且≤50%。

（二）技术要求

（1）氧化镁。P. S. A 型、P. P 型、P. F 型、P. C 型水泥中的氧化镁的含量不得超过 6.0%。如果水泥中氧化镁的含量大于 6.0%时，需进行水泥压蒸、安定性试验并合格。

（2）三氧化硫。矿渣水泥的三氧化硫的含量不得超过 4.0%；火山灰水泥和粉煤灰水泥的三氧化硫的含量不得超过 3.5%。

（3）凝结时间、体积安定性、碱含量要求等同于普通硅酸盐水泥。

（4）强度。强度等级按规定龄期的抗压强度和抗折强度进行划分，矿渣硅酸盐水泥、火山灰质硅酸盐水泥、粉煤灰硅酸盐水泥共分为 32.5，32.5R，42.5，42.5R，52.5，52.5R 六个强度等级，复合硅酸盐水泥 2018 年取消了 32.5 和 32.5R 等级，目前共分为 42.5，42.5R，52.5，52.5R 四个强度等级，各强度等级水泥的各龄期抗压强度和抗折强度不得低于表 3.6 中的数值。

表 3.6 矿渣水泥、火山灰水泥、粉煤灰水泥、复合硅酸盐水泥各强度等级的强度要求
（GB 175—2007/XG3—2018）

品种	强度等级	抗压强度/MPa		抗折强度/MPa	
		3 d	28 d	3 d	28 d
矿渣硅酸盐水泥 火山灰质硅酸盐水泥 粉煤灰硅酸盐水泥	32.5	≥10.0	≥32.5	≥2.5	≥5.5
	32.5R	≥15.0		≥3.5	
	42.5	≥15.0	≥42.5	≥3.5	≥6.5
	42.5R	≥19.0		≥4.0	
	52.5	≥21.0	≥52.5	≥4.0	≥7.0
	52.5R	≥23.0		≥4.5	
复合硅酸盐水泥	42.5	≥15.0	≥42.5	≥3.5	≥6.5
	42.5R	≥19.0		≥4.0	
	52.5	≥21.0	≥52.5	≥4.0	≥7.0
	52.5R	≥23.0		≥4.5	

（三）性能与应用

矿渣水泥、火山灰水泥、粉煤灰水泥及复合硅酸盐水泥均在硅酸盐水泥熟料基础上掺入较多的活性混合材料，再加上适量石膏共同磨细制成的。由于活性混合材料的掺量较多，且活性混合材料的化学成分基本相同（主要是活性氧化硅和活性氧化铝），因此它们的大多数性质和应用相同或相近，即这三种水泥在许多情况下可替代使用。但与硅酸盐水泥或普通水泥相比，有明显的不同。又由于不同混合材料结构的不同，彼此相互之间又各具特性，这些性质决定了它们在使用方面的特点和应用。下面分别从这四种掺混合材料的水泥的共性和个性方面阐述性质。

1. 掺活性混合材料的硅酸盐水泥的共性

（1）强度早期低，后期发展快。由于水泥中掺入了大量活性混合材料，水泥中矿物 C_3S 和 C_3A 的含量降低，水化速度慢，早期强度低；但随着水化的进行，混合材料中的活性 SiO_2 与 $Ca(OH)_2$ 不断相互作用，生成比硅酸盐水泥更多的水化硅酸钙，使得后期强度发展较快，其强度甚至超过同强度等级的硅酸盐水泥。

（2）水化热小。水泥熟料含量少，早期水化热小且放热缓慢。因此，四种掺活性混合材料的硅酸盐水泥适合于大体积混凝土施工。

（3）对养护温度敏感，适合蒸汽养护。四种掺活性混合材料水泥环境温度降低时，水化速度明显减缓，强度发展慢，因此，不适合冬季施工现浇的工程。提高养护温度可有效促进活性混合材料的二次水化，提高早期强度，且对后期强度发展无不利的影响。而硅酸盐水泥

或普通水泥，蒸汽养护可提高早期强度，但后期强度发展要受到一定影响。通常 28 d 强度要比常温养护条件下的低。

（4）耐腐蚀性较好。由于大量的混合材料的掺入和熟料含量少，水化物中的氢氧化钙少，且二次水化还要进一步消耗氢氧化钙，使水泥石结构中氢氧化钙的含量进一步降低，因此抗腐蚀性好。适用于有硫酸盐、镁盐、软水等腐蚀作用的环境，如水利、海港、码头、隧道等混凝土工程。但当腐蚀介质的浓度较高或耐腐蚀要求高时，还应采取其他防腐蚀措施或选用其他特种水泥。

（5）抗冻性、耐磨性差。矿渣和粉煤灰保水性差，泌水后形成连通的孔隙，火山灰需水量大，硬化后内部孔隙率大，因此，它们的抗冻性、耐磨性差。

（6）抗碳化性差。水化后氢氧化钙的含量很低，故抗碳化性差。因此，不适用于二氧化碳含量高的工业厂房等。

2. 掺较多活性混合材料的硅酸盐水泥的特性

（1）矿渣水泥。矿渣为玻璃态的物质，难于磨细，对水的吸附能力差，故矿渣水泥保水性差，泌水性大。在混凝土施工中因泌水而形成毛细管通道及水囊，水分的蒸发又易引起干缩，影响混凝土的抗渗性、抗冻性及耐磨性等。由于矿渣本身耐热性好，矿渣水泥硬化后氢氧化钙的含量较低，因此，矿渣水泥的耐热性较好。

（2）火山灰水泥。火山灰质混合材料的结构特点是疏松多孔，内比表面积大，火山灰水泥的特点是易吸水、泌水性小。在潮湿的条件下养护，可形成较多的水化产物，水泥石结构较为致密，从而具有较高的抗渗性和耐水性。如处于干燥环境中，由于保水性高，所吸收的水分大量地蒸发，体积收缩大，易产生裂缝，因此，火山灰水泥不宜用于长期处于干燥环境和水位变化区的混凝土工程。

（3）粉煤灰水泥。粉煤灰与其他天然火山灰相比，结构较为致密，内比表面积小，有很多球形颗粒，吸水能力弱，所以粉煤灰水泥需水量较低，干缩性较小，抗裂性较好。尤其适用于大体积水工混凝土以及地下和海港工程等。

（4）复合水泥的特性还与混合材料的品种与掺量有关。复合水泥的性能在以矿渣为主要混合材时，其性能与矿渣水泥接近；而当以火山灰质材料为主要混合材时，则接近火山灰水泥的性能。因此，在复合水泥包装袋上应标明主要混合材的名称。

为了便于识别，硅酸盐水泥和普通水泥包装袋上要求用红字印刷，矿渣水泥包装袋上要求采用绿字印刷，火山灰水泥、粉煤灰水泥和复合水泥则要求用黑字印刷。

硅酸盐水泥、普通水泥、矿渣水泥、火山灰水泥、粉煤灰水泥和复合水泥是建设工程中的通用水泥，它们的主要性质与应用如表 3.7 所示。

表 3.7 六种常用水泥的性质及应用

项 目	硅酸盐水泥	普通水泥	矿渣水泥	火山灰水泥	粉煤灰水泥	复合水泥
主要成分	硅酸盐水泥熟料，0～5%混合材料，适量石膏	硅酸盐水泥熟料，6%～20%混合材料，适量石膏	硅酸盐水泥熟料，20%～70%粒化高炉矿渣，适量石膏	硅酸盐水泥熟料，20%～40%火山灰质混合材料，适量石膏	硅酸盐水泥熟料，20%～40%粉煤灰，适量石膏	硅酸盐水泥熟料，20%～50%两种及两种以上混合材料，适量石膏

续表

项 目		硅酸盐水泥	普通水泥	矿渣水泥	火山灰水泥	粉煤灰水泥	复合水泥
性质		1. 早期、后期强度高 2. 抗冻性、耐磨性好 3. 水化热大 4. 耐腐蚀性差 5. 耐热性差 6. 抗碳化性好	1. 早期强度较高 2. 抗冻性、耐磨性较好 3. 水化热较大 4. 耐腐蚀性较好 5. 耐热性较差 6. 抗碳化性好	1. 水化热小 2. 对温度敏感，适合蒸汽养护 3. 耐腐蚀性好 4. 抗碳化性较差			
				1. 早期强度低，后期强度高 2. 抗冻性较差			
				1. 泌水性大、抗渗性差 2. 耐热性较好 3. 干缩较大	1. 保水性好、抗渗性好 2. 干缩大 3. 耐磨性差	1. 干缩小、抗裂性好 2. 耐磨性差	与混合材料的品种及掺量有关
应用	优先使用	早期强度要求高的混凝土，有耐磨要求的混凝土，严寒地区反复遭受冻融作用的混凝土，抗碳化性能要求高的混凝土，掺混合材料的混凝土		水下混凝土，海港混凝土，大体积混凝土，耐腐蚀性要求较高的混凝土，高温下养护的混凝土			
		高强度混凝土	普通气候及干燥环境中的混凝土，有抗渗要求的混凝土，受干湿循环作用的混凝土	有耐热要求的混凝土	有抗渗要求的混凝土	—	—
	可以使用	一般工程	高强度混凝土，水下混凝土，高温养护混凝土，耐热混凝土；在就地取材困难时，是多数工程最后的备选水泥	普通气候环境中的混凝土			
				抗冻性要求较高的混凝土，有耐磨性要求的混凝土	—	—	—
	不宜或不得使用	大体积混凝土，易受腐蚀的混凝土		掺混合材料的混凝土，低温或冬季施工的混凝土，抗碳化性要求高的混凝土			
				早期强度要求高的混凝土，抗冻性要求高的混凝土			
		耐热混凝土，高温养护混凝土	—	抗渗性要求高的混凝土	干燥环境中的混凝土，有耐磨要求的混凝土	—	

第三节　专用水泥和特性水泥

专用水泥是以其主要用途来命名的，特性水泥是以其主要性能来命名的。这两类水泥的品种比较多，本节仅介绍工程中常用的品种。

一、道路硅酸盐水泥

在各种公路路面建筑中，以水泥混凝土路面最为优良。水泥混凝土路面不易损坏，使用年限长，是沥青路面的好几倍。并且具有路面阻力小，抗油类腐蚀性强，雨天不打滑等优点。道路硅酸盐水泥是为适应我国水泥混凝土路面的需要而发展起来的。随着我国公路建设的迅速发展，道路水泥的需要量与日俱增。

由道路硅酸盐水泥熟料、0～10%活性混合材料和适量石膏磨细制成的水硬性胶凝材料，称为道路硅酸盐水泥（简称道路水泥，road portland cement）。它是在硅酸盐水泥的基础上，通过合理地配制生料、煅烧等来调整水泥熟料的矿物组成比例，以达到增加抗折强度、抗冲击性能、耐磨性能、抗冻性和疲劳性能等。

国家标准《道路硅酸盐水泥》（GB/T 13693—2017）有如下要求：

1. 化学成分

（1）氧化镁。水泥中氧化镁的含量不得超过5.0%。如果水泥压蒸试验合格，则水泥中氧化镁的含量（质量分数）允许放宽至6.0%。

（2）三氧化硫。水泥中三氧化硫的含量不得超过3.5%。

（3）烧失量。水泥中的烧失量不得大于3.0%。

（4）氯离子。氯离子的含量不得大于0.06%。

（5）游离氧化钙。不应大于1.0%。

（6）碱含量。用户提出要求时，由供需双方商定。用户要求提供低碱水泥时，水泥中的碱含量不得大于0.6%。

2. 矿物组成

（1）铝酸三钙。熟料中的铝酸三钙含量不得大于5.0%。

（2）铁铝酸四钙。熟料中铁铝酸四钙的含量不得小于15.0%。

3. 物理力学性质

（1）细度。比表面积为300～450 m^2/kg。

（2）凝结时间。初凝时间不得早于1.5 h，终凝时间不得迟于12 h。

（3）安定性。沸煮法必须合格。

（4）干缩性。干缩率不得大于0.10%。

（5）耐磨性。28 d磨耗量应不大于3.00 kg/m^2。

（6）分级。道路硅酸盐水泥，代号P.R，按照28 d抗折强度分为7.5和8.5两个等级，各龄期的强度应符合表3.8的规定。

表3.8 道路水泥的等级与各龄期的强度要求（GB/T 13693—2017）

强度等级	抗折强度/MPa		抗压强度/MPa	
	3 d	28 d	3 d	28 d
7.5	≥4.0	≥7.5	≥21.0	≥42.5
8.5	≥5.0	≥8.5	≥26.0	≥52.5

道路水泥具有早强和高抗折强度的特性，这对保证道路混凝土达到设计强度提供了一定的条件。另外，道路水泥还具有耐磨性好、干缩小、抗冲击性和抗冻性好，有一定的抗硫酸盐腐蚀性能等优点，适用于道路路面、机场跑道、城市广场等工程。

二、白色硅酸盐水泥

一般硅酸盐水泥呈灰或灰褐色，这主要是因水泥熟料中的氧化铁和其他着色物质（如氧化锰、氧化钛等）所引起的，普通硅酸盐水泥的氧化铁含量为 3%～4%。白色硅酸盐水泥则要严格控制氧化铁的含量，一般应低于水泥质量的 0.5%。此外，其他有色金属氧化物，如氧化锰、氧化钛、氧化铝的含量也要加以控制。

白色硅酸盐水泥（简称白水泥，white portland cement）的生产与硅酸盐水泥基本相同。由于原料中氧化铁的含量少，使得生成硅酸三钙的温度提高，煅烧的温度要提高至 1 550℃左右。为了保证白度，煅烧时应采用天然气、煤气或重油作为燃料。粉磨时不能直接用锈钢板和钢球，而应采用白色花岗岩或高强陶瓷衬板，用烧结瓷球等作为研磨体。因此，白水泥的生产成本较高，价格较贵。

白水泥按照 3 d 和 28 d 的抗折强度和抗压强度分为 32.5、42.5、52.5 三个等级，如表 3.9 所示。白度是白色水泥的主要技术指标之一，白度通常以其与氧化镁标准版的反射率的比值（%）来表示。白色硅酸盐水泥按照白度分为 1 级和 2 级，代号分别为 P·W-1 和 P·W-2。1级白度（P·W-1）不小于 89；2 级白度（P·W-2）不小于 87。其他技术要求与普通水泥接近。

表 3.9　白水泥强度要求（GB/T 2015—2017）

强度等级	抗压强度/MPa		抗折强度/MPa	
	3 d	28 d	3 d	28 d
32.5	≥12.0	≥32.5	≥3.0	≥6.0
42.5	≥17.0	≥42.5	≥3.5	≥6.5
52.5	≥22.0	≥52.5	≥4.0	≥7.0

白色硅酸盐水泥熟料与适量的石膏和耐碱矿物颜料共同磨细，可制成彩色硅酸盐水泥，简称为彩色水泥（coloured portland cement）。常用的颜料有氧化铁（红、黄、褐、黑色）、二氧化锰（黑、褐色）、氧化铬（绿色）、赭石（褐色）和炭黑（黑色）等。也可将颜料直接与白水泥粉末混合拌匀，配制彩色水泥砂浆和混凝土。后一种方法简便易行，颜色可以调节，但有时色彩不匀，有差异。

白色和彩色水泥与其他天然的和人造的装饰材料相比，具有耐久性好、价格较低和能够使装饰工程机械化等优点。主要用于建筑内外装饰的砂浆和混凝土，如水磨石、水刷石、斩假石、人造大理石等。

三、中热硅酸盐水泥和低热硅酸盐水泥

硅酸盐水泥水化时放出大量的热，不适合大体积混凝土工程的施工。掺活性混合材料的硅酸盐水泥，水化热减小，但没有明确的定量规定，而且掺入较多的活性混合材后，部分性能（如抗冻性、耐磨性）变差。

《中热硅酸盐水泥、低热硅酸盐水泥》（GB/T 200—2017）对两种水泥的定义如下：

以适当成分的硅酸盐水泥熟料，加入适量的石膏，磨细制成的具有中等水化热的水硬性胶凝材料，称为中热硅酸盐水泥（简称中热水泥，moderate-heat portland cement），代号为 P.MH。

以适当成分的硅酸盐水泥熟料，加入适量的石膏，磨细制成的具有低水化热的水硬性胶凝材料，称为低热硅酸盐水泥（简称低热水泥，low-heat portland cement），代号为 P.LH。

为了降低水泥的水化热和放热速度，必须降低熟料中 C_3A 和 C_3S 的含量，相应提高 C_4AF 和 C_2S 的含量。但 C_3S 也不宜过少，否则水泥强度的发展过慢。因此，应着重减少 C_3A 的含量，相应提高 C_4AF 的含量。国家标准对两种水泥熟料的矿物组成的规定如表 3.10 所示。

表 3.10 中热水泥、低热水泥品质要求（GB/T 200—2017）

品 种		中热水泥		低热水泥	
C_3S 含量		≤55.0%		—	
C_3A 含量		≤6.0%		≤6.0%	
C_2S 含量		—		≥40.0%	
水化热/kJ·kg^{-1}	32.5	—	—	≤197（3 d）	≤230（7 d）
	42.5	≤251（3 d）	≤293（7 d）	≤230（3 d）	≤260（7 d）

两种水泥的氧化镁、三氧化硫、安定性、碱含量要求同普通水泥。细度用比表面积表示，其值应不小于 250 m²/kg。凝结时间中初凝不得早于 60 min，终凝应不迟于 12 h。中热水泥的强度等级为 42.5，低热水泥的强度等级为 32.5 和 42.5。水泥各龄期的抗压强度和抗折强度应不低于表 3.11 中的数值。

表 3.11 中热水泥、低热水泥强度要求（GB/T 200—2017）

品 种	强度等级	抗压强度/MPa			抗折强度/MPa		
		3 d	7 d	28 d	3 d	7 d	28 d
中热水泥	42.5	≥12.0	≥22.0	≥42.5	≥3.0	≥4.5	≥6.5
低热水泥	32.5	—	≥10.0	≥32.5	—	≥3.0	≥5.5
	42.5	—	≥13.0	≥42.5	—	≥3.5	≥6.5

中热水泥水化热较低，抗冻性与耐磨性较高；低热水泥水化热更低，早期强度低，抗冻性差；中热水泥和低热水泥适用于大体积水工建筑物水位变动区的覆面层及大坝溢流面，以及其他要求低水化热、高抗冻性和耐磨性的工程。此外，它们具有一定的抗硫酸盐侵蚀能力，可用于低硫酸盐侵蚀的工程。

四、抗硫酸盐水泥

抗硫酸盐硅酸盐水泥，主要用于受硫酸盐侵蚀的海港、水利、地下、隧道、引水、道路和桥梁基础等工程。按其抗硫酸盐侵蚀的程度分为中抗硫酸盐硅酸盐水泥和高抗硫酸盐硅酸盐水泥两类。

以适当成分的硅酸盐水泥熟料，加入适量石膏，磨细制成的具有抵抗中等浓度硫酸根离子侵蚀的水硬性胶凝材料，称为中抗硫酸盐硅酸盐水泥（简称中抗硫酸盐水泥，Moderate sulfate resistance Portland cement），代号 P.MSR。

以适当成分的硅酸盐水泥熟料，加入适量石膏，磨细制成的具有抵抗较高浓度硫酸根离子侵蚀的水硬性胶凝材料，称为高抗硫酸盐硅酸盐水泥（简称高抗硫酸盐水泥，High sulfate resistance Portland cement），代号 P.HSR。

硅酸盐水泥熟料中最易受硫酸盐腐蚀的成分是 C_3A，其次是 C_3S，因此应控制抗硫酸盐水泥的 C_3A 和 C_3S 的含量，但 C_3S 的含量不能太低，否则会影响水泥强度的发展速度。C_3A 和 C_3S 的含量限制如表 3.12 所示。

表 3.12　抗硫酸盐水泥矿物成分要求（GB 748—2005）

名　　称	中抗硫酸盐水泥	高抗硫酸盐水泥
C_3S/%	< 55.0	< 50.0
C_3A/%	< 5.0	< 3.0

抗硫酸盐水泥的氧化镁含量、安定性、凝结时间、碱含量要求等同普通水泥。同时规定三氧化硫含量不大于 2.5%，比表面积不小于 280 m^2/kg，烧失量不大于 3.0%，不溶物不大于 1.50%。水泥的标号按照规定龄期的抗压强度和抗折强度划分为 32.5 和 42.5 两个强度等级，水泥各龄期的抗压强度和抗折强度应不低于表 3.13 中的数值。

表 3.13　抗硫酸盐水泥强度要求（GB 748—2005）

水泥强度等级	抗压强度/MPa		抗折强度/MPa	
	3 d	28 d	3 d	28 d
32.5	10.0	32.5	2.5	6.0
42.5	15.0	42.5	3.0	6.5

应对抗硫酸盐水泥抗蚀能力进行评定。在硫酸盐溶液中，中抗硫酸盐水泥 14 d 线性膨胀率应不大于 0.060%；高抗硫酸盐水泥 14 d 线性膨胀率应不大于 0.040%。

第四节　铝酸盐水泥

凡以铝酸钙为主的铝酸盐水泥熟料，磨细制成的水硬性胶凝材料称为铝酸盐水泥（Aluminate Cements），代号 CA。

一、铝酸盐水泥的分类和矿物组成

铝酸盐水泥生产原材料为铝矾土和石灰石，通过调整原材料的比例，改变水泥的矿物组成和比例，得到不同性质的铝酸盐水泥。铝酸盐水泥按照 Al_2O_3 的含量百分数分为四类：CA50，$50\% \leqslant Al_2O_3 < 60\%$；CA60，$60\% \leqslant Al_2O_3 < 68\%$；CA70，$68\% \leqslant Al_2O_3 < 77\%$；CA80，$77\% \leqslant Al_2O_3$。

铝酸盐水泥主要熟料矿物成分为铝酸一钙（简写为 CA），二铝酸一钙（简写为 CA_2）和少量的七铝酸十二钙（简写为 $C_{12}A_7$）、硅酸二钙（C_2S）及硅铝酸二钙（C_2AS）等。在铝酸盐水泥中随着 Al_2O_3 含量的提高，即 CaO/Al_2O_3 降低，矿物成分 CA 逐渐降低，CA_2 逐渐提高。CA50 中 Al_2O_3 含量最低，主要矿物成分为 CA，CA 含量约占水泥质量的 70%；CA80 中 Al_2O_3 含量最高，主要矿物成分为 CA_2，其含量占水泥质量的 60% ~ 70%。

铝酸一钙（CA）。低 Al_2O_3 含量的铝酸盐水泥，如 CA50（原为高铝水泥）的最主要矿物成分，具有很高的水硬活性，特性是凝结正常，硬化速度快，是铝酸盐水泥主要的强度来源。但 CA 含量过高的水泥，强度发展主要在早期，后期强度提高不显著。因此，CA50 是一种快硬、早强和高强的水泥。

二铝酸一钙（CA_2）。在 Al_2O_3 含量高的水泥中，CA_2 的含量高。CA_2 水化硬化慢，早期强度低，但后期强度不断提高。品质优良的铝酸盐水泥一般以 CA 和 CA_2 为主。铝酸盐水泥随着 CA_2 的提高，耐火性能提高。CA80 是一种高耐火性的水泥。

二、铝酸盐水泥的水化和硬化

铝酸盐水泥的水化和硬化主要是铝酸一钙 CA 和二铝酸一钙 CA_2 的水化和水化物结晶。其水化产物随温度的不同而不同。

1. 铝酸一钙的水化

当温度低于 20 ℃时，其主要的反应式为：

$$CaO \cdot Al_2O_3 + 10H_2O \longrightarrow CaO \cdot Al_2O_3 \cdot 10H_2O$$

生成物为水化铝酸一钙（简写为 CAH_{10}）。

当温度为 20～30 ℃时，其主要的反应式为：

$$2(CaO \cdot Al_2O_3) + 11H_2O \longrightarrow 2CaO \cdot Al_2O_3 \cdot 8H_2O + Al_2O_3 \cdot 3H_2O$$

生成物为水化铝酸二钙（简写为 C_2AH_8）和氢氧化铝。

当温度高于 30 ℃时，其主要的反应式为：

$$3(CaO \cdot Al_2O_3) + 12H_2O \longrightarrow 3CaO \cdot Al_2O_3 \cdot 6H_2O + 2(Al_2O_3 \cdot 3H_2O)$$

生成物为水化铝酸三钙（简写为 C_3AH_6）和氢氧化铝。

2. 二铝酸一钙的水化

当温度低于 20 ℃时，其主要的反应式为：

$$2(CaO \cdot 2Al_2O_3) + 26H_2O \longrightarrow 2(CaO \cdot Al_2O_3 \cdot 10H_2O) + 2(Al_2O_3 \cdot 3H_2O)$$

当温度为 20～30 ℃时，其主要的反应式为：

$$2(CaO \cdot 2Al_2O_3) + 17H_2O \longrightarrow 2CaO \cdot Al_2O_3 \cdot 8H_2O + 3(Al_2O_3 \cdot 3H_2O)$$

当温度高于 30 ℃时，其主要的反应式为：

$$3(CaO \cdot 2Al_2O_3) + 21H_2O \longrightarrow 3CaO \cdot Al_2O_3 \cdot 6H_2O + 5(Al_2O_3 \cdot 3H_2O)$$

水化产物 CAH_{10} 和 C_2AH_8 为针状或板状结晶，可相互交织成坚固的结晶合成体，析出的氢氧化铝凝胶难溶于水，填充于晶体骨架的空隙中，形成致密的结构，使水泥石获得很高的强度。铝酸一钙（CA）水化反应集中在早期，5～7 d 后水化物的数量很少增加；二铝酸一钙（CA_2）水化反应集中在后期，使得后期的强度能够增长。

CAH_{10} 和 C_2AH_8 是亚稳定相，随时间增长，会逐渐转化为较为稳定的 C_3AH_6，转化过程随着温度的升高而加快。转化结果使水泥石内析出大量的游离水，增大了孔隙体积，使强度降低。在长期的湿热环境中，水泥石强度明显降低，甚至引起结构的破坏。

三、铝酸盐水泥的技术要求

1. 化学成分

水泥的化学成分按照水泥的质量百分比计应符合如表 3.14 所示的要求。

表 3.14　铝酸盐水泥的化学成分要求（GB/T 201—2015）

类　型	Al_2O_3 含量	SiO_2 含量	Fe_2O_3 含量	碱含量 $[\omega(Na_2O) + \omega0.658(K_2O)]$	S（全硫）含量	Cl^- 含量
CA50	≥50 且<60	≤9.0	≤3.0	=0.50	=0.2	
CA60	≥60 且<68	≤5.0	≤2.0	≤0.40	≤0.1	=0.06
CA70	≥68 且<77	≤1.0	≤0.7			
CA80	≥77	≤0.5	≤0.5			

2. 物理性能

（1）细度。比表面积不小于 300 m²/kg 或 0.045 mm 筛上的筛余不大于 20%，由供需双方商定。

（2）凝结时间应符合如表 3.15 所示的要求。

表 3.15　铝酸盐水泥的凝结时间要求（GB/T 201—2015）

类　型		初凝时间/min	终凝时间/min
CA50		≥30	≤360
CA60	CA60- I	≥30	≤360
	CA60- II	≥60	≤1 080
CA70		≥30	≤360
CA80		≥30	≤360

（3）强度。各类型的铝酸盐水泥各龄期的抗压强度和抗折强度不得低于表 3.16 中的数值。

表 3.16　铝酸盐水泥胶砂强度要求（GB/T 201—2015）

类型		抗压强度/MPa				抗折强度/MPa			
		6 h	1 d	3 d	28 d	6 h	1 d	3 d	28 d
CA50	CA50- I	≥20*	≥40	≥50	—	≥3*	≥5.5	≥6.5	—
	CA50- II		≥50	≥60	—		≥6.5	≥7.5	—
	CA50- III		≥60	≥70	—		≥7.5	≥8.5	—
	CA50- IV		≥70	≥80	—		≥8.5	≥9.5	—
CA60	CA60- I	—	≥65	≥85	—	—	≥7.0	≥10.0	—
	CA60- II	—	≥20	≥45	≥85	—	≥2.5	≥5.0	≥10.0
CA70		—	≥30	≥40	—	—	≥5.0	≥6.0	—
CA80		—	≥25	≥30	—	—	≥4.0	≥5.0	—

注：*当用户需要时，生产厂应提供结果和测定方法。

四、铝酸盐水泥的性能特点与应用

（1）CA50 快硬早强，早期强度增长快，24 h 即可达到极限强度的 80% 左右。故宜用于紧急抢修工程和早期强度要求高的工程。水化热大，且集中在早期放出。因此，适合于冬季施工，不适合于最小断面尺寸超过 45 cm 的构件及大体积混凝土的施工。另外，常用于配制膨胀水泥、自应力水泥和化学建材的添加剂等。

但 CA50 铝酸盐水泥后期强度可能会下降，尤其是在高于 30 ℃ 的湿热环境下，强度下降更快，甚至会引起结构的破坏。因此，若在结构工程中使用铝酸盐水泥应慎重。

（2）CA60 水泥熟料一般以 CA 和 CA_2 为主，CA 能够迅速提高早期强度，CA_2 在后期能够保证强度的发展，因此具有较高的早期强度和后期强度。水化热较高，适合于冬季施工、紧急抢修工程以及早期强度要求高的工程。由于含有一定的 CA_2，具有较高的耐火性能，也常用于配制耐火混凝土。同样，不能用于湿热环境下的工程。

（3）CA70 和 CA80 属于低钙铝酸盐水泥，主要成分为二铝酸一钙，具有良好的耐高温性能，可用于配制耐火混凝土，广泛用作各种高温炉衬的内衬，特别是用于耐火砖砌筑较为困难的结构炉体。由于游离的 α-Al_2O_3 晶体熔点高（2 040 ℃），因此，规范允许在磨制 Al_2O_3 含量大于 68% 的水泥（即 CA70 和 CA80 水泥）中掺入适量的 α-Al_2O_3 粉，以提高水泥的耐火性。

另外，铝酸盐水泥具有较好的抗硫酸盐侵蚀能力。这是因为其主要成分为低钙铝酸盐，游离的氧化钙极少，水泥石结构较为致密，故适合于有抗硫酸盐侵蚀要求的工程。

在高温下（1 200 ~ 1 300 ℃），铝酸盐水泥石中脱水产物与磨细耐火骨料发生化学反应，逐渐转变成"陶瓷胶黏料"，使得耐火混凝土强度提高，甚至超过加热前所具有的水硬性胶结强度。因此，铝酸盐水泥具有一定的耐高温性能，且随着 Al_2O_3 含量的提高，此性能越来越突出。

铝酸盐水泥不耐碱，铝酸盐水泥与碱性溶液接触，甚至混凝土骨料内含有少量碱性化合物时，都会不断引起侵蚀，故不能用于接触碱溶液的工程。

铝酸盐水泥最适宜的硬化温度为 15 ℃ 左右，一般施工时环境温度不得超过 25 ℃，否则会产生晶型转变，强度降低。铝酸盐水泥水化热集中于早期释放，从硬化开始应立即浇水养护，一般不宜浇筑大体积混凝土。

铝酸盐水泥使用时还应注意：

（1）在施工过程中，不得与硅酸盐水泥、石灰等可析出氢氧化钙的胶凝物质混合，否则将产生瞬凝，以至无法施工，且强度降低。

（2）铝酸盐水泥混凝土后期强度下降较大，应以最低稳定强度设计。最低稳定强度值以试体脱模后放入（50±2）℃ 水中养护，取龄期为 7 d 和 14 d 的强度值较低者进行确定。

（3）若采用蒸汽养护加速混凝土的硬化，养护温度不高于 50 ℃。

（4）不能与未硬化的硅酸盐水泥混凝土接触使用；可与具有脱模强度的硅酸盐水泥混凝土接触使用，但接茬处不应长期处于潮湿状态。

第五节　硫铝酸盐水泥

以适当成分的生料，经煅烧所得以无水硫铝酸钙和硅酸二钙为主要矿物成分的水泥熟料掺加不同量的石灰石、适量石膏共同磨细制成，具有水硬性的胶凝材料称为硫铝酸盐水泥。硫铝酸盐水泥分为快硬硫铝酸盐水泥、低碱度硫铝酸盐水泥和自应力硫铝酸盐水泥。

一、硫铝酸盐水泥的分类和矿物组成

硫铝酸盐水泥与硅酸盐和铝酸盐水泥最根本的区别在于硫铝酸盐水泥熟料矿物主要是无水硫铝酸钙（$3CaO \cdot 3Al_2O_3 \cdot CaSO_4$）、硅酸二钙（$2CaO \cdot SiO_2$）和铁相。在硫铝酸盐水泥熟料中，除上述 3 种主要矿物外，一般尚存在少量游离石膏（游离 $CaSO_2$）、方镁石（MgO）和钙钛矿（$CaO \cdot TiO_2$）等，当煅烧不太正常或配料不当时，还有少量钙黄长石（$2CaO \cdot Al_2O_3 \cdot SiO_2$）、硫硅酸钙（$4CaO \cdot 2SiO_2 \cdot CaSO_4$）、游离石灰（游离 CaO）和铝酸钙（$12CaO \cdot 7Al_2O_3$、$CaO \cdot Al_2O_3$）

二、硫铝酸盐水泥的水化和硬化

快硬和自应力硫铝酸盐水泥由含无水硫铝酸钙（$3CaO \cdot 3Al_2O_3 \cdot CaSO_4$）和硅酸二钙（$2CaO \cdot SiO_2$）等矿物的熟料与 $CaSO_4 \cdot 2H_2O$（石膏）或 $CaSO_4$（无水石膏）混合而成，两类硫铝酸盐水泥在组成上的区别仅是石膏掺量的不同，所以研究这些水泥的水化过程，实质上就是 $3CaO \cdot 3Al_2O_3 \cdot CaSO_4\text{-}2CaO \cdot SiO_2\text{-}CaSO_4 \cdot 2H_2O - H_2O$ 四元系统中所发生的化学变化。低碱度硫铝酸盐水泥的组成除硫铝酸盐水泥熟料和石膏外还掺含 $CaCO_3$ 的石灰石，所以该水泥的水化就是 $3CaO \cdot 3Al_2O_3 \cdot CaSO_4\text{-}2CaO \cdot SiO_2\text{-}CaSO_4 \cdot 2H_2O\text{-}CaCO_3\text{-}H_2O$ 五元系统内所发生的化学反应。

在 $3CaO \cdot 3Al_2O_3 \cdot CaSO_4\text{-}2CaO \cdot SiO_2\text{-}CaSO_4 \cdot 2H_2O\text{-}H_2O$ 系统中首先发生如下 2 种化学反应：

$3CaO \cdot 3Al_2O_3 \cdot CaSO_4 + 2（CaSO_4 \cdot 2H_2O）+ 34H_2O \rightarrow 3CaO \cdot Al_2O_3 \cdot 3CaSO_4 \cdot 32H_2O + 2（Al_2O_3 \cdot 3H_2O）（gel）$

$2CaO \cdot SiO_2 + 2H_2O \rightarrow CaO\text{-}SiO_2\text{-}H_2O（Ⅰ）+ Ca(OH)_2$

在石膏含量充足的条件下，尤其是在 $Ca(OH)_2$ 溶液中，接着水化生成物之间发生以下反应：

$Al_2O_3 \cdot 3H_2O（gel）+ 3Ca(OH)_2 + 3（CaSO_4 \cdot 2H_2O）+ 20H_2O \rightarrow 3CaO \cdot Al_2O_3 \cdot 3CaSO_4 \cdot 32H_2O$

在石膏含量不足的条件下，易发生下列反应：

$3CaO \cdot 3Al_2O_3 \cdot CaSO_4 + 18H_2O \rightarrow 3CaO \cdot Al_2O_3 \cdot CaSO_4 \cdot 12H_2O + 2（Al_2O_3 \cdot 3H_2O）（gel）$

$3CaO \cdot Al_2O_3 \cdot 3CaSO_4 \cdot 32H_2O \rightarrow 3CaO \cdot Al_2O_3 \cdot CaSO_4 \cdot 12H_2O + 2（CaSO_4 \cdot 2H_2O）+ 16H_2O$

从上述反应式可以看出普通硫铝酸盐水泥各品种，除低碱硫铝酸盐水泥外，其水化产物均为 $3CaO \cdot Al_2O_3 \cdot 3CaSO_4 \cdot 32H_2O$ 和 $CaO\text{-}SiO_2\text{-}H_2O（Ⅰ）$ 和 $Al_2O_3 \cdot 3H_2O（gel）$。在石膏不足和反应达不到平衡的条件下，还有 $3CaO \cdot Al_2O_3 \cdot CaSO_4 \cdot 12H_2O$ 生成。由于水泥浆体中熟料水化反应较难达到平衡，所以在一般情况下，水泥石中除前述 3 种水化产物外，常有少

量 $3CaO \cdot Al_2O_3 \cdot CaSO_4 \cdot 12H_2O$ 存在。$2CaO \cdot SiO_2$ 水化后产生的 $Ca(OH)_2$ 会与其他水化产物发生二次反应,形成新的化合物,因此普通硫铝酸盐水泥水化产物中不存在 $Ca(OH)_2$ 析晶。

水化产物中的 $3CaO \cdot Al_2O_3 \cdot 3CaSO_4 \cdot 32H_2O$（AFt）属六方晶系,一般呈针状晶形,其晶体外形与形成条件密切相关,在饱和石灰溶液中形成速度较快,往往为细针状晶体。而在低浓度石灰溶液中形成速度较慢,一般均呈较粗的长柱状晶体;$3CaO \cdot Al_2O_3 \cdot CaSO_4 \cdot 12H_2O$（AFm）属假六方晶系,呈六方片状。水化产物 Al_2O_3（aq）在光学显微镜下呈点滴状无色均质体;水化硅酸钙是水泥化学中研究的重要矿物群,在水泥浆体中常见的水化硅酸钙凝胶有两种,分别是 $CaO\text{-}SiO_2\text{-}H_2O$（Ⅰ）和 $CaO\text{-}SiO_2\text{-}H_2O$（Ⅱ）。$CaO\text{-}SiO_2\text{-}H_2O$（Ⅰ）仅在质量浓度为 0.05g/L 到接近饱和的石灰溶液中形成,其钙硅比为 0.8~1.5,一般认为含 1.0~2.5 mol 的 H_2O 且呈层状,在电子显微镜下观察呈薄状碎片;$CaO\text{-}SiO_2\text{-}H_2O$（Ⅱ）只在石灰饱和溶液中形成,其钙硅比为 1.5~2.0,含 2 mol 的 H_2O,在电子显微镜下呈纤维状或纤维结构的薄片。

三、硫铝酸盐水泥的种类

硫铝酸盐水泥分为快硬硫铝酸盐水泥、低碱度硫铝酸盐水泥和自应力硫铝酸盐水泥。

（一）快硬硫铝酸盐水泥

快硬硫铝酸盐水泥是指以适当成分的生料,经煅烧所得以无水硫铝酸钙和硅酸二钙为主要矿物成分的水泥熟料,掺加不超过 15% 的石灰石、适量石膏共同磨细制成,具有早期高强度的水硬性胶凝材料,代号 R·SAC。

（1）比表面积:不低于 350 m^2/kg。

（2）凝结时间:初凝时间:初凝不早于 25 min,终凝不迟于 3 h。

（3）强度指标:以 3 d 抗压强度分为 42.5、52.5、62.5 和 72.5 四个强度等级,具体数值列于表 3.17。

表 3.17 硫铝酸盐水泥强度要求（GB 20472—2006）

强度等级	抗压强度			抗折强度		
	1 d	7 d	28 d	1 d	7 d	28 d
42.5	30.0	42.5	45.0	6.0	6.5	7.0
52.5	40.0	52.5	55.0	6.5	7.0	7.5
62.5	50.0	62.5	65.0	7.0	7.5	8.0
72.5	55.0	72.5	75.0	7.5	8.0	8.5

快硬硫铝酸盐水泥最重要的特点为:早期具有很高的强度,但后期强度发展较慢;同时快硬硫铝酸盐水泥水化放热总量较小,且放热峰均集中在 1 d 龄期内,最高峰在 12 h 内。快硬硫铝酸盐水泥具有非常优异的抗冻融性能,快硬硫铝酸盐水泥混凝土塑性状态受冻后不损失强度的特点给冬季施工带来很大方便。

（二）低碱度硫铝酸盐水泥

低碱度硫铝酸盐水泥由适当成分的硫铝酸盐水泥熟料和较多量石灰石、适量石膏共同磨细制成，具有碱度低的水硬性胶凝材料，代号 L·SAC。其中石灰石掺料不应小于水泥质量的 15%，且不大于水泥质量的 35%。

低碱度硫铝酸盐水泥在《硫铝酸盐水泥》（GB 20472—2006）标准中规定有如下性能指标：

（1）比表面积：不低于 400 m²/kg；

（2）凝结时间：初凝时间：初凝不早于 25 min，终凝不迟于 3 h；

（3）碱度：加水后 1 h 的 pH 值不大于 10.5；

（4）强度指标：以 7 d 抗压强度分为 32.5、42.5 和 52.5 三个等级，具体数值列于表 3.18。

表 3.18　低碱度硫铝酸盐水泥强度要求（GB 20472—2006）

强度等级	抗压强度		抗折强度	
	1 d	7 d	1 d	7 d
32.5	25.0	32.5	3.5	5.0
42.5	30.0	42.5	4.0	5.5
52.5	40.0	52.5	4.5	6.0

低碱度硫铝酸盐水泥强度能在龄期 1 d 内大部分发挥出来，并达到较高的数值，基本保持了快硬硫铝酸盐水泥的强度特征，同时对玻璃纤维增强混凝土（GRC）制品生产十分有利。不适用于配有钢纤维、钢筋、钢丝网和钢预埋件等混凝土制品和结构。低碱度硫铝酸盐水泥自由膨胀率较小，且膨胀稳定性较好，能在短时间内停止膨胀，不存在后期膨胀的危险性，同时低碱度硫铝酸盐水泥胀缩率低。

（三）自应力硫铝酸盐水泥

以适当成分的生料经煅烧所得的，以无水硫铝酸盐和硅酸二钙为主要矿物成分的熟料，加入适量的石膏，磨细可制成的具有膨胀性的水硬性胶凝材料，代号 S·SAC。

（1）比表面积：不低于 370 m²/kg；

（2）凝结时间：初凝不早于 40 min，终凝不迟于 4 h；

（3）自由膨胀率：7 d 不应大于 1.30%，28 d 不应大于 1.75%；

（4）水泥中碱含量[$\omega(Na_2O) + \omega 0.658(K_2O)$]：应小于 0.5%；

（5）28 d 自应力增进率/（MPa/d）：不应大于 0.010；

（6）强度指标：以 28 d 自应力值分为 3.0、3.5、4.0 和 4.5 四个自应力等级具体数值列于表 3.19。

表 3.19　自应力硫铝酸盐水泥各级别各龄期自应力值（GB 20472—2006）

级　别	7 d 不小于/MPa	28 d	
		不小于/MPa	不大于/MPa
3.0	2.0	3.0	4.0
3.5	2.5	3.5	4.5
4.0	3.0	4.0	5.0
4.5	3.5	4.5	5.5

复习思考题

1. 生产硅酸盐水泥的主要原料有哪些？

2. 试述硅酸盐水泥的主要矿物成分及其对水泥性能的影响。

3. 简述硅酸盐水泥的水化过程和它的主要水化产物。水泥石的结构如何？

4. 现有甲、乙两种硅酸盐水泥熟料，其矿物组成及百分比含量见表3.20。如用于配制硅酸盐水泥，试比较两种水泥在性能和应用有何差异？

表3.20 矿物组成及百分比含量

组 别	C_3S	C_2S	C_3A	C_4AF
甲	53	21	10	13
乙	45	30	7	15

5. 硅酸盐水泥有哪些主要技术指标？这些技术指标在工程应用上有何意义？

6. 硅酸盐水泥检验中，哪些性能不符合要求时，该水泥属于不合格品？哪些性能不符合要求时，该水泥属于废品？怎样处理不合格品和废品？

7. 在下列工程中选择适宜的水泥品种：

（1）现浇混凝土梁、板、柱，冬季施工；

（2）高层建筑基础底板（具有大体积混凝土特性和抗渗要求）；

（3）南方受海水侵蚀的钢筋混凝土工程；

（4）炼铁炉基础；

（5）高强度预应力混凝土梁；

（6）东北某大桥的沉井基础及桥梁墩台。

8. 硅酸盐水泥石腐蚀的类型主要有哪几种？产生腐蚀的主要原因是什么？防止腐蚀的措施有哪些？

9. 什么是活性混合材料和非活性混合材料？掺入硅酸盐水泥中能起到什么作用？

10. 为什么掺较多活性混合材的硅酸盐水泥早期强度比较低，后期强度发展比较快，长期强度甚至超过同等级的硅酸盐水泥？

11. 与普通水泥相比较，矿渣水泥、火山灰水泥和粉煤灰水泥在性能上有哪些不同？并分析这四种水泥的适用和禁用范围。

12. 试述道路硅酸盐水泥、白色硅酸盐水泥、快硬硅酸盐水泥、中热硅酸盐水泥、抗硫酸盐水泥的熟料成分、特性和应用。

13. 硅酸盐水泥水化过程、硅酸盐膨胀水泥的膨胀过程、水泥石硫酸盐腐蚀过程中都有水化硫铝酸钙生成，其作用在这三种条件下有何不同？

14. 铝酸盐水泥有何特点？应用时需要注意哪些问题？

15. 水泥强度检验为什么要用标准砂和规定的水灰比？试件为什么要在标准条件下养护？

第四章　混凝土

混凝土是由胶结材将骨料胶结硬化而成的人造石材。按胶结材种类可分为水泥混凝土、沥青混凝土、硅酸盐混凝土、聚合物混凝土、水玻璃混凝土、石灰混凝土、石膏混凝土、硫黄混凝土等；按用途可分为普通混凝土、防水混凝土、防辐射混凝土、耐酸混凝土、装饰混凝土、耐火混凝土、膨胀混凝土等。水泥混凝土按表观密度则可分为重混凝土（$\rho_0 > 2\,800$ kg/m³）、普通混凝土（$\rho_0 = 2\,000 \sim 2\,800$ kg/m³）和轻混凝土（$\rho_0 < 1\,950$ kg/m³），按施工工艺可分为普通混凝土、泵送混凝土、喷射混凝土、真空脱水混凝土、碾压混凝土、压力灌浆混凝土、离心混凝土、挤压成型混凝土、3D 打印混凝土等，按性能可分为普通混凝土、高性能混凝土、高耐久混凝土、多功能混凝土和智能化混凝土等。

水泥混凝土具有许多优点：

（1）原材料来源丰富，造价低。混凝土中砂、石体积占比 60%～85%，砂、石就地取材，混凝土生产能耗低，成本低。

（2）混凝土拌合物具有很好的可塑性。可浇筑成任意形状、尺寸的结构和构件，使得混凝土结构整体性好、抗震性能好。

（3）适应性强。变换配合比可配制出满足不同工程要求的混凝土。

（4）抗压强度高。一般强度为 15～60 MPa，高强度达到 80～100 MPa，甚至更高。

（5）耐久性良好。混凝土在一般环境下不需要维护保养，维修费用低。

（6）耐火性好。混凝土耐火性远比钢材、木材、塑料好，耐数小时的火灾高温仍可保持较好的力学性能，有利于火灾救援。

混凝土缺点为：

（1）自重大，比强度低。普通混凝土表观密度一般在 2\,400 kg/m³ 左右。

（2）脆性大，变形能力小易开裂，抗拉强度低。抗拉强度只有抗压强度 1/8～1/20。

（3）施工及养护对混凝土的性能和质量影响大。

水泥混凝土自问世 100 多年来，世界许多研究者经过不懈的努力，使得混凝土基本理论及性能改进发生了多次飞跃。1916 年 Abrams D A 提出的混凝土强度水灰比理论及 1925 年 Lyse 发表的恒用水量法则，直到现在仍应用于指导施工；20 世纪中叶出现的减水剂、引气剂等外加剂在改善混凝土性能方面做出了突出贡献；20 世纪末，在以耐久性设计为主的结构设计理念促进下出现的高性能混凝土和高耐久性混凝土，使得混凝土材料发生了根本性的改变。我国的混凝土用量在 2010 年后，一直保持在 50 亿方以上，占世界混凝土用量 50% 以上，2014 年达到最高峰 58%，近些年稍有下降，但仍保持在很高的用量。混凝土材料是世界各国建筑工程、水利工程、交通工程等土木工程中最基础、用量最大的结构材料。

第一节　普通混凝土组成材料及其作用

对普通混凝土而言，工程对其基本要求是：结构承载所要求的强度；施工所要求的和易性；长期使用所要求的耐久性。而混凝土质量好坏在很大程度上取决于原材料质量及其施工工艺、施工质量。

普通混凝土是由水泥与水作为胶黏材料，砂、石作为骨料，部分情况下还加入适量的掺合料（包括粉煤灰、粒化高炉矿渣粉、火山灰质活性材料等）、外加剂，经凝结硬化而成的人造石，硬化后的宏观组织构造如图 4.1 所示。

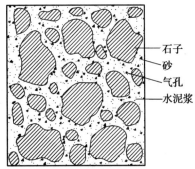

图 4.1　混凝土的宏观组织构造

混凝土硬化前后，水泥浆分别起流动、增塑、保水、胶结、强度等作用；砂、石起填充和减少收缩变形、降低成本的作用。从硬化后的混凝土构造可以看出，水泥浆填充砂的空隙并把砂拨开，而水泥砂浆又填充了石子的空隙并把石子拨开，最终形成均匀、密实、坚固的整体。在后文中，如不特指，所述混凝土均指这种普通混凝土。

一、水泥及拌和用水

水泥在混凝土结构中起了较重要的作用，其技术要求在前面有关章节中已有详细叙述，但在选用上应遵循以下几个原则：

在选用品种类型时，应根据工程性质、耐久性等级、部位、施工工艺、环境等级（温度、湿度、有害物、有害离子浓度、干湿交替性等）等因素进行合理选用。

水泥强度选用应根据混凝土强度设计等级选用，避免用低强度等级水泥配制高强度等级混凝土；同样，避免用高强度等级水泥配制低强度等级混凝土。若只考虑强度要求，使用过高强度等级水泥配制混凝土，可能出现水泥用量过低，而影响耐久性；反之，则水泥用量太大，不经济且混凝土抗裂性降低。因此，一般选择水泥强度等级值为混凝土强度等级值的 1.0 ~ 1.5 倍为宜，高强混凝土可降低到 0.7 ~ 1.0 倍。

混凝土用水的基本要求是：不影响混凝土的凝结硬化和耐久性，不会引发钢筋锈蚀。根据《混凝土用水标准》（JGJ 63—2006）规定的混凝土用水中的有害物（离子）含量（限值），如表 4.1 所示。

表 4.1　混凝土用水中有害物质含量限值（JGJ 63—2006）

项　目	预应力混凝土	钢筋混凝土	素混凝土
pH 值	≥ 5.0	≥ 4.5	≥ 4.5
不溶物/mg·L^{-1}	≤ 2 000	≤ 2 000	≤ 5 000
可溶物/mg·L^{-1}	≤ 2 000	≤ 5 000	≤ 10 000
氯化物（以 Cl$^-$ 计）/mg·L^{-1}	≤ 500	≤ 1 200	≤ 3 500
硫酸盐（以 SO$_4^{2-}$ 计）/mg·L^{-1}	≤ 600	≤ 2 700	≤ 2 700
碱含量（Na$_2$O + 0.658K$_2$O）/mg·L^{-1}	≤ 1 500	≤ 1 500	≤ 1 500

凡是饮用水和清洁的天然水一般均满足《混凝土用水标准》的要求，常作为混凝土拌和用水，而海水、工业污水不得直接用作拌和用水，必须经过适当处理后符合规范要求后方可使用。

二、骨 料

普通混凝土用骨料按粒径大小分为两类：一类是粗骨料，粒径大于 4.75 mm；另一类是细骨料，粒径小于 4.75 mm。骨料按照技术要求分为Ⅰ类、Ⅱ类和Ⅲ类。Ⅰ类骨料用于强度等级大于或等于 C60 混凝土，Ⅱ类骨料用于 C30～C55 的混凝土；Ⅲ类骨料用于 C25 及以下的混凝土。

（一）细骨料

细骨料技术指标包括颗粒级配、含泥量（石粉含量）、泥块含量、有害物质、坚固性、压碎指标、片状颗粒含量。细骨料有天然砂、机制砂。天然砂包括河砂、湖砂、山砂、净化处理的海砂，但不包括软质、风化的颗粒。其中河砂分布广，质量稳定，含泥量相对较少；而山砂含泥量较高，资源分布少。机制砂是以岩石、卵石、矿山废石和尾矿等为原料，经除土处理，由机械破碎、整形、筛分、粉控等工艺制成粒径小于 4.75 mm 的颗粒，不包括软质、风化的颗粒。由于近些年大规模的土木工程建设，河砂资源大幅减少，同时为了环保及保护河流中桥梁等结构工程而被限制过度开采，河砂用量大幅减少，在细骨料中河砂应用占比已不到 20%，细骨料以机制砂为主。机制砂和天然砂（特别是细砂）按一定比例混合取得更好的颗粒搭配，工程中也较为常用，这种砂称为混合砂，混合砂的技术要求按照机制砂评定。

1. 细骨料的级配和粗细程度

为了保证砂浆流动性，便于振捣密实，降低填充砂子空隙的水泥浆用量，要让不同粒径的砂颗粒按一定比例搭配，使得砂子堆积密度大，空隙率小，所需填充的胶凝材料浆体较少，并将它们胶结成密实的整体。因此，砂的颗粒级配和粗细程度极为重要。

（1）砂子颗粒级配。是指不同粒径砂粒数量搭配的比例关系。级配好的砂子理论上的特征是：空隙率小，比表面积小。部分研究者提出砂中应含有一定数量的细颗粒。空隙率小可使得填充其间的胶凝材料浆体少；要求比表面积小是因为水泥浆必须包裹住每个骨料，而且要有一定厚度的胶凝材料浆体，保证混凝土施工所需的流动性，砂子的比表面积大则所需胶凝材料浆体多。胶凝材料浆体提高增加了混凝土的成本，同时凝结硬化过程中的变形增加，降低了混凝土的抗裂性。

（2）砂的级配采用筛分方法测定。最新标准《建设用砂》（GB/T 14684—2022）采用方孔筛。筛孔尺寸为 4.75 mm，2.36 mm，1.18 mm，0.60 mm，0.30 mm，0.15 mm，将取样材料按照四分法缩取 500 g 干砂，由粗到细依次过筛，称得各筛上残留质量 g_i，并计算各筛上的分计筛余百分率 a_1，a_2，…，a_6（$a_i = g_i/500$）及累计筛余率 A_1，A_2，…，A_6（$A_n = a_1 + a_2 + \cdots + a_n$）。累计筛余率与分计筛余率的关系如表 4.2 所示。

表 4.2　分计筛余率与累计筛余率的关系

方筛孔	分计筛余率/%	累计筛余率/%
4.75 mm	a_1	$A_1 = a_1$
2.36 mm	a_2	$A_2 = a_1 + a_2$
1.18 mm	a_3	$A_3 = a_1 + a_2 + a_3$
0.60 mm	a_4	$A_4 = a_1 + a_2 + a_3 + a_4$
0.30 mm	a_5	$A_5 = a_1 + a_2 + a_3 + a_4 + a_5$
0.15 mm	a_6	$A_6 = a_1 + a_2 + a_3 + a_4 + a_5 + a_6$

按照累计筛余率结果，砂可分为三个级配区，如表 4.3 所示。砂的实际颗粒级配与表中所列数据相比，除 4.75 mm 和 0.60 mm 筛孔外，可略有超出，但超出总量应小于 5%。若以累计筛余百分率为纵坐标，以筛孔尺寸为横坐标，根据表 4.3 的规定数值可绘出天然砂的 1、2、3 三个级配区上下限的筛分曲线（见图 4.2）。

表 4.3　砂的颗粒级配区（GB/T 14684—2022）

砂的分类	天然砂			机制砂（混合砂）		
级配区	1 区	2 区	3 区	1 区	2 区	3 区
方筛孔	累计筛余/%					
4.75 mm	10~0	10~0	10~0	5~0	5~0	5~0
2.36 mm	35~5	25~0	15~0	35~5	25~0	15~0
1.18 mm	65~35	50~10	25~0	65~35	50~10	25~0
0.60 mm	85~71	70~41	40~16	85~71	70~41	40~16
0.30 mm	95~80	92~70	85~55	95~80	92~70	85~55
0.15 mm	100~90	100~90	100~90	97~85	94~80	94~75

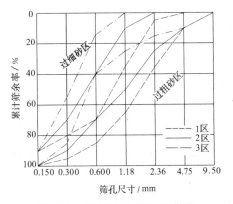

图 4.2　天然砂的级配区曲线

配制混凝土时宜优先选用 2 区砂；当采用 1 区砂时，应适当提高砂率；当采用 3 区砂时，宜适当降低砂率。

国家标准《建设用砂》（GB/T 14684—2022）根据砂的质量要求分为Ⅰ、Ⅱ、Ⅲ三类，只有2区砂为Ⅰ类，其余均为Ⅱ或Ⅲ类。由于累计筛余不能控制分级筛余的颗粒多少，而造成级配变化，国标又将Ⅰ类砂分级筛余进行控制，见表4.4。

表4.4 Ⅰ类砂分级筛余（GB/T 14684—2022）

方筛孔尺寸/mm	4.75ᵃ	2.36	1.18	0.60	0.30	0.15ᵇ	筛底ᶜ
分计筛余/%	0~10	10~15	10~25	20~31	20~30	5~15	0~20

注：

a：机制砂4.75 mm筛的分计筛余不应大于5%；

b：MB值>1.4的机制砂0.15 mm筛和筛底的分计筛余之和不应大于25%；

c：天然砂筛底（0.15 mm筛下颗粒）不应大于10%。

表4.4中的MB值采用亚加蓝法测试，是判定机制砂吸附性能的指标。机制砂中含泥量多，MB值大，因此，要求MB值低，机制砂中石粉中的泥粉量少，石粉质量好。

与河砂相比，机制砂具有颗粒粒级比例变化大、颗粒不规则以及石粉含量较高等特点。机制砂质量受到母岩性能以及所用生产设备、生产工艺的影响，我国不同地区、不同行业的机制砂质量差别较大。

（3）砂的粗细程度。砂的粗细程度采用细度模数表示，细度模数按下式计算：

$$M_x = \frac{(A_2 + A_3 + A_4 + A_5 + A_6) - 5A_1}{100 - A_1}$$

细度模数越大，表示砂越粗。砂按细度模数分为粗、中、细三种规格，粗砂为3.7~3.1，中砂为3.0~2.3，细砂为2.2~1.6。配制混凝土时宜优先选用中砂。应当注意的是级配区间与细度模数是从两个不同方面反映砂子的颗粒大小情况，但不能把它们等同起来。细度模数并不能反映其级配的优劣，细度模数相同的砂，级配可能很不相同。

2. 颗粒形状与表面特征

河砂、湖砂、海砂经水冲刷，颗粒表面较为光滑、少棱角，配制的混凝土拌合物流动性好，但与水泥的黏结性相对较差。机制砂与山砂表面粗糙、多棱角，与水泥浆黏结性能较好，但混凝土拌合物流动性较差。如果机制砂颗粒针片状、不规则颗粒较多，受力易折断，混凝土强度低，拌合物施工性能也降低，因此应进行控制。国家标准用压碎指标和片状颗粒指标控制机制砂的粒型。压碎指标的试验方法是将机制砂筛分成0.30~0.60 mm；0.60~1.18 mm；1.18~2.36 mm及2.36~4.75 mm四个粒级，加荷25 kN，低于该粒级下限筛孔径的颗粒为被压碎颗粒，计算压碎颗粒占该粒级的比例作为该粒级的单粒级压碎指标值，取最大单粒级压碎指标值作为该机制砂压碎指标值。国家标准对机制砂压碎指标要求如表4.5所示。

表4.5 机制砂压碎指标（GB/T 14684—2022）

类别	Ⅰ类	Ⅱ类	Ⅲ类
单级最大压碎指标 /%	≤20	≤25	≤30

机制砂的片状颗粒是指粒径1.18 mm以上的机制砂颗粒中最小一维尺寸小于该颗粒所属粒级的平均粒径0.45倍的颗粒，现行国家标准规定Ⅰ类机制砂的片状颗粒含量应不大于10%。Ⅱ、Ⅲ类机制砂未做要求。

3. 有害物质与坚固性

细骨料中含有的云母、轻物质将黏附在砂的表面或夹杂其中，降低黏结强度，从而降低混凝土强度、抗渗性能和抗冻性能。如云母含量 5%混凝土强度降低 3%~8%。有机物、硫化物及硫酸盐影响水泥水化或腐蚀水泥石。氯离子对于钢筋有严重的锈蚀作用，当采用海砂配制钢筋混凝土时，应经过淡水充分冲洗，海砂中氯离子含量不超过 0.02%。贝壳含量只针对海砂。

砂中如含有云母、轻物质、有机物、硫化物及硫酸盐、氯化物、贝壳，其含量应符合表 4.6 的规定。

表 4.6 有害物质含量（GB/T 14684—2022）

类别	Ⅰ类	Ⅱ类	Ⅲ类
云母（按质量计）/%	≤1.0	≤2.0	
轻物质（按质量计）/%	≤1.0		
有机物	合格		
硫化物及硫酸盐（按 SO₃质量计）/%	≤0.5		
氯化物（以氯离子质量计）/%	≤0.01	≤0.02	≤0.06
贝壳（按质量计）/%	≤3.0	≤5.0	≤8.0

砂的坚固性是指在外界物理化学因素作用下抵抗破裂的能力。它采用饱和硫酸钠溶液浸泡法，经 5 次干湿循环后，以其质量损失进行评定。国标规定Ⅰ类、Ⅱ类砂质量损失不大于 8%，Ⅲ类砂不大于 10%。

4. 含泥量、泥块含量及石粉含量

含泥量是指天然砂中粒径小于 75 μm 的颗粒含量，机制砂中粒径小于 75 μm 的颗粒含量称为石粉含量。砂中泥块是指原粒径大于 1.18 mm，经浸泡、淘洗等处理后小于 0.60 mm 的颗粒含量。黏土将黏附在砂的表面或夹杂其中，降低黏结强度，从而降低混凝土强度、抗渗性能、抗冻性能，增加混凝土收缩而降低抗裂性能。不含泥的石粉则不同，可调整混凝土施工性能，在混凝土中起微集料作用，合理的石粉含量不会对混凝土性能产生不利的影响。石粉中混有泥对混凝土性能影响大，因此应控制石粉中泥的含量。机制砂中泥粉与石粉混在一起无法区分，所以机制砂中没有含泥量指标，增加了亚加蓝 MB 值和对应的石粉含量指标。泥含量难于检测，采用亚加蓝 MB 值来判定机制砂中吸附性能，进而判定石粉的质量，含泥量多吸附性大，MB 值大。当 MB 值不大于 1.4 时，石粉质量较好。大于 1.4 时质量较差，石粉含量应严格控制，控制指标与泥含量相当。值得注意的是，MB 值还与岩石品种有关，对有些岩石不敏感，但一般情况，MB 值低，石粉质量好。

国家标准对于Ⅰ、Ⅱ、Ⅲ类细骨料含泥量、泥块含量、MB 值、石粉含量等技术要求，如表 4.7~4.9 所示。

表 4.7 河砂含泥量要求（GB/T 14684—2022）

类别	Ⅰ类	Ⅱ类	Ⅲ类
含泥量（按质量计）/%	≤1.0	≤3.0	≤5.0

表 4.8　机制砂石粉含量与 MB 值（GB/T 14684—2022）

类　别	MB 值	石粉含量（按质量计）/%
Ⅰ 类	MB 值≤0.5	≤15.0
	0.5<MB 值≤1.0	≤10.0
	1.0<MB 值≤1.4 或快速试验合格	≤5.0
	MB 值>1.4 或快速试验不合格	≤1.0ᵃ
Ⅱ 类	MB 值≤1.0	≤15.0
	1.0<MB 值≤1.4 或快速试验合格	≤10.0
	MB 值>1.4 或快速法不合格	≤3.0ᵃ
Ⅲ 类	MB 值≤1.4 或快速试验合格	≤15.0
	MB 值>1.4 或快速法不合格	≤5.0ᵃ

注：砂浆用砂的石粉含量不做限制。
a：根据使用环境和用途,经试验验证,由供需双方协商确定,Ⅰ类砂石粉含量可放宽至≤3.0%,Ⅱ类砂石粉含量可放宽至≤5.0%,Ⅲ类砂石粉含量可放宽至≤7.0%。

表 4.9　细骨料中泥块含量要求（GB/T 14684—2022）

类　别	Ⅰ 类	Ⅱ 类	Ⅲ 类
泥块含量（按质量计）/%	≤0.2	≤1.0	≤2.0

（二）粗骨料

1. 粗骨料级配和最大粒径

石子级配分为连续级配和间断级配,连续粒级和单粒粒级的级配累计筛余率应满足如表 4.10 所示的要求。

表 4.10　粗骨料的级配要求（GB/T 14685—2022）

公称粒级/mm		方孔筛孔径/mm											
		2.36	4.75	9.50	16.0	19.0	26.5	31.5	37.5	53.0	63.0	75.0	90
		累计筛余/%											
连续粒级	5~16	95~100	85~100	30~60	0~10	0	—	—	—	—	—	—	—
	5~20	95~100	90~100	40~80	—	0~10	0	—	—	—	—	—	—
	5~25	95~100	90~100	—	30~70	—	0~5	0	—	—	—	—	—
	5~31.5	95~100	90~100	70~90	—	15~45	—	0~5	0	—	—	—	—
	5~40	—	95~100	70~90	—	30~65	—	—	0~5	0	—	—	—
单粒粒级	5~10	95~100	80~100	0~15	0	—	—	—	—	—	—	—	—
	10~16	—	95~100	80~100	0~15	0	—	—	—	—	—	—	—
	10~20	—	95~100	85~100	—	0~15	0	—	—	—	—	—	—
	16~25	—	—	95~100	55~70	25~40	0~10	0	—	—	—	—	—
	16~31.5	—	95~100	—	85~100	—	—	0~10	0	—	—	—	—
	20~40	—	—	95~100	—	80~100	—	—	0~10	0	—	—	—
	25~31.5	—	—	—	95~100	—	80~100	0~10	0	—	—	—	—
	40~80	—	—	—	—	95~100	—	—	70~100	—	30~60	0~10	0

注："—"表示该孔径累计筛余不做要求;"0"表示该孔径累计筛余为 0。

　　粗骨料最大粒径指满足级配要求的筛分上限筛孔尺寸。因此，粗骨料最大粒径分别有 9.5 mm，16.0 mm，19.0 mm，26.5 mm，31.5 mm，37.5 mm，53.0 mm，63.0 mm，75.0 mm，90.0 mm。公称粒径为 5～10 mm，5～16 mm，5～20 mm，5～25 mm，5～31.5 mm，5～40 mm 等为常用的连续级配。一般来说，连续级配适宜配制大流动性和塑性混凝土；由单粒级配组合成间断级配适宜配制干硬性混凝土，不宜配制流动性混凝土。不同的单粒级合理的搭配可以组成优质的连续级配，工程上常采用 2～3 个单粒级搭配成为连续级配。

　　当粗骨料最大粒径增大时，其空隙率减少，比表面积减少，需填充的水泥砂浆少，可节约水泥，所以在条件许可情况下可适当增大最大粒径。《混凝土结构工程施工规范》（GB 50666—2011）、《混凝土质量控制标准》（GB 50164—2011）规定：混凝土用粗骨料最大粒径不得超过结构截面最小尺寸的 1/4；同时不得大于钢筋间最小净间距的 3/4；对于混凝土实心板，粗骨料最大粒径不宜超过板厚的 1/3，且不得超过 40 mm；对泵送混凝土，粗骨料最大粒径与输送管内径之比，碎石不宜大于 1∶3，卵石不宜大于 1∶2.5。混凝土在搅拌时，大于 63 mm 的骨料也不宜直接搅拌。在高强及高性能混凝土中，粗骨料最大粒径也不宜大于 25 mm。

　　目前粗骨料应用 80% 以上是碎石，碎石与机制砂同是机械破碎，最大不同点在于：碎石在生产中可以筛分分级，就分计筛余根据工程要求配制成连续级配，这样配制的碎石最大粒径控制得好，空隙率低，级配优良。

　　2. 骨料形状、表面特征与强度

　　骨料形状接近球状且表面光滑时，其表面积较小，配制的混凝土流动性好，但与水泥浆黏结力较差。而形状不规则、表面粗糙者，则黏结强度高，但流动性低。当粗骨料形状呈针状（指长度大于该颗粒所属粒级平均粒径的 2.4 倍）或片状（指其厚度小于平均粒径 0.4 倍）时，配制的混凝土因针状导致其受力不均产生应力集中，而片状除产生应力集中外，还会在混凝土成型时产生水囊或水膜，导致耐久性和强度显著降低。国家标准《建设用卵石、碎石》（GB/T 14685—2022）中规定的混凝土用粗骨料中针状、片状颗粒含量限值如表 4.11 所示，分为Ⅰ、Ⅱ、Ⅲ类。不规则颗粒也有类似的影响，《建设用卵石、碎石》首次把卵石、碎石颗粒的最小一维尺寸小于该颗粒所属粒级的平均粒径 0.5 倍者定义为不规则颗粒，并规定Ⅰ类卵石、碎石的不规则颗粒含量应不大于 10%。

表 4.11　针、片状颗粒含量

项　目	指　标		
	Ⅰ类	Ⅱ类	Ⅲ类
针、片状颗粒（按质量计）/%	<5	<8	<15

　　骨料的强度是为了确保混凝土的强度不致因骨料的强度低而显著降低。骨料抗压强度是将母岩制成边长为 50 mm 立方体（或直径与高度均为 50 mm 的圆柱体）在水饱和状态下测定其抗压强度值。在水饱和状态下，其抗压强度火成岩应不小于 80 MPa，变质岩应不小于 60 MPa，水成岩应不小于 45 MPa。当用于配制高强度混凝土时，一般要求骨料的强度满足不低于混凝土强度等级的 1.2 倍。

　　碎石强度可用抗压强度或压碎指标表示，卵石的强度常用压碎指标表示。压碎指标是将一定量气干状态的 9.5～19.0 mm 石子装入标准筒内，按规定的加荷速度，加荷至 200 kN，卸荷后称取试样质量 M_0，再用 2.36 mm 孔径的筛子筛除被压碎的细粒，称出残留在筛上的余量 M_1，按下式计算压碎指标：

$$\delta_a = \left(1 - \frac{M_1}{M_0}\right) \times 100\%$$

压碎指标越大，说明骨料抵抗破坏能力越低。国家标准《建设用卵石、碎石》（GB/T 14685—2022）根据其高低分为Ⅰ、Ⅱ、Ⅲ类，如表 4.12 所示。

表 4.12　碎石、卵石的压碎值指标

类　别	Ⅰ	Ⅱ	Ⅲ
碎石压碎指标/%	≤10	≤20	≤30
卵石压碎指标/%	≤12	≤14	≤16

3．粗骨料的其他技术要求

粗骨料除了级配、强度、针片状颗粒含量等技术要求外，还有含泥量和泥块含量、有害物含量及其坚固性指标等。性能技术指标满足表 4.13。

表 4.13　石中其他技术指标（GB/T 14685—2022）

项　目	指　标		
	Ⅰ类	Ⅱ类	Ⅲ类
卵石含泥量（按质量计）/%	≤0.5	≤1.0	≤1.5
碎石含泥量（按质量计）/%	≤0.5	≤1.5	≤2.0
泥块含量（按质量计）/%	≤0.1	≤0.2	≤0.7
有机物（比色法）	合格	合格	合格
硫化物及硫酸盐（按 SO_3 质量计）/%	≤0.5	≤1.0	≤1.0
坚固性质量损失/%	≤5	≤8	≤12
空隙率/%	≤43	≤45	≤47
吸水率/%	≤1.0	≤2.0	≤2.5

三、混凝土外加剂

混凝土外加剂是指掺入水泥砂浆或混凝土中可改善其性能的材料，其掺量不大于水泥质量的 5%（特殊情况除外）。大于 5% 的一般称为掺合料。

掺入不同特性的外加剂可改善混凝土的性能，如：和易性、强度、抗渗性、抗冻性、凝结时间、早期或后期强度、黏性、防锈性、气密性等。许多发达国家已将外加剂列为混凝土的第五种成分，因为它可以满足人们对混凝土不同性能的需求。外加剂按其功能可分为以下几类：

（1）可改善新拌混凝土流动性能的外加剂，如减水剂、泵送剂、引气剂。

（2）可改变混凝土凝结时间和硬化速度的外加剂，如早强剂、速凝剂、缓凝剂等。

（3）调节含气量的外加剂，如引气剂、加气剂、泡沫剂、消泡剂等。

（4）可改善混凝土耐久性的外加剂，如防水剂、抗冻剂、阻锈剂、减水剂等。

（5）提供某些特殊性能的外加剂，如膨胀剂、着色剂、引气剂、增稠剂、保坍剂、泵送剂等。

目前工程上常用的外加剂有减水剂、引气剂、缓凝剂和早强剂。

1. 减水剂

减水剂是指在新拌混凝土坍落度相同的条件下能减少拌和用水，或在不改变混凝土配合比条件下可增加流动性的外加剂。常用减水剂按化学成分可分为木质素系、萘系、树脂系、聚羧酸系等；按其对混凝土作用效果分为普通减水剂（减水率为 8% ~ 14%）、高效减水剂（减水率为 14% ~ 25%）和高性能减水剂（减水率为 ≥25%）；按凝结时间可分为标准型、早强型和缓凝型；根据是否引气可分为引气型和非引气型。

减水剂大都是表面活性物质，其结构是由亲水基团和憎水基团构成，如图 4.3 所示。当表面活性物质溶解于水泥浆体，亲水基指向水，而憎水基指向空气、油性液体或固体，并在表面作定向排列，降低了水与其他相（固体、油、气）的界面张力。

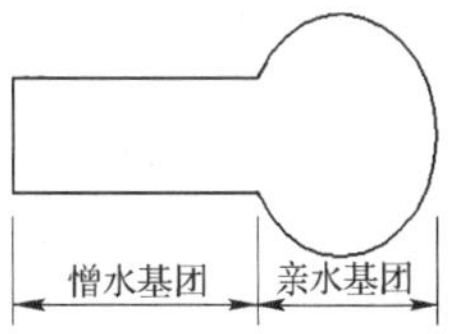

图 4.3 表面活性剂分子结构示意图

水与水泥拌和成浆状体时，由于水泥颗粒间分子引力和静电引力的作用，使水泥浆形成絮凝结构，有部分（一般为 10% ~ 30%）拌和水被包裹在絮凝状水泥浆结构中，如图 4.4（a）所示。当加入适量减水剂后，其憎水基团定向吸附在水泥颗粒表面，并使之带有相同电荷，在静电斥力作用下，水泥颗粒彼此分开。一方面，絮凝状水泥中的水被释放出来［见图 4.4（b）］，使水泥浆在不增加用水量的情况下增加了流动性；另一方面，减水剂亲水基团指向水作定向排列，由于极性较强，易与水分子以氢键形成一层稳定的溶剂化水膜［见图 4.4（c）］，有利于水泥颗粒润滑分散。

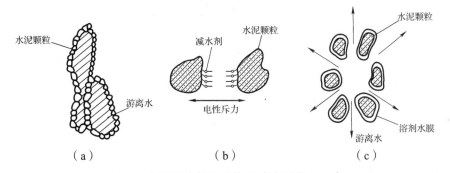

图 4.4 水泥浆的絮凝结构和减水剂作用示意图

由于减水剂有湿润、分散、润滑、塑化等作用，其结果是水泥浆变稀，新拌混凝土流动性增大，并使水泥浆硬化后形成较为均匀密实的微晶结构。

在混凝土中掺入减水剂可获得如下技术经济效果：

（1）在保持用水量不变时，可使混凝土拌合物坍落度增大。

（2）在保持坍落度不变时，可使混凝土拌合物用水量减少，强度增加。

（3）在保持坍落度和强度不变时，可节约水泥。

（4）用水量减少，泌水、离析减少，可提高混凝土抗渗性、抗冻性和耐久性。

工程上常用的减水剂有木钙（M 剂），减水率为 5% ~ 10%，具有引气、缓凝作用（掺量为 0.1% ~ 0.25%）；FDN、AF、UNF（萘系）高效减水剂，减水率为 15% ~ 25%，具有早强作用（掺量为 0.5%~1.2%）；三聚氰胺、密胺树脂类，掺量为 0.5%~2%，减水率为 25%~30%；聚羧酸高效减水剂掺量为 0.5%~1.5%，减水率为 25%~45%。

上述减水剂中，萘系减水剂最大的弱点是导致混凝土坍落度损失大。为了减少损失，常采取与缓凝剂复合使用或采取二次掺入法。而接枝型有机树脂类高效减水剂具有良好的保坍作用，但成本较高。另外选用含 C_3A 较少的水泥或大掺量粉煤灰均有保持坍落度的作用。聚羧酸减水剂是近些年发展最快的新一代减水剂，其特点是减水率高，结构为梳子形，可通过改变生产技术参数、工艺得到不同性能的减水剂。由于其减水率高，尤其适用于高强度混凝土、胶凝材料用量多的混凝土。而对于低强度、贫混凝土常出现泌水、离析等问题，降低混凝土施工性能。另外对于机制砂中泥粉较为敏感。

2. 引气剂

引气剂是一种掺入混凝土中能引入一定量均匀分布的细小封闭气泡的外加剂。这类气泡具有增加拌合物流动性（滚珠作用），阻断泌水通道，抑制膨胀等作用。常用于提高混凝土或砂浆的保水性、抗渗性、抗冻性和综合耐久性。

引气剂也作为一种表面活性物质，它与减水剂的最大区别是：引气剂非极性基团吸附力很强，而减水剂是亲水基很强，掺入水泥砂浆后，搅拌时混入的气体在引气剂的吸附作用下形成气泡胶束，如图 4.5 所示，保水性大幅提高，流动性也有所提高。

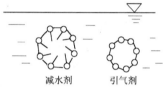

图 4.5　引气剂吸附作用

常用的引气剂有松香酸钠皂、烷基磺酸钠、烷基苯磺酸钠、脂肪醇磺酸钠等。其掺入量为水泥质量的 0.005%~0.012%。在混凝土中引入气体量在 3%~6% 为宜，当混凝土每增加 1% 的含气量，其强度损失可达 3%~5%，预应力混凝土和蒸养混凝土应慎用。混凝土含气量达到 4%~6% 时，其抗冻性明显提高，一般可达到 F250~F300。

3. 缓凝剂和早强剂

缓凝剂是指能延缓水泥混凝土凝结时间的外加剂。对大体积混凝土、泵送混凝土、长距离运输施工的混凝土，均需要掺入缓凝剂以改善施工性能。

我国工程上应用较多的缓凝剂有木质素磺酸钙、糖钙，它们的掺量一般为水泥质量的 0.1%~0.3%。可延缓混凝土的凝结时间为 2~4 h。应特别注意的是：当掺量过多或拌和不均匀时，会使混凝土不凝，从而引发工程质量事故。

此外，柠檬酸、酒石酸、磷酸盐、硼酸盐也可作为缓凝剂来使用，但其掺量很少，远少于减水剂，如柠檬酸、酒石酸合理掺量一般为 0.05%~0.075%，缓凝时间应通过试验进行确定。

早强剂是指掺入到混凝土中可显著提高其早期强度的外加剂。可促进早强的物质有盐类（如硫酸盐、氯盐、硝酸盐）和某些碱（如碳酸钠）。表面活性物质三乙醇胺也常用作早强剂。

由于早强剂产地广，成本不高，又可加快施工速度，缩短施工周期，从而降低成本，在 20 世纪 80 年代被广泛使用。但工程调查表明，由于许多盐类对混凝土会产生不同程度的腐蚀，目前规范中已做了严格规定，应尽可能少加或不掺盐类早强剂。

三乙醇胺早强剂与盐类早强机理不同，它主要是通过分散水泥，提高早期水泥水化程度来获得高强，同时它还具有密实水泥石的作用。注意掺量很低，只有水泥质量的 5/10000 左右。

C-S-H 晶核早强剂，是近期研发的一种对于混凝土耐久性无害的早强剂，能够促进 C-S-H 凝胶体的成核，加速水泥中硅酸钙的水化，常与聚羧酸减水剂复合作用，可达到更好的早强效果。

4. 速凝剂及其他外加剂

速凝剂是一种能使混凝土快速凝结硬化的外加剂。其初凝时间为 3~5 min，终凝时间为 10 min。1 h 即可产生相当高的强度，常用于边坡、隧道喷射混凝土和堵漏工程。

速凝剂是由石灰石、铝矾土和纯碱按一定比例混合粉磨，在 1 200~1 350 ℃温度下烧结成铝氧熟料，再将熟料和适量石灰、纯碱混合均匀，磨细而成。主要成分是铝酸钠，钠及氧化钙（CaO），其速凝机理如下：

（1）使水泥中起缓凝作用的石膏分解（与碳酸钠或氢氧化钠作用，生成硫酸钠），使 C_3A 迅速水化。

（2）速凝剂成分与硫酸钙反应，生成氢氧化钠或硫酸钠，对水泥起促凝作用。

（3）铝酸钠在液相中产生的铝离子也能促进水泥浆的凝结硬化。

由于碱性速凝剂，后期强度一般倒缩，现在大力研发并推广无碱速凝剂。目前采用的无碱速凝剂主要成分为硫酸铝，后期强度不倒缩，可用作隧道永久性的一次衬砌工程。

除上述外加剂外，工程上为满足不同性能和功能的要求，常掺入水下混凝土所需的黏稠剂、防水所需的防水剂、阻锈所需的阻锈剂、防冻所需的防冻剂等。

四、混凝土掺合料

混凝土掺合料是指在混凝土拌和时直接掺入混凝土中的矿物材料。其掺量一般在 5%~30%（也有超过 30%）。掺合料主要具有以下作用：

（1）降低水泥用量，水化热也随之降低。

（2）改善混凝土保水性（和易性）。

（3）降低能耗，保护环境和资源再利用。

（4）提高混凝土耐久性（抗冻、抗渗，抑制碱-骨料反应和硫酸盐腐蚀等）。

常用的活性掺合料的化学成分为 SiO_2、Al_2O_3 等。表 4.14、4.15 为某典型掺合料的化学成分、物理性质。

表 4.14 活性掺合料的化学成分

氧化物	粉煤灰/%		磨细矿渣/%	硅粉/%	水泥/%
	低 钙	高 钙			
SiO_2	48	40	36	97	20
Al_2O_3	27	18	9	2	5
Fe_2O_3	9	8	1	0.1	4
MgO	2	4	11	0.1	1
CaO	3	20	40		64
Na_2O	1				0.2
K_2O	4				0.5

表 4.15　活性掺合料的物理性质

物理性质	粉煤灰	磨细矿渣	硅 粉	水 泥
密度/g·cm^{-3}	2.10	2.90	2.20	3.15
粒径范围/μm	10~150	3~100	0.01~0.5	0.5~100
比表面积/m^2·kg^{-1}	350	400	15 000	350

　　掺合料中以粉煤灰在工程中应用最多，这是因为粉煤灰有较大活性（火山灰效应），球状颗粒使得混凝土和易性增大（泵送混凝土中尤为显著），微骨料效应使得混凝土更加密实。它们在商品混凝土、大体积混凝土、高耐久性混凝土中被广泛应用。

　　虽然粉煤灰有较好的性能，但如果细度不合格，烧失量、需水量比、三氧化硫含量三项指标对其质量影响大。《粉煤灰混凝土应用技术规范》（GB/T 50146—2014）根据上述指标将粉煤灰分为Ⅰ、Ⅱ、Ⅲ三个等级。Ⅰ级最好，适用于重要工程；Ⅱ级次之，适用于一般工程；Ⅲ级只能用于次要或围护工程。

　　除粉煤灰外，硅灰（硅粉）应用也较多，硅灰是冶炼硅铁合金或硅钢过程中，排烟道中收集的一种极细的玻璃珠。在掺合料中，硅灰细度最高，比表面积最大，活性也最高，其改善混凝土性能的能力最优，掺量一般为 5%~10%。由于硅灰比表面积大，需水量也较大，在掺入的同时必须掺入高效或高性能减水剂。

　　此外，偏高岭土、稻壳灰、人工磨细的超细矿粉的应用也越来越广泛，它们对混凝土的作用机理与前述粉煤灰、硅灰一致，不同之处在于，它们的细度、成分、颗粒表面特征不同，其效果可能会有差别，最好通过试验进行确定。

　　应用于高性能混凝土的掺合料还必须满足《高强高性能混凝土用矿物外加剂》（GB/T 18736—2017）的技术要求，它主要包括化学性能、物理性能和胶砂性能，如表 4.16 所示。

表 4.16　矿物外加剂的技术要求（GB/T 18736—2017）

	试验项目	指　标				
		磨细矿渣		粉煤灰	磨细天然沸石	硅灰	偏高领土
		Ⅰ	Ⅱ				
化学性能	MgO/%	≤14.0		—	—	—	≤4.0
	SO$_3$/%	≤4.0		≤3.0	—	—	≤1.0
	烧失量/%	≤3.0		≤5.0	—	≤6.0	≤4.0
	Cl/%	≤0.06		≤0.06	≤0.06	≤0.10	≤0.06
	SiO$_2$/%	—	—	—	—	≥85	≥50
	Al$_2$O$_3$/%	—	—	—	—		≥35
	游离氧化钙/%	—	—	≤1.0	—	—	≤1.0
	吸铵值/mmol·kg^{-1}	—	—	—	≥1000	—	—
物理性能	比表面积/m^2·kg^{-1}	≥600	≥400	—	—	≥15 000	—
	0.045 mm 筛筛余	—	—	≤25	≤5.0	≤5.0	≤5.0
	含水率/%	≤1.0		≤1.0	—	≤3.0	≤1.0

试验项目		指　　　标					
		磨细矿渣		粉煤灰	磨细天然沸石	硅灰	偏高领土
		Ⅰ	Ⅱ				
胶砂性能	需水量比/%	≤115	≤105	≤100	≤115	≤125	≤120
	活性指数 3 d/%	≥80	—	—	—	≥90	≥85
	7 d/%	≥100	≥75	—	—	≥95	≥90
	28 d/%	≥110	≥100	≥70	≥95	≥115	≥105

第二节　新拌混凝土和易性

混凝土及钢筋混凝土构件制作,首先需要将拌和均匀的混凝土拌合物灌注在模型中成型,其最关键的问题在于如何保证混凝土均匀密实,而混凝土和易性为其主要的指标。

一、和易性的意义

和易性是指新拌混凝土在施工工艺中,即拌和、运输、灌注、振捣过程中不易分层离析,灌注时易捣实,成型后混凝土均匀密实的一种综合工艺特性。它包括以下三个方面的含义:

（1）流动性,指混凝土拌合物在自身重力作用下或机械振动作用下易于流满（充满）模型的性能。水泥浆稀、多,则拌合物在自身重力作用下或机械振动作用下易于密实成型。

（2）黏聚性,指新拌混凝土在运输、灌注、捣实过程中的抗离析性。黏聚性的大小主要取决于水泥浆多少和配合比是否合理。拌合物在施工过程中,由于各组分密度不同,表面特征、惯性大小不同,运动阻力不同,当各组分配合不当时则可能导致粗骨料在振动、流动过程中,从水泥砂浆中分离出来,即离析现象。增加水泥浆用量和合理的组分比例可增大其内聚力,阻止离析产生。否则可能导致硬化后混凝土出现蜂窝、麻面等缺陷。

（3）保水性,指新拌混凝土在运输、灌注、捣实过程中抗泌水的性能。泌水过程则是混凝土中的水由内向外迁移的过程,这使得混凝土抗渗性和抗冻性降低。泌水还会在构件表面形成表面疏松层,如果间断灌注,则会在结构中形成浮浆夹层。另外,在粗骨料和钢筋（水平筋）下方易形成水囊或水膜,使水泥与骨料、钢筋黏结力降低。影响保水性的主要因素是混凝土中细颗粒的含量,如水泥用量、砂率、砂的粗细、矿粉掺合料用量等。也与细颗粒的品种有关,相同的细度但粉煤灰、矿渣、火山灰等却存在不同。

二、和易性的测定方法

由于和易性是一项综合工艺性能,如果仅用一种简单方法评价其优劣较困难。人们通过大量工程实践,研制出了多种检测方法。到目前为止,尚且没有一种方法能够较为全面地反映和易性的三项指标。

1. 坍落度法

将拌好的混凝土分三层装入标准圆锥筒中，并按规定的方式插捣，待装满刮平后，垂直提起坍落筒，量测筒高与坍落后混凝土试体最高点之间的高度差（mm），即为该混凝土拌合物的坍落度值，如图4.6所示。

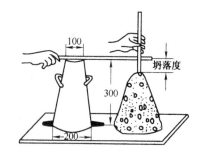

图4.6 坍落度测定法（单位：mm）

这一方法是目前大多数国家在施工现场广泛采用的方法，简单且快捷。该方法适用于最大粒径≤37.5 mm，坍落度值≥10 mm 的混凝土和易性测定。如果最大粒径超过37.5 mm，可用筛将 37.5 mm 以上的粗骨料去掉后再进行测定。

坍落度值反映了混凝土流动性的数值大小。定性观测黏聚性时，可用捣棒在已坍落的混凝土侧面轻轻敲打，若锥体均匀下沉，则表示黏聚性良好，若锥体坍塌或部分崩裂，则表明黏聚性不好。此外，要观察锥体底部是否有大量水析出，并由此判断保水性好坏。综合上述三个方面的因素，可判定其和易性是否合格。

混凝土坍落度检测时，可能出现三种形态：分别是正常型、剪切型和坍塌型。

若锥体四周逐渐下沉，坍落后混凝土各个方向分布均匀，这种坍落形态称为正常型，说明混凝土的黏聚性好，且坍塌过程越慢说明黏聚性越好。正常坍落状态测出的坍落度值才能真实地反映混凝土的流动性，即为真实的坍落度值。

如果混凝土坍落成一个斜面，如图4.7（a）所示，发生了剪切坍落的话，应重做。如果一再发生剪切坍落，这就表明该拌合物黏聚性不足。

如图4.7（b）和（c）所示是提起坍落度桶后出现崩塌，表明混凝土拌合物的黏聚性特别差，时常伴随出现较多的泌水，这时的坍落度值是虚假的。如图4.8所示是正常型坍落度。

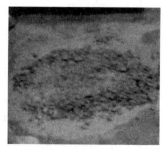

（a）剪切型　　　　　　　（b）坍塌型　　　　　　（c）坍塌并泌水严重

图4.7 混凝土非正常型坍落度

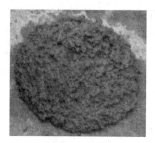

（a）正常型　　　　　　　　　　（b）正常型

图4.8 正常型坍落度

坍落度大小可分为五个等级：大流动性（坍落度≥160 mm），流动性（坍落度为 100~150 mm），塑性（坍落度为 50~90 mm），低塑性（坍落度为 10~40 mm），干硬性（坍落度<10 mm）。对于大流动性混凝土，按照《混凝土质量控制标准》（GB 50164—2011）又细分为 160~210 mm 及≥220 mm。根据《混凝土拌合物试验方法》（GB/T 50080—2016），坍落度≥160 mm 的大流动性混凝土同时测试坍落度、扩展度，必要时测试其他附加参数（如达到扩展度 500 mm 时拌合物流动的时间、倒置坍落度筒提起后拌合物流出的时间等）。根据扩展度大小又分为 6 级，大流动性混凝土扩展度分级如表 4.17 所示。大流动性混凝土可能存在分层、离析及泌水情况，影响工程施工质量，因此还需要评定黏聚性、保水性相对应的参数指标。一般情况下，流动性、塑性混凝土的流动性用坍落度表示，没有扩展度，其黏聚性和保水性只作定性观察。

表 4.17　混凝土拌合物扩展度等级划分（GB 50164—2011）　　　单位：mm

等级	F1	F2	F3	F4	F5	F6
扩展直径	≤340	350~410	420~480	490~550	560~620	≥630

2. 维勃稠度法

它采用如图 4.9 所示的稠度仪，将坍落筒置于容器 A 内，上部有喂料斗 B 并扣紧。将拌和均匀的混凝土按坍落度方法分层装入筒内，捣实抹平后提起坍落筒，把透明圆盘 C 转到混凝土上方，开启振动台和秒表，至透明圆盘底面与混凝土完全接触时的瞬间停下秒表并关闭振动台。由秒表读出的时间（s）即为维勃稠度值。

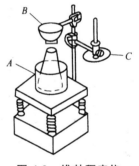

图 4.9　维勃稠度仪

事实上，维勃稠度是模拟混凝土在捣实过程中所消耗的能量大小来判定其流动性大小。试验时还应观察振动台上的混凝土，如果表面渗出的砂浆层很厚，即表明含砂量过多；如果在中央部分出现石子堆积并在容器周边渗出水泥浆，则表明砂量不足或水泥浆过多。

这一方法特别适用于干硬性混凝土，维勃稠度在 3~30 s 时最为敏感。根据《混凝土质量控制标准》（GB 50164—2011），干硬性混凝土分为 5 级：V0（维勃稠度≥31 s），V1（维勃稠度 21~30 s），V2（维勃稠度 11~20 s），V3（维勃稠度 6~10 s），V4（维勃稠度 3~5 s）。

三、影响和易性的主要因素

1. 胶凝材料浆体稠度（W/B）和用量

胶凝材料浆体稠度直接影响混凝土流动性。因为增大 W/B 比，可减小混合料内摩擦力；但 W/B 过大，可能使胶凝材料浆体黏聚性降低，保水性降低，还会出现泌水现象。因此，W/B 应存在一个合理范围值，不宜过大。

增加胶凝材料浆体可使得包裹颗粒的胶凝材料浆体厚度增加，拌合物中颗粒润滑增大，流动性增加。对于较稀的胶凝材料浆体，过多增加胶凝材料浆体可能会导致泌水和浮浆现象。因此，胶凝材料浆体用量应达到所要求的和易性，不宜多加，以免造成其他不利因素和浪费。

2. 用水量

前述的两个因素中增加 W/B 和增大胶凝材料浆体用量,实质均增加了混凝土中的用水量。所以,用水量的增减才是影响混凝土流动性最关键的因素。工程实践证明,当混凝土中最大粒径不改变,水泥品种不变,砂石比也不变时,即使水泥用量有适当变化（ 1 m³ 混凝土中变化在 50 kg 内 ）,只要用水量不变,则混凝土拌合物坍落度基本保持不变。即一定的用水量对应一定的坍落度,即恒定用水法则。这样就给混凝土配合比设计带来了诸多方便,即固定了混凝土拌合物中的单位用水量,它的坍落度基本上可以保持（某一范围）不变。如表 4.18 所示为《普通混凝土配合比设计规程》(JGJ 55—2011)塑性和干硬性混凝土单位用水量。表中数据是基于胶凝材料为纯水泥材料、无减水剂而得,掺用各种外加剂或掺合料时,用水量应相应调整。

表 4.18 干硬性和塑性混凝土的用水量　　　　　单位：kg/m³

拌合物稠度		卵石最大公称粒径/mm				碎石最大公称粒径/mm			
项 目	指 标	10	20	31.5	40	16	20	31.5	40
维勃稠度/s	16~20	175	160	—	145	180	170	—	155
	11~15	180	165		150	185	175	—	160
	5~10	185	170		155	190	180		165
坍落度/mm	10~30	190	170	160	150	200	185	175	165
	35~50	200	180	170	160	210	195	185	175
	55~70	210	190	180	170	220	205	195	185
	75~90	215	195	185	175	230	215	205	195

注：① 表中用水量系采用中砂时的平均取值；采用细砂时,每立方米混凝土用水量可增加 5~10 kg；采用粗砂时,则可减少 5~10 kg。
② 水灰比小于 0.4 或大于 0.8 的混凝土以及采用特殊成型工艺的混凝土用水量应通过试验确定。

3. 浆骨比

浆骨比是指胶凝材料与水组成材料的浆体体积与砂石骨料体积之比。在混凝土拌合物中,浆体赋予流动性与黏聚性。在水胶比一定的前提下,浆骨比增加,即浆体体积增大,混凝土流动性提高。通常采用调整浆骨比的大小满足流动性要求,同时又保证黏聚性和保水性。浆骨比不宜太小,否则骨料之间缺少了浆体,混凝土拌合物出现崩塌,如果用水量较多还会出现分层离析。但是浆体体积增加,会提高混凝土硬化过程中收缩,且水化热增加,增加混凝土开裂风险,浆骨比太大也会使得混凝土拌合物离析、流浆、黏聚性降低,成本增加。合理的浆骨比是保证混凝土拌合物和易性的重要参数。一般情况下,合理的浆骨比随混凝土拌合物流动性提高而提高,自密实混凝土最高。坍落度在 200 mm 左右的大流动性混凝土,合理的浆骨比一般在 35∶65 左右（每方混凝土中浆体合理含量在 350 m³ 左右）。

浆骨比在高流动性混凝土中至关重要,王栋民等在浆体合理含量为 350 m³ 的基础上提出了混凝土配合比全计算方法,得到不少学者的推崇；后来有学者研究低强度等级混凝土提出了把颗粒不大于 0.075 mm 的粉（包括石粉等）加水称为粉浆体,提出合理粉浆体概念；再后来,有学者根据不同粉体的保水性及达到相同流动性的需水量,提出了当量粉体及当量粉浆体概念，并试验研究，给出了大流动性混凝土在不同流动性下合理的当量粉浆体值。

4. 水泥品种及细度

一方面，由于水泥成分上的差异，早期化学结合水不同，故对水泥浆稠度（W/B 相同）有影响；另一方面，在掺混合材的水泥中，由于混合材颗粒表面形状不同，也会影响混凝土的和易性。例如，粉煤灰水泥，由于粉煤灰是一种球状颗粒，这种球状珠有滚珠作用，使其拌制的混凝土有较高的流动性；而矿渣水泥中的矿渣混合材，由于其吸附水能力较差，易产生泌水，致使混凝土拌合物保水性不好。另外，水泥细度不同对混凝土保水性和黏聚性也有影响。一般而言，细度增加，流动性变差，而黏聚性和保水性提高。当比表面小于 280 m²/kg 时，则混凝土拌合物易产生泌水。

5. 含砂率

砂率是指砂量与骨料总量的质量之比。当砂率增大时，单位混凝土中固体表面积增加，则水泥浆变稠（固体吸附水增加，自由水减少），反之亦然。当砂率小到砂不足以填充粗骨料空隙时，混凝土拌合物摩阻力增加。故砂率存在一个合理值，该值使得混凝土拌合物流动性达到最大（见图4.10）。如果保持流动性不变，则可使水泥浆用量达到最小。故把该砂率称之为合理砂率（最佳砂率）。工程上估算合理砂率时，可认为砂填充粗骨料空隙后，再把粗骨料拨开一定距离（让砂起滚珠作用），其拨开系数一般取 1.1 ~ 1.4，此时的砂率即为合理砂率。合理砂率也可根据以往试验数据查取（如规范中的推荐值）。在选取合理砂率时应注意以下两个关键问题：

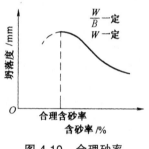

图4.10 合理砂率

（1）合理砂率实际上是混凝土为了获得最好的和易性，它的细颗粒总量存在一个合理的固体总表面积。固体总表面积过大（表现为砂率过大），则水泥砂浆由于自由水减少，变得干稠，流动性减小，过小则保水性不好。因此，当砂变粗时，合理砂率应增大；水泥用量大时，砂率应减小；W/B 增大时，砂率应增大。

（2）水泥砂浆总量必须确保在填充粗骨料空隙后要有一定富余，以保持砂浆的润滑和滚珠作用。当粗骨料最大粒径增大时，由于空隙率减小，则砂率应减小。

6. 骨 料

骨料对和易性的影响主要表现在表面形状（如碎石和卵石）、级配、最大粒径、砂的粗细。一般来说，表面光滑、球状的颗粒和级配好的骨料和易性好。最大粒径增大时，其空隙减少，在不改变水泥砂浆用量时，包裹粗骨料的砂浆厚度增厚，流动性增加。砂子较粗时，混凝土易发生泌水（保水性不好）；较细时，砂浆变得干稠，流动性不好。

7. 外加剂

如前所述，外加剂中对和易性有影响的有减水剂、引气剂、泵送剂、速凝剂、黏稠剂等。另外，混凝土掺合料也会对和易性产生影响。

此外，环境温度、湿度也会对和易性产生影响。温度高时，水分蒸发快，和易性降低；湿度较大时，对保持坍落度有利。

四、坍落度经时损失

坍落度随时间延长而减小的现象称为坍落度损失。这是大多数混凝土普遍存在的现象，主要是因为水化过程中消耗水，固体产物增加以及水分蒸发使混凝土变稠。当掺入萘系减水剂后，坍落度损失明显增大。如图 4.11 所示典型的混凝土坍落度随时间变化曲线。一般情况，聚羧酸减水剂具有很好地保持坍落度的性能，但要注意水泥品种、机制砂中的石粉等对其适应性的影响。对于工程拟选用的减水剂，应在实验室内测试其保坍效果，以免坍落度损失太快而影响施工。

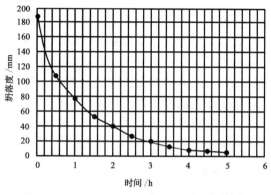

图 4.11 坍落度与拌合物存放时间的关系

五、坍落度选择

为了合理选择混凝土和易性，国家有关规范根据在长期工程中积累的经验，给出了塑性混凝土在不同截面尺寸、钢筋疏密和捣实方法条件下的建议选用值，如表 4.19 所示。选择原则是：在保证混凝土均匀密实成型的前提下，选用较小的坍落度以节约水泥。泵送混凝土施工需要高的流动性，不受此限制。

表 4.19 混凝土浇筑时的坍落度   单位：mm

结　构　种　类	坍落度
基础或地面等的垫层、无配筋的大体积结构（挡土墙、基础等）或配筋稀疏结构	10～30
板、梁和大型及中型截面的柱子等	35～50
配筋密列的结构（薄壁、斗仓、筒仓、细柱等）	55～70
配筋特密结构	75～90
配筋特密不便捣实的结构	100～140

注：① 本表系采用机械振捣混凝土时的坍落度，当采用人工捣实混凝土时其值可适当增大。
　　② 当需要配制大坍落度混凝土时，应掺用外加剂。
　　③ 曲面或斜面结构混凝土的坍落度应根据实际需要另行选定。

第三节　混凝土硬化特性及强度

硬化混凝土作为土建结构主体材料，最重要的功能就是承受各种荷载而不发生破坏。故其力学性能好坏是评价其质量的重要指标之一。

一、混凝土的抗压强度

混凝土的抗压强度一般采用圆柱体、棱柱体和立方体抗压强度进行评定。我国国家标准《混凝土物理力学性能试验方法标准》（GB/T 50081—2019）采用：边长为 150 mm 的立方体试件，在标准养护条件［温度（20±2）℃，相对湿度 95% 以上］，养护到 28 d 龄期测得的抗压强度（平均）值称为混凝土立方体抗压强度，并以"f_{cu}"表示。

混凝土抗压强度等级（用 C 表示）是根据混凝土抗压强度标准值（$f_{cu,k}$）划分的。混凝土抗压强度标准值是指立方体抗压强度总体分布（一般为正态分布）中的某个值，使得低于该值的百分率不大于 5%（见图 4.12）。

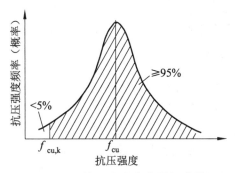

图 4.12 抗压强度分布及标准值

混凝土抗压强度标准值大小划分，《混凝土结构设计规范》（GB 50010—2010），钢筋混凝土结构分为 C15，C20，C25，C30，C35，C40，C45，C50，C55，C60，C65，C70，C75，C80 共 14 个等级。根据《混凝土质量控制标准》（GB 50164—2011），普通混凝土分为 C10，C15，C20，C25，C30，C35，C40，C45，C50，C55，C60，C65，C70，C75，C80，C85，C90，C95，C100 共 19 个等级。如 C40 表示混凝土立方抗压强度标准值为 40 MPa，即混凝土立方抗压强度大于或等于 40 MPa 的概率为 95%以上。

混凝土强度等级评定时采用标准试件，标准养护条件和 28 d 龄期，主要目的是使检验结果具有可比性，检验材料配比是否合格，虽然标准养护与实际构件混凝土养护条件不一致；但在一定条件下（严格按施工规范施工养护），构件强度与试件强度最终会趋于一致。而在早期评估构件实际强度时，应以与构件同条件养护的试样抗压强度值为准。

二、混凝土受压破坏机理

由于混凝土是由水泥浆、砂、石经混合后凝结硬化而成，故其结构是多相体、不均匀体。水泥石内部存在毛细孔（多余水形成的），水泥与骨料界面薄弱环节处 CH 作定向排列，泌水形成水囊、干缩裂纹、内部不均匀温度差裂纹等（见图 4.13）。混凝土在压应力作用下，上述薄弱环节会进一步发展，又由于混凝土中骨料（特别是粗骨料）与水泥浆的弹性模量不同，在压应力作用下，砂浆与粗骨料界面会产生剪切滑移（见图 4.14）。结果粗骨料像楔子似的对砂浆产生劈拉作用。由于水泥砂浆抗拉强度很低，当拉应力和剪切应力超其极限应力时，则其内部开裂破坏就会引发，并逐步扩展，最终导致混凝土破坏。

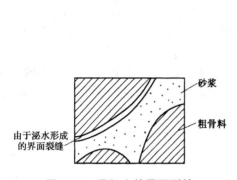

图 4.13　混凝土的界面裂缝

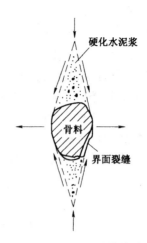

图 4.14　混凝土受压时的内部应力传递

有学者对混凝土单轴（类似棱柱体单向）受压下混凝土的破坏过程进行试验，研究分析后提出，荷载作用下混凝土内部裂缝发展可分为四个阶段：压应力小于极限应力的30%（称为比例极限）为第 I 阶段，这一阶段，未受荷前就存在的界面裂缝无明显变化，宏观上显示出应力-应变成直线关系，为弹性变化阶段；随着荷载进一步增加，超过比例极限，压应力增加时界面裂缝的长度、宽度和数量也随之增加，界面借助于摩阻力的作用承担荷载，而水泥砂浆的开裂非常小可忽略不计，此时变形增加的速率大于应力增加的速率，曲线偏离直线开始弯向水平方向，相当于 70%~90% 极限应力以下时为第 II 阶段；在界面裂缝继续发展的同时，开始出现贯穿砂浆的裂缝，应力-应变曲线明显趋向水平方向，相当于 70%~100% 极限应力为第 III 阶段；超过极限荷载后连续裂缝急速发展，随着荷载增加界面裂缝进一步增加，贯穿砂浆的裂缝逐渐增生，并将邻近的界面裂缝连接起来成为连续裂缝而破损，为第 IV 阶段。混凝土不同受力阶段裂缝如图 4.15 所示。

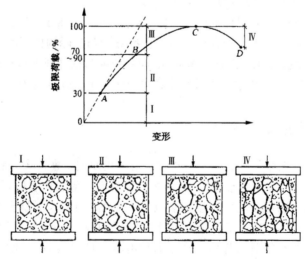

I—界面裂缝无明显变化；II—界面裂缝增长；III—出现砂浆裂缝和连续裂缝；IV—连续裂缝迅速发展。

图 4.15　混凝土不同受力阶段裂缝示意图

根据上述分析可知：混凝土受压破坏主要是由微裂缝的引发、扩展、贯通，最终破坏。因此，混凝土安全使用范围应是在第二阶段，即稳定阶段。在钢筋混凝土结构设计规范中混凝土单轴抗压强度设计值一般为标准值的 70% ~ 72%《混凝土结构设计规范（2015 年版）》（GB 50010—2010），而且标准值还有 95% 的保证率，因此，结构是安全的。

三、影响混凝土强度的因素

根据上述内容单轴受压混凝土破坏过程的分析，可将混凝土破坏的形式归纳为以下几类：一是由于界面薄弱环节引起裂缝开裂（黏结力破坏）；二是水泥浆在粗骨料劈裂作用下开裂破坏（水泥砂浆破坏）；三是骨料受力被劈开进而引起砂浆破坏（骨料破坏），此种情况仅发生在骨料强度低于砂浆或混凝土整体强度时。第三种情况一般很少发生，因为现行规范要求骨料强度一般大于混凝土强度，故界面黏结强度和水泥石强度是决定普通混凝土强度的最重要因素。

1. 水泥强度和水胶比

大量试验结果表明：在原材料保持一定的条件下，混凝土在标准条件下养护 28 d 的立方体抗压强度（f_{cu}）与水泥实测强度（f_{ce}）及水胶比（W/B）之间存在如下关系：

$$f_{cu} = \alpha_a \times f_b \left(\frac{B}{W} - \alpha_b \right)$$

式中　α_a、α_b —— 与骨料种类等有关的系数（JGJ T55—2011）：

采用卵石时：$\alpha_a = 0.49$，$\alpha_b = 0.13$；

采用碎石时：$\alpha_a = 0.53$，$\alpha_b = 0.20$；

仅砂浆时：$\alpha_a = 0.29$，$\alpha_b = 0.40$。

$$f_b = \gamma_f \gamma_s f_{ce}$$

式中　f_b —— 胶砂强度；

γ_f、γ_s —— 粉煤灰和粒化高炉矿渣粉影响系数，按表 4.20 选用。

f_{ce} 可用水泥强度等级 $f_{ce}^b \times \gamma_c$ 进行估算。γ_c 为水泥强度等级值的富余系数，取 1.10 ~ 1.16。系数 α_a、α_b 主要与骨料种类、水泥品种、工艺方法有关，当本地区已有大量统计资料时，最好选用当地统计回归系数值进行计算。

表 4.20　粉煤灰影响系数（γ_f）和粒化高炉矿渣粉影响系数（γ_s）

掺量/%	种类	
	粉煤灰影响系数 γ_f	粒化高炉矿渣粉影响系数 γ_s
0	1.00	1.00
10	0.85 ~ 0.95	1.00
20	0.75 ~ 085	0.95 ~ 1.00
30	0.65 ~ 0.75	0.90 ~ 1.00
40	0.55 ~ 0.65	0.80 ~ 0.90
50	—	0.70 ~ 0.85

2. 混凝土龄期与强度的关系

由于混凝土强度发展主要受胶凝材料强度发展的影响，而水泥石密实度随龄期增大而逐渐增大，密实度提高，强度也随之提高。试验表明，普通硅酸盐水泥配制的混凝土在标准养护条件下，中等强度等级混凝土的抗压强度的发展大致与龄期成对数关系，即：

$$\frac{f_{28}}{f_n} = \frac{\lg 28}{\lg n}$$

式中　f_{28}——28 d 龄期的混凝土抗压强度；

　　　 f_n——n d 龄期的混凝土抗压强度，$n \geqslant 3$。

混凝土强度发展取决于胶凝材料强度发展。对于早强型普通硅酸盐水泥，由 3～7 d 抗压强度推算 28 d 强度会偏大，而掺入大量掺合料的混凝土，推算强度会偏低。水泥细度提高，早龄期强度推算 28 d 强度值偏大。

如图 4.16 和图 4.17 所示为典型的混凝土强度与保温养护时间和随龄期增长过程的示意图。

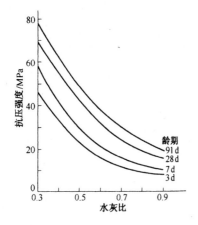

图 4.16　混凝土强度与保湿养护时间的关系

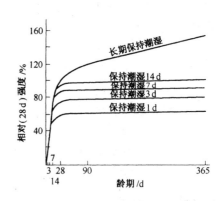

图 4.17　混凝土强度随龄期的增长过程

3. 养护条件对混凝土强度的影响

由于水泥水化过程必须在一定的温度、湿度（毛细孔中含水）条件下才能正常水化凝结硬化，为了获得质量优良的混凝土，在混凝土成型后，必须保持一定的温度和湿度，以保证混凝土强度正常发展。若过早失水干燥，则混凝土会停止水化，而且还会发生严重的干缩开裂现象，最终使混凝土的耐久性和强度显著降低。国家规范规定：混凝土覆盖洒水养护不得少于 7 d，有抗渗要求的和使用火山灰水泥、粉煤灰水泥及掺缓凝型外加剂的混凝土不得少于14 d。如图 4.18 所示是在不同温度条件下混凝土强度随龄期发展而发生的变化。

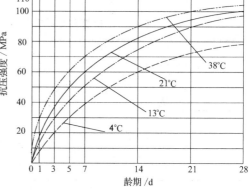

图 4.18　养护温度对混凝土强度的影响

试验表明：混凝土早期强度一般随养护温度提高而提高，这是由于在较高温度条件下，加速了水泥水化过程；但在过高的养护温度（如大于 40 ℃）下，混凝土最终强度并不一定高，可能还会低于 20 ℃ 养护的试件强度。这是由于过早地形成网状结构对后期强度发展不利。有资料表明，混凝土养护温度大约在 13 ℃ 时可获得最终的最高强度，但在掺入活性混合材时，采用压蒸养护可获得更多结晶网状结构，从而增加混凝土最终强度。

另外，应尽可能避免混凝土早期受冻。这是因为早期强度低，冻结会导致大量结构膨胀破坏，且是不可恢复的。当混凝土产生足够强度，毛细孔减少，即便是在 −5 ℃ 条件下，混凝土中仍有部分水不会结冰而继续水化。因此，冬季施工（规范规定为平均气温连续 5 d 稳定低于 5 ℃ 时）对混凝土进行适当保温是必要的。

4. 骨料的影响

当骨料的强度远高于混凝土时，骨料强度对混凝土强度影响并不大，但骨料表面粗糙程度则影响界面黏结力。当配合比相同时，碎石表面更粗糙，其配制的混凝土强度较高就是这个道理。但在相同和易性条件下，水泥用量也相同时，由于卵石混凝土需水量较小，故可降低水灰比，因此强度也不一定会低于碎石混凝土，普通混凝土选材更偏重于就地取材。在高强混凝土中，由于水泥用量较大，碎石则表现出了较高的综合优势，高强度混凝土配制要求只能采用碎石，不能使用卵石。

5. 其他影响因素

（1）外加剂。减水剂、早强剂、缓凝剂、速凝剂、引气剂等对混凝土强度均有不同程度的影响，但它们的影响机理是不一样的。一般来说，减水剂本身对强度并无多大影响，它是通过降低水灰比对强度产生较大影响；早强剂、速凝剂则是通过改变水泥水化进程，并参与水化反应来改变早期强度。通常可获得较高早期强度的外加剂，对后期强度增长则不利；缓凝剂对早期强度发展不利，但有利于后期强度；引气剂则由于引入气泡而降低了强度。

（2）搅拌和捣实方法。机械搅拌比人工搅拌效率高，且使得混凝土更加均匀，特别是对低流动性及干硬性混凝土更为显著。搅拌不均的混凝土不但硬化后强度低（孔隙多），且强度变异性大。采用机械搅拌和振捣时，可选用较小的坍落度和砂率，使混凝土成本降低，还可使混凝土其他综合性能（抗裂性、抗离析性、徐变收缩等）得到改善。如采用高频或多频振动器进行振捣，则可进一步排除混凝土拌合物中的气泡，使之更为密实，从而获得更高的强度。水灰比逐渐增大或流动性逐渐增大时，机械振动捣实效果则较不明显。

（3）试验条件。试验条件是指当混凝土原材料配合比、养护条件、龄期均一致的条件下，由于试件尺寸、表面平整度、加荷速度等不同引起混凝土强度的变化。

试件尺寸的影响。几乎所有材料都有这样的共性：小试件强度高，而大试件强度低。这是由于大试件容易形成大孔隙，而小试件形成大孔隙的概率相对较低（假定材料或多或少都存在一定量的孔隙或缺陷），而这些孔隙或缺陷往往是导致材料提前破坏的影响因素。还有环箍作用（见图 4.19），受压试件与

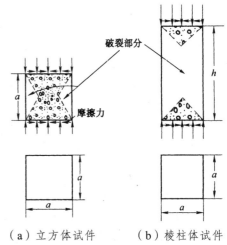

（a）立方体试件　　（b）棱柱体试件

图 4.19　混凝土试件的破坏状态

承压板之间存在摩擦力，混凝土与钢制承压板的横向变形（泊松比 μ）不同，且承压板是局部受压，不受压部分的压板对受压部分会产生约束变形作用，因此上下承压板对试件横向变形发挥了约束作用。愈接近承压板，这种约束作用愈明显。在距离端面大约 $\dfrac{\sqrt{3}}{2}a$（a 为试件横向尺寸）的范围以外时约束作用才会消失。所以，试件在破坏后，其上下部分各有一个较完整的棱锥体，这就是约束作用的结果。环箍效应主要影响立方体试件，它提高立方体试件的承压强度。由于试件尺寸大小对混凝土抗压强度有影响，当使用非标准试件时应乘以一个换算系数。《混凝土物理力学性能试验方法标准》（GB/T 50081—2019）规定：标准抗压试件为 150 mm × 150 mm × 150 mm 的立方体，如采用其他尺寸时，所测得的抗压强度应乘以换算系数：边长 200 mm 立方体，系数 1.05；边长 150 mm 立方体，系数 1.00；边长 100 mm 立方体，系数 0.95。

当圆柱体的直径等于棱柱体的边长，且两者高度相等时，圆柱体抗压强度比棱柱体的大（由于受棱柱体转角应力集中的影响）。

加荷速度的影响。混凝土受压破坏是由于混凝土裂缝引发、扩展和连通的结果，这是一个时间和空间的积累过程。当加载速度过快，超过了它们发展的进程，则试件承载力会明显增大。显然这是一个虚假示值。《混凝土物理力学性能试验方法标准》（GB/T 50081—2019）对混凝土抗压强度的加荷速度规定为 0.3 ~ 0.8 MPa/s。当混凝土强度等级低于 C30 时，取 0.3 ~ 0.5 MPa/s；高于或等于 C30 时，取 0.5 ~ 0.8 MPa/s。如果将加荷速度减至 0.01 MPa/s，或加至 5 MPa/s 时，抗压强度将降低或增高 10% 左右。

试件受压面平整度的影响。试件上下两个承压面必须平整光滑，并与中轴垂直，借以保证试件均匀受力。试件承压面上的凸起、凹陷、掉角等，均将引起应力集中，从而降低试件强度。

四、混凝土的其他力学性能

1. 轴心抗压强度

混凝土在结构中作为受压构件时，常以柱状受压，故在构件设计规范中，棱柱体抗压强度（f_{cp}）是非常重要的指标。《混凝土物理力学性能试验方法标准》（GB/T 50081—2019）规定的标准试件为 150 mm × 150 mm × 300 mm。在规定的成型方法及标准条件下养护 28 d，测得的抗压强度值即为轴心抗压强度值。根据大量试验统计显示，$f_{cp} = (0.7 ~ 0.8) f_{cu}$（规范取值为 0.67 ~ 0.63）。轴心抗压强度的标准值 f_{ck} 按照《混凝土结构设计规范（2015 年版）》（GB 50010—2010），进而经过计算确定。

2. 抗拉强度

混凝土的抗拉强度很低，一般只有抗压强度的 $\dfrac{1}{10} ~ \dfrac{1}{20}$，混凝土强度等级愈高，其拉压比愈小。因此，在普通钢筋混凝土结构设计中，通常不考虑混凝土承受的拉应力。但在抗拉强度要求较高的结构，如油库、水塔、路面以及预应力混凝土构件设计中，抗拉强度则是确定混凝土抗裂性的主要指标。随着对钢筋混凝土耐久性研究日益迫切的需要，对混凝土抗拉强度重要性的认识也在不断提高，因为确保钢筋混凝土不裂是保证混凝土耐久性最基本的技术要求。

测定混凝土轴心抗拉强度难度较大：一是要使荷载作用力线与受拉试件几何轴线尽可能

重合；二是要保证试件在均匀受拉区破坏。这两大难题至今仍未较好地解决，致使测试值波动很大。目前，国内外采用劈裂抗拉法进行测定混凝土的抗拉强度。该法是基于弹性力学原理，当在试件的两个相对表面上作用着均匀分布的线荷载，则可在外力作用的竖向平面产生均匀分布的拉应力（见图4.20）。这个均布拉应力按弹性力学计算为：

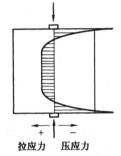

$$f_{ts} = \frac{2P}{\pi a^2} = 0.637 \frac{P}{a^2}$$

式中　P——破坏荷载（N）；

　　　a——立方体试件边长（mm）。

图 4.20　劈拉试验时劈裂面上的应力分布

《混凝土物理力学性能试验方法标准》（GB/T 50081—2019）中规定：劈拉标准试件为 150 mm × 150 mm × 150 mm 的立方体，采用ϕ150 mm 的弧形钢垫条，并加柔性纤维垫片进行加荷。值得注意的是，缺陷对于抗拉性能的影响更为显著，尺寸效应更明显，非标准试件换算成标准立方劈裂强度系数与抗压强度不同，如 100 mm × 100 mm × 100 mm 的立方体劈裂抗拉强度换算成标准立方，劈裂抗拉强度的尺寸换算系数为 0.85，这与抗压强度存在不同。

3. 弯拉强度

弯拉强度也称为抗折强度，是水泥混凝土道路路面或机场跑道用混凝土的主要强度指标，抗压强度作为参考强度指标。弯拉强度以标准方法制备成 150 mm × 150 mm × 600 mm （或 550 mm）的梁式试件，在标准条件下养护至 28 d，按三分点加荷方式测定弯拉强度。

根据《公路水泥混凝土路面设计规范》（JTG D40—2011），交通荷载等级对混凝土的弯拉强度标准值有明确的要求，交通荷载等级为轻、中等、重及以上对应的混凝土弯拉强度标准值分别不低于 4.0 MPa、4.5 MPa 和 5.0 MPa。

第四节　混凝土在硬化过程中及硬化后的变形性能

混凝土的变形性能可分为：荷载下的变形，如弹性变形、塑性变形、徐变等；非荷载下的变形，如化学减缩、湿胀干缩、热胀冷缩等。

一、混凝土在荷载下的变形

混凝土在荷载下的变形分为在短期荷载和长期荷载下的变形，典型的短期荷载下的应力-应变曲线如图4.21所示。由于混凝土是一种多相（水泥砂石）体，受压时，初期（应力约为极限强度的 30%）变形为弹性，表现为材料被弹性压缩，当压应力超过一定值后，则塑性和弹性共存。

在重复荷载作用下的应力-应变曲线，因作用力的大小有不同的形式。当应力小于（0.3~0.5）f_{cp} 时，每一次卸荷

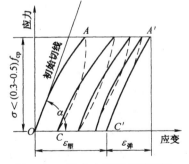

图 4.21　低应力下重复载荷的应力-应变曲线

都残留一部分塑性变形（$\varepsilon_{塑}$），但随着重复次数的增加，$\varepsilon_{塑}$ 的增量逐渐减少，最后曲线稳定于 $A'C'$ 线，它与初始切线大致平行，如图4.22所示。若重复应力高于（0.5～0.7）f_{cp}，将最终产生疲劳破坏。

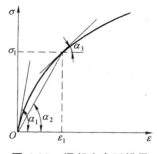

图4.22　混凝土变形模量

1. 混凝土的弹性模量

正如前述，混凝土应力-应变曲线并不是直线，因此混凝土是一种弹塑性并存的材料，在短期荷载作用下，混凝土的应力 σ 与应变 ε 的比值随着应力的增加而减小，并不完全遵循虎克定律。这种特性不仅表现在加载时的应力-应变曲线上，也表现在卸荷时的应力-应变曲线上，如图4.22所示。

工程上为了应用弹性理论进行计算，常对该曲线的初始阶段作近似的直线处理。

如图4.22所示为混凝土短期静力受压时的应力-应变曲线。图4.22中表示出以三种直线处理后的混凝土弹性模量：① 原点切线弹性模量为：$E_0 = \tan\alpha_1$；② 割线弹性模量为：$E_c = \tan\alpha_2 = \dfrac{\sigma_1}{s_1}$；③ 切线弹性模量为：$E_t = \tan\alpha_3$。

应力-应变曲线原点的切线斜率不易测准，同时由于初始应力很小，故而测得的原点弹性模量 E_0 实用意义不大。切线弹性模量 E_t 是应力-应变曲线上任一点的切线斜率，它只适用于切点处荷载变化很小的范围内。应用最多的是割线弹性模量，割线弹性模量是人为地将加载期间测得的变形定为弹性变形。GB/T 20081—2019 指定应力 $\sigma = \dfrac{1}{3}f_{cp}$ 时，加荷割线弹性模量定义为混凝土的弹性模量 E_c。由于施加的荷载是静荷载，故又称为静力弹性模量。

混凝土弹性模量一般随混凝土强度等级的提高而提高，影响因素也与强度基本一致，但骨料含量和骨料弹性模量大小对其影响大于对强度的影响。

试验表明：混凝土受拉弹性模量略小于受压弹性模量，实际上常采用同一数值。如表4.21所示是 GB/T 50081—2019 给出的不同强度等级混凝土弹性模量取值标准。

表4.21　混凝土弹性模量 E_c（$\times 10^4$ MPa）

强度等级	C15	C20	C25	C30	C35	C40	C45	C50	C55	C60	C65	C70	C75	C80
E_c	2.20	2.55	2.80	3.00	3.15	3.25	3.35	3.45	3.55	3.60	3.65	3.70	3.75	3.80

2. 混凝土的徐变

徐变是指在持续荷载作用下，混凝土产生随时间增加而增长的变形。

当混凝土龄期为 t 时，加上恒定荷载，混凝土立即产生瞬时应变，这种应变以弹性应变为主。随时间增长，变形会继续增加，其变化规律如图4.23所示。早期增加快，后期逐步减缓。若在其后某一时间卸荷，则一部分变形以稍小于弹性应变的值立即产生弹性恢复，而后将有一个随时间而减小的应变恢复（称为徐变恢复），最后残留下的应变称为不可逆徐变。一般徐变要比弹性应变大2～4倍（见图4.23）。在工程

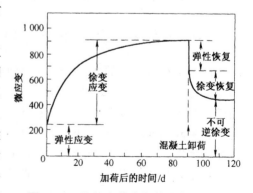

图4.23　混凝土徐变与徐变恢复曲线

上，一方面，徐变可引起预应力损失，增加大跨度梁挠度，降低结构抗裂性能；另一方面，徐变也可消除内部不均匀应力（如温度应力、收缩应力等），减小应力集中。

混凝土产生徐变的机理，目前较为一致的看法分为以下两点：一是硬化水泥凝胶体之间产生了黏性流动或滑动；二是吸附在凝胶颗粒上的吸附水在压力作用下向压力较小的毛细孔渗出（或迁移）。影响混凝土徐变大小的因素有：

（1）W/B 增加，孔隙增加，徐变提高；

（2）水泥浆用量愈大，徐变愈大，而骨料增加，徐变减少；

（3）环境湿度降低，混凝土失水快而徐变增大；温度升高，徐变增大；

（4）与水泥品种有关，早强快硬水泥徐变减小（早期徐变减小，开裂可能性增加），结晶型产物增加，徐变减少；

（5）应力增大，或混凝土受力时的强度降低，徐变增加；延迟加载时，强度提高徐变减小。

二、混凝土体积变形

引起混凝土体积变化的因素主要有温度、化学反应和湿胀干缩。这些变化若是均匀变化，则对混凝土结构影响较小；若是非均匀（大多数为非均匀性）变化，则可能引起混凝土由于抗裂强度不足而开裂。

1. 化学收缩

混凝土是由于水泥水化产生凝结硬化作用而将砂、石胶结成人造石。但水泥加上水的体积并不完全等于水泥石的体积，而是略有减小，故把这种收缩称为化学减缩。当然，这种化学减缩是较小的，一般不会引起混凝土开裂。混凝土的化学减缩在成型后 40 d 内收缩增长较快，后续逐渐趋于稳定。而化学减缩是不可恢复的。

2. 自收缩

混凝土的自收缩是指在没有与外界水分交换的条件下产生的收缩。由于自收缩在普通混凝土中占比少，不足 10%，常被忽略不计，但在低水胶比高强度、高性能混凝土中，自收缩问题不可忽视。研究表明，混凝土水胶比在 0.3 以下时，自收缩率达到 $200 \times 10^{-6} \sim 400 \times 10^{-6}$。胶凝材料用量增加、使用硅灰、磨细矿渣均可提高自收缩值。

3. 干湿变形

与大多数多孔材料一样，混凝土在干燥过程中会产生收缩，其干缩量的大小取决于混凝土孔隙率、水泥浆用量以及细颗粒含量，甚至是砂、石料质量。其机理是：由于水分蒸发，引起凝胶体失水，失去水膜的胶粒在范德华引力作用下，颗粒间距离减小，产生收缩；毛细水减少时，会引起毛细管压力增大，管壁受到的压力随湿度的减小而增大，宏观上表现为"干缩"。当湿度增大时，会引起胶粒间距离变大以及毛细管压力降低，凭借管壁材料的弹性，混凝土的体积又逐渐胀大，宏观上表现为"湿胀"。混凝土的干燥收缩值比吸湿膨胀值大。试验表明，混凝土在相对湿度为 70% 的空气中的收缩值约为水中膨胀值的 6 倍，相对湿度为 50% 时，则为 8 倍。混凝土吸水膨胀对混凝土结构一般没有不利影响，而干燥收缩由于大多数情况是从表面开始，为一不均匀变化过程，当干燥在表面引起的收缩产生的拉应力超过混凝土抗拉强度时，拉应变超过极限应变，混凝土就会产生裂纹，混凝土板裂后的钢筋混凝土结构耐久性将显著降低。

混凝土收缩值大小主要与下述因素有关：

（1）水泥品种及掺合料。当采用矿渣水泥和火山灰水泥时，干燥收缩较普通水泥收缩大；当采用高等级水泥时，由于水泥颗粒较细，其收缩值也较大。硅灰、超细矿渣增加收缩。

（2）混凝土中细颗粒成分占比。如水泥用量大，砂率大，采用细砂，砂石含泥量较多时均会显著增大干燥收缩。水泥浆、砂浆、混凝土三者的收缩值比大致为 5:2:1。

（3）养护条件。存放在相对湿度 70% 环境中的卵石混凝土收缩率仅为 800×10^{-6}，而相对湿度为 50% 时则为 $1\,100 \times 10^{-6}$，在水中或潮湿条件下养护，可大幅度减小混凝土收缩；蒸压养护对抑制早期收缩效果显著。

（4）骨料品种。若以 20 年的收缩量作为最终的收缩值，试验表明，以石英岩为骨料的混凝土，收缩率最小（约为 500×10^{-6}）；最大的是以砂岩为骨料的混凝土，其极限值可达 $1\,200 \times 10^{-6}$；卵石混凝土的收缩值也相当大，可达 $1\,100 \times 10^{-6}$。

（5）龄期。在正常养护条件下，2 周之内的收缩为 20 年收缩值的 14%~34%；3 个月为 40%~80%；1 年为 66%~85%。但早期收缩是导致混凝土开裂的主要因素。传统的普通混凝土强度低，水胶比大，内部水分相对充足；适当的养护，3 d 内的收缩值较低；不养护其早期（3 d）收缩值也只有 50×10^{-6} 左右，混凝土开裂情况少。现代普通混凝土，水泥越来越细，早期强度提高，减水剂加入，大流动性泵送施工，砂率提高，粗骨料降低，最大粒径降低，如果养护得不到保证，早期收缩可达 500×10^{-6} 以上。因为快速的干燥来不及产生因徐变引起的应力松弛，开裂就已经发生。因此，早期养护极为重要，如图 2.24 所示为桥墩早期保湿养护。

图 4.24　桥墩薄膜覆盖保湿养护

4. 温度变形

与其他材料相同，混凝土也存在热胀冷缩现象。混凝土的热膨胀系数为 0.000 01/℃，即温度每升高 1 ℃，每米膨胀 0.01 mm。温度变形对长大型结构和大体积混凝土极为不利。

水泥水化是放热过程，不同的熟料矿物，放热量不同。其中 C_3A 和 C_3S 放热量最大。另外，水泥细度越细，则早期放热量越大。早期放热对大体积混凝土最为不利。因为混凝土是热的不良导体，水化热使得大体积混凝土内部温度快速升高，而表面温度则受大气影响降低，这样内外温差逐渐扩大。当超过 25~30 ℃ 时，内外温差产生的温度应力足以使混凝土产生开裂。《大体积混凝土施工标准》（GB 5496—2018）规定：若结构实体最小尺寸大于 1 m，或预计会因水泥水化热引起混凝土内外温差过大而导致裂缝的混凝土为大体积混凝土。大体积混凝土施工时必须采取措施,使内外混凝土温差小于 25 ℃。试验表明,厚度在 2 m 左右时,采用 C30 级混凝土,环境温度为 20 ℃ 时,混凝土中心温度在 3 ~ 5 d 即可达到 50 ~ 70 ℃,若不采取适当措施,内外温差很容易超过 25 ℃。大体积混凝土配制应降低水泥用量,掺入大量掺合料。如表 4.22 所示为国内一些高层建筑底板大体积混凝土配合比。

表 4.22 国内一些高层建筑底板大体积混凝土配合比*

工程名称	混凝土等级	水泥 /（kg/m³）	掺合料 /（kg/m³）	砂/ （kg/m³）	石 /（kg/m³）	水 /（kg/m³）	厚度 /m
上海环球金融中心	C40	270	70（GGBS）70（Ⅱ级 FA）	780	1 040	170	12.0
中央电视台新台址	C40/P8	200	196（Ⅰ级 FA）	721	1 128	155	10.9
国贸三期	C45/P10	230	190（Ⅰ级 FA）	770	1 020	165	4.5
天津津塔	C40/P10	252	168（Ⅱ级 FA）	799	1 059	172	4.0
深圳平安金融中心	C40/P12	220	180（Ⅱ级 FA）	771	1 027	160	4.5
上海中心	C50	200	160（GGBS）80（Ⅱ级 FA）	760	1 030	160	6.0
中国尊	C50/P12	230	230（Ⅰ级 FA）	650	1 060	165	6.0

注: *本资料为清华大学阎培渝教授提供。

对于地下连续墙、公路路面、桥面板这样一些长大构件,当气温发生变化时,由于升降温使得混凝土结构发生伸缩变形。在混凝土本身约束或其他约束作用下,结构就会因温度应力(内外温差大于 15 ℃)作用而发生拉伸开裂。因此,对上述长大结构,规范中均要求设置相应的温度伸缩缝,也可在混凝土中设置钢丝网、钢纤维来增强混凝土的抗裂性,此时可增大伸缩缝间距。如表 4.23 所示为《混凝土结构设计规范(2015 年版)》(GB 50010—2010),钢筋混凝土结构伸缩缝的最大间距。

表 4.23 钢筋混凝土结构伸缩缝的最大间距   单位：m

结构类别		室内或土中	露 天
排架结构	装配式	100	70
框架结构	装配式	75	50
	现浇式	55	35
剪力墙结构	装配式	65	40
	现浇式	45	30
挡土墙、地下室墙壁等类结构	装配式	40	30
	现浇式	30	20

第五节　钢筋混凝土的耐久性

由于在使用过程中，90% 的混凝土以钢筋混凝土的形式出现，而耐久性往往与钢筋有关，故本节内容以钢筋混凝土的形式讨论。

耐久性是指混凝土在使用过程中，由于环境作用和内部原因引起混凝土材料发生的劣化作用下可长期维持其应有性能的能力。也可定义为，混凝土在预定作用和预期的维修与使用条件下，在预定的期限内维持其所需的最低性能要求的能力。这里涉及的环境作用是指能引起结构材料性能劣化或腐蚀的环境因素，如温度、湿度及各种有害物质等施加于混凝土的作用。

目前的研究表明，引起钢筋混凝土耐久性降低的主要因素有：

（1）混凝土的冻融破坏；

（2）氯离子渗透及扩散引起的钢筋锈蚀；

（3）盐的侵蚀；

（4）碱-骨料反应；

（5）混凝土的碳化（中性化）；

（6）混凝土抗裂性；

（7）混凝土抗腐蚀性。

一、混凝土抗冻性能

混凝土的冻融破坏是指硬化混凝土受到大气降温（低于 – 5 ℃），致使毛细孔中水结冰而体积膨胀（或渗透压增大），引起孔壁破坏的过程。水结冰时，其体积约可膨胀 9%，对孔壁产生相当大的内压力，由于混凝土内孔隙或毛细孔形状、尺寸、分布和饱水程度不同，混凝土的冻害程度也不同。另外，大气降温速率和干湿循环频率不同，对混凝土的冻害程度也不同。

容易发生冻害的结构物有：处于严寒地区的铁路、公路桥墩（与水接触部位）；结冰的海港工程、码头；民用建筑低层、屋面层、公路路面等。应特别注意的是水位变化范围，与地面接触部位，当白昼气温在正负温度之间变化时（春秋两季），每天就会发生一次冻融循环。

混凝土抗冻性以抗冻等级（F）表示，它用 28 d 龄期的水饱和状态下的试件进行快速冻融循环试验，以混凝土相对动弹性模量（动弹性模量可采用振动法、敲击法测定）不低于 60%、质量损失率不超过 5%、强度损失率不大于 25% 时所能承受的最大冻融循环次数进行确定。抗冻等级分为：F50，F100，F150，F200，F300，F400，F500，F600，F800，F1000 共 10 个等级。

也可用耐久性指数 DF 表示。抗冻耐久性指数为混凝土试件经 300 次快速冻融循环后混凝土的动弹性模量 E_1 与其初始值 E_0 的比值，$DF = 100 \times E_1/E_0$；在达到 300 次循环之前 E_1 已降至初始值的 60% 或试件重量损失已达到 5% 的试件，以此时的循环次数 N 计算其 DF 值（$DF = 0.6N/300 \times 100$）。

一般要求结构的混凝土材料耐久性指数不低于 0.50 ~ 0.80。

影响抗冻性的主要因素有：

（1）W/B 愈小，则孔隙率小，抗冻性好；

（2）含气量试验表明，当含气量大于 4.5% ~ 5% 时，混凝土抗冻性明显提高；

（3）外加剂、减水剂、引气剂等均能提高混凝土均匀性，降低 W/B，增加含气量，抗冻性明显提高；

（4）饱和水程度，高度饱水构件易发生冻结破坏，而低度饱水则不易冻坏；

（5）其他因素，如水泥品种、骨料品种、冻结速度等也会影响抗冻性。

二、氯离子引起的钢筋锈蚀

在饱和氢氧化钙溶液条件下，钢筋的表面会形成一层坚硬的保护膜（氢氧化亚铁钝化膜），使得钢筋在混凝土中长期保持稳定而不锈蚀，但当它受到 Cl^- 侵蚀后钝化膜会发生分解，则钢筋会发生锈蚀。Cl^- 还可形成"腐蚀电池"，Cl^- 破坏钝化膜后，钢筋表面部位露出铁基体，与尚完好的钝化膜区域之间构成电位差（作为电解质），混凝土内一般有水或潮气存在，腐蚀通常由局部开始，并逐渐在钢筋表面扩展。当水泥中 C_3A 含量高时有利于抵御 Cl^- 的侵蚀。

试验表明，混凝土中 Cl^- 浓度在 0.3 ~ 0.6 kg/m^3 范围内有引起钢筋锈蚀的可能。钢筋表面的 Cl^- 浓度在 0.6 ~ 0.9 kg/m^3 范围内时，为钢筋锈蚀发展期；当达到 1 kg/m^3 时，钢筋锈蚀发展可将混凝土胀裂。

氯离子由外部向混凝土内部浸入分为两种方式：一是通过溶液渗透作用；二是通过扩散作用。究竟哪一种占主导地位，则由混凝土的密实性所决定，当孔隙（贯通开口孔）较多时，以渗透为主，否则以扩散为主。当然，孔隙率较大时扩散速率也会加大，若环境存在杂散电流时扩散加速。

一般采用快速电迁移法作为评价混凝土抵抗氯离子扩散渗透性的方法，测定通过试件的电量[单位：库仑（C）]，当电量小于 1 000 C 时，认为混凝土抵抗氯离子扩散渗透性能优良。

影响氯离子扩散（渗透）因素有：

（1）W/B 大时，孔隙率大，渗透和扩散均较易产生；

（2）环境中氯离子浓度愈大，则扩散梯度增大，扩散速度也随之增大；

（3）环境中存在杂散电流会加大氯离子扩散；

（4）亚硝酸盐、C_3A 有降低 Cl^- 浸入的作用。

三、混凝土抗渗透性

混凝土结构在使用过程中会受到各种环境作用，其中通过溶液渗透作用是最主要的途径。例如，混凝土饱水性（与抗冻有关）、Cl^- 渗透、CO_2 扩散、硫酸盐侵蚀等。因此，混凝土抗渗性的好坏直接反映了混凝土耐久性的优劣。目前该项指标仍是评估混凝土耐久性的重要指标之一（强度大于 C30 的混凝土不敏感）。

混凝土抗渗性是以抗渗等级（P）表示。它是以 28 d 龄期试件，按标准方法进行抗渗试验，以每组 6 个试件中 4 个试件未出现渗水时的最大水压力进行确定。抗渗等级可分为 P2，P4，P6，P8，P10，P12 六个等级，其计算公式为：

$$P = 10H - 1$$

式中　P —— 抗渗等级；

H —— 6 个试件中 3 个渗水时的最大水压力（MPa）。

混凝土抗渗性的影响因素与抗冻性基本一致，不同之处在于孔隙率相同时，大孔不利于抗渗（因为大孔中水不易充满孔隙），而有利于抗冻。另外，抗渗等级就混凝土材料而言较易达到要求。试验表明，当 W/B 低于 0.45 时，其抗渗性就非常高。Cl^- 扩散和 CO_2 扩散则很难用水渗透性来评价其耐久性的好坏。

四、盐的侵蚀

盐类对混凝土的侵蚀主要表现在为对水泥石的侵蚀方面，如硫酸盐、镁盐等；盐类除了对混凝土产生化学侵蚀外，还会产生盐析（结晶）膨胀破坏，特别是在干湿交替部位，如海港码头、防波堤、海中桥墩、石油平台、盐湖中的各种土建结构、穿过盐层的隧道衬砌等。研究表明，单一的硫酸盐、镁盐对水泥的化学侵蚀并不能有效地破坏混凝土结构（特别是 W/B 小于一定值后），而盐析结晶由表及里的过程才是导致混凝土破坏的主要原因。

因此，国内已有学者提出采用盐溶液浸泡试件后的干湿循环法评价盐析对混凝土的破坏作用，而不再用水泥条"盐浸泡法"。

五、碱-骨料反应

碱-骨料反应（AAR）于 1940 年由美国学者 T.E.Sfantom 正式提出，现已被许多国家认为是造成混凝土工程破坏的主要原因之一。

碱-骨料反应大致可分为两种类型：碱-硅酸反应（ASR）和碱-碳酸反应（ACR）。其中，碱-硅酸反应最为普遍。参与碱-骨料反应的活性骨料主要有：蛋白石、黑硅石、燧石、鳞石英、方石英、玻璃质火山岩、玉髓及微晶或变质应变石英和白云质石灰岩。其反应主要发生在碱与微晶氧化硅之间，生成物为硅胶体。这种硅胶体吸水后膨胀，引起混凝土开裂。另外，通过扫描电镜可在水泥与骨料界面上观察到白色反应环（硅胶体），其化学反应式可简写为

$$2NaOH + SiO_2 \longrightarrow NaO \cdot SiO_2 + H_2O$$

NaOH 和 KOH 浓度较低时，不足以引起膨胀破坏。一般认为水泥含碱量小于 0.6% 时，可不考虑碱-骨料反应。也有研究表明，当单方混凝土碱含量低于 2.1 ~ 3 kg/m³ 范围时，也不会发生破坏作用（碱-碳酸反应例外）。

碱-碳酸反应，主要由白云质石灰岩脱白云石化引起体积膨胀，白云质石灰石骨料在碱性溶液中发生脱白云石反应式如下：

$$CaMg（CO_3）_2 + 2NaOH \longrightarrow Mg(OH)_2 + CaCO_3 + Na_2CO_3$$

这一反应不是在水泥与骨料界面上，而是在骨料内部。

一般认为碱-骨料反应需要具有三个条件：一是空气湿度较大（80%以上）；二是骨料中存在足够多的活性成分；三是混凝土中有足够多的碱（或者环境能补充碱）。碱-骨料反应一般发生在混凝土龄期几年后甚至更长时间。其外部表现为：裂纹从网节点分成三条放射状裂纹，夹角约120°，初期对结构承载力无影响，但在后期会显著降低混凝土抗拉强度，并在裂缝处流出白色胶体。

对于碱碳酸反应需要掺入的掺合料很多，并严格控制碱含量，以至于很难在工程中使用，所以具有碱碳酸反应活性的骨料，一般工程中不允许使用。而采用碱硅酸反应的骨料，在工程中使用时，常采用以下技术措施：

（1）采用低碱水泥，碱含量不大于0.6%；

（2）混凝土中掺入适量活性混合材（如硅灰、粉煤灰），降低 W/B；

（3）降低单方混凝土中总碱含量，一般不大于 3 kg/m^3；

（4）采用掺合料后，检测碱活性的抑制情况，应抑制有效。另外，加入引气剂、减水剂以提高抗渗性，也可间接提高抑制效果。

六、混凝土抗碳化性

混凝土的碳化是指环境中的 CO_2 与混凝土中的 $Ca(OH)_2$ 作用生成 $CaCO_3$ 的过程。由于失去了氢氧化钙的保护，钢筋表面钝化层会发生分解，钢筋锈蚀膨胀，进而引起保护层脱落。除碳化引起混凝土中性化外，酸也会导致中性化产生。

一般认为碳化速度与空气中的 CO_2 浓度、相对湿度、混凝土的密实度及水泥品种有关。常置于水中或处于干燥环境的混凝土碳化会停止，这是由于孔中充满水时，CO_2 扩散极为缓慢，而处于干燥环境时，孔隙中的水分不足以使 CO_2 形成碳酸。当相对湿度在 50%~60% 时，碳化速度最快。通常情况下混凝土的碳化方程可用下式表示：

$$X_c = K \cdot \sqrt{t}$$

式中　X_c —— 碳化深度（mm）；

　　　K —— 碳化系数（$mm/\sqrt{a}$，a 是时间量纲）；

　　　t —— 碳化时间。

影响碳化速度的因素主要有：环境中的 CO_2 浓度愈高，碳化速度愈快；环境温度；水泥石碱度［$Ca(OH)_2$ 浓度］高，抗碳化性好；W/B 小，抗碳化性好。

七、混凝土抗裂性

混凝土配比适当，形成的均匀材料其抗裂性是足够好的，这一点已被众多试验所证实。然而由于环境作用，出现开裂，结构物因此丧失了运行时的水密性。

导致混凝土开裂的原因为：宽度在 0.1~1 mm 的裂缝，其主要是因冰冻、温度梯度、湿度梯度、结构过载和化学因素（如钢筋锈蚀和碱-骨料反应）而形成。早期开裂通常是由于冷却和干燥时产生的收缩应变所引起。当混凝土刚开始硬化时，由于暴露在环境中，它要产生温度收缩、干缩变形，以哪种收缩为主，取决于环境的温度和湿度。调查发现工程裂缝中约90%的是早期的收缩裂缝。

收缩受约束产生的拉应力和由于徐变释放的应力的相互影响，是硬化混凝土出现早期开裂的核心（见图 4.25）。由图 4.25 可清楚地知道混凝土由于收缩受到约束而开裂，出现开裂的时间在抗拉强度高、收缩应变小、弹性模量低和高徐变应变的情况下可延迟。

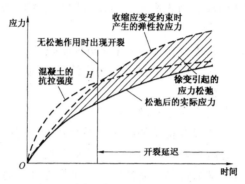

图 4.25 收缩和徐变对混凝土开裂的影响

由于混凝土开裂，加速混凝土劣化过程，缩短了混凝土使用寿命。由于裂缝对混凝土耐久性很重要，我国《混凝土结构耐久性设计标准》（GB/T 50476—2019）制定了表面裂缝计算宽度的允许值（见表 4.24）。

表 4.24 表面裂缝计算宽度的允许值

环境作用等级	钢筋混凝土构件	有黏结预应力混凝土构件
A	0.40	0.20
B	0.30	0.20（0.15）
C	0.20	0.10
D	0.20	按二级裂缝控制或按部分预应力 A 类构件控制
E，F	0.15	按一级裂缝控制或按全预应力类构件控制

注：① 括号中的宽度适用于采用钢丝或钢绞线的先张预应力构件。
　　② 裂缝控制等级为二级或一级时，按现行国家标准《混凝土结构设计规范》（GB 50010）计算裂缝宽度；部分预应力 A 类构件或全预应力构件按现行行业标准《公路钢筋混凝土及预应力混凝土桥涵设计规范》（JTG 3362）计算裂缝宽度。

防止混凝土早期开裂的措施有：

（1）选用含 C_4AF 较高的水泥；水泥细度不宜过细；早期强度发展不宜过快（早期混凝土弹性模量发展速度快于强度发展，越早强越容易开裂）；

（2）降低水泥用量和砂率，尽可能采用最大粒径较大的粗骨料；

（3）减少内部与外部温度梯度；

（4）采用缓凝剂和活性掺合料（降低水化热）；

（5）掺入纤维材料等；

（6）工程专项的防裂施工技术及养护。

八、钢筋混凝土耐久性设计要点

混凝土（包括钢筋混凝土）耐久性问题早已引起人们的重视，欧洲、美国、日本先后出台了有关钢筋混凝土结构以耐久性为主的设计规范。鉴于工程安全性与耐久性对我国大规模土建工程建设的重要意义，中国工程院土木、水利与建筑工程学部于 2000 年提出了一个名为"工程结构安全性与耐久性研究"的咨询项目。并于 2003 年经两次编审通过了《混凝土结构耐久性设计与施工指南》（中国土木工程学会标准 CCES 01—2004）。2008 年又编制了国家标准《混凝土结构耐久性设计规范》（GB/T 50476—2008），在该标准中根据结构的重要性，将其按耐久性划分为100 年、50 年和 30 年三个级别。2019 年总结 10 余年的工程实践，对《混凝土结构耐久性设计规范》（GB/T 50476—2008）进行修订。

国家标准《混凝土结构耐久性设计标准》（GB/T 50476—2019）的环境分级。按环境作用将配筋混凝土结构的侵蚀程度划分为六级（见表 4.25）。由表 4.25 可知，对混凝土结构侵蚀最严重的主要是：海洋环境中的水位变化区和浪溅区，盐结晶环境以及与除冰盐接触的构件。而对于室内干燥环境的结构或长期潮湿的水下结构，侵蚀性是最小的。

表 4.25　对配筋混凝土结构的环境类别及作用等级

环境类别	环境作用等级	环境条件	结构构件示例
一般环境 I	I -A	室内干燥环境 长期浸没水中环境	常年干燥、低湿度环境中的室内构件；所有表面均永久处于静水下的构件
	I -B	非干湿交替的室内潮湿环境 非干湿交替的露天环境 长期湿润环境	中、高湿度环境中的室内构件；不接触或偶尔接触雨水的室外构件；长期与水或湿润土体接触的构件
	I -C	干湿交替环境	与冷凝水、露水或与蒸汽频繁接触的室内构件；地下水位较高的地下室构件；表面频繁淋雨或频繁与水接触的室外构件；处于水位变动区的构件
冻融环境 II	II -C	微冻地区的无盐环境混凝土高度饱水 严寒和寒冷地区的无盐环境混凝土中度饱水	微冻地区的水位变动区构件和频繁受雨淋的构件水平表面 严寒和寒冷地区受雨淋构件的竖向表面
	II -D	严寒和寒冷地区的无盐环境混凝土高度饱水 微冻地区的有盐环境混凝土高度饱水 严寒和寒冷地区的有盐环境混凝土高度饱水	严寒和寒冷地区的水位变动区构件和频繁受雨淋的构件水平表面 有氯盐微冻地区的水位变动区构件和频繁受雨淋的构件水平表面 有氯盐严寒和寒冷地区受雨淋构件的竖向表面
	II -E	严寒和寒冷地区的有盐环境混凝土高度饱水	有氯盐严寒和寒冷地区的水位变动区构件和频繁受雨淋的构件水平表面

续表

环境类别	环境作用等级	环境条件		结构构件示例
氯化物环境Ⅲ	Ⅲ-C	水下区和土中区；周边永久浸没于海水或埋于土中		桥墩，承台，基础
	Ⅲ-D	大气区（轻度盐雾）距平均水位15 m高度以上的海上大气区；涨潮岸线以外 100～300 m 内的陆上室外环境		桥墩，桥梁上部结构构件；靠海的陆上建筑外墙及室外构件
	Ⅲ-E	大气区（重度盐雾）距平均水位上方 15 m 高度以内的海上大气区；离涨潮岸线100 m 以内、低于水平面以上 15 m 的陆上室外环境		桥梁上部结构构件；靠海的陆上建筑外墙及室外构件
		潮汐区和浪溅区，非炎热地区		桥墩，码头
	Ⅲ-F	潮汐区和浪溅区，非炎热地区		桥墩，码头
除冰盐氯化物环境Ⅳ	Ⅳ-C	受除冰盐盐雾轻度作用		离开行车道10 m 以外接触盐雾的构件
		四周浸没于含氯化物水中		地下水中构件
		接触较低浓度氯离子水体，且有干湿交替		处于水位变动区，或部分暴露于大气、部分在地下水土中的构件
	Ⅳ-D	受除冰盐水溶液轻度溅射作用		桥梁护墙、立交桥桥墩
		接触较高浓度氯离子水体，且有干湿交替		海水游泳池壁；处于水位变动区，或部分暴露于大气、部分在地下水土中的构件
	Ⅳ-E	直接接触除冰盐溶液		路面，桥面板，与含盐渗漏水接触的桥梁帽梁、墩柱顶面
		受除冰盐水溶液重度溅射或重度盐雾作用		桥梁护栏、护墙，立交桥桥墩；车道两侧 10 m 以内的构件
		接触高浓度氯离子水体，存在干湿交替		处于水位变动区，或部分暴露于大气、部分在地下水土中的构件
化学腐蚀环境Ⅴ	Ⅰ 水、土中硫酸根和酸类物质 Ⅴ-C	水中硫酸根离子浓度（mg/L）	200～1 000	与水、土中的硫酸盐和酸类物质接触的混凝土结构构件
		土中硫酸根离子浓度（水溶值）（mg/kg）	300～1 500	
		水中镁离子浓度（mg/L）	300～1 000	
		水中酸碱度（pH 值）	6.5～5.5	
		水中侵蚀性二氧化碳浓度（mg/L）	15～30	

续表

环境类别		环境作用等级	环境条件		结构构件示例
化学腐蚀环境 V	I 水、土中硫酸根和酸类物质	V-D	水中硫酸根离子浓度（mg/L）	1 000～4 000	与水、土中的硫酸盐和酸类物质接触的混凝土结构构件
			土中硫酸根离子浓度（水溶值）（mg/kg）	1 500～5 000	
			水中镁离子浓度（mg/L）	1 000～3 000	
			水中酸碱度（pH 值）	5.5～4.5	
			水中侵蚀性二氧化碳浓度（mg/L）	30～60	
		V-E	水中硫酸根离子浓度（mg/L）	4 000～10 000	
			土中硫酸根离子浓度（水溶值）（mg/kg）	6 000～15 000	
			水中镁离子浓度（mg/L）	≥3 000	
			水中酸碱度（pH 值）	<4.5	
			水中侵蚀性二氧化碳浓度（mg/L）	60～100	
	干旱、高寒地区硫酸盐环境	V-C	水中硫酸根离子浓度（mg/L）	200～500	部分接触含硫酸盐的水、土而部分暴露于大气中的混凝土结构构件
			土中硫酸根离子浓度（水溶值）（mg/kg）	300～750	
		V-D	水中硫酸根离子浓度（mg/L）	500～2 000	
			土中硫酸根离子浓度（水溶值）（mg/kg）	750～3 000	
		V-E	水中硫酸根离子浓度（mg/L）	2 000～5 000	
			土中硫酸根离子浓度（水溶值）（mg/kg）	3 000～7 500	
	II	V-C	汽车或机车废气		受废气直射的结构构件，处于封闭空间内受废气作用的车库或隧道构件
		V-D	酸雨（雾、露）4.5≤pH 值≤5.6		遭酸雨频繁作用的构件
		V-E	酸雨 pH 值<4.5		遭酸雨频繁作用的构件

注：① 环境条件系指混凝土表面的局部环境。
　　② 干燥、低湿度环境指年平均湿度低于 60%，中、高湿度环境指年平均湿度高于 60%。
　　③ 干湿交替指混凝土表面经常交替接触到大气和水的环境条件。
　　④ 冻融环境按当地最冷月平均气温划分为微冻地区、寒冷地区和严寒地区，其平均气温分别为 −3～2.5℃，−8～−3℃ 和 −8℃ 以下。
　　⑤ 中度饱水指冰冻前偶受水或受潮，混凝土内饱水程度不高；高度饱水指冰冻前长期或频繁接触水或湿润土体，混凝土内高度水饱和。
　　⑥ 无盐或有盐指冻结的水中是否含有盐类，包括海水中的氯盐、除冰盐或其他盐类。
　　⑦ 近海或海洋环境中的水下区、潮汐区、浪溅区和大气区的划分，按国家现行标准《海港工程混凝土结构防腐蚀技术规范》（JTJ 275）的规定进行确定；近海或海洋环境的土中区指海底以下或近海的陆区地下，其地下水中的盐类成分与海水相近。
　　⑧ 海水激流中构件的作用等级宜提高一级。
　　⑨ 轻度盐雾区与重度盐雾区界限的划分，宜根据当地的具体环境和既有工程调查确定；靠近

海岸的陆上建筑物，盐雾对室外混凝土构件的作用尚应考虑风向、地貌等因素；密集建筑群，除直接面海和迎风的建筑物外，其他建筑物可适当降低作用等级。

⑩ 炎热地区指年平均温度高于 20 ℃ 的地区。

⑪ 内陆盐湖中氯化物的环境作用等级可比照上表规定确定。

⑫ 水中氯离子浓度（mg/L）的高低划分为：较低 10~500；较高 500~5 000；高>5 000；土中氯离子浓度（mg/kg）的高低划分为：较低 150~750；较高 750~7 500；高>7 500。

⑬ 除冰盐环境的作用等级与冬季喷洒除冰盐的具体用量和频度有关，可根据具体情况做出调整。

⑭ 水、土中环境作用等级可根据其有害离子浓度划分等级。

为了满足钢筋混凝土耐久性（寿命）要求，可通过下述途径选择混凝土原材料和配制耐久性混凝土：

（1）选用低水化热和含碱量偏低的水泥，尽可能避免使用早强水泥。

（2）选用类别较高的骨料，特别是坚固耐久、级配合理、粒形良好的洁净骨料。

（3）使用优质粉煤灰、矿渣等矿物掺合料，除特殊情况外，矿物掺合料应作为耐久混凝土的必需组分。

（4）使用优质引气剂，将适量引气剂作为配制耐久混凝土的常规手段。

（5）尽量降低拌和用水量，降低水胶比，为此外加高效减水剂或高性能减水剂。

（6）单方混凝土中胶凝材料的合理用量。用量太高或太低均会降低耐久性。尽可能减少混凝土中硅酸盐水泥用量。

（7）配筋混凝土的最低强度等级。强度等级不但与承载力有关，也与环境和耐久性寿命相对应。

配筋混凝土的最低强度等级、最大水胶比和单方混凝土胶凝材料的最低或最高用量宜满足表4.26的规定。在满足最大水胶比限制和结构强度设计所要求的混凝土最低强度的前提下，不宜追求混凝土的高强。对于环境条件为 E、F 时，其用水量不宜高于 150 kg/m³。C25~C40 单方混凝土的胶凝材料总量不宜低于 260~320 kg/m³、C45~C55 及以上不宜高于 450~550 kg/m³，如表4.26（b）所示。不同行业，上述要求可能存在差异，可参考行业标准。

混凝土养护：浇筑后立即覆盖并加湿养护，养护至现场混凝土强度不低于 28 d 标准强度的 50%，且不少于 7 d。

表 4.26（a）　满足耐久性要求的混凝土最低强度等级

环境类别与作用等级	设计使用年限		
	100 年	50 年	30 年
Ⅰ-A	C30	C25	C25
Ⅰ-B	C35	C30	C25
Ⅰ-C	C40	C35	C30
Ⅱ-C	C_a35, C45	C_a30, C45	C_a30, C40
Ⅱ-D	C_a40	C_a35	C_a35
Ⅱ-E	C_a45	C_a40	C_a40
Ⅲ-C, Ⅳ-C, Ⅴ-C, Ⅲ-D, Ⅳ-D, Ⅴ-D	C45	C40	C40
Ⅲ-E, Ⅳ-E, Ⅴ-E	C50	C45	C45
Ⅲ-F	C50	C50	C50

表 4.26（b） 单位体积混凝土的胶凝材料用量和最大水胶比

最低强度等级	最大水胶比	最小用量/（kg/m³）	最大用量/（kg/m³）
C25	0.60	260	—
C30	0.55	280	—
C35	0.50	300	—
C40	0.45	320	—
C45	0.40	—	450
C50	0.36	—	500
≥C55	0.33	—	550

注：（1）表中数据适用于最大骨料粒径为 20 mm 的情况，骨料粒径较大时宜适当降低胶凝材料用量，骨料粒径较小时可适当增加。

（2）引气混凝土的胶凝材料用量与非引气混凝土要求相同。

（3）当胶凝材料中矿物掺合料掺量大于 20%时，最大水胶比不大于 0.45。

第六节 混凝土质量控制与强度评定

一、混凝土质量波动与控制

混凝土质量是指混凝土为满足工程要求的各种功能或性能，如强度、和易性、耐久性等。导致混凝土质量波动的原因主要在原材料与施工方面：

（1）W/B 比波动（用水量和骨料含水率测不准）；

（2）单方用水波动（骨料级配变化或材料质量不均匀）；

（3）原材料计量波动；

（4）运输、灌注和振捣条件变异；

（5）养护条件的波动。

在试验条件方面的因素有：

（1）取样方法的差异；

（2）成型技术的差异；

（3）养护条件的波动；

（4）试验方法的误差等。

在混凝土的施工过程中，为了对某一性能指标进行评定，需要采取抽样检验，按数理统计法分析和评价试验结果，进而对整体混凝土作评价。由于混凝土的抗压强度与其他性能有较强的相关性，能较好地反映混凝土质量情况，工程中常以混凝土抗压强度作为评定和控制其质量的主要指标。质量控制主要包括以下三个过程：

（1）混凝土生产前的初步控制，主要包括人员配备、设备调试、组成材料检验及配合比确定与调整等内容。

（2）混凝土生产过程中的控制，它包括称量、搅拌、运输、浇筑、振捣及养护等内容。

（3）混凝土生产后的合格控制，包括批量划分，确定每批取样数，确定检测方法和验收期限等内容。

二、混凝土强度质量评定

对相同配比的混凝土强度进行抽样的试验表明，其强度波动规律符合统计学中的"正态分布"，该分布规律如图 4.26 所示，可用两个特征统计量，即强度平均值（$\overline{f}_{cu}$）和强度标准差（σ）作出描述。平均强度值按下式计算：

$$\overline{f}_{cu} = \frac{1}{n}\sum_{i=1}^{n} f_{cu,i}$$

强度标准差按下式计算：

$$\sigma = \sqrt{\frac{\sum_{i=1}^{n}(f_{cu,i} - \overline{f}_{cu})^2}{n-1}} = \sqrt{\frac{\sum_{i=1}^{n} f_{cu,i}^2 - n\overline{f}_{cu}^2}{n-1}}$$

式中　n —— 试验组数（$n \geq 25$）；

　　　$f_{cu,i}$ —— 第 i 组试件的抗压强度（MPa）；

　　　$\overline{f}_{cu}$ —— n 组抗压强度的算术平均值（MPa）；

　　　σ —— n 组抗压强度的标准差（MPa）。

平均强度反映了混凝土总体强度水平，但不能反映混凝土强度的波动情况，而标准差是正态分布曲线上两侧的拐点离开强度平均值处对称轴的距离，它反映了强度的波动，即离散性，如图 4.26 所示。σ 值越大，说明强度离散性越大，强度质量越不稳定。

由于在相同条件和生产管理水平下，混凝土的强度标准差会随平均强度水平的提高而增大，

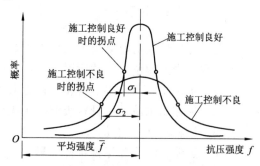

图 4.26　离散程度不同的两条强度分布曲线

故平均强度不同的混凝土质量的波动性比较，可用变异系数 C_v 值来评定，其计算式为：

$$C_v = \frac{\sigma}{\overline{f}_{cu}}$$

三、混凝土强度保证率

混凝土强度保证率是指混凝土强度不小于设计要求的强度等级（标准值 $f_{cu,k}$）的概率 $P(\%)$，其值为大于 $f_{cu,k}$ 以上的阴影面积 A 和强度正态分布曲线与 x 轴所包围的总面积 Ω 之比（见图 4.27），即：

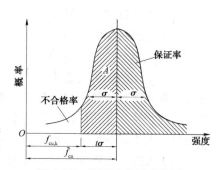

图 4.27　混凝土强度保证率

$$P = \frac{A}{\Omega} = \frac{n_0}{n}$$

式中 n_0 —— 不低于要求强度等级标准值的组数；

n —— 试件总组数（$n \geqslant 25$）。

在实用上可采用统计数学中的积分表求解，首先计算出概率度（也称保证率系数），即：

$$t = \frac{\overline{f}_{cu} - f_{cu,k}}{\sigma}$$

再根据 t 值（见表4.27）查积分表，即可得保证率 P（%）。

表 4.27 不同 t 值的保证率 P

t	0.00	0.50	0.84	1.00	1.20	1.28	1.40	1.60
P/%	50.0	69.2	80.0	84.1	88.5	90.0	91.9	94.5
t	1.645	1.70	1.81	1.88	2.00	2.05	2.33	3.00
P/%	95.0	95.5	96.5	97.0	97.7	99.0	99.4	99.87

我国《混凝土强度检验评定标准》（GB/T 50107—2010）规范中规定，根据统计周期内混凝土的 σ 值和保证率 P（%），可将施工单位生产管理水平划分为优良、一般和差三个等级，如表4.28所示。

表 4.28 混凝土生产管理水平

评定指标	生产管理水平 生产单位 混凝土强度等级	优 良		一 般		差	
		< C20	≥C20	< C20	≥C20	< C20	≥C20
混凝土强度 标准差/MPa	预拌混凝土和预制混凝土构件厂	≤3.0	≤3.5	≤4.0	≤5.0	> 5.0	> 5.0
	集中搅拌混凝土的施工现场	≤3.5	≤4.0	≤4.5	≤5.5	> 4.5	> 5.5
强度等于和高于要求强度等级的保证率 P/%	预拌混凝土厂和预制混凝土构件厂及集中搅拌混凝土的施工现场	≥95		> 85		≤85	

四、混凝土强度的验收评定

混凝土强度应分批进行检验评定。一个验收批的混凝土应由强度等级相同、龄期相同以及生产工艺条件和配合比基本相同的混凝土组成。

1. 按统计方法

当混凝土的生产条件在较长时间内可保持一致，且同一品种混凝土的强度变异性能保持稳定时，应由连续的三组试件组成一个验收批，其强度应同时满足下列要求：

$$\overline{f}_{cu} \geqslant f_{cu,k} + 0.7\sigma_0$$

$$f_{cu,min} \geqslant f_{cu,k} - 0.7\sigma_0$$

当混凝土强度等级不高于 C20 时，其强度的最小值应满足下式要求：

$$f_{cu,min} \geqslant 0.85 f_{cu,k}$$

当混凝土强度等级高于 C20 时，其强度的最小值尚应满足下式要求：

$$f_{cu,min} \geqslant 0.90 f_{cu,k}$$

式中　$\overline{f}_{cu}$ —— 同一验收批混凝土立方体抗压强度的平均值（MPa）；

　　　$f_{cu,min}$ —— 同一验收批混凝土立方体抗压强度的最小值（MPa）；

　　　σ_0 —— 验收批混凝土立方体抗压强度的标准差（MPa）。

验收批混凝土立方体抗压强度的标准差 σ_0，应根据前一个检验期内同一品种混凝土试件的强度数据，按如下公式确定：

$$\sigma_0 = \frac{0.59}{m} \sum_{i=1}^{m} \Delta f_{cu,i}$$

式中　$\Delta f_{cu,i}$ —— 第 i 批试件立方体抗压强度中最大值与最小值之差；

　　　m —— 用以确定验收批混凝土立方体抗压强度标准差的数据总批数。

上述检验期不应超过三个月，且在该期间内强度数据的总批数不得少于 15。

当混凝土的生产条件在较长时间内不能保持一致，且混凝土强度变异性不能保持稳定时，或在前一个检验期内的同一品种混凝土没有足够的数据用以确定验收批混凝土立方体抗压强度的标准差时，应由不少于 10 组的试件组成一个验收批，其强度应同时满足下列公式的要求：

$$\overline{f}_{cu} - \lambda_1 S_{fcu} \geqslant 0.90 f_{cu,k}$$

$$f_{cu,min} \geqslant \lambda_2 f_{cu,k}$$

式中　λ_1、λ_2 —— 合格判定系数，按表 4.29 取用；

　　　S_{fcu} —— 同一验收批混凝土立方体抗压强度的标准差（MPa），当 S_{fcu} 的计算值小于 $0.06 f_{cu,k}$ 时，取 $S_{fcu} = 0.06 f_{cu,k}$。

表 4.29　混凝土强度的合格判定系数

试件组数	10 ~ 14	15 ~ 24	$\geqslant 25$
λ_1	1.70	1.65	1.60
λ_2	0.90	0.85	0.85

混凝土立方体抗压强度的标准差 S_{fcu} 可按下式计算：

$$S_{fcu} = \frac{\sqrt{\sum_{i=1}^{n} f_{cu,i}^2 - n f_{cu}^2}}{n-1}$$

式中　$f_{cu,i}$ —— 第 i 组混凝土试件的立方体抗压强度值（MPa）；

　　　n —— 一个验收批混凝土试件的组数。

2. 按非统计方法

若按非统计方法评定混凝土强度时，其强度应同时满足下列要求：

$$\overline{f}_{cu} \geqslant 1.15 f_{cu,k}$$
$$f_{cu,min} \geqslant 0.95 f_{cu,k}$$

当检验结果不能满足上述规定时，该批混凝土强度判为不合格。由不合格批混凝土制成的结构或构件，应进行鉴定。对不合格的结构或构件必须及时处理。当对混凝土试件强度的代表性有怀疑时，要采用从结构或构件中钻取芯样的方法或采用非破损检验的方法，按有关标准的规定对结构或构件中混凝土的强度进行推定。

第七节 普通混凝土配合比设计

混凝土配合比设计通常指混凝土中各组成材料数量之间的比例关系。常用的表示方法为 1 m³ 混凝土中各种材料的质量，如水泥 340 kg、水 160 kg、砂 720 kg、石子 1 250 kg；或将上述配合比用质量比表示为水泥∶砂∶石 = 1∶2.12∶3.68，水胶比（W/B）= 0.47，水泥用量（B）= 340 kg/m³。而混凝土基准配合比标识用 1 m³ 混凝土中各种材料的质量，是满足和易性要求并测试表观密度后计算矫正过的 1 m³ 混凝土各原材料实际用量。

一、混凝土配合比设计原理

按强度为主的配合比设计，应满足以下基本要求：
（1）结构承载所要求的强度；
（2）施工所要求的和易性；
（3）长期使用所要求的耐久性；
（4）满足上述条件下，符合经济性原则。
按耐久性为主的配合比设计，应满足以下基本要求：
（1）结构使用寿命；
（2）施工所要求的和易性；
（3）结构承载要求的强度；
（4）符合综合经济性原则（含寿命期维修加固费）。
配合比设计的基本原理如下：
（1）恒用水量原则，即混凝土和易性主要由单方混凝土中用水量确定（见表 4.13）。
（2）水胶比法则，即在组成材料不变的情况下混凝土强度是由强度公式中 W/B 确定。
（3）混凝土体积不变原则，即水泥、砂、石、水等原材料体积之和等于硬化混凝土的体积（$V_c + V_f + V_s + V_g + V_w + V_\alpha = V_h$）。
为此，要合理地确定用水量（W）、水灰比（W/B）、砂率（S_p）三者之间的关系，从而计算出混凝土各材料的用量。由于影响混凝土性能的因素颇为复杂，计算出的配合比与实际情况往往有出入，常需要经实验室试配调整方能最终确定混凝土的配合比。

二、混凝土配合比设计的步骤

首先按以下四个基本步骤进行：

（1）原材料选择（重点是根据耐久性要求选择）；

（2）初步配合比计算 $B_0:S_0:G_0:W_0$；

（3）实验室调整，得出满足和易性要求的"基准配合比"，经强度和耐久性复核确定出"实验室配合比"；

（4）根据现场砂、石含水率将实验室配合比换算为"施工配合比"。

（一）以耐久性为主的初步配合比计算

初步配合比计算的主要依据是混凝土施工要求的坍落度，设计要求的强度以及结构长期使用所要求的耐久性。选择坍落度的原则应是在适合现场施工作业的条件下，尽可能选取小的坍落度；强度等级是由结构承受的荷载以及结构耐久性（寿命等级）进行确定；配制强度要结合施工水平和保证率考虑。耐久性在混凝土配合比设计中是一项很重要的指标。目前主要是通过控制水泥用量、W/B、掺合料、含气量加以控制。初步配合比计算的具体方法如下：

1. 配制强度计算

根据结构承载力设计要求的混凝土强度等级（强度标准值 $f_{cu,k}$）和强度保证率为95%的要求，则可将配制强度（$f_{cu,0}$）作为强度正态分布中的平均值（见图4.28），由统计学原理可知：

$$f_{cu,0} = f_{cu,k} + t \cdot \sigma$$

式中 σ —— 强度标准差（MPa）；

t —— 保证率系数，由表4.20，当 $P = 95\%$ 时，$t = 1.645$；

$f_{cu,0}$ —— 混凝土配制强度（MPa）；

$f_{cu,k}$ —— 设计的混凝土抗压强度标准值，即强度等级值（MPa）。

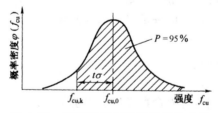

图 4.28　配制强度与强度等级的关系

σ 可按本章第六节混凝土强度质量评定中"强度标准差公式"并用试验数据统计计算。若施工单位无历史统计资料，σ 值可参照表4.30取用（当混凝土强度>C60时，$f_{cu,0} \geqslant 1.15 f_{cu,k}$）

表 4.30　强度标准差选用表

混凝土等级 $f_{cu,k}$	≤C20	C25 ~ C45	C50 ~ C550
标准差 σ/MPa	4.0	5.0	6.0

在选用混凝土强度等级时，还应根据结构耐用寿命等确定强度等级是否符合耐久性对强度等级的要求。结构工程分为主体结构和可更换的构件。如桥梁主体结构如混凝土主梁、承台、基础等，可更换构件如支座、护栏/栏杆、排水系统等。土木工程学会标准建议主体结构设计使用年限分级如表 4.31 所示。

表 4.31　结构的设计使用年限分级

级别	设计使用年限	名　称	示　例
一	约 100 年	重要建筑物	标志性、纪念性建筑物，大型公共建筑物（如大型博物馆、会议大厦和文体卫生建筑、政府重要办公楼、大型电视塔等）
		重要土木基础设施	大型桥梁、隧道，高速和一级公路上的桥涵，城市干线上的大型桥梁、大型立交桥，城市地铁轻轨系统等
二	约 50 年	一般建筑物和构筑物	一般民用建筑（如公寓、住宅）、中小型商业和文体卫生建筑、大型工业建筑
		次要的土木设施工程	二级和二级以下公路以及城市一般道路上的桥涵
三	约 30 年	不需较长寿命的建筑物，可替换的易损构件	某些工业厂房

2. 计算水灰比 W/B

试配强度确定后，即可将它作为 $f_{cu,0}$，代入混凝土强度公式中求出 W/B，例如：

$$f_{cu,0} = \alpha_a \cdot f_b \left(\frac{B}{W} - \alpha_b \right)$$

即

$$\frac{W}{B} = \frac{\alpha_a \cdot f_b}{f_{cu,0} + \alpha_a \cdot \alpha_b \cdot f_b}$$

$$f_b = r_f \cdot r_s \cdot f_{ce}$$

式中，f_{ce} 可用水泥强度等级 $f_{ce}^b \times r_c$ 来估算；r_c 为水泥强度等级值的富余系数，取 1.10 ~ 1.16。

根据混凝土强度经验公式求得的水灰比，并不能准确地保证使用工地的材料制成的混凝土的平均强度符合所要求的试配强度。为了较为准确地测定水灰比，宜先利用实际施工用的材料，选几种不同水灰比，制成多组试件，经养护到规定龄期后再进行强度试验，然后采用线性回归统计方法建立强度经验式，并依此计算所需要的水灰比。

3. 选择用水量（W_0）

根据恒用水量原则，当原材料一定时，混凝土用水量是由混凝土坍落度大小决定，而坍落度取值则由结构所处的状态和施工工艺所决定。用水量则可由表 4.18 查得。流动性或大流动性混凝土，以表 4.18 中 90 mm 坍落度为基准，按照坍落度的增加，用水量相应的增加，约每 20 mm 增加 5kg/m³ 的用水量。

当掺减水剂时，每立方米混凝土的用水量可按下式计算：

$$W_0' = W_0(1-\beta)$$

式中　W_0'——掺减水剂的混凝土实际用水量（kg/m³）；

W_0——未掺减水剂的混凝土用水量（kg/m^3）；

β——减水剂减水率，应经试验确定。

4. 计算胶凝材料用量（B_0）

胶凝材料用量可依据用水量（W_0）和水胶比（W/B）按下式计算：

$$B_0 = \frac{W_0}{W/B}$$

矿物掺合料按下式计算：

$$F_0 = B_0 \cdot \beta_f$$

式中 F_0——每立方米矿物掺合料（kg）；

β_f——掺合料（%）。

矿物掺合料用量一般应通过试验确定。当采用硅酸盐水泥或普通硅酸盐水泥时，钢筋混凝土中矿物掺合料最大掺量宜符合如表4.32所示的规定，当用于预应力混凝土时，除硅灰外其余应减少约10%[见《普通混凝土配合比设计规程》（JGJ 55—2011）]。

表 4.32 混凝土中矿物掺合料最大掺量（β_f）

矿物掺合料种类	水胶比	最大掺量/%	
		采用硅酸盐水泥时	采用普通硅酸盐水泥时
粉煤灰	≤0.40	45	35
	>0.40	40	30
粒化高炉矿渣粉	≤0.40	65	55
	>0.40	55	45
钢渣粉	—	30	20
磷渣粉	—	30	20
硅 灰	—	10	10
复合掺合料	≤0.40	65	55
	>0.40	55	45

注：① 采用其他通用硅酸盐水泥时，宜将水泥混合材掺量20%以上的混合材量计入矿物掺合料。
② 复合掺合料各组分的掺量不宜超过单掺时的最大掺量。
③ 在混合使用两种或两种以上矿物掺合料时，矿物掺合料总掺量应符合表中复合掺合料的规定。

每立方米水泥用量（C_0）按下式计算：

$$C_0 = B_0 - F_0$$

5. 耐久性检验

上述计算过程主要是依据混凝土配制强度（$f_{cu,0}$）计算出 W/B 和 B，由于结构的设计使用寿命和环境条件不同，W/B 和 B 用量还直接影响到结构耐久性，故必须按耐久性要求进行检验。我国《混凝土结构耐久性设计标准》（GB/T 50476—2019）中对不同使用年限（见表4.24）

和环境条件等级（见表 4.25）以及混凝土最低强度等级、最大水灰比和胶凝材料最小用量（见表 4.26）所做的规定，可查表求得。当不满足耐久性相关规定时，必须以耐久性取值为准，并重新计算各项比值和材料用量。此外，钢筋保护层厚度对耐久性影响也很大，在选取 W/B 时还需考虑与保护层厚度相匹配（见表 4.33）。

表 4.33　不同环境中混凝土材料与钢筋的保护层最小厚度 c　　单位：mm

环境类别	构件类别	环境作用等级		100 年			50 年			30 年		
				混凝土强度等级	最大水胶比	c	混凝土强度等级	最大水胶比	c	混凝土强度等级	最大水胶比	c
一般环境 Ⅰ	板、墙等面形构件	Ⅰ-A		≥C30	0.55	20	≥C25	0.60	20	≥C25	0.60	20
		Ⅰ-B		C35	0.50	30	C30	0.55	25	C25	0.60	25
				≥40	0.45	25	≥C35	0.50	20	≥C30	0.55	20
		Ⅰ-C		C40	0.45	40	C35	0.50	35	C30	0.55	30
				C45	0.40	35	C40	0.45	30	C35	050	25
				≥C50	0.36	30	≥C45	0.40	25	≥C40	0.45	20
	梁、柱等条形构件	Ⅰ-A		C30	0.55	25	C25	0.60	25	≥25	0.60	20
				≥C35	0.50	20	≥C30	0.55	20			
		Ⅰ-B		C35	0.50	35	C30	0.55	30	C25	0.60	30
				≥C40	0.45	30	≥C35	0.50	25	≥C30	0.55	25
	梁、柱等条形构件	Ⅰ-C		C40	0.45	45	C35	0.50	40	C30	0.55	35
				C45	0.40	40	C40	0.45	35	C35	0.50	30
				≥C50	0.36	35	≥C45	0.40	30	≥C40	0.45	25
冻融环境 Ⅱ	板、墙等面形构件	Ⅱ-C 无盐		C45	0.40	35	C45	0.40	30	C40	0.45	30
				≥C50	0.36	30	≥C50	0.36	25	≥C45	0.40	25
				C_a35	0.50	35	C_a30	0.55	30	C_a30	0.55	25
		Ⅱ-D	无盐	C_a40	0.45	35	C_a35	0.50	35	C_a35	0.50	30
			有盐									
		Ⅱ-E 有盐		C_a45	0.40		C_a40	0.45		C_a40	0.45	
	梁、柱等条形构件	Ⅱ-C 无盐		C45	0.40	40	C45	0.40	35	C40	0.45	35
				≥C50	0.36	35	≥C50	0.36	30	≥C45	0.40	30
				C_a35	0.50	35	C_a35	0.55	35	C_a30	0.55	30
		Ⅱ-D	无盐	C_a40	0.45	40	C_a35	0.50	40	C_a35	0.50	35
			有盐									
		Ⅱ-E 有盐		C_a45	0.40		C_a40	0.45		C_a40	0.45	

续表

环境类别		设计使用年限 环境作用等级	100年			50年			30年		
			混凝土强度等级	最大水胶比	c	混凝土强度等级	最大水胶比	c	混凝土强度等级	最大水胶比	c
氯化物环境Ⅲ Ⅳ（除冰盐）	板、墙等面形构件	Ⅲ-C	C45	0.40	45	C40	0.42	40	C40	0.42	35
		Ⅳ-C									
		Ⅲ-D	C45	0.40	55	C40	0.42	50	C40	0.42	45
		Ⅳ-D	≥C50	0.36	50	≥C45	0.40	45	≥C45	0.40	40
		Ⅲ-E	C50	0.36	60	C45	0.40	55	C45	0.40	45
		Ⅳ-E	≥C55	0.33	55	≥C50	0.36	50	≥C50	0.36	40
		Ⅲ-F	C50	0.36	65	C50	0.36	60	C50	0.36	55
			≥C55	0.33	60	≥C55	0.36	55			
	梁、柱等条形构件	Ⅲ-C	C45	0.40	50	C40	0.42	45	C40	0.42	40
		Ⅳ-C									
		Ⅲ-D	C45	0.40	60	C40	0.42	55	C40	0.42	50
		Ⅳ-D	≥C50	0.36	55	≥C45	0.40	50	≥C45	0.40	40
		Ⅲ-E	C50	0.36	65	C45	0.40	60	C45	0.40	50
		Ⅳ-E	≥C55	0.33	60	≥C50	0.36	55	≥C50	0.36	45
		Ⅲ-F	C50	0.36	70	C50	0.36	65	C50	0.36	55
			≥C55	0.33	60	≥C55	0.36	60			
化学腐蚀环境 Ⅴ	板、墙等面形构件	Ⅴ-C	C45	0.40	40	C40	0.45	35	C40	0.45	30
		Ⅴ-D	C45	0.40	45	C40	0.40	40	C45	0.45	35
			≥C50	0.36	40	≥C45	0.36	35	≥C50	0.40	30
		Ⅴ-E	C50	0.36	45	C45	0.40	40	C45	0.40	35
			≥C55	0.33	40	≥C50	0.36	35			
	梁、柱等条形构件	Ⅴ-C	C45	0.40	45	C40	0.45	40	C40	0.45	35
			≥C50	0.36	40	≥C45	0.40	35	≥C45	0.40	30
		Ⅴ-D	C45	0.40	50	C40	0.45	45	C40	0.45	40
			≥C50	0.36	45	≥C45	0.40	40	≥C45	0.40	35
		Ⅴ-E	C50	0.36	50	C45	0.40	45	C45	0.40	40
			≥C55	0.33	45	≥C50	0.36	40			

注：① Ⅰ-A 环境中使用年限低于 100 年的板、墙，当混凝土骨料最大公称粒径不大于 15 mm 时，保护层最小厚度可降为 15 mm，但最大水胶比不应大于 0.55。

② 年平均气温大于 20 ℃ 且年平均湿度大于 75% 的环境，除 Ⅰ-A 环境中的板、墙构件外，混凝土最低强度等级应比表中规定提高一级，或将保护层最小厚度增大 5 mm。

③ 直接接触土体浇筑的构件，其混凝土保护层厚度不应小于 70 mm；有混凝土垫层时，可按上表确定。

④ 处于流动水中或同时受水中泥沙冲刷的构件，其保护层厚度宜增加 10～20 mm。

⑤ 预制构件的保护层厚度可比表中减少 5 mm。

⑥ 当胶凝材料中粉煤灰和矿渣等掺量小于 20% 时，表中水胶比低于 0.45 的，可适当增加。

⑦ 如采取表面防水处理的附加措施，可降低大体积混凝土对最低强度等级和最大水胶比的抗冻要求。

⑧ 预制构件的保护层厚度可比表中规定减少 5 mm。

⑨ 可能出现海水冰冻环境与除冰盐环境时，宜采用引气混凝土；当采用引气混凝土时，表中混凝土强度等级可降低一个等级，相应地最大水胶比可提高 0.05。C_a 为引气混凝土。

⑩ 处于流动海水中或同时受水中泥沙冲刷腐蚀的混凝土构件，其钢筋的混凝土保护层厚度应增加 10 ~ 20 mm。

⑪ 预制构件的保护层厚度可比表中规定减少 5 mm。

6. 确定砂率（S_p）

砂率可根据下列假定做近似计算。假定混凝土中的砂用量除能填满石子颗粒之间空隙之外还稍有富余，借以拨开石子颗粒，使加了水泥浆后的混凝土拌合物有一定的流动性。根据此原则可列出砂率计算公式为：

$$S_p = \frac{S}{S+G}, \quad V'_{0s} = V'_{0g} \cdot P'$$

$$S_p = K \cdot \frac{\rho'_{0s} \cdot V'_{0s}}{\rho'_{0s} \cdot V'_{0s} + \rho'_{0g} \cdot V'_{0g}}$$

$$= K \cdot \frac{\rho'_{0s} \cdot V'_{0g} \cdot P'}{\rho'_{0s} \cdot V'_{0g} \cdot P' + \rho'_{0g} \cdot V'_{0g}}$$

$$= K \cdot \frac{\rho'_{0s} \cdot P'}{\rho'_{0s} \cdot P' + \rho'_{0g}}$$

式中 S_p —— 砂率（%）；

S、G —— 1 m³ 混凝土中砂、石子用量（kg/m³）；

V'_{0s}，V'_{0g} —— 1 m³ 混凝土中砂、石子堆积体积（m³）；

ρ'_{0s}，ρ'_{0g} —— 砂、石子堆积表观密度（kg/m³）；

P' —— 石子空隙率（%）；

K —— 砂浆剩余系数，又称拨开系数，一般取 1.1 ~ 1.4。

在配合比设计中，混凝土应采用最佳砂率，所用计算结果需经试验最终确定，因其工作量较大，在实用方面大多采用已有经验数据或采用规范推荐值（见表 4.34），再经试拌调整予以修正。

表 4.34 混凝土砂率选用表（%）

水灰比 /（W/B）	碎石最大公称粒径/mm			卵石最大公称粒径/mm		
	16	20	40	10	20	40
0.40	30 ~ 35	29 ~ 34	27 ~ 32	26 ~ 32	25 ~ 31	24 ~ 30
0.50	33 ~ 38	32 ~ 37	30 ~ 35	30 ~ 35	29 ~ 34	28 ~ 33
0.60	36 ~ 41	35 ~ 40	33 ~ 38	33 ~ 38	32 ~ 37	31 ~ 36
0.70	39 ~ 44	38 ~ 43	36 ~ 41	36 ~ 41	35 ~ 40	34 ~ 39

注：① 摘自《普通混凝土配合比设计规程》（JGJ 55—2011）。

② 表中数值系中砂的选用砂率。对于细砂或粗砂，可相应地减少或增加砂率。

③ 本砂率适用于坍落度为 10 ~ 60 mm 的混凝土。坍落度大于 60 mm 或小于 10 mm 时，应相应增加或降低砂率。

④ 只用一种单粒级粗骨料配制混凝土时，砂率值应适当增加。

⑤ 掺有各种外加剂或掺合料时，其合理砂率应经试验或参照其他有关规定选用。

⑥ 对薄壁构件砂率取较大值。

7. 砂、石用量的确定

初步确定了用水量和水泥用量后，即可进一步确定砂、石的用量。确定砂、石用量一般有如下两种方法：

（1）假定体积不变法，即水泥、砂、石、水的体积和等于混凝土体积。

$$\frac{C_0}{\rho_c}+\frac{F_0}{\rho_f}+\frac{S_0}{\rho_{0s}}+\frac{G_0}{\rho_{0g}}+\frac{W_0}{\rho_w}+10\alpha=1\,000$$

式中　α ——混凝土的含气量百分数，在不使用引气型外加剂时，α 取 1。

（2）假定混凝土表观密度法，即假定混凝土在捣实后的表观密度为已知。一般假定 ρ_{0h} 为 2 350 ~ 2 450 kg/m³，则：

$$C_0+F_0+S_0+G_0+W_0=\rho_{0h}$$

采用上述两种方法之一与砂率公式结合，可分别建立联立方程式：

$$\begin{cases}\dfrac{S_0}{S_0+G_0}=S_p \\ \dfrac{S_0}{\rho_{0s}}+\dfrac{G_0}{\rho_{0g}}=1\,000-\left(\dfrac{C_0}{\rho_c}+\dfrac{F_0}{\rho_f}+\dfrac{W_0}{\rho_w}\right)-10\alpha\end{cases}$$

或

$$\begin{cases}\dfrac{S_0}{S_0+G_0}=S_p \\ S_0+G_0=\rho_{0h}-W_0-C_0-F_0\end{cases}$$

在上述两组联立方程式中，S_p，ρ_{0h}，ρ_c，ρ_{0s}，ρ_{0g}，ρ_w，ρ_f 以及 C_0，W_0，B_0 均为已知数，需要求解的是 S_0 和 G_0。

【例 4.1】　在我国西南地区，冬季最低月平均温度为 3.5℃，新建一级公路特大桥桥墩，环境无盐侵蚀，据承载力计算仅采用 C25 级普通混凝土已足够。钢筋最小净距为 160 mm，用机械进行搅拌和振捣，强度保证率为 95%，经统计，施工单位强度标准差为 4 MPa（C25）和 6 MPa（C40）。要求掺入 30% Ⅱ 级粉煤灰（视密度 2.1）、高效减水剂，减水率 20%。试计算该混凝土的初步配合比。

原材料情况：水泥为 42.5 级普通水泥，密度为 3.15 g/cm³。细骨料为当地出产的河沙，级配合格，细度模数为 2.75，视密度为 2.60 g/cm³，堆积密度为 1 450 kg/m³。粗骨料为当地出产碎石，最大粒径为 40 mm，级配合格，视密度为 2.65 g/cm³，堆积密度为 1 500 kg/m³，空隙率为 40%，拌和水为清洁水。

解：根据题意，该土建工程使用年限为 100 年（查表 4.31），环境作用等级为 C 级（查表 4.25），对应混凝土强度等级、最大水灰比和最小水泥用量为 C40、0.45、320（查表 4.26）。根据构件尺寸和钢筋最小净距的规定，粗骨料最大粒径 40 mm 是适宜的。根据题意查表 4.19，选定坍落度为 35 ~ 50 mm。

（1）根据耐久性最终确定混凝土配制强度等级为 C40，则：

$$f_{cu,0}=40+1.645\times6=49.9（MPa）$$

（2）水胶比 W/B，先根据试配强度计算，再根据耐久性校核：

$$49.9 = \alpha_a \cdot f_b \left(\frac{B}{W} - \alpha_b \right)$$

碎石为：
$$\alpha_a = 0.53, \quad \alpha_b = 0.20$$

$$f_b = f_{ce} \cdot \gamma_f$$

$$f_{ce} = f_{ce}^b \times 1.13 = 42.5 \times 1.13 = 48 \text{（MPa）}$$

查表 4.20，$\gamma_f = 0.7$，则：

$$f_b = 48 \times 0.7 = 33.6 \text{（MPa）}$$

计算得 $B/W = 3.0$，即 $W/B = 0.333$。

（3）查表 4.18，得 $W_0 = 175 \text{ kg/m}^3$，掺入减水剂后可得：

$$W_0' = 175 \times (1 - 0.20) = 140 \text{（kg/m}^3\text{）}$$

（4）胶凝材料用量为：

$$B_0 = \frac{140}{0.333} = 420 \text{（kg/m}^3\text{）}$$

矿粉掺合料（粉煤灰）用量为：

$$F_0 = B_0 \cdot B_f = 420 \times 30\% = 126 \text{（kg/m}^3\text{）}$$

水泥用量为：
$$C_0 = B_0 - F_0 = 420 - 126 = 294 \text{（kg/m}^3\text{）}$$

（5）耐久性检验：计算所得 $W/B = 0.333$ 及 $B_0 = 420 \text{ kg/m}^3$ 均满足耐久性要求。

（6）查表 4.34 求砂率，取 28%。

（7）砂、石材料用量计算：按体积法，得

$$\begin{cases} \dfrac{S_0}{S_0 + G_0} = 0.28 \\[2mm] \dfrac{S_0}{2.60} + \dfrac{G_0}{2.65} = 1\,000 - \dfrac{294}{3.15} - \dfrac{126}{2.10} - 140 - 10 \end{cases}$$

解得：
$$S_0 = 514 \text{ kg/m}^3; \quad G_0 = 1\,322 \text{ kg/m}^3$$

【例 4.2】 在例 4.1 中，为进一步提高混凝土抗冻性，取消粉煤灰及高效减水剂，改为在混凝土中掺减水型引气剂，其减水率为 10%，混凝土含气量 α 为 5%。求混凝土初步配合比。

解：根据经验，混凝土含气量每增加 1% 则强度降低约 4%，掺入引气剂后的配制强度（$f_{cu,0}'$）可按下式计算：

$$f_{cu,0} = f_{cu,0}' - f_{cu,0}'(5-1) \times 4\%$$

$$f_{cu,0}' = \frac{f_{cu,0}}{1 - 4 \times 4\%} = \frac{49.9}{1 - 4 \times 4\%} = 59.4 \text{（MPa）}$$

计算 W/B：

$$f'_{cu,0} = f_{ce} \times 0.53\left(\frac{B}{W} - 0.20\right)$$

得 $W/B = 0.39$。

用水量为：

$$W_0 = 175 - 175 \times 10\% = 157 \text{（kg/m}^3\text{）}$$

水泥用量为：

$$B_0 = C_0 = 157 \times \frac{1}{0.39} = 403 \text{（kg/m}^3\text{）}$$

由于掺入减水型引气剂，取 $S_p = 28\%$。

砂石用量由下列方程组求解：

$$\begin{cases} \dfrac{S_0}{S_0 + G_0} = 0.28 \\ \dfrac{157}{1} + \dfrac{403}{3.15} + \dfrac{S_0}{2.60} + \dfrac{G_0}{2.65} + 10 \times 5 = 1\,000 \end{cases}$$

解得： $S_0 = 491 \text{ kg/m}^3$ ； $G_0 = 1\,262 \text{ kg/m}^3$

（二）基准配合比试配调整

算出的初步配合比是否能够满足和易性要求，含砂率是否合理等，均需要经过试拌进行检验。如果试拌结果不符合要求，可视具体情况加以调整。一般做法是按初步计算得出的配合比试拌 15 升，拌和后做坍落度试验，观察和易性好坏。如果坍落度太小，则应保持水胶比不变，适当增加胶凝材料浆体；如果坍落度太大，则应保持砂率不变，适当增加砂、石用量。如果黏聚性不好，泌水性太大，可适当增加砂率。

经过试拌调整，在满足和易性的条件下，根据所用材料的变化算出调整后的基准配合比。

【例 4.3】 已知 15 升混凝土各组成材料用量为 $B:S:G:W = 6.12:8.13:18.98:2.63$（单位：kg）。经试拌发现坍落度仅 20 mm，不符合坍落度要求。砂率、保水性和黏聚性尚可。于是增加 10% 水泥浆再做试验，坍落度为 50 mm，满足要求。经实测，混凝土的表观密度为 $\rho_0 = 2\,430 \text{ kg/m}^3$。试求该混凝土的基准配合比。

解：

（1）先求最终拌和用量，即 $B_{拌} = 6.12 \times 1.1 = 6.73 \text{ kg}$， $S_{拌} = 8.13 \text{ kg}$， $G_{拌} = 18.98 \text{ kg}$， $W_{拌} = 2.63 \times 1.1 = 2.89 \text{ kg}$。

（2）求基准配合比。根据最终拌合物配合比与基准配合比成正比的关系可得：

$$\frac{B_{拌}}{B_{拌} + S_{拌} + G_{拌} + W_{拌}} = \frac{B_{基}}{B_{基} + S_{基} + G_{基} + W_{基}}$$

而

$$B_{基} + S_{基} + G_{基} + W_{基} = \rho_0 = 2\,430 \text{（kg/m}^3\text{）}$$

$$B_{拌} + S_{拌} + G_{拌} + W_{拌} = 36.73 \text{（kg）}$$

故

$$B_{基} = \frac{2\,430 \times 6.73}{36.73} = 445 \text{（kg/m}^3\text{）}$$

$$G_{基} = \frac{2\,430 \times 18.98}{36.73} = 1\,256 \ （\text{kg/m}^3）$$

同理

$$S_{基} = \frac{2\,430 \times 8.13}{36.73} = 538 \ （\text{kg/m}^3）$$

$$W_{基} = \frac{2\,430 \times 2.89}{36.73} = 191 \ （\text{kg/m}^3）$$

（三）实验室配合比确定

基准配合比的强度、耐久性不一定符合要求。由于强度 28 d 后才能知道结果，实验室常使用三种不同的水胶比同时进行强度试验，其水胶比的变化是以基准配合比的 W/B 增减 0.05 作为另外两组混凝土的水胶比。此时砂率应做相应的调整（±0.01）。试件在标准条件下养护 28 d，再测抗压强度，必要时也可同时多作几组试件，供快速检验或测定早期抗压强度，以便提前定出配合比或供施工拆模时参考。

水胶比的最终确定。不同水胶比的混凝土强度测定后，可用作图法或计算法求出与 $f_{\text{cu,0}}$ 相对应的水胶比值。若比值落在三组配比中任意两组之间，即可根据内插法求出对应的混凝土的实验室配合比中的各种材料用量（$B_{试}$，$W_{试}$，$S_{试}$，$G_{试}$，其中单位用水量不变）。

（四）施工配合比的确定

实验室配合比（或基准配合比）是以干燥状态的骨料为基准。所谓干燥状态，一般指含水率小于 0.5% 的细骨料或含水率小于 0.2% 的粗骨料。但现场的施工用骨料均含有一定的水分，必须设法测出砂、石实际含水率，在用水量中扣除，而在量取砂、石时，则应增加这部分质量。

假定细骨料的含水率为 $a\%$，粗骨料的含水率为 $b\%$。由下列公式可算出粗细骨料以及水的校正称料值。

细骨料校正后，得：

$$S' = S_{试}\,(1 + a\%)$$

粗骨料校正后，得：

$$G' = G_{试}\,(1 + b\%)$$

水校正后，得：

$$W' = W_{试} - S_{试} \times a\% - G_{试} \times b\%$$

$S' : G' : W' : B' = B_{试}$，即为施工配合比。

第八节 其他混凝土

一、轻混凝土

凡干表观密度小于 1 950 kg/m³ 的混凝土称为轻混凝土。轻混凝土按其所用材料及配制方法的不同可分为三类：采用轻质骨料配制的水泥混凝土为轻骨料混凝土；采用加气剂等，不用粗骨料配制的多孔砂浆称为多孔混凝土；不用细骨料仅用等大粒径的粗骨料（一般直径在100 mm以上）与一定的水泥浆配制的称为无砂大孔混凝土。

（一）轻骨料混凝土

1. 轻骨料混凝土及其种类

轻骨料混凝土中的轻骨料为一种内部多孔的轻质骨料，吸水率高，强度相对较低，其中既可以全部粗细骨料均采用轻骨料，也可只采用轻粗骨料，前者称为全轻混凝土，后者称为砂轻混凝土。

轻骨料混凝土使用范围和强度等级范围如表4.35所示。

表4.35　轻骨料混凝土使用范围和强度等级范围

混凝土名称	用　　途	强度等级合理范围	表观密度等级合理范围/kg·m^{-3}
保温轻骨料混凝土	主要用于保温的围护结构或热工构筑物	LC5.0	≤800
结构保温轻骨料混凝土	主要用于既承重又保温的围护结构	LC5.0～LC15	800～1 400
结构轻骨料混凝土	主要用于作承重构件或构筑物	LC15～LC60	1 400～1 900

轻骨料混凝土又常以轻骨料中的种类命名，如粉煤灰陶粒混凝土、黏土陶粒混凝土等。轻骨料按其来源可分为三大类：

（1）工业废料轻骨料。以工业废料为原料，经加工而成的轻骨料，如粉煤灰陶粒，膨胀矿渣珠等。

（2）天然轻骨料。以天然形成的多孔岩石，经加工而成的轻骨料，如浮石、火山渣及其轻砂等。

（3）人造轻骨料。以地方材料为原料，经加工而成的轻骨料，如页岩陶粒、黏土陶粒、膨胀珍珠岩及其轻砂等。

2. 轻骨料的技术性质

按《轻骨料混凝土应用技术标准》（JGJ/T 12—2019）规定，轻骨料技术性质除了耐久性、体积安定性和有害成分含量应符合技术要求外，对轻粗骨料必须检验其堆积密度、筒压强度、颗粒级配和吸水率，对轻砂必须检验其堆积密度和细度模数。

1）堆积密度

按《轻集料及其试验方法　第1部分：轻集料》（GB/T 17431.1—2010），根据堆积密度（单位：kg/m^3）的大小，轻粗骨料可分为200，300，400，500，600，700，800，900，1 000，1100和1 200十一个等级；而轻砂则分为500，600，700，800，900，1 000，1 100，1 200八个等级。

2）筒压强度

轻骨料的强度用筒压强度表示，即将粒径为10～20 mm的烘干轻粗骨料试样，装入

ϕ115 mm × 100 mm 的带底圆筒内，上面加 ϕ113 mm × 70 mm 的冲压模（见图 4.29），取冲压入深度为 2 cm 时的压力值（N），除以承压面积（mm^2）即为轻粗骨料的筒压强度值。由于筒压试验时，轻粗骨料在圆筒内的受力状态为点接触，应力集中，多向挤压破坏，故该强度只有实际强度的 1/5 ~ 1/4。

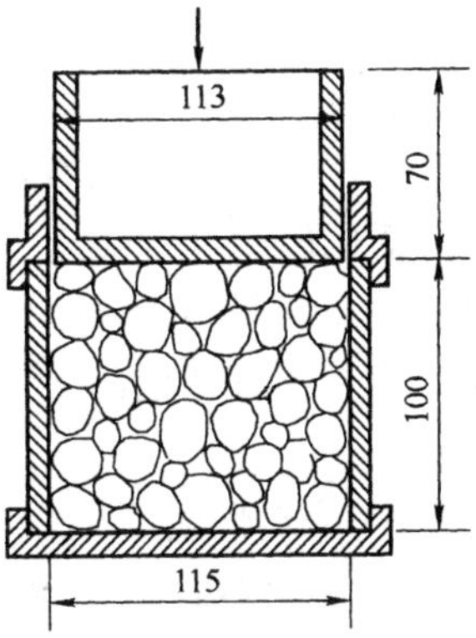

虽然轻骨料筒压强度较低，但却能配制出强度远高于它本身强度的混凝土，这是因为多孔的粗骨料在水化过程中要吸水，降低了骨料界面附近砂浆的 W/B。同时水泥浆硬化后包裹约束了轻骨料，起到了拱架作用。这些因素使得混凝土整体强度高于骨料强度。

图 4.29　筒压强度测定方法
示意图（单位：mm）

3）颗粒级配

轻骨料评定级配的方法与普通骨料类似，保温及结构保温轻骨料混凝土用的粗骨料，其最大粒径不宜大于 30 mm；在结构轻骨料混凝土中则不宜大于 20 mm。粒级划分为五级：5 ~ 10 mm，10 ~ 15 mm，15 ~ 20 mm，20 ~ 25 mm，25 ~ 30 mm。颗粒级配应符合规范要求。采用自然级配时，其空隙率不得大于 50%，且不允许含有超过最大粒径两倍的颗粒。对轻砂要求其细度模数不宜大于 4.0，大于 5 mm 的累计筛余率不宜大于 10%。

4）吸水率

由于在新拌混凝土中，轻骨料内部多孔特性会造成大量吸水，一般在 1 h 内吸水最快，24 h 后几乎不再吸水。故国家标准对轻骨料的 1 h 吸水率有一定要求，规定粉煤灰陶粒 1 h 吸水率不大于 22%，黏土陶粒和页岩陶粒不大于 10%，同时还规定其软化系数不应小于 0.80。

3. 轻骨料混凝土的技术性质

1）表观密度

轻骨料混凝土按其表观密度分为 14 个等级，如表 4.36 所示。

表 4.36　轻骨料混凝土的表观密度等级

表观密度等级	干表观密度变化范围 /kg·m^{-3}	表观密度等级	干表观密度变化范围 /kg·m^{-3}
600	560 ~ 650	1 300	1 260 ~ 1 350
700	660 ~ 750	1 400	1 360 ~ 1 450
800	760 ~ 850	1 500	1 460 ~ 1 550
900	860 ~ 950	1 600	1 560 ~ 1 650
1 000	960 ~ 1 050	1 700	1 660 ~ 1 750
1 100	1 060 ~ 1 150	1 800	1 760 ~ 1 850
1 200	1 160 ~ 1 250	1 900	1 860 ~ 1 950

2）强　度

轻骨料混凝土的强度等级划分为：LC5.0，LC7.5，LC10，LC15，LC20，LC25，LC30，LC35，LC40，LC45，LC50，LC55，LC60。

影响轻骨料混凝土强度的主要因素有：水泥石的强度、轻骨料本身的强度和轻骨料用量。由于轻骨料的吸水性较大和骨料强度往往低于混凝土强度，故轻骨料混凝土强度的决定因素要比普通混凝土复杂得多。在工程中，大多通过经验数据试拌试验后才能最终确定配比。

3）变形性能

轻骨料混凝土的弹性模量一般比同等级普通混凝土低 30% ~ 50%。弹性模量仍是随抗压强度的提高而增大，当强度等级大于 LC30 时，轻骨料混凝土的弹性模量仅比普通混凝土低 25% ~ 30%。由于轻骨料变形较大，在地震力作用下能吸收较多能量缓减地震力破坏。与普通混凝土相比，轻骨料混凝土的收缩和徐变较大。在干燥空气中，结构轻骨料混凝土最终收缩值为 0.4 ~ 1.0 mm/m，为同强度普通混凝土最终收缩值的 1 ~ 1.5 倍。徐变比普通混凝土大 30% ~ 60%，热膨胀系数比普通混凝土低 20% 左右。泊松比可取 0.2。

4）热工性能

轻骨料混凝土具有良好的保温隔热性能。当其表观密度为 1 000 ~ 1 800 kg/m³ 时，导热系数为 0.28 ~ 0.87 W/（m·K），其比热容为 0.75 ~ 0.84 kJ/（kg·K）。线膨胀系数为 7×10^{-6} ~ 10×10^{-6}/℃。

此外，轻骨料混凝土还具有较好的抗冻性和抗渗性，同时抗震、耐热、耐火性能也比普通混凝土好。

因此，轻骨料混凝土较适用于高层、多层建筑，地基不良结构、抗震结构、漂浮结构等。

4. 轻骨料混凝土配合比设计与施工特点

由于轻骨料混凝土强度影响因素较普通混凝土复杂得多，因此要确定其配制强度或计算其配合比较为困难，工程上大多采用前人经验数据经试验调整的方法。因此，在进行配合比设计时应注意以下问题：

1）配制强度

配制强度与普通混凝土类似，即：

$$f_{cu} = f_{cu,k} + 1.645\sigma$$

其中，σ 值可按表 4.37 选取。

表 4.37　轻骨料混凝土强度标准差

强度等级 $f_{cu,k}$	低于 LC20	LC20 ~ LC35	高于 LC35
标准差 σ/MPa	4.0	5.0	6.0

2）水泥和骨料的选用

轻骨料混凝土选用原材料时，其水泥等级与轻骨料混凝土的等级相适应。轻骨料的表观密度等级和筒压强度（或强度）应根据轻骨料混凝土的表观密度和设计强度进行选择。水泥用量可参考表 4.38。

表 4.38 轻骨料混凝土的胶凝材料用量 单位：kg/m³

混凝土试配强度/MPa	轻粗骨料堆积密度等级						
	400	500	600	700	800	900	1 000
< 5.0	260~320	250~300	230~280				
5.0~7.5	280~360	260~340	240~320	220~330			
7.5~10		280~370	260~350	240~320			
10~15			280~350	260~340	240~330		
15~20			300~400	280~380	270~370	260~360	250~350
20~25			330~400	320~390	310~380	300~370	
25~30			380~450	370~440	360~430	350~420	
30~40			420~500	390~490	380~480	370~470	
40~50				430~530	420~520	410~510	
50~60				450~550	440~540	430~530	

注：① 表中胶凝材料中的水泥宜为 42.5 级普通硅酸盐水泥。
② 表中下限值适用于圆球型轻骨料砂轻混凝土；上限值适用于碎石型轻粗骨料及全轻混凝土。
③ 最高胶凝材料用量不宜超过 550 kg/m³。

3）用水量

由于轻骨料具有较大的吸水性能，加到轻骨料混凝土中的总用水量应为净用水量加上轻骨料 1 h 吸水量之和。净用水量可参考表 4.39 选用。

表 4.39 轻骨料混凝土用水量

轻骨料混凝土成型方式	稠 度		净用水量/kg·m⁻³
	维勃稠度/s	坍落度/mm	
振动加压成型	10~20	—	45~140
振动台成型	5~10	0~10	140~160
振捣棒或平板振捣器振实	—	30~80	160~180
机械振捣	—	150~200	140~170
钢筋密集机械振捣	—	≥200	145~180

4）砂 率

轻骨料混凝土的砂率一般采用体积砂率表示，即细骨料松散堆积体积与粗、细骨料总松散堆积体积之比，其选用如表 4.40 所示。

表 4.40 轻骨料混凝土的砂率

轻骨料混凝土用途	细骨料品种	砂率/%
预制构件	轻 砂	35~50
	普通砂	30~40
现浇混凝土	轻 砂	40~55
	普通砂	35~45

注：① 当细骨料采用普通砂和轻砂混合使用时，宜取中间值，并按普通砂和轻砂的混合比例进行插入计算。
② 采用圆球型轻粗骨料时，宜取表中值下限；采用碎石型时，则取上限值。

骨料用量可用绝对体积法或松散体积法求得。砂轻混凝土宜采用前者，全轻混凝土宜采用后者。绝对体积法是假定每立方米混凝土的绝对体积为各组成材料的绝对体积之和，其砂率按表 4.40 选用。松散体积法是先假定 1 m³ 轻骨料混凝土的粗细骨料总体积 V_{a+s}（粗、细骨料的松散堆积体积之和），再根据选定的砂率和粗细骨料堆积密度计算出粗细骨料的体积及用量。V_{a+s} 随粗骨料粒型和细骨料种类的不同在 1.10 ~ 1.65 范围内选用。

5. 轻骨料混凝土的施工特点

（1）轻骨料吸水率大，故在拌和前应对骨料进行预湿处理。若采用干燥骨料时，则应注意骨料的附加吸水量（1 h 吸水量）。

（2）外加剂最好在拌和水中兑匀。先加附加水使轻骨料吸水，再加入含外加剂的有效拌和水，以免外加剂被吸入轻骨料中而失去作用。

（3）为防止轻骨料上浮，最好选用强制式搅拌机及加压振动。

（4）当采用加热养护时，升温速度不宜太快。

（5）需核定拌合物的表观密度是否达到要求。

（二）多孔混凝土及大孔混凝土

多孔混凝土是指内部含有分布均匀的大量微小气泡，无粗骨料的轻质混凝土。根据气泡形成方法的不同可分为加气混凝土和泡沫混凝土两大类。

多孔混凝土的孔隙率极高，可达 52% ~ 85%，故质轻，表观密度为 300 ~ 1 200 kg/m³，导热系数为 0.08 ~ 0.29 W/（m·K），因此兼有结构、保温、隔热等功能，同时易切割且可加工性好。多孔混凝土可制作屋面板，内外墙板、砌块和保温制品，广泛用于工业与民用建筑和保温工程。

加气混凝土是由胶凝材料（一般由水泥或石灰）与含硅材料（如石英砂、粉煤灰、尾矿粉、粒化高炉矿渣、页岩等）加水和适量的加气剂，经混合搅拌、浇筑成型和压蒸养护（811 ~ 1 520 kPa）硬化而成。

加气剂多采用磨细铝粉，铝粉与氢氧化钙反应放出氢气而形成气泡。除铝粉外，还可采用过氧化氢、碳化钙等作为加气剂。

泡沫混凝土是以机械方法将泡沫剂水溶液所制备成的泡沫，加至由含硅材料和胶凝材料及水所组成的料浆中，经混合搅拌、浇注、养护而成的轻质多孔材料。

常用的泡沫剂有松香胶泡沫剂和水解性畜血浆泡沫剂。松香胶泡沫剂采用烧碱加水溶入松香粉生成松香皂，再加入少量骨胶或皮胶溶液熬制而成。

泡沫混凝土的生产成本虽然较低，但它的抗裂性比加气混凝土低 50% ~ 90%，加之料浆稳定性不够好，初凝硬化时间又较长，故其生产与应用的发展不如加气混凝土快。

无砂大孔混凝土是由粒径相近的粗骨料、水泥和水配制而成，经搅拌后让水泥浆裹住粗骨料，但又不会填满空隙而形成的一种内部多孔的混凝土。无砂大孔混凝土及其制品作为一种环保生态型的透水性路面材料，近年来在国外广泛应用，分为水泥透水性混凝土和高分子（沥青或树脂）透水性混凝土，作为绿色混凝土，可用于温室地面、护坡绿化和高速公路中央分隔带、路肩等。

二、高强混凝土

高强混凝土是指强度等级达到或超过 C60 的混凝土。

高强混凝土是由于现代土木工程结构向高层、超高层以及大跨度桥梁或大型跨空结构的需要而发展起来的。它在原材料选用、配合比、外加剂及掺合料等方面均与普通混凝土有所不同。在性能上，除了强度较高以外，它还具有早期强度高，弹性模量大，徐变小，密实性好，抗冻、抗渗性优良等特点。因此，广泛应用于预应力混凝土结构、接触网支架、管柱、管桩等对强度要求高的结构。

但随着人们对高强度密实混凝土认识的不断深入，也发现单纯追求高强所带来的一些不利因素，如结构脆性增大，抗震吸能性降低，易出现早期干缩开裂，水化热大等不足。因此，从结构受力角度出发，没有必要一定采用高强时，应尽可能不使用高强混凝土；需要采用时，也要采取一些措施改善上述不利因素。

配制高强混凝土时应遵循以下基本要求：

1. 原材料

（1）水泥。应选用普通硅酸盐水泥或硅酸盐水泥，其强度等级不宜低于 42.5 级。

（2）细骨料。选用 I 类骨料，且偏粗的中砂或粗砂，其细度模数宜大于 2.6，含泥量不超过 2%，泥块含量不应大于 0.5%。C70 以上的混凝土含泥量不应超过 1.0%，不允许有泥块存在。

（3）粗骨料。选用 I 类骨料，且选用质地坚硬、强度高、级配好的碎石，针、片状颗粒含量不宜超过 5%，含泥量不应超过 1%。C80 以上等级的混凝土含泥量不应大于 0.5%。粗骨料的最大粒径需随混凝土配制强度的提高而降低，一般不宜超过 25 mm。

（4）外加剂。宜选用非引气、坍落度损失小的高效减水剂或高性能减水剂。

（5）混凝土掺合料。在混凝土中掺入硅粉、超细粒化矿渣或超细粉煤灰，既可减少每立方米混凝土水泥用量，又可减少水化热，改善高强混凝土早期性能，是配制 C70 以上等级高强混凝土的有效措施。

2. 配合比

高强度混凝土配合比设计没有通行的和广泛接受的方法。配比一般是参照有关资料或经验，通过仔细地试配和调整后确定。高强混凝土试配可以先设定胶凝材料用量、水胶比和砂率。用绝对体积法或表观密度法计算出砂石用量，胶凝材料各组分比例由经验确定。《普通混凝土配合比设计规程》（JGJ 55—2011）给出强度等级对应的水胶比、胶凝材料、砂率的推荐值如表 4.41 所示。

表 4.41 高强混凝土配合比参数取值

强度等级	水胶比	胶凝材料/（kg/m³）	砂率/%
≥C60，<C80	0.28～0.34	480～560	
≥C80，<C100	0.26～0.28	520～580	35～42
C100	0.24～0.26	550～600	

若拌合物的工作性不满足要求，可调整减水剂和用水量。

3. 施工及养护措施

采用合理的施工工艺也可大幅度提高混凝土强度和保证混凝土质量。例如，采用高频或中频相结合复合振捣密实混凝土，加压成型工艺、离心成型工艺、压蒸养护也可显著提高混凝土强度，高强混凝土在养护时应特别注意防止水分早期蒸发而失水，否则混凝土会显著降低强度并产生开裂（收缩）。

三、高性能混凝土

20世纪80年代末至20世纪90年代初，美国、日本、加拿大等发达国家发现大量钢筋混凝土工程在一些恶劣环境条件下，远低于预计服役年限内就出现不同程度的损坏，如海港码头钢筋锈蚀、大坝开裂、路面损坏、隧道渗水和沉降等，致使结构维修费用逐年递增（呈5倍率增加，即设计时节省1美元，维修时需增加5美元；钢筋开始锈蚀时需25美元，出现锈蚀开裂时则需125美元）。

美国国家标准与技术研究所（NIST）与美国混凝土协会（ACI）在1990年5月召开的研讨会上提出：高性能混凝土（High Performance Concrete，HPC）是具有某些性能要求的均质混凝土。它必须采用严格的施工工艺，以及优质材料配制，是具有便于浇捣、不离析、力学性能稳定、早期强度高、良好的韧性和体积稳定性等性能的耐久的混凝土，特别适用于高层建筑、桥梁以及暴露在严酷环境中的建筑结构。同年 Mehta P. K. 认为：HPC不仅要求高强度，还应具有高耐久性（抗化学腐蚀）等，例如高体积稳定性（高弹性模量、低干缩率、低徐变和低温度应变）、高抗渗性和高工作性。

我国在二十余年的大量工程实践发现，由于大量采用高流态混凝土以及高强度等级混凝土，致使目前大多数混凝土中水泥用量达到 $450\sim550\ kg/m^3$，水泥细度达到 $450\ m^2/kg$ 以上，钢筋混凝土结构大量出现早期开裂现象。因此，人们开始反思，高性能混凝土是否一定要高强，特别是早强，而高掺量矿粉来限制早期强度逐渐成为防止早期开裂的途径。

2015年1月建设部出台了《高性能混凝土应用技术指南》，并在国内8个省市试点推广高性能混凝土。该指南对高性能混凝土给出了完整的定义：高性能混凝土是以建设工程设计、施工和使用对混凝土性能特定要求为总体目标，选用优质的常规原材料，合理掺加外加剂和矿物掺合料，采用低水胶比并优化配合比，通过预拌和绿色生产的方式以及严格的施工措施，制成具有优异的拌合物性能、力学性能、耐久性能和长期性能的混凝土。

《高性能混凝土评价标准》（JGJ/T 385—2015）以标准规范形式再次强调了上述定义。归结起来，高性能混凝土的内涵为：

（1）高性能混凝土强调工程所需的性能为目标，根据工程类别、结构部位、服役环境，提出个性化、最优化的混凝土。

（2）保证结构所要求的各项力学性能，并具有高耐久性、良好的工作性和体积稳定性。性能是一综合的概念，而不是单一性能指标。

（3）高性能混凝土不排除具体场合对于强度的要求不高，而对于其他性能要求极高的混凝土。

（4）高性能混凝土强调原材料优选、配比优化、严格施工措施、强化质量检测等全过程质量控制理念。

（5）高性能混凝土强调绿色生产方式和资源合理利用，最大限度地减少水泥熟料用量，实现节能减排和环保的可持续发展战略。

《高性能混凝土评价标准》（JGJ/T 385—2015）把高性能混凝土分为常规品和特质品。特质品是符合高性能混凝土要求的轻骨料混凝土、高强度混凝土、自密实混凝土、纤维混凝土，常规品是指除特质品高性能混凝土外的符合高性能混凝土要求并常规使用的混凝土。JGJ/T385 要求高性能混凝土应以工程项目为单位进行评价，分为设计评价、生产评价、工程评价。其中设计评价体系应由混凝土性能指标组成；生产评价体系应由原材料、配合比、制备、混凝土工作性 4 方面指标组成；工程评价体系应由原材料、配合比、施工、混凝土性能 5 方面指标组成。

2021 年 12 月 31 日颁布了国家标准《高性能混凝土技术条件》（GB/T 41054—2021），2022 年 7 月 1 日实施。以国家标准形式沿用了 JGT/T 385 中高性能混凝土的定义及高性能混凝土常规品、特制品的分类，提出了最新的高性能混凝土的技术要求。

《高性能混凝土技术条件》（GB/T 41054—2021）强调高性能混凝土是以建设工程设计、施工和使用对混凝土性能特定要求为总体目标，设计确定具体的拌合物性能、力学性能、耐久性能和长期性能的混凝土。GB/T 41054—2021 首次给出了高性能混凝土种类代号以及相应的强度等级、耐久性指标等级，见表 4.42。

表 4.42　高性能混凝土种类、代号、强度等级、耐久性等级

混凝土种类	代号	强度等级代号	强度等级*	耐久性等级
常规品高性能混凝土	AHPC	C	C30~C55	抗冻性能等级划分为 F250、F300、F350、F400 和大于 F400；抗水渗透性能等级划分为 P12 和大于 P12；抗硫酸盐侵蚀性能等级划分为 KS120、KS150 和大于 KS150；抗氯离子渗透性能的等级划分 RCM-Ⅲ、Ⅳ、Ⅴ 或 Q-Ⅲ、Ⅳ、Ⅴ；抗碳化分为 T-Ⅲ、Ⅳ、Ⅴ
高强高性能混凝土	HHPC	C	C60~C115	
自密实高性能混凝土	SHPC	C	C30~C115	
纤维高性能混凝土	FHPC	CF（钢纤维）	CF35～CF115	
		C（合成纤维）	C30~C80	
轻骨料高性能混凝土	LHPC	LC		暂时未规定

注：*表示预制品高性能混凝土最低强度等级为 C40。

《高性能混凝土技术条件》（GB/T 41054—2021）中，对高性能混凝土配制技术提出了具体规定，为高性能混凝土的全面推广提供了依据，归纳起来有下面 3 部分：

（1）选用优质常规原材料。

① 高性能混凝土宜采用比表面积较低、早期强度及水化热较低、C_3A 含量较低、标准稠度用水量较少的水泥；

② 根据耐久性要求选用合理的掺合料及外加剂；

③ 高性能混凝土对骨料性能要求更严格，除满足建设用砂、石现行标准要求外，人工砂石粉含量、分计筛余、片状颗粒含量以及粗骨料不规则颗粒含量宜符合《高性能混凝土用骨料》（JG/T 568）的规定。

（2）合理掺加外加剂和矿物掺合料，采用较低水胶比并优化配合比。

① 混凝土配合比设计采用 JGJ55，或相应的特种混凝土配制要求。

② 外加剂、胶凝材料用量（包括掺合料掺量）应合理，并降低浆体比。因为胶凝材料增加早期水化热及早期收缩，混凝土中细颗粒较多、用水量较多对抗裂性不利，GB/T 41054 以浆体比形式联合控制其用量，浆体比定义为混凝土中水泥、矿物掺合料、机制砂中粒径小于 75 μm 的石粉、水、气体和外加剂的体积之和与混凝土总体积之比。并规定浆体比：C30 ~ C50（不包括 C50），≤0.32；C50 ~ C60（不包括 C60），≤0.35；C60 及以上，≤0.38。自密实混凝土不宜大于 0.40。

③ 耐久性设计与普通混凝土类似，其水胶比、胶凝材料用量、掺合料用量，以及氯离子含量、含气量等参数与环境条件、结构寿命有关，配合比应满足 GB/T 41054 规定。

（3）通过预拌和绿色生产方式以及严格的施工措施，同时要求高性能混凝土的生产与管理宜采用实时监测、图像监控等信息技术手段，并及时封存相关信息 作为备案资料。

高性能混凝土不再是实验室中的一种混凝土，而是基于节能、减排、环保的可持续发展理念，从设计、选材、配比、施工、检验验收最后得到的优质耐久的混凝土工程结构。这种全过程控制并按照《高性能混凝土评价标准》（JGT/T 385）评价合格的混凝土才是高性能混凝土。经过近些年的工程应用实践，高性能混凝土越来越受到工程界的欢迎，应用越来越广。

四、超高性能混凝土

超高性能混凝土（Ultra High Performance Composites，UHPC）由 Larrard 和 Sedran 于 1994 年提出，是过去三十年中最具创新性的水泥基工程材料，实现了工程材料性能的大跨越。一般认为它是以活性粉末混凝土（Reactive Powder Concrete，RPC）制备原理为基础研发出的一种超高性能水泥基复合材料，具备高强度、高延性、高耐久性及良好施工性能等特性。对于这一类材料迄今仍没有统一的定义，名称也多种多样，如细料致密（Densified with Small Particles, DSP）混凝土、无宏观缺陷（Macro Defect Free，MDF）混凝土、密实配筋混凝土（Compact Reinforced Composites，CRC）、活性粉末混凝土（Reactive Powder Concrete，RPC）、超高性能纤维增强混凝土（Ultra-High Performance Fiber Reinforced Concrete，UHPFRC）等。钢-超高韧性混凝土轻型组合结构桥面用超高韧性混凝土（Super Toughness Concrete，STC）也属于 UHPC。

超高性能混凝土的设计理论是最大堆积密度理论（Densified Particle Packing），其组成材料不同粒径颗粒以最佳比例形成最紧密堆积，即毫米级颗粒（骨料）堆积的间隙由微米级颗粒（水泥、粉煤灰、矿粉）填充，微米级颗粒堆积的间隙由亚微米级颗粒（硅灰）填充。配制原理是通过提高组分的细度与活性，使材料内部的缺陷（孔隙与微裂缝）减小到最少，以获得超高强度与高耐久性。超高性能混凝土原材料中活性组分由优质水泥、硅灰(和/或其他活性微细组分)构成，骨料由不同粒径石英砂搭配组成，另外原材料还包括高效减水剂和短切钢纤维等。

超高性能混凝土实现路径包括：

（1）剔除粗骨料，同时在细骨料方面选取与浆体力学性质相近的石英砂,没有粗骨料的骨架限制作用，可以大幅度减少由于收缩导致的浆体与骨料界面间的孔隙及微裂缝。

（2）通过优化细骨料的级配，尽可能地实现最紧密堆积来提高体系的密实度。

（3）掺入硅灰、粉煤灰及纳米氧化硅等超细活性矿物掺合料，使其具有很好的微粉填充效应，并通过化学反应减小孔径，降低孔隙率，优化体系内部孔结构。

（4）在硬化过程中，通过加压和热养护，将C—S—H转化成托贝莫来石，继而成为硬硅酸钙，改善材料的力学性能，并尽量减少化学收缩。

（5）通过添加短而细的钢纤维或复合有机纤维等，发挥增强、增韧和抗裂作用。

UHPC的抗压强度不仅与材料组分有关，还和养护制度密切相关。常采用养护方式包括：自然养护、蒸汽养护及蒸压养护。当采用自然养护或蒸汽养护时，UHPC抗压强度多为120～200 MPa；当采用蒸压养护时，抗压强度可达250～400 MPa。

《活性粉末混凝土》（GB/T 31387—2015）规范中对RPC力学性能等级划分如表4.43所示。《超高性能混凝土（UHPC）技术要求》（T/CECS 10107—2020）对超高性能混凝土分级如表4.44和表4.45所示。

表4.43 活性粉末混凝土力学性能等级

等 级	抗压强度/MPa	抗折强度 [a]/MPa	弹性模量/GPa
RPC100	≥100	≥12	≥40
RPC120	≥120	≥14	≥40
RPC140	≥140	≥18	≥40
RPC160	≥160	≥22	≥40
RPC180	≥180	≥24	≥40

注：a表示当对于混凝土的韧性或延性有特殊要求时，混凝土的等级可由抗折强度决定，抗压强度不应低于100 MPa。

表4.44 超高性能混凝土抗压性能分级(MPa)

等级	UC1	UC2	UC3	UC4
抗压强度	$100 \leqslant f_{cu} < 120$	$120 \leqslant f_{cu} < 150$	$150 \leqslant f_{cu} < 180$	$f_{cu} \geqslant 180$

表4.45 超高性能混凝土抗拉性能分级

等 级	UT1	UT2	UT3	UT4
抗拉强度/MPa	≥5	≥5	≥7	≥10
残余抗拉强度/弹性极限抗拉强度	≥0.7	—	—	—
抗拉强度/弹性极限抗拉强度	≥1.00	>1.00	≥1.10	≥1.20
抗拉应变/$\times 10^{-6}$	<1000	≥1000	≥1500	≥2000

注：① UT1级代表超高性能混凝土在单轴拉伸试验过程中无显著应变硬化现象或只表现出应变软化现象，UT2、UT3、UT4级代表超高性能混凝土在单轴拉伸试验过程中表现出不同程度拉伸应变硬化现象。

② 残余抗拉强度取超高性能混凝土拉伸至拉应变为1500×10^{-6}时对应的拉应力。

新型钢-STC组合桥面结构技术在桥梁上的应用越来越广泛，为克服传统钢桥面铺装存在的易破损、疲劳开裂及耐久性低等问题，2014年湖南大学邵旭东教授为解决当前桥面铺装技术难题，集成传统UHPC和RPC的优良性能，提出了超高韧性混凝土（Super Toughness

Concrete，STC）材料，与钢桥面组合构成铺装新体系，并首次应用于广东马房大桥的维修中。超高韧性混凝土（STC）继承于超高性能混凝土（UHPC），并拥有更高的韧性和抗弯拉强度。超高韧性混凝土（STC）目前尚没有国家标准或行业标准，仅有地方标准和团体标准，其中《高韧性混凝土组合桥面结构技术指南》（T/CHTS 10036—2021）中对于 STC 的强度等级如表 4.46 所示。

表 4.46　STC 强度等级

强度等级	抗弯拉强度/MPa		抗压强度/MPa		
	标准值	设计值	立方体抗压强度标准值	轴心抗压强度标准值	轴心抗压强度设计值
STC22	22	15.2	120	77.4	53.4
STC25	25	17.2	140	90.3	62.3
STC28	28	19.3	160	103.2	71.2

五、预拌混凝土及泵送混凝土

随着城市化建设的发展，人们对环境噪声污染控制的要求，已使许多混凝土搅拌站远离闹市区。同时，混凝土集中拌和易于质量控制已逐渐被认可。因此，预拌混凝土已占到所有城市建设中混凝土生产量的 95% 以上。甚至在野外施工工程中，也要求采用集中拌和方式供应混凝土。

（一）预拌混凝土

预拌混凝土是指由水泥、骨料、水以及根据需要掺入的外加剂和掺合料等组分按一定比例，在集中搅拌站（楼）经计量，拌制后，并采用运输车在规定时间内运至使用地点的混凝土拌合物。

国家标准《预拌混凝土》（GB/T 14902—2012），将预拌混凝土分为常规品（A）和特制品（B）两类。常规品为除表 4.47 中特质品以外的普通混凝土，代号为 A，混凝土强度等级代号为 C。特质品代号为 B，包括的种类及其代号应符合表 4.47 的规定。

表 4.47　特质品混凝土种类及代号

混凝土种类	高强混凝土	自密实混凝土	纤维混凝土	轻骨料混凝土	重混凝土
混凝土种类代号	H	S	F	L	W
强度等级代号	C	C	C（合成纤维混凝土）CF（钢纤维混凝土）	LC	C

预拌混凝土供应标记如下所示：A C50-180（S4）-F250Qs（1000）-GB/T14902 代表意义：A 表示类别；采用通用硅酸盐水泥、河砂（也可是机制砂、海砂）、石、矿物掺合料、外加剂和水配制的普通混凝土，强度等级为 C50，坍落度为 180 mm，抗冻等级为 F250，抗氯离子渗透性能电通量 Qs 为 1000 C。

B-LF-LCC40-210（S4）-P8F150-GB/T14902 代表意义：B 表示类别；采用通用硅酸盐水泥、砂（也可是陶砂）、陶粒、矿物掺合料、外加剂、合成纤维和水配制的轻骨料纤维混凝土，强度等级为 LC40，坍落度为 210 mm，抗渗等级为 P8，抗冻等级为 F150。

采用预拌混凝土具有以下优点：

（1）提高设备利用率，能耗低；

（2）减少污染，改善施工环境，节约材料；

（3）有利于质量控制，预拌混凝土强度的变异系数（一般为 0.07 ~ 0.15），远低于现场搅拌混凝土（一般为 0.27 ~ 0.32）；

（4）有利于新技术推广，如散装水泥，外加剂、矿物掺合料等。

（二）泵送混凝土

泵送混凝土是指采用混凝土输送泵，将拌好的混凝土沿管道输送到浇筑地点的混凝土。泵送混凝土最大的特点是可在各种条件下将混凝土输送到指定地点（垂直、水平均可输送），生产效率高，适用于高层建筑、大跨度桥梁等。

泵送混凝土除满足普通混凝土的基本力学性能外，还应满足可泵性。所谓可泵性是指混凝土拌合物在泵压力作用下，可在输送管道中连续稳定地通过而不产生离析的性能。可泵性也可理解为混凝土拌合物在压力作用下的工作性。可泵性评定指标可用压力泌水试验结合施工经验进行控制，一般混凝土拌合物 10 s 时的相对压力泌水率 S_{10} 不宜超过 40%。相对泌水率 S_{10} 按下式计算：

$$S_{10} = \frac{V_{10}}{V_{140}} \times 100\%$$

式中　S_{10} —— 混凝土在 3.5 MPa 压力下加压至 10 s 时的相对泌水率（%）；

V_{10}、V_{140} —— 混凝土在 3.5 MPa 压力下加压至 10 s 和 140 s 时的泌水量（mL）。

压力泌水试验按照《普通混凝土拌合物性能试验方法标准》（GB/T 50080—2016）进行。

泵送混凝土在管道中的流动过程，可形象化地说，是一个固体核心在高应力的薄浆层介质中的滑动过程，这是混凝土顺利泵送的最基本的条件。为满足这一条件，必须从泵送混凝土的原材料选用和配合比设计等方面加以实现，即配制出的泵送混凝土必须有足够的稠度，适中的浆体，并在泵压力作用下可始终保持这种状态。为了保证混凝土良好的可泵性，其原材料及配合比应满足以下条件：

1. 原材料

（1）水泥。应优先选用硅酸盐水泥、普通水泥、粉煤灰水泥和矿渣水泥，不宜选用火山灰水泥。

（2）骨料。粗骨料最大粒径与输送管径之比，当泵送高度在 50 m 以下时，对碎石不宜大于 1 : 3，对卵石不宜大于 1 : 2.5；泵送高度在 50 ~ 100 m 时，宜为 1 : 3 ~ 1 : 4；泵送高度在 100 m 以上时，宜为 1 : 4 ~ 1 : 5。粗骨料应采用连续级配，且针、片状颗粒含量不宜大于 10%。细骨料宜采用中砂，其通过 0.30 mm 筛孔的颗粒含量不应小于 15%。

（3）外加剂和掺合料。泵送混凝土一般要掺入泵送剂或高效减水剂（加适量缓凝剂和引气剂），并掺入粉煤灰或其他活性掺合料。外加剂和掺合料的质量应符合国家现行标准。

2．配合比

（1）水胶比不宜大于 0.60。

（2）水泥用量不宜小于 300 kg/m³。

（3）砂率宜为 35% ~ 45%，配制高强度等级混凝土时可适当降低。

（4）掺用引气型外加剂时，其混凝土含气量不宜大于 4%。

泵送混凝土的坍落度范围为 100 ~ 180 mm。坍落度太小，泵送阻力增大，易造成管道堵塞。当泵送高度增大时，应适当增加坍落度。当采用大流动度时，应避免产生泌水，因为泌水离析会导致自由水在高压力作用下首先被压出，而粗骨料滞后并堵管。泵送混凝土坍落度可按表 4.48 选用。

表 4.48　泵送混凝土坍落度选用

泵送高度/m	<30	30 ~ 60	60 ~ 100	>100
坍落度/mm	100 ~ 140	140 ~ 160	160 ~ 180	180 ~ 200

六、聚合物混凝土

聚合物混凝土是一种由有机、无机材料复合的新型混凝土。按其组成和制作工艺一般可分为以下三种：

1．聚合物胶结混凝土（PC）

它是一种完全不用水泥，而以合成树脂作胶黏材料所制成的混凝土，又称为树脂混凝土。用树脂作黏结剂，不但黏结剂本身的强度较高，且与骨料之间的黏结力也被显著提高。树脂混凝土具有很多优点，例如可在很大范围内调节硬化时间；硬化后强度高，特别是早强效果显著，通常一天龄期的抗压强度达 50 ~ 100 MPa，抗拉强度达 10 MPa 以上；抗渗性高，几乎不透水；耐磨性、抗冲击性及耐蚀性高；掺入彩色填料后可具有美丽的色彩。因此，树脂混凝土是一种多用途材料。其不足之处是硬化初期收缩大，可达 0.2% ~ 0.4%；徐变亦较大；易燃；在高温下热稳定性差，当温度为 100 ℃ 时，其强度仅为常温下的 1/3 ~ 1/5。目前树脂混凝土成本较高，只能用于特殊要求的工程和修补加固工程。

2．聚合物浸渍混凝土（PIC）

这是一种将已硬化的普通混凝土放在有机单体里浸渍或在真空皿中浸渍，然后用加热或辐射的方法使混凝土孔隙内的单体产生聚合作用，使混凝土和聚合物结合成一体的新型混凝土。按其浸渍方法的不同，可分为完全浸渍和部分浸渍。

所用浸渍液有各种聚合物单体和液态树脂，如甲基丙烯酸甲酯（MMA）、苯乙烯（S）、丙烯腈（AN）等。目前使用较广泛的是 MMA 和 S。

为了保证质量，聚合物浸渍混凝土应控制浸渍前的干燥情况、真空程度、浸渍压力及浸渍时间。干燥的目的是为浸渍液体让出空间，同时也可避免凝固后水分所引起的不良影响。浸渍前施加真空可加快浸渍液的渗透速度及浸渍深度，控制浸渍时间则有利于提高浸渍效果，而在高压下浸渍则能提高总的浸渍率。

这种混凝土由于聚合物填充了混凝土的内部孔隙和微裂缝，形成连续的空间网络，并与硬化水泥混凝土结构相互穿插，使聚合物浸渍混凝土具有极其密实的结构，因此具有高强、耐蚀、抗渗、耐磨等优良的物理力学性能。

浸渍混凝土目前主要用于路面、桥面、输送液体的管道、隧道支撑系统及水下结构等。

3. 聚合物水泥混凝土（PCC）

聚合物水泥混凝土是用聚合物乳液（在水中的分散体）拌和水泥，并掺入砂或其他骨料而制成的。这种混凝土的特点是：黏结剂由聚合物分散体和水泥两种活性成分构成。在硬化过程中，聚合物与水泥之间不发生化学作用，而是在水泥水化形成水泥石的同时，聚合物在混凝土内脱水固化形成薄膜，填充水泥水化物和骨料之间的孔隙，从而改善了硬化水泥浆与骨料及各水泥颗粒之间的黏结力。

拌制聚合物水泥混凝土可用普通水泥，也可采用高铝水泥和快硬水泥等。采用快硬水泥的效果比普通水泥好。聚合物可采用橡胶乳液、各种树脂胶和水溶性聚合物等。聚合物与水泥的比例对混凝土的性能影响较大，通常聚合物的掺用量为水泥质量的 5% ~ 30%（固体含量）。

聚合物水泥混凝土的特点是：抗拉强度、抗折强度及延伸能力高，抗冻性、耐蚀性和耐磨性高。因此，它主要用于路面工程、机场跑道及防水层等。

七、纤维增强混凝土（SFRC）

纤维增强混凝土以混凝土为基材，外掺纤维材料配制而成。通过适当搅拌，把短纤维均匀分散在拌合物中，提高混凝土抗拉强度、抗弯强度、冲击韧性等力学性能，从而降低其脆性，是一种新型的复合建筑材料。

纤维按其变形性能可分为高弹性模量纤维（如钢纤维、玻璃纤维和碳纤维等）和低弹性模量纤维（如聚丙烯纤维、尼龙纤维等）。常用的纤维有钢纤维、玻璃纤维和合成纤维等。

纤维增强混凝土因所用纤维不同，其性能也不一样。采用高弹性模量纤维时，由于纤维约束开裂能力较好，故可全面提高混凝土的抗拉强度、抗弯强度、抗冲击强度和韧性。如用钢纤维制成的混凝土，必须是钢纤维被拔出才有可能发生破坏，因此其韧性显著增大（见图4.30）。混凝土中掺入 2% 的钢纤维后，其性能改善情况如表 4.49 所示。采用弹性模量低的合成纤维时，对混凝土强度的影响较小，但可显著改善韧性和抗冲击性。

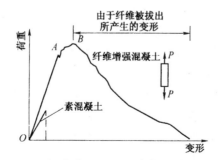

图 4.30　纤维增强混凝土的荷重-变形曲线

表 4.49　钢纤维混凝土的性能（2% 的钢纤维）

性　能		与普通混凝土相比的增长/%
出现第一条裂缝时的抗弯强度		130～170
极限强度	弯曲抗拉	150～220
	抗　压	110～135
	抗　剪	150～190
弯曲疲劳极限		180～240
抗冲击性		280～350
抗磨性		180～250
热作用时的抗剥落性		250～320
冻融试验的耐久性		150～250

注：若增加拌合物的工作度，极限强度比上述所列数据更高。

　　对于纤维增强混凝土，纤维的体积含量、纤维的几何形状以及纤维的分布情况对其性能有着重要影响。以短钢纤维为例：为了兼顾构件性能要求且便于搅拌和保证混凝土拌合物的均匀性，通常掺量在 0.5%～2%（体积比）范围内，考虑到经济性，尤以 1.0%～1.5% 范围内较多，长径比以 40～100 为宜，尽可能选用直径细、形状非圆形的变截面钢纤维，其效果最佳。

　　目前，纤维增强混凝土已应用于飞机跑道、隧道衬砌、路面及桥面、水工建筑、铁路轨枕、压力管道等领域中。近年来，有机高分子纤维在混凝土中的应用迅速发展起来，它最大的优点是掺入量小（0.5～1 kg/m³）、成本相对较低、不锈蚀（钢纤维常由于混凝土表面碳化而产生锈蚀开裂）、易分散等，且能显著提高混凝土的耐腐蚀性、抗冲击性和抗裂性能，因此拥有巨大的市场前景。

八、大体积混凝土

　　混凝土结构最小尺寸大于或等于 1 m 所用的混凝土称为大体积混凝土。

　　大体积混凝土所特有的主要技术问题是，由于水泥水化作用放出的水化热而引起的内部升温，以及随之而发生的冷却引起的温度应力。大体积混凝土浇筑完毕后，水泥水化作用所放出的热量使混凝土内部温度逐渐升高，而混凝土内部的热量又不易散发，造成较大的内外温差。温差愈大，温度应力愈大，加之混凝土早期的抗拉强度低，致使混凝土开裂。在降温过程中，由于混凝土受到约束，冷缩变形将使混凝土开裂进一步加剧，使一些表面裂缝发展为贯通裂缝。另外，在大体积混凝土中，混凝土收缩变形引起的应力变化也是不可忽视的问题。

　　在大体积混凝土施工中，以控制混凝土由于温度应力和收缩变形引起的裂缝为主要目标，提高混凝土的抗渗、抗裂、抗侵蚀性能，延长结构物的耐久年限。为了保证大体积混凝土工程的质量，一般可采取以下措施：

（1）采用水化热低的水泥，如低热水泥、矿渣硅酸盐水泥等。

（2）采用能降低早期水化热的混凝土外加剂，如缓凝剂、缓凝型减水剂等。

（3）采用掺合料，如粉煤灰、磨细矿渣、磨细石灰石等。

（4）采用一切措施增加骨料和掺合料用量，降低水泥用量。

（5）采用补偿收缩混凝土。

（6）采用合理施工工艺，如控制浇筑层厚度和进度，以利散热，控制混凝土入模温度，浇筑混凝土时投入适量毛石，预埋循环冷却水管，埋设测温装置，加强观测等。

（7）冬季施工时，注意表面保温，以减少内外温差，喷洒热水养护或表面覆盖以防止水分蒸发。

九、耐热混凝土

耐热混凝土是指可在长期高温（200~1 300 ℃）作用下保持所需要的物理力学性能的特种混凝土。耐热混凝土大量用于建造工业的窑炉基础、高炉外壳、烟囱和热工设备基础等。

普通混凝土在高温时强度降低和颜色的规律如图 4.31 所示。在低于 300 ℃ 时，温度升高对强度影响较小；但在高于 300 ℃ 后，混凝土强度随温度升高而显著降低，且颜色发生变化。这主要是由于在长期高温环境下，首先是氢氧化钙分解及石英岩骨料膨胀，而后是水化硅酸钙脱水及石灰岩骨料分解，混凝土强度几乎完全丧失。因此，普通混凝土不能在高温环境下使用。耐热混凝土按其胶凝材料的不同，一般可分为水泥耐热混凝土和水玻璃耐热混凝土。

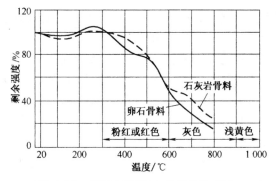

图 4.31　高温下混凝土的强度和颜色

（一）水泥耐热混凝土

1. 硅酸盐水泥耐热混凝土

它由普通硅酸盐水泥、磨细掺合料、耐热粗细骨料和水配制而成。配制这类耐热混凝土，要求普通硅酸盐水泥不得掺有石灰岩类的混合材料。磨细掺合料可采用黏土熟料、磨细石英砂、砖瓦粉末等，其中的 SiO_2、Al_2O_3 在高温下可与氧化钙作用，生成稳定的无水硅酸盐和无水铝酸盐，使水泥具有独特的耐热性能。耐热粗细骨料根据不同耐热性能要求，可选用重矿渣、红砖、黏土质耐火砖碎块、安山岩、玄武岩、铝矾土熟料、烧结镁砂及铬铁矿等，其中后三种为耐热优质骨料。普通硅酸盐水泥配制的耐热混凝土的极限使用温度为 1 200 ℃。

2. 矿渣硅酸盐水泥耐热混凝土

它由矿渣硅酸盐水泥、耐热粗细骨料（有时掺加磨细掺合料）和水配制而成。矿渣硅酸盐水泥作为耐热混凝土的胶凝材料，实质上即为硅酸盐水泥熟料掺矿渣，这里的矿渣本身就是磨细掺合料。矿渣水泥耐热混凝土的极限使用温度为 900 ℃。

3. 铝酸盐水泥耐热混凝土

它由高铝水泥或低钙铝酸盐水泥，耐热度较高的掺合料以及耐热粗细骨料和水配制而成。其极限使用温度在 1 300 ℃ 以下。虽然在 300～400 ℃ 时强度会剧烈降低，但此后残余部分的强度却能保持不变。而在 1 100 ℃ 以后，结构水全部脱出而烧结成陶瓷材料，其强度又会重新提高。高铝水泥的熔化温度在 1 200～1 400 ℃，因此，在其极限使用温度之下是不会被熔化而降低强度的。

（二）水玻璃耐热混凝土

它是以水玻璃为胶凝材料，氟硅酸钠为促硬剂，掺入磨细掺合料及耐热粗细骨料配制而成。磨细掺合料及耐热粗细骨料与硅酸盐水泥耐热混凝土相同。水玻璃耐热混凝土的极限使用温度在 1 200 ℃ 以下。

十、耐酸混凝土

在工业建筑中，混凝土常接触到酸性介质，而普通混凝土是不耐酸性腐蚀的。一般将具有抵抗酸性介质腐蚀能力的混凝土，称为耐酸混凝土。

耐酸混凝土常以水玻璃作为胶凝材料，氟硅酸钠作为促硬剂，掺入磨细的耐酸掺合料（如石英粉或辉绿石岩粉）以及耐酸的粗细骨料（如石英石、石英砂），按一定比例配制而成。水玻璃耐酸混凝土的质量配合比大致为水玻璃：粉末填充料：砂：石 =（0.6～0.7）：1：1：（1.5～2.0）。氟硅酸钠为水玻璃质量的 12%～15%。水玻璃用量必须满足混凝土流动性的要求，其密度应为 1.38～1.40 g/cm^3。

水玻璃耐酸混凝土可抵抗各种酸（如硫酸、盐酸、硝酸等无机酸，醋酸、蚁酸和草酸等有机酸）和大部分腐蚀性气体（氯气、二氧化硫、三氧化硫等）的侵蚀。但不耐氢氟酸、300 ℃ 以上的热磷酸、高级脂肪酸或油酸的侵蚀。这种混凝土 3 d 的抗压强度为 11～12 MPa，28 d 的抗压强度应不小于 15 MPa。

水玻璃耐酸混凝土的硬化机理，一般认为主要是水玻璃和氟硅酸钠发生化学反应的结果，而耐酸粉料和耐酸粗细骨料不参与反应。氟硅酸钠 Na_2SiF_6 可与水玻璃发生反应生成硅胶 $Si(OH)_4$，此种硅胶沉积在耐酸粉料和粗细骨料表面，形成一层硅胶薄膜，由于硅胶本身具有黏结性，将掺合料和粗细骨料相互胶结成一整体，无定形硅胶逐步脱水变成氧化硅［即 $Si(OH)_4 = SiO_2 + 2H_2O$］，使耐酸混凝土强度进一步提高。温度上升，水玻璃耐酸混凝土的硬化过程逐渐加快，一般要在温度（10 ℃ 以上）和干燥的环境中硬化（禁止浇水）。

水玻璃耐酸混凝土一般用于储油器、输油管、储酸槽、酸洗槽、耐酸地坪及耐酸器材等。

十一、道路混凝土

道路路面或机场路面所用的水泥混凝土，一般称为道路混凝土。道路混凝土必须具备下列性质：

（1）抗折强度高，波动性小；

（2）表面致密，具有良好的耐磨性；

（3）有良好的承受气候作用的耐久性；

（4）在温度和湿度的影响下体积变化不大；

（5）表面易于整修。

道路混凝土在原材料、技术性质的规律及质量控制等方面与普通混凝土基本一致。但由于其受力特点及所使用环境的不同，道路混凝土在组成材料选用、配合比设计、施工等方面与普通混凝土又不尽相同。

配制道路混凝土所用水泥以道路硅酸盐水泥或普通硅酸盐水泥为佳，因其具有凝结硬化快、早期强度高、收缩性小、耐磨性能强、抗冻性好等优势。水泥强度等级不宜低于 42.5 级，水泥用量应不少于 320 kg/m³。粗骨料的质量是影响道路混凝土耐久性的重要因素，必须选用抗压强度较高和耐磨性较好的粗骨料，其最大粒径不宜大于 37.5 mm。细骨料宜采用级配良好的中、粗砂，砂的质量应符合 C30 以上普通混凝土用砂要求。道路混凝土工程中常用的外加剂品种为减水剂、引气剂、早强剂、缓凝剂，有抗冻要求的混凝土，含气量应大于 4.5%~6%。

道路混凝土的配合比设计，应使混凝土符合强度高、耐久性好、抗磨性和抗冲击性强、变异性小等质量要求，并具有适合操作的施工和易性。道路混凝土主要是以路面混凝土的抗折强度（抗弯拉强度）为设计标准。道路混凝土的配合比设计方法及步骤应遵循相应规程的要求。

道路混凝土除有抗折强度要求外，为保证路面混凝土的耐久性、耐磨性、抗冻性等要求，抗压强度不应低于 C30。道路混凝土抗折强度与抗压强度的比值，一般为 1∶5.5~1∶7.0。

道路混凝土的施工特点为：混凝土面层较薄，质量的波动会大幅度影响到结构强度，故应优先采用大型机械化施工，以便高效率地浇筑出数量多、质量好、尺寸准确的混凝土路面。

十二、喷射混凝土

喷射混凝土是用压缩空气喷射施工的混凝土。它是将预先配好的水泥、砂、石子和速凝剂装入喷射机，借助高压气流使物料通过喷头时与水混合，以较高的速度喷射至施工面。这种混凝土一般不用模板，能与施工面紧密地黏结在一起，形成完整而稳定的衬砌层，具有施工简便、强度增长快、密实性好、适应性强的特点。

为了保证喷射混凝土可在几分钟内凝结，并获得较高的早期强度，降低回弹率，需掺用速凝剂。目前常用的速凝剂有红星Ⅰ型速凝剂和 711 型速凝剂，中碱、低碱速凝剂也被广泛采用，无碱速凝剂后期强度损失少，尚在推广中。

喷射混凝土要求所用的水泥凝结硬化快，早期强度高，故宜用普通水泥而不宜用火山灰水泥或矿渣水泥。所用骨料级配应很好地选择，以免发生堵管现象。石子最大粒径应不大于25 mm 或 20 mm，其中粒径大于 15 mm 的石子应控制在 20% 以内，砂子以中砂或粗砂为宜。常用配合比为水泥∶砂∶石 = 1∶2∶2 或 1∶2.5∶2（质量比），水泥用量一般为 300 ~ 400 kg/m³，水灰比为 0.4 ~ 0.5。

喷射混凝土的强度和密实度均较高，抗压强度为 25 ~ 40 MPa，抗拉强度为 2 ~ 2.5 MPa，与岩石的黏结力为 1 ~ 1.5 MPa，抗渗等级在 P8 以上。喷射混凝土常用于隧道衬砌施工。此外，还广泛应用于基坑支护和矿井支护工程以及修补混凝土建筑物的缺陷。

十三、水下混凝土

在地面拌制而在水下环境（淡水、海水、泥浆水）中灌筑和硬化的混凝土，称为水下灌筑混凝土，简称水下混凝土。采用这种方法施工的混凝土，可省去为创造干地施工条件所必须采取的围堰、基础防渗及基坑排水等辅助工程。

水下混凝土施工时，应防止混凝土受水流冲刷而导致材料离析或形成疏松结构。因此，原则上应在静水中灌筑。若是断流不完善，则水的流速也须控制在 3 m/min 以下。

水下混凝土一般不采用振捣，而是依靠自重（或压力）和自然流动摊平。同时，在有水环境中，灌筑混凝土难免会受到环境水的浸渍、扰动和稀释的影响，为了减少或避免这些不利因素，不仅要求采用特殊的施工方法，也要求混凝土拌合物具有良好的和易性，即流动性要大，黏聚性要好，泌水性要小。坍落度以 15 ~ 18 cm 为宜，且具有良好的保持流动性的能力。因此，宜选用颗粒较细、泌水率小、收缩性小的水泥，如普通水泥等。水泥等级不宜低于 32.5，用量应在 370 kg/m³ 以上。为防止骨料离析，粗骨料不宜过大，最大粒径应结合输送混凝土导管口径及钢筋净距选用，一般不宜大于 70 mm。砂率较大，为 40% ~ 47%，且砂中应含有一定数量的细颗粒，必要时可掺用一定量的粉煤灰，以提高拌合物的黏聚性。近年来，采用高分子材料聚丙烯酰胺作为水下不分散剂掺至混凝土中，且取得了良好的技术效果。

十四、3D 打印混凝土

3D 打印混凝土技术是在 3D 打印技术基础上，基于增材制造（Additive Manufacturing，AM）原则进行分层打印混凝土建筑的新技术。3D 打印混凝土技术可以减少建筑废物，缩短施工周期，使施工过程更加绿色，且打印过程几乎不需要人工，大大减少了人力和成本，提高施工效率和安全。

3D 打印混凝土结构的建造核心在于制备的混凝土能否顺利通过喷嘴，实现层层相互黏结支承并固化形成整体，因而 3D 打印混凝土在输送性、可挤出性、可建造性、黏结性、施工时间和早强强度等各方面的要求都比传统混凝土更严格。具体而言，3D 打印工艺要求制备的混凝土在输送管道内具备流动性和稳定性，且材料可以从喷嘴内连续均匀地挤出。在挤出过程中，混凝土材料承受较大的压力和剪力，打印出的混凝土堆积成型，相互黏结，且具备一定的早期强度，可以相互支撑，不发生垮塌。因此，针对 3D 打印混凝土，需要基于胶凝材料、骨料、水及外加剂对 3D 打印混凝土性能的影响规律，对配合比进行精心设计，并探索支撑 3D 打印混凝土的新理论、新配合比设计理念、新计算模型和新工艺参数。此外，由于 3D 打印混凝土胶凝材料用量高，如何去更好地顺应低碳发展的需求，也是值得思考的问题。

复习思考题

1. 对普通混凝土有哪些基本要求？怎样才能获得质量优良的混凝土？

2. 试述混凝土中的 4 种基本组成材料在混凝土中所起的作用。

3. 对混凝土用骨料在技术上有哪些基本要求？为什么？

4. 试说明骨料级配的含义，怎样评定级配是否合格？骨料级配良好有何技术经济意义？

5. 某工地打算大量生产 C30 以上混凝土，当地所产砂（甲砂）的取样筛分结果见表 4.50，判定其颗粒级配不合格；外地产砂（乙砂），根据筛分结果，其颗粒级配也不合格。若将两种砂混合掺配使用，是否可行？如果可行，试确定其最合理的掺配比例。

表 4.50　筛分记录

筛孔尺寸/mm	累计筛余率/%		筛孔尺寸/mm	累计筛余率/%	
	甲砂	乙砂		甲砂	乙砂
4.75	0	0	0.600	50	90
2.36	0	40	0.300	70	95
1.18	4	70	0.150	100	100

6. 比对河砂与机制砂技术要求的异同。

7. 试比较碎石和卵石拌制的混凝土的优缺点。

8. 什么是混凝土拌合物的和易性？影响和易性的主要因素有哪些？如何改善混凝土拌合物的和易性？

9. 试述泌水对混凝土质量的影响。

10. 和易性与流动性之间有何区别？混凝土试拌调整时，发现坍落度太小，如单纯增加用水量去调整，混凝土拌合物会有什么变化？对硬化后的混凝土性质又会有怎样的影响？

11. 影响混凝土强度的内在因素有哪些？试结合强度公式加以说明。

12. 某工地施工人员采取下述几个方案提高混凝土拌合物的流动性，试问哪个方案可行，哪个方案不可行？并说明理由。

（1）多加水；

（2）保持 W/B 不变，增加胶凝材料浆体用量；

（3）加入 C-S-H 晶核或三乙醇胺；

（4）加入减水剂；

（5）延长振捣时间。

13. 试简单分析下述不同的试验条件测得的强度大小有何不同，为何不同？

（1）试件形状不同（同横截面的棱柱体试件和立方体试件）；

（2）试件尺寸不同；

（3）加荷速度不同；

（4）试件与压板之间的摩擦力大小不同（涂油和不涂油）。

14. 混凝土的弹性模量有几种表示方法？规范采用的是哪一种？怎样测定？

15. 试结合混凝土的应力-应变曲线说明混凝土的受力破坏过程。

16. 什么是混凝土的徐变和收缩？影响徐变与收缩的主要因素有哪些？

17. 试从混凝土的组成材料、配合比、施工、养护等几个方面综合考虑，提出提高混凝土强度的措施。

18. 什么是减水剂？在混凝土中加减水剂有何技术经济意义？我国目前常采用的有哪几种？

19. 什么是引气剂？在混凝土中掺入引气剂会有何技术经济意义？

20. 混凝土的强度为什么会有波动？波动的大小如何评定？

21. 根据以往的历史统计资料，甲、乙、丙三个施工队的施工水平各不相同。若按混凝土强度的变异系数 C_v 来衡量，则甲队 $C_v = 10\%$，乙队 $C_v = 15\%$，丙队 $C_v = 20\%$。今有某工程要求混凝土的强度等级为 C30，混凝土强度保证率为 95%（保证率系数 $t = 1.645$），问这三个施工队在保证质量的条件下，各自的混凝土配制强度（平均强度）为多少？指出哪个施工队最节约水泥，并说明理由。

22. 混凝土的 W/B 和相应 28 d 的强度数据列于表 4.51 中，所用水泥为 42.5 等级普通水泥，试求出强度经验公式中的 α_a、α_b 值（精确至 0.01）。

表 4.51

编　号	1	2	3	4	5	6	7	8
W/B	0.40	0.45	0.50	0.55	0.60	0.65	0.70	0.75
f_{cu}/MPa	36.3	35.3	28.2	24.0	23.0	20.6	18.4	15.0

23. 用砂、石材料拌制 C30 塑性混凝土：砂子，$\rho_{0s} = 2.60\ \text{g/cm}^3$，$\rho'_{0s} = 1560\ \text{g/cm}^3$；石子，$\rho_{0g} = 2.60\ \text{g/cm}^3$，$\rho'_{0g} = 1530\ \text{g/cm}^3$。试求出理论砂率。（取拨开系数 $K = 1.3$）

24. 已知实验室配合比为 $1 : 2.50 : 4.05$，$W/B = 0.6$，混凝土拌合物的表观密度 $\rho_0 = 2\,400\ \text{kg/m}^3$，工地采用 800 L（出料）搅拌机进行搅拌，某日实际测得卵石含水率为 2.5%，砂的含水率为 4%。问当天每次各种材料投量为多少？

25. 某实验室按初步配合比，称取 15 L 混凝土的原材料进行试拌，水泥 5.2 kg，砂 8.9 kg，石子 18.1 kg，$W/B = 0.6$。试拌结果是坍落度太小，于是保持 W/B 不变，增加 10% 的水泥浆后，坍落度合格，测得混凝土拌合物表观密度为 2 380 kg/m³，试计算调整后的基准配合比。

26. 在标准条件下养护一定时间的混凝土试件，能否真正代表同龄期的相应结构物中的混凝土强度？试解释之。在现场同条件下养护的混凝土又如何呢？

27. 为什么要在混凝土施工中进行质量控制？通常要进行哪些检验工作？

28. 某工程配制 C30 混凝土，施工中连续抽取 36 组试件（试件为边长 150mm 立方体试件），检测 28 d 强度，结果见表 4.52。试求 $\overline{f}_{cu}$，σ，C_{v}, t，并查表查出强度保证率。

表 4.52

试件组号	1	2	3	4	5	6	7	8	9	10	11	12
f_{cu}	32.9	36.5	38.3	39.1	37.6	40.1	42.9	45.1	43.6	33.1	29.3	28.7
试件组号	13	14	15	16	17	18	19	20	21	22	23	24
f_{cu}	33.5	40.2	37.6	38.0	36.9	33.8	37.9	36.9	36.8	31.6	36.3	37.8
试件组号	25	26	27	28	29	30	31	32	33	34	35	36
f_{cu}	38.6	33.5	39.1	32.1	30.6	35.6	36.9	37.5	38.9	39.3	38.6	38.3

29. 混凝土获得高强的途径和技术措施主要有哪些？

30. 与普通混凝土相比，轻骨料混凝土在物理力学和变形性质上有何特点？

31. 什么是高性能混凝土？特制品高性能混凝土有哪些品种？

32. 阐述高性能混凝土的技术条件。

33. 什么是超高性能混凝土？有哪些品种及特性？

34. 与普通混凝土比较，纤维混凝土和聚合物混凝土各有何特点？

35. 试比较水下混凝土与泵送混凝土的相同与不同之处。

36. 配制耐热混凝土、耐酸混凝土的原理是什么？它们在选用原材料上有何区别？

37. 混凝土耐久性综合设计：

（1）青藏铁路穿越盐湖（含高浓度 Cl^-，Na^+，K^+，SO_4^{2-} 等）地区的桥梁墩台混凝土，结构承载设计要求强度等级为 C30，结构最小尺寸为 2.0 m，设置非承重构造钢筋，钢筋最小净距离为 18 cm。该地区冬季最低气温为 $-20\ ℃$，施工季节日平均气温为 5 ℃（$-2 \sim 10\ ℃$）。试对该混凝土进行耐久性设计，设计内容应包括：

① 原材料选用（水泥品种、等级，粗细骨料品种、等级、质量要求等）；

② 添加剂选用（外加剂和掺合料品种、指标要求）；

③ 混凝土初步配合比（含耐久性应检验的各项指标要求）；

④ 施工中应注意的事项。

（2）我国南方地区某海港码头钢筋混凝土结构，结构承载设计要求强度等级为 C30，结构最小尺寸为 0.8 m，钢筋最小净距离为 10 cm。该地区全年最低和最高气温为 $-2\ ℃$ 和 35 ℃，施工季节温度为 20～30 ℃。试对该钢筋混凝土进行耐久性配合比设计，设计内容应包括：

① 原材料选用；

② 添加剂（外加剂和掺合料）选用；

③ 混凝土初步配合比；

④ 施工中应注意的事项。

第五章　建筑砂浆

第一节　砂浆的定义和分类

砂浆是由胶黏材料、细骨料、水及根据工程需要添加的掺和料及外加剂等，按一定比例配制而成的建筑工程材料。

砂浆作为建筑工程中广泛使用的大宗材料之一，在漫长的发展进程中，随着建筑业的发展其功能不断拓展。目前主要用于砌筑、抹灰、饰面、修补和特殊用途，如防水、耐腐蚀、隔热保温等。

砂浆一般可按其所用胶凝材料和砂浆的用途进行分类（见表5.1）。

表 5.1　砂浆的分类

类别	砂浆名称	配制方法及应用
按胶凝材料分类	石膏砂浆	以建筑石膏为胶黏料，加入细骨料、水及其他辅助材料（如保水剂、缓凝剂、纤维素等）配制而成。作为一种新型墙体抹灰材料，广泛用于内墙干燥环境抹灰
	石灰砂浆	以石灰粉或石灰膏为胶黏料，加入细骨料和水配制而成。可用于内墙面的底层、中层抹灰和一般砌筑
	水泥砂浆	以水泥为胶黏料，加入细骨料和水配制而成。可用于砌筑和墙面、地面抹灰，特别适用于潮湿环境的砌筑和抹灰
	混合砂浆	一般以水泥为主要胶黏料，加入细骨料、水和适量掺和料等按一定比例配制而成。可用于砌筑和墙面、柱面、顶棚等部位的抹灰
	聚合物水泥砂浆	由水泥、聚乙烯醇缩甲醛胶（107胶[*]）、颜料、细骨料、外加剂和水等按一定比例配制而成。可用于墙面、柱面、顶棚等部位面层的喷涂、滚涂和刮涂
	水玻璃砂浆	以水玻璃为胶黏料，加入固化剂、耐酸粉、耐酸砂配制而成。可用于耐酸块材的砌筑及耐酸要求较高部位的面层
	沥青砂浆	以沥青为胶黏料，加入耐酸粉、耐酸砂及纤维材料（如石棉等），经加热熬制搅拌而成。可用于黏结耐腐蚀块材及有防腐蚀要求部位的面层及加固修补
	树脂砂浆	以各种合成树脂为胶黏料，加入固化剂、稀释剂、粉料及细骨料配制而成。可用于铺砌耐腐蚀块材、色缝及有防腐蚀要求部位的面层，也可用于结构加固修补
	硫黄砂浆	以硫黄为胶黏料，加入粉料、细骨料及改性剂，经加热熬制搅拌而成。可用于黏结耐腐蚀块材、灌注管道接口等
	氯丁胶乳水泥砂浆	由水泥、氯丁胶乳、复合助剂、细骨料和水按一定比例配制而成。可用于铺砌耐酸砖、耐酸陶板等耐酸块材，以及有防腐蚀要求部位的面层

续表

类别	砂浆名称	配制方法及应用
按用途分类	砌筑砂浆	一般由3~5种材料配制而成。用于砖、石和各种砌块的砌筑
	一般抹灰砂浆	一般由3~5种材料配制而成。用于墙面、柱面、顶棚和地面等部位的抹灰（主要作为装饰或饰面底层）
	装饰砂浆	专门用于建筑物内外表面，具有特殊的表面装饰效果，呈现出各种色彩、线条和花纹
	防水砂浆	以水泥为胶黏料，加入细骨料、水和适量的防水剂配制而成。多用于地下工程、储水构筑物和楼（地）面的抹灰
	耐腐蚀砂浆	以水玻璃、树脂、硫黄或沥青为胶黏料，加入粉料、细骨料及视所用胶黏料而掺入适量的固化剂、稀释剂、改性剂、胶乳和水等配制加工而成。用于有防腐蚀要求构筑物的砌筑或面层
	保温隔热砂浆	可用水泥、石灰、沥青及其他胶黏料，一般采用膨胀珍珠岩粉或膨胀蛭石粉为骨料，加入适量的水配制而成。用于有保温隔热要求的墙面、顶棚和屋面等处
	防辐射砂浆	以水泥为胶黏料，主要采用重晶石制成的砂为骨料，加入适量的水配制而成。对X射线和γ射线有良好的阻隔作用
	自流平砂浆	以水泥为胶黏料，掺加适量的外加剂，严格控制砂的级配、粒形、含泥量，加入适量水配制而成。用于现代化施工中地坪敷设

注：* 107胶中含有毒物甲醛，最好用108胶。

传统砂浆在施工过程中，由于材料质量不稳定，施工工艺落后，常使砂浆开裂、空鼓、剥落，黏结性降低。近年来，随着商品砂浆的开发，以往传统砂浆的工程质量不稳定、材料配比精度差、工地粉尘污染大、材料堆放占地等问题在很大程度上得到解决。砂浆生产的商品化在工程中具有重要意义。

《预拌砂浆》（GB/T 25181—2019）规定：预拌砂浆是指专业生产厂生产的湿拌砂浆或干混砂浆。湿拌砂浆指水泥、细骨料、矿物掺合料、外加剂、添加剂和水，按一定比例，在专业生产厂经计量和搅拌后，运至使用地点，并在规定时间内使用的拌合物。干混砂浆是指胶凝材料、干燥细骨料、添加剂以及根据性能确定的其他组分，按一定比例，在专业生产厂经计量、混合而成的干态混合物，在使用地点按规定比例加水或配套组分拌合使用。预拌砂浆与传统砂浆对比如表5.2所示。

表 5.2　预拌砂浆与传统砂浆对比表

	预拌砂浆	传统砂浆
砌筑砂浆	WM M5、DM M5	M5混合砂浆、M5水泥砂浆
	WM M7.5、DM M7.5	M7.5混合砂浆、M7.5水泥砂浆
	WM M10、DM M10	M10混合砂浆、M10水泥砂浆
	WM M15、DM M15	M15水泥砂浆
	WM M20、DM M20	M20水泥砂浆
地面砂浆	WS M15、DS M15	1:2水泥砂浆、1:3水泥砂浆
	WS M20、DS M20	

续表

抹灰砂浆	预拌砂浆	传统砂浆
	WP M5、DP M5 WP M10、DP M10 WP M15、DP M15 WP M20、DP M20	1：1：6 混合砂浆 1：1：4 混合砂浆 1：3 水泥砂浆 1：2 水泥砂浆、1：2.5 混合砂浆、 1：1：2 混合砂浆

注：WM 表示湿拌砌筑砂浆；WP 表示湿拌抹灰砂浆；WS 表示湿拌地面砂浆；DM 表示干混砌筑砂浆；DS 表示干混地面砂浆；DP 表示干混抹灰砂浆。

第二节 建筑砂浆的技术性质

一、砂浆拌合物的和易性

新拌和的砂浆必须具有良好的和易性。和易性良好的砂浆可涂抹成均匀的薄层，且与基（体）层黏结牢固，这样的砂浆既便于操作，又能保证工程质量。砂浆和易性的好坏取决于砂浆的流动性和保水性。

1. 流动性

流动性是指砂浆拌合物在自重或外力作用下产生流动的性质。流动性用砂浆稠度仪测定，以沉入度或稠度（mm）表示。沉入度越大，表示砂浆的流动性越大。

影响砂浆流动性的因素很多，如胶黏料的种类和用量、用水量、细骨料的粗细程度、粒形及级配、搅拌时间、外加剂等。

砂浆流动性的选择与砌体材料的类型、施工气候有关。一般可根据施工操作经验来判断（见表 5.3）。

表 5.3 砂浆流动性选择表（稠度）　　　　　　单位：mm

砌体种类	砌筑砂浆		抹灰砂浆		
	干燥气候或 多孔砌块	寒冷气候或 密实砌块	抹灰工程	机械施工	手工操作
砖砌体	80~100	60~80	准备层	80~90	110~120
普通毛石砌体	60~70	40~50	底层	70~80	70~80
振捣毛石砌体	20~30	10~20	面层	70~80	90~100
炉渣混凝土砌块	70~90	50~70	含石膏的面层	—	90~120

通常砌筑砂浆的稠度一般选择 30~90 mm，抹灰砂浆的稠度一般选择 70~90 mm。

2. 保水性

砂浆混合物能够保持水分不泌出流失的能力，称为保水性。保水性也指砂浆中各种组成材料不易分离的性质。新拌制的砂浆在存放、运输和使用过程中，都必须保持其中水分不致很快流失，才能保证砂浆与基层结合后能很好地硬化，从而确保砌筑和抹灰的工程质量。

部分新品种砂浆（如石膏砂浆、聚合物砂浆等）用分层度试验衡量砂浆各组分的稳定性或保持水分的能力已不太适宜，《建筑砂浆基本性能试验方法标准》（JGJ/T 70—2009）新增加了保水率测定方法。该方法适宜于测定大部分预拌砂浆的保水性能。《砌筑砂浆配合比设计规程》（JGJ/T 98—2010)取消了分层度指标，采用保水率指标。《抹灰砂浆技术规程》（JGJ/T 220—2010）仍采用的是分层度指标。下面分别介绍保水率指标和分层度指标的测定方法。

1）保水率

保水率是衡量砂浆保水性能的指标，也表示砂浆中各组成材料是否易分离的性能。新砂浆在存放、运输和使用过程中，都必须保持其水分不致很快流失，才能便于施工操作和保证工程质量。测试时，选用 15 片滤纸置于砂浆表面滤网，在一定质量重物压力作用下，静置 2 min，测试滤纸吸水质量，并用下式表征保水率：

$$W = \left[1 - \frac{m_4 - m_2}{\alpha \times (m_3 - m_1)} \right] \times 100 \qquad (5.1)$$

式中　　W——砂浆保水率（%）

　　　　m_1——底部不透水片与干燥试模质量（g），精确至 1 g；

　　　　m_2——15 片滤纸吸水前的质量（g），精确至 0.1 g；

　　　　m_3——试模、底部不透水片与砂浆总质量（g），精确至 1 g；

　　　　m_4——15 片滤纸吸水后的质量（g），精确至 0.1 g；

　　　　m_5——砂浆含水率（%）。

2）分层度

砂浆分层度试验用砂浆分层度筒进行试验（内径为 150 mm，上节高度为 200 mm，下节带底净高为 100 mm，用金属板制成，上、下层连接处需加宽到 3 ~ 5 mm，并设有橡胶热圈）。方法是将拌和好的砂浆先进行稠度试验，然后将同批砂浆一次注满分层筒内，静置 30 min 后，去掉上层 200 mm 砂浆，然后取出底层 100 mm 砂浆在砂浆搅拌锅内重新拌匀，再测稠度。两次砂浆稠度的差值（以 mm 计）即为砂浆分层度。两次分层度试验值之差如大于 10 mm，应重新取样测定；分层度过大，表示砂浆易产生分层离析，不利于施工及水泥硬化。一般抹灰砂浆的分层度不得大于 20 mm；分层度过小或接近于零的砂浆，虽然其保水性很强，无分层离析现象，但这种砂浆往往胶黏料用量过多，或细骨料过细，易发生干缩裂缝，故通常砂浆分层度不宜小于 10 mm。

二、砂浆硬化后的主要性能

1. 强　度

强度是砂浆的主要物理力学性能，砌筑砂浆是以抗压强度作为强度指标。即采用 70.7 mm × 70.7 mm × 70.7 mm 的带底试模成型标准立方体试件，之所以边长没有取整数而采用 70.7 mm，是因为在 20 世纪 80 年代前，按照当时行业标准单位采用 cm，即 7.07cm，承压面积为 50 cm²，当时没有计算器，方便计算，一直沿用至今。

抗压强度每组 3 个试件，试件制作后应在室温为（20±5）℃的环境下静置（24±2）h 后放入标准养护温度（20±2）℃和一定湿度（水泥砂浆和微沫砂浆相对湿度 90% 以上，混合砂浆相对湿度 60%~80%）下养护 28 d，测定其抗压强度的平均值（MPa）。根据《砌筑砂浆配合比设计规程》（JGJ/T 98—2010）将砌筑砂浆强度等级划分为 M5、M7.5、M10、M15、M20、M25 和 M30 共 7 个等级。

砂浆立方体抗压强度按下式计算：

$$f_{m,cn} = \frac{N_u}{A} \tag{5.2}$$

式中　$f_{m,cn}$ —— 砂浆立方体抗压强度（MPa）；

　　　N_u —— 立方体破坏荷载（N）；

　　　A —— 试件承压面积（mm²）。

影响砂浆强度的主要因素如下：

（1）基层为不吸水材料（如致密的石材）时，影响强度的因素主要是水泥强度和水灰比，强度公式为

$$f_{m,0} = A \cdot f_{ce}\left(\frac{C}{W} - B\right) \tag{5.3}$$

式中　$f_{m,0}$ —— 砂浆 28 d 抗压强度（MPa）；

　　　f_{ce} —— 水泥实测强度（MPa）。

　　　A、B —— 经验系数，建议通过试验统计方法获得。当采用河砂时，可采用 A 取 0.29，B 取 0.4。

（2）基层为吸水材料（如砖）时，因砂浆有一定的保水性，经基层吸水后，保留在砂浆中的水分几乎相同，因此，影响砂浆强度的因素主要有水泥强度与水泥用量，与水灰比无关。强度公式为：

$$f_{m,0} = \frac{A \cdot f_{ce} \cdot Q_c}{1\,000} + B \tag{5.4}$$

式中　Q_c —— 每立方米砂浆的水泥用量（kg/m³）；

　　　A、B —— 经验系数，可参照表 5.4 选用。

表 5.4　A、B 系数选用表

砂浆品种	A	B
水泥混合砂浆	3.03	−15.09

通常砂浆的强度越高，黏结力越大。另外，砂浆的黏结力还与砌体的表面粗糙程度、清洁程度、潮湿状态及养护条件有关。

2. 静力受压弹性模量

砂浆静力受压弹性模量是指应力为轴心抗压强度 40% 时的加荷割线模量。

砂浆弹性模量的标准试件为棱柱体，标准尺寸为 70.7 mm × 70.7 mm × (210～230) mm。每次试验制备六块试件，其中三块用于测定轴心抗压强度。

3. 抗冻性能

抗冻性能是评价砂浆耐久性的重要指标。它表示砂浆抵御冻害的能力。抗冻性以饱水砂浆标准立方体试件，在负温空气中冻结、正温水中融化的方法，以砂浆抗压强度损失率不大于 25% 和质量损失率不大于 5% 时所经历的最大冻融循环次数 N 进行衡量。

第三节　砌筑砂浆

将砖、石、砌块等黏结成为砌体的砂浆称为砌筑砂浆。

建筑上常用的砌筑砂浆有水泥砂浆、水泥混合砂浆和石灰砂浆等，工程中应根据砌体种类、砌体性质及所处环境条件等进行选用。水泥砂浆和水泥混合砂浆宜用于砌筑潮湿环境及强度要求较高的砌体，但对于湿土中的砖石基础一般采用水泥砂浆。石灰砂浆宜用于砌筑干燥环境及强度要求不高的砌体。

一、砌筑砂浆的材料要求

1. 水　泥

砌筑砂浆用水泥的强度等级应根据设计要求进行选择。M15 及以下强度等级的砌筑砂浆宜选用 32.5 级的通用硅酸盐水泥或砌筑水泥；M15 以上强度等级的砌筑砂浆宜选用 42.5 级通用硅酸盐水泥。

2. 砂

砌筑砂浆用砂宜选用中砂，并符合现行行业标准《普通混凝土用砂、石质量及检验方法标准》（JGJ 52—2006），且应全部通过 4.75 mm 的筛孔。砂中含泥量过大，不但会增加砂浆的水泥用量，还会使收缩值增大、耐久性降低，影响砌筑质量，需特别关注。人工砂中石粉含量增大会增大砂浆的收缩，使用时也要符合《普通混凝土用砂、石质量及检验方法标准》（JGJ 52—2006）的要求。

3. 砌筑砂浆用石灰膏、电石膏

（1）石灰膏。采用生石灰熟化成石灰膏时，应用筛孔尺寸不大于 3 mm × 3 mm 的网过滤，熟化时间不得少于 7 d；采用磨细生石灰粉时，应符合现行行业标准《建筑生石灰》（JC/T 479—2013）的规定，熟化时间不得少于 2 d。沉淀池中储存的石灰膏，应采取防止干燥、冻结和污染的措施。严禁使用脱水硬化的石灰膏。

（2）电石膏。制作电石膏的电石渣应通过用筛孔尺寸不大于 3 mm × 3 mm 的网过滤，检验时应加热至 70 ℃并保持 20 min，没有乙炔气味后，方可使用。

（3）石灰膏、电石膏试配时的稠度，应为（120 ± 5）mm。

4. 矿物掺合料

粉煤灰、粒化高炉矿渣粉、硅灰、天然沸石粉应分别符合国家现行标准《用于水泥和混凝土中的粉煤灰》（GB/T 1596—2017），《用于水泥、砂浆和混凝土中的粒化高炉矿渣粉》（GB/T 18046—2017），《高强高性能混凝土用矿物外加剂》（GB/T 18736—2017）和《混凝土和砂浆用天然沸石粉》（JG/T 566—2017）的规定。当采用其他品种矿物掺合料时，应有可靠的技术依据，且应在使用前进行试验验证。

5. 拌和水

砌筑砂浆拌和用水应符合现行行业标准《混凝土用水标准》（JGJ 63—2006）的规定。

6. 外加剂

砌筑砂浆中掺入的砂浆外加剂，应具有法定检测机构出具的该产品砌体强度检验报告，并经砂浆性能试验合格后，方可使用。

二、砌筑砂浆的技术要求

（1）砌筑砂浆的强度等级。砌筑砂浆的强度等级宜采用 M30，M25，M20，M15，M10，M7.5，M5。

（2）砌筑砂浆的表观密度。水泥砂浆拌合物的表观密度不宜小于 1 900 kg/m³；水泥混合砂浆拌合物和预拌砌筑砂浆拌合物的表观密度不宜小于 1 800 kg/m³。

（3）砌筑砂浆的性能。砌筑砂浆的稠度、保水率、试配抗压强度必须同时符合要求。

（4）砌筑砂浆的稠度。砌筑砂浆的稠度应按如表 5.5 所示的规定选用。

表 5.5　砌筑砂浆的稠度

砌体种类	砂浆稠度/mm
烧结普通砖砌体、粉煤灰砖砌体	70～90
烧结多孔砖砌体、烧结空心砖砌体、轻集料混凝土小型空心砌块砌体、蒸压加气混凝土砌块砌体	60～80
混凝土砖砌体、普通混凝土小型空心砌块砌体、灰砂砖砌体	50～70
石砌体	30～50

（5）砌筑砂浆的保水性。砌筑砂浆保水率应符合如表 5.6 所示的规定。

表 5.6　砌筑砂浆的保水率

砂浆种类	保水率/%
水泥砂浆	≥80
水泥混合砂浆	≥84
预拌砌筑砂浆	≥88

（6）砌筑砂浆中的水泥和石灰膏、电石膏等材料的用量可按如表 5.7 所示选用。水泥砂浆中的材料用量是指水泥用量，水泥混合砂浆中的材料用量是指水泥和石灰膏、电石膏的材料总量。预拌砌筑砂浆中的材料用量是指胶凝材料用量，包括水泥和替代水泥的粉煤灰等活性矿物掺合料。

表 5.7　砌筑砂浆的材料用量

砂浆种类	材料用量/（kg/m³）
水泥砂浆	≥200
水泥混合砂浆	≥350
预拌砌筑砂浆	≥200

（7）有抗冻性要求的砌体工程，砌筑砂浆应进行冻融试验。经冻融试验后，质量损失率不得大于 5%，抗压强度损失率不得大于 25%。

（8）砌筑砂浆试配时搅拌时间的规定。砂浆试配时应采用机械搅拌。搅拌时间应自开始加水算起，并符合下列规定：

① 对水泥砂浆和水泥混合砂浆，搅拌时间不得小于 120 s；

② 对预拌砂浆和掺有粉煤灰、外加剂、保水增稠材料等的砂浆，搅拌时间不得小于 180 s。

第四节　砌筑砂浆配合比设计

砌筑砂浆配合比设计时，应先根据原材料的性能和砂浆的技术要求及施工水平进行计算，然后经试配确定，做到经济合理，从而确保砂浆质量。

一、水泥混合砂浆配合比计算

1. 砂浆配合比的确定

砂浆配合比的确定，应按以下步骤进行：

（1）计算砂浆试配强度 $f_{m,0}$（MPa）。

（2）计算每立方米砂浆中的水泥用量 Q_c（kg/m³）。

（3）计算每立方米砂浆中的石灰膏用量 Q_D（：kg/m³）。

（4）确定每立方米砂浆中的砂用量 Q_s（kg/m³）。

（5）按砂浆稠度选用每立方米砂浆用水量 Q_w（kg/m³）。

（6）进行砂浆试配。

（7）配合比确定。

2. 砂浆的试配强度计算

砂浆的试配强度应按下式计算：

$$f_{m,0} = k f_2 \tag{5.5}$$

式中 $f_{m,0}$ —— 砂浆的试配强度（MPa）；

f_2 —— 砂浆强度等级（MPa）；

k —— 系数，按表 5.8 取值（MPa）。

表 5.8 砂浆强度标准差 σ 及 k 值

施工水平	强度标准差 σ/MPa							k
	M5	M7.5	M10	M15	M20	M25	M30	
优良	1.00	1.50	2.00	3.00	4.00	5.00	6.00	1.15
一般	1.25	1.88	2，50	3.75	5.00	6.25	7.50	1.20
较差	1.50	2.25	3.00	4.50	6.00	7.50	9.00	1.25

3. 砌筑砂浆现场强度标准差的确定

砌筑砂浆现场强度标准差的确定应符合以下规定：

（1）当有统计资料时，应按下式计算：

$$\sigma = \sqrt{\frac{\sum_{i=1}^{n} f_{m,i}^2 - n \mu_{f_m}^2}{n-1}} \tag{5.6}$$

式中 $f_{m,i}$ —— 统计周期内同一品种砂浆第 i 组试件的强度（MPa）；

μ_{f_m} —— 统计周期内同一品种砂浆 n 组试件强度的平均值（MPa）；

n —— 统计周期内同一品种砂浆试件的总组数（$n \geqslant 25$）。

（2）当不具有近期统计资料时，砂浆现场强度标准差 σ 可按如表 5.8 所示取用。

4. 水泥用量的计算

水泥用量的计算应符合下列规定：

（1）每立方米砂浆中的水泥用量，应按下式计算：

$$Q_c = \frac{1\,000(f_{m,0} - \beta)}{\alpha \cdot f_{ce}} \tag{5.7}$$

式中 Q_c —— 每立方米砂浆的水泥用量（kg/m^3）；

$f_{m,0}$ —— 砂浆的试配强度（MPa）；

f_{ce} —— 水泥的实测强度（MPa）；

α、β —— 砂浆的特征系数，其中 $\alpha = 3.03$，$\beta = -15.09$。各地区也可用本地区试验资料确定 α、β 值，统计用的试验组数不得少于 30 组。

（2）在无法取得水泥的实测强度值时，f_{ce} 可按下式计算：

$$f_{ce} = \gamma_c \cdot f_{ce,k} \tag{5.8}$$

式中 $f_{ce,k}$ —— 水泥强度等级值（MPa）；

γ_c —— 水泥强度等级值的富余系数，该值应按实际统计资料确定。无统计资料时 γ_c 可取 1.0。

5. 石灰膏用量

石灰膏用量应按下式计算：

$$Q_D = Q_A - Q_c \tag{5-9}$$

式中　Q_D —— 每立方米砂浆的石灰膏用量（kg/m^3）；

　　　Q_c —— 每立方米砂浆的水泥用量（kg/m^3）；

　　　Q_A —— 每立方米砂浆中水泥和石灰膏的总量（kg/m^3），可为 350 kg/m^3。

6. 砂子用量

每立方米砂浆中的砂子用量，应按干燥状态（含水率小于 0.5%）的堆积密度值作为计算值（kg/m^3）。

7. 用水量

每立方米砂浆中的用水量，根据砂浆稠度等要求可选用 210～310 kg/m^3。

注意以下几点：

（1）混合砂浆中的用水量，不包括石灰膏中的水。

（2）当采用细砂或粗砂时，用水量分别取上限或下限。

（3）稠度小于 70 mm 时，用水量可小于下限。

（4）施工现场气候炎热或干燥季节，可酌量增加用水量。

二、水泥砂浆配合比

（1）水泥砂浆的材料用量可按如表 5.9 所示选用。

表 5.9　每立方米水泥砂浆材料用量　　　　　　　　单位：kg/m^3

强度等级	水　泥	砂	用水量
M5	200～230		
M7.5	230～260		
M10	260～290		
M15	290～330	砂的堆积密度值	270～330
M20	340～400		
M25	360～410		
M30	430～480		

注意以下几点：

① M15 及 M15 以下强度等级水泥砂浆，水泥强度等级为 32.5 级；M15 以上强度等级水泥砂浆，水泥强度等级为 42.5 级；

② 当采用细砂或粗砂时，用水量分别取上限或下限；

③ 稠度小于 70 mm 时，用水量可小于下限；

④ 施工现场气候炎热或干燥季节，可酌量增加用水量；

⑤ 试配强度应按 "一、水泥混合砂浆配合比计算"中试配强度公式[式（5.5）]计算。

（2）水泥粉煤灰砂浆材料用量可如表5.10所示选用。

表5.10　每立方米水泥粉煤灰砂浆材料用量

单位：kg/m³

强度等级	水泥和粉煤灰总量	粉煤灰	砂	用水量
M5	210～240	粉煤灰掺量可占胶凝材料总量的15%～25%	砂的堆积密度值	270～330
M7.5	240～270			
M10	270～300			
M15	300～330			

注意以下几点：

① 水泥强度等级为32.5级；

② 当采用细砂或粗砂时，用水量分别取上限或下限；

③ 稠度小于70 mm时，用水量可小于下限；

④ 施工现场气候炎热或干燥季节，可酌量增加用水量；

⑤ 试配强度应按 "一、水泥混合砂浆配合比计算"中试配强度公式[式（5.5）]计算。

三、配合比试配、调整与确定

（1）试配时应采用工程中实际使用的材料。搅拌应符合规定。

（2）按计算或查表所得配合比进行试拌时，应测定其拌合物的稠度和保水率，当不能满足要求时，应调整材料用量，直到符合要求为止。然后确定为试配时的砂浆基准配合比。

（3）强度调整时至少应采用三个不同的配合比，其中一个按基准配合比，其他配合比的水泥用量应按基准配合比分别增加或减少10%。在保证稠度、保水率合格的条件下，可将用水量、石灰膏、保水增稠材料或粉煤灰等活性掺合料用量做相应调整。

（4）对三个不同的配合比进行调整后，应按现行行业标准《建筑砂浆基本性能试验方法标准》（JGJ/T 70—2009）的规定成型试件，测定砂浆表观密度及强度；并选定符合试配强度及和易性要求、水泥用量最低的配合比作为砂浆配合比。

第五节　一般抹灰砂浆

抹灰砂浆也称抹面砂浆，是指以大面积薄层涂抹于建筑物表面的砂浆。它具有保护基层、满足使用要求和美观的作用。

抹灰砂浆按用途可分为一般抹灰砂浆、装饰抹灰砂浆和特殊用途抹灰砂浆。

一般抹灰砂浆常用的有水泥抹灰砂浆、水泥粉煤灰抹灰砂浆、水泥石灰抹灰砂浆、掺塑化剂水泥抹灰砂浆、聚合物水泥抹灰砂浆、石膏抹灰砂浆及预制抹灰砂浆等。一般情况下，水泥砂浆多用于室外及潮湿环境，聚合物水泥砂浆多用于厨房和卫生间，石膏砂浆多用于室内干燥环境，如书房、卧室等。

一、一般抹灰砂浆的材料要求

1. 水　泥

配制强度等级不大于 M20 的抹灰砂浆，宜用 32.5 级通用硅酸盐水泥或砌筑水泥；配制强度等级大于 M20 的抹灰砂浆，宜用强度等级不低于 42.5 级的通用硅酸盐水泥。通用硅酸盐水泥宜采用散装。

2. 石灰膏

石灰膏应用块状生石灰淋制。淋制时必须用筛孔尺寸不大于 3 mm × 3 mm 的筛过滤，并储存在沉淀池中加以保护，防止其干燥、冻结和污染。

熟化时间：常温下一般不小于 15 d；用于罩面时，应不小于 30 d。使用时，石灰膏内不得含有未熟化的颗粒和其他杂质。

石灰膏可用磨细生石灰粉代替，磨细生石灰粉熟化时间不应少于 3 d，并应有孔径不大于 3 mm × 3 mm 的网过滤。

3. 石　膏

建筑石膏宜采用半水石膏，并符合国家标准《建筑石膏》（GB/T 9776—2008）的规定。

建筑石膏由天然石膏或工业副产石膏脱水处理制得，以 β 型半水硫酸钙$\left(\beta\text{-}CaSO_4 \cdot \frac{1}{2}H_2O\right)$为主要成分，且其质量分数不小于 60.0%，不预加任何外加剂或添加物的粉状胶凝材料。建筑石膏的物理力学性能应符合表 5.11 所示要求。

表 5.11　物理力学性能

等级	细度（0.2 mm 方孔筛筛余）/%	凝结时间/min		2 h 强度/MPa	
		初凝	终凝	抗折	抗压
3.0				≥3.0	≥6.0
2.0	≤10	≥3	≤30	≥2.0	≥4.0
1.6				≥1.6	≥3.0

4. 砂

抹灰砂浆宜用中砂。不得含有有害杂质，砂的含泥量不应超过 5%，且不应含有 4.75 mm 以上粒径的颗粒。

5. 聚合物

聚合物需要有产品合格证书、产品性能检测报告，且应用于抹灰砂浆的聚合物应具有以下性能：

（1）在水泥中具有化学稳定性，聚合物自身的性能不会因水泥水化析出的各种离子的影响而发生变化。

（2）在水泥搅拌过程中具有机械稳定性，不会因为强力搅拌产生"破乳"现象。

（3）不明显影响水泥的水化进程。

（4）具有优异的耐老化性，包括耐碱、耐温、耐水、耐紫外线等性能收缩小，后期性能稳定。

二、一般抹灰砂浆的技术要求

抹灰砂浆的主要技术要求是具有良好的和易性，与基层应有足够的黏结力，收缩变形小（防裂性好）。对处于潮湿环境或易受外力作用（如地面、墙裙等）时，还应有一定的强度。

为了提高抹灰砂浆的黏结力，其胶黏料（包括掺和料）的用量比一般砌筑砂浆多，并加入适量有机聚合物（一般占水泥质量的 5%～15%），如聚乙烯醇缩甲醛胶（107 胶）或聚酯酸乙烯乳液等。为了减少收缩裂缝，可在砂浆中加入一定量的纤维材料。施工方法对抹灰层的质量影响也很大，抹灰前应对基体表面进行处理，保证基体表面清洁及粗糙，并预先润湿。为了保证抹灰层表面平整，避免裂缝和脱落，常采用分层薄涂的方法，一般分两层或三层进行施工。底层起黏结作用，中层起找平作用，面层起装饰作用。

一般抹灰砂浆的稠度和砂子的最大粒径可参考表 5.12。

表 5.12　一般抹灰砂浆的稠度和砂子的最大粒径

抹灰层	砂浆稠度/mm	砂子最大粒径/mm
底　层	90～110	2.36
中　层	70～90	2.36
面　层	70～80	1.18

一般抹灰砂浆的分层度要求在 10～20 mm 范围内，分层度过小，砂浆涂抹后易于开裂，过大则砂浆易离析，操作不便。

三、一般抹灰砂浆的品种及选用

抹灰工程采用的砂浆品种，应按设计要求选用。如无设计要求的，可根据使用部位或基体种类选用（见表 5.13）。

表 5.13　抹灰砂浆的品种选用

使用部位或基体种类	抹灰砂浆品种
内　墙	水泥抹灰砂浆、水泥石灰抹灰砂浆、水泥粉煤灰抹灰砂浆、掺塑化剂水泥抹灰砂浆、聚合物水泥抹灰砂浆、石膏抹灰砂浆
外墙、门窗洞口外侧壁	水泥抹灰砂浆、水泥粉煤灰抹灰砂浆
温（湿）度较高的车间和房屋、地下室、屋檐、勒脚等	水泥抹灰砂浆、水泥粉煤灰抹灰砂浆
混凝土板和墙	水泥抹灰砂浆、水泥石灰抹灰砂浆、聚合物水泥抹灰砂浆、石膏抹灰砂浆
混凝土顶棚、条板	聚合物水泥抹灰砂浆、石膏抹灰砂浆
加气混凝土砌块（板）	水泥石灰抹灰砂浆、水泥粉煤灰抹灰砂浆、掺塑化剂水泥抹灰砂浆、聚合物水泥抹灰砂浆、石膏抹灰砂浆

第六节 装饰砂浆

装饰砂浆是指专门用于建筑物室内外表面装饰，以增加建筑物外观美感为主的砂浆。它是在抹面的同时，经各种艺术处理而获得特殊的表面形式及表面效果，并呈现各种色彩、线条、纹理的质感，以达到满足审美要求的装饰目的。

装饰砂浆一般分为两类：一类称为灰浆类装饰砂浆，它以水泥、石灰及其砂浆为主，通过水泥砂浆的着色或水泥砂浆表面形态的艺术加工形成的拉条、拉毛、洒毛、假面砖和仿石等装饰效果。另一类称为石渣类装饰砂浆，它是在水泥净浆中掺入各种彩色石渣作骨料，通过水洗、斧剁、水磨等工艺除去表面水泥浆皮，露出石渣的颜色、颗粒形状，以达到装饰效果。

灰浆类装饰砂浆材料来源广，施工操作简便，造价较低；石渣类装饰砂浆色泽明亮，质感丰富，不易褪色，但施工相对复杂，造价较高。

一、装饰砂浆的材料要求

1. 胶黏料

装饰砂浆所用胶黏料与一般抹灰砂浆基本相同，只是更多地采用白色水泥和彩色水泥。

2. 骨 料

装饰砂浆所用骨料除普通砂之外，还常使用石英砂、彩釉砂和着色砂，以及石渣、石屑、砾石及彩色瓷粒和玻璃等。

3. 颜 料

掺颜料的砂浆一般用在室外抹灰工程中。这些装饰面长期处于风吹、日晒、雨淋之中，且受到大气的腐蚀和污染。因此，选择合适的颜料，是保证饰面质量，避免褪色和变色，延长使用年限的关键。

颜料选择要根据其价格、砂浆品种、建筑物所处环境和设计要求而定。若建筑物处于有酸侵蚀的环境中，要选用耐酸性好的颜料；受日光暴晒的部位，要选用耐光性好的颜料；碱度高的砂浆，要选用耐碱性好的颜料。设计要求颜色鲜艳时，可选用色彩鲜艳的有机颜料。在装饰砂浆中，通常采用耐碱性和耐光性好的矿物颜料。

二、装饰砂浆的技术要求

装饰抹灰砂浆的技术要求与一般抹灰砂浆基本相同。因其多用于室外，不仅要求其色彩鲜艳不褪色，抗侵蚀，防污染，还要与基体黏结牢固，具有足够的强度，不开裂、不脱落。

三、灰浆类装饰砂浆及工艺

1. 拉毛灰

拉毛灰是用铁抹子或木楔将罩面灰轻压后顺势轻轻拉起，形成一种凹凸质感较强的饰面层。这种工艺灰浆通常是水泥纸筋灰浆或水泥石灰砂浆，是过去广泛采用的一种传统饰面做法，要求表面拉毛花纹、斑点分布均匀，颜色一致，同一平面上不显接砟。拉毛灰适用于装饰外墙或内墙面。

2. 洒毛灰

洒毛灰是用竹丝刷等工具将罩面灰浆甩洒在墙上，形成大小不一，但又很有规律的云朵状毛面。也有先在基层上刷水泥色浆，再甩上不同颜色的罩面灰浆，并用抹子轻轻压平，形成两种颜色的套色做法。要求甩出的云朵必须大小匀称，纵横相同，既不能杂乱无章，也不能像列队一样整齐划一，以免显得呆板。

3. 搓毛灰

搓毛灰是在罩面浆初凝时，用硬木抹子由上至下搓出一条细而直的纹路，也可水平方向搓出一条 L 形细纹路，当纹路明显搓出后即停。这种装饰方法工艺简单，造价低，效果朴实大方。

4. 拉条灰

拉条灰是使用专用模具在面层砂浆上做出竖向线条的装饰做法。拉条灰有细条形、粗条形、波形、梯形、方形等多种形式，是一种较新的抹灰做法。一般细条形抹灰可采用同一种砂浆级配，多次加浆抹灰拉模而成；粗条形抹灰则采用底、面层两种不同配合比的砂浆，多次加浆抹灰拉模而成。砂浆不得过干，也不得过稀，以可拉动可塑为宜。它具有美观、大方、不易积灰、成本低等优点，并有良好的音响效果，适用于公共建筑门厅、会议室、观众厅等。

5. 假面砖

假面砖是采用掺氧化铁颜料的水泥砂浆，通过手工操作达到模拟面砖装饰效果的饰面做法。适合于房屋建筑外墙抹灰饰面。

6. 假大理石

假大理石是用掺适当颜料的石膏色浆和素砂石膏浆按 1∶10 比例配合，通过手工操作，做成具有大理石表面特征的装饰抹灰。这种装饰工艺，对操作技术要求较高，但如果做得好，无论在颜色、花纹和光洁度等方面，均接近天然大理石。适用于高级装饰工程的室内墙面抹灰饰面。

四、石渣类装饰砂浆及工艺

1. 水刷石

水刷石是将水泥和石渣按一定比例混合，并加水拌和成水泥石渣浆，用作建筑物表面的面层抹灰，待水泥浆初凝后，以硬毛刷蘸水刷洗，或用喷浆泵、喷枪等喷以清水冲洗，冲刷掉石渣浆层表面的水泥浆皮，使石渣半露出来，以达到饰面效果。

2. 斩假石

斩假石又称剁斧石，是一种人造石材装饰方法。它是以水泥石渣浆或水泥石屑浆作面层抹灰，待其硬化具有一定强度时，用钝斧及各种凿子等工具，在面层上剁斩出类似石材经雕琢的纹理效果。

3. 干粘石

干粘石是在素水泥浆或聚合物水泥砂浆黏结层上，把石渣、彩色石子等备好的骨料粘在其上，再拍平压实，即为干粘石。干粘石的操作方法分为手工甩粘和机械甩喷。石子要粘牢，不掉粒，不露浆；石粒应压入砂浆 2/3 处。

4. 水磨石

水磨石是由水泥、彩色石渣或白色大理石碎粒及水按适当比例配合，需要时掺入适量颜料，经拌匀、浇筑捣实、养护、硬化，表面打磨、洒草酸冲洗、干后上蜡等工序制成。既可现场制作，也可工厂预制。

一般来说，石渣类装饰砂浆，以质感方面的装饰效果来看，水刷石外形粗狂，干粘石粗中带细，斩假石典雅，而水磨石则具有润滑细腻之感。在颜色花纹方面，色泽华丽和花纹美观首推水磨石。斩假石的颜色一般较浅，类似斩凿过的灰色花岗岩；水刷石有青灰、奶黄等颜色；干粘石的色彩主要决定于其中石渣的颜色。这三者均区别于水磨石，后者可在表面制成细巧的图案花纹。

复习思考题

1. 新拌砂浆的和易性包括哪些含义？技术指标有哪些？砂浆和易性不良对工程施工和质量有何影响？

2. 砌筑砂浆对组成材料及技术性质有何要求？为什么？

3. 某多层住宅楼工程，要求配制强度等级为 M7.5 的水泥石灰混合砂浆，用于砌筑粉煤灰砖墙体。工地现有材料如下：

（1）水泥：强度等级为 32.5 级的矿渣水泥，堆积密度为 1 200 kg/m³；

（2）石灰膏：一等品建筑生石灰消化制成，表观密度为 1 280 kg/m³，沉入度为 120 mm；

（3）砂子：中砂，含水率为 2%，堆积密度为 1 450 kg/m³。

4. 试设计混合砂浆配合比。

第六章　钢材与铝合金

　　金属材料一般分为黑色金属和有色金属，黑色金属是以铁元素为主要成分的铁金属及其合金，在土木工程中应用最多的是铁碳合金，即钢材。有色金属是指除铁以外的其他金属，如铝、铜、锡等及其合金，建筑上使用较少，其中铝和铝合金可用于结构和构件、门窗和饰面材料等。

　　建筑钢材与非金属材料相比具有以下优点：

　　（1）强度高，比强度高。与混凝土、砖、石材等相比，虽然表观密度大，但其强度要高很多，因此具有较高的比强度。

　　（2）品质均匀致密，结构可靠性高。钢材是在工厂严格控制条件下生产的，质量稳定。且钢材内部结构均匀，是相对较为理想的各向同性弹塑性材料，因此按照一般的力学计算理论可较好地反映钢材的实际性能，从而保证结构的可靠性。

　　（3）具有良好的塑性和韧性，可经受冲击和振动荷载。

　　（4）具有良好的加工性能，可锻压、焊接、铆接和切割，便于装配。

　　钢结构的主要缺点是：耐腐蚀性差，在使用环境中，应注意对结构的防锈等防护；耐火性差，温度达到 300℃ 以上，钢材的强度明显下降，在火灾中，钢结构的耐火时间只有 20～30 min，因此对钢结构必须采取可靠的防火措施。

　　采用各种型钢和钢板制作的钢结构，适用于大跨度结构、多层及高层结构、受动力荷载结构和重型工业厂房结构等。

　　钢材价格较高，钢结构由于耗钢量大等缺点，现代建筑结构广泛采用钢筋混凝土结构。钢筋混凝土结构虽然自重较大，但它可节约钢材，充分发挥钢材特性，且克服了钢结构易锈蚀、耐火性差、成本高等缺点。近年来，铝、铝合金在建筑装饰领域中，已成为制造门窗的主要材料之一，同时也是很好的内外装饰材料。

第一节　钢的生产、分类、晶体组织及化学成分

一、生产方法对钢材性能的影响

1. 冶　炼

　　生铁的冶炼是指铁矿石内氧化铁还原成生铁（含碳量 2%～6%）的过程，而钢的冶炼是把生铁中的杂质进行氧化，把含碳量降低到 2% 以下，使磷、硫等其他杂质含量减少到某一程度的过程。

在炼钢的过程中，由于采用的熔炼设备和方法不同，除掉杂质的程度也不同，所得的钢材质量也有很大的差别，在土木工程中的用途也不同。

目前，国内建筑用钢可采用转炉法、平炉法或电炉法冶炼，其中主要采用氧气转炉法和平炉法。

（1）氧气转炉法。以熔融的铁液为原料，不用燃料，从炉的顶部向炉内吹入高压氧气，使铁液中的碳、硫、磷等杂质氧化并除去，再脱去残存的氧，便得到氧气转炉钢。氧气转炉钢质量较好，成本比平炉钢低，用于炼制优质碳素钢、普通碳素钢和合金钢。该方法炼钢周期短，效率高，现已成为炼钢的主要方法。

（2）平炉炼钢法。以煤气或重油为燃料，原料为铁液（或固态生铁）、废钢铁和适量的铁矿石，利用铁矿石或废钢中的氧或吹入的氧使碳和杂质氧化，形成浮渣使钢液与空气隔离，避免了空气中的氮、氢等气体混入，钢液的质量提高。同时炼制的周期长、炉温高，能够更精确地控制钢液的化学成分。钢的质量好且性能稳定，因此适合于炼制优质碳素钢、合金钢和有特殊性能要求的专用钢。

（3）电炉炼钢法。以生铁和废钢为原料，用电加热进行冶炼的方法。由于温度可以自由调节，成分能够精确控制，故炼出的钢杂质含量少，钢的质量最好，但成本最高。

随着炼钢技术的发展，冶金生产工艺和质量已达到了一个新的水平。为了节约成本，利于市场竞争，随着氧气顶吹转炉炼钢法的迅速发展，平路炼钢法由于投资大、建设速度慢等缺点逐渐被淘汰，国内很多大型钢铁生产企业已部分或全部实现平炉改氧气转炉的生产工艺。

2. 钢的脱氧和铸锭

由于在钢的冶炼过程中，必须提供充足的氧来保证杂质元素的氧化并除去，因此冶炼后钢液中的一部分铁被氧化（生成 FeO），钢的质量下降。在浇注钢锭之前，还要进行脱氧处理。钢的脱氧处理通常是在冶炼钢炉内或盛钢桶中，加入少量的锰铁、硅铁或铝块等脱氧剂，使之与钢中残余的 FeO 反应，将铁还原。根据脱氧程度的不同，将钢分为沸腾钢、镇静钢、半镇静钢和特殊镇静钢。

（1）沸腾钢。仅加入锰铁进行脱氧，脱氧不完全，这种钢铸锭时，有大量的一氧化碳气体逸出，钢液呈沸腾状，故称为沸腾钢，代号为"F"。沸腾钢塑性好，利于冲压。但组织不够致密，成分不均匀，硫、磷等杂质偏析较严重，故质量较差。但因其成本低、产量高，故广泛应用于一般建筑工程。

（2）镇静钢。采用锰铁、硅铁和铝锭等作为脱氧剂，脱氧完全，这种钢液铸锭时能平静地充满锭模并冷却凝固，故称为镇静钢，代号为"Z"。镇静钢组织致密，成分均匀，偏析程度小，性能稳定，故质量好。适用于承受冲击荷载或其他重要结构工程。

（3）半镇静钢。脱氧程度介于沸腾钢和镇静钢之间的钢，代号为"b"，其性能与质量也介于两者之间。

（4）特殊镇静钢。比镇静钢脱氧程度更充分的钢，代号为"TZ"。特殊镇静钢的质量最好，适用于特别重要的结构工程。

3. 钢的热加工

钢的热加工是指将钢坯加热至塑性状态（$900 \sim 1\,200$℃），以碾轧或锻造（锻击或静压）

的方法进行的变形加工。建筑钢材主要是经过热轧制成的各种型材。热加工可使钢内部的大部分气孔焊合而紧密，并使粗晶粒细化，钢材质量提高。因此钢材质量随加工次数增加而提高。如厚度或直径较小的钢材，较用同种钢坯轧制成的厚型的或直径较大的钢材的致密性和均匀性更好一些。

此外，钢中的非金属夹杂物，在轧制过程中会顺着变形方向出现纤维组织，使顺着纤维方向的力学性能（特别是塑性和韧性）比横向高出许多，使用钢材时应注意这一点。

二、钢的分类

（一）按化学成分分类

1. 碳素钢

其化学成分主要是铁，其次是碳，故称碳素钢或铁碳合金。通常其含碳量为 0.02% ~ 2.06%。除铁、碳外还含有少量的硅、锰和微量的硫、磷等元素。碳素钢按含碳量又可分为低碳钢（C<0.25%）、中碳钢（C = 0.25% ~ 0.60%）、高碳钢（C>0.60%）。

根据硫（S）、磷（P）杂质的含量，又可分为普通碳素钢（S≤0.050%，P≤0.045%）、优质碳素钢（S≤0.035%，P≤0.035%）、高级优质碳素钢（S≤0.025%，P≤0.025%）和特优质碳素钢（S≤0.015%，P≤0.025%）。

2. 合金钢

合金钢是指在炼钢过程中，为改善钢材的性能，加入某些合金元素而制得的钢种。常用合金元素有：硅、锰、钛、钒、铌、铬等。按合金元素总含量不同，合金钢可分为：低合金钢，合金元素总量小于 5%；中合金钢，合金元素总含量为 5% ~ 10%；高合金钢，合金元素含量大于 10%。

低碳钢和低合金钢为土木工程中应用的主要钢种。

（二）按用途分类

钢材按用途不同可分为：

（1）结构钢。主要用于建筑结构及机械零件的钢，一般为低、中碳钢。

（2）工具钢。主要用于各种刃具、量具及模具等工具的钢，一般为高碳钢。

（3）特殊钢。具有特殊的物理、化学及机械性能的钢，如不锈钢、耐热钢、耐酸钢、耐磨钢等。

（4）专用钢。特殊的使用环境条件下或使用荷载下的专用钢材。如桥梁专用钢、钢轨专用钢等。

三、钢材的晶体组织

钢是铁碳合金，由于碳在钢中的含量及与铁结合的方式不同，可形成不同的晶体组织，使钢的性能产生显著差异。因此，掌握钢的晶体组织及其性能，是理解钢材性能变化的基础。

（一）金属的晶体结构

液态金属冷却至凝固点或凝固点以下（称为过冷）时，原子按规则的几何形态排列成固体的过程称为结晶，原子排列成的空间格子称为晶格。金属的晶格分体心立方、面心立方和密排六方三种晶格，如图 6.1 所示。晶格结点上的原子互相以金属键相结合，按照金属键理论，金属原子易失去外层电子，成为正离子。正离子摆列成一个空间点阵，在固定的结点上作轻微振动，而所有折价电子则呈自由电子形态在各离子间高速穿梭运动，因而使金属具有良好的导电性和导热性。由于正离子移动时，周围电子也随之移动，两者始终保持着良好的键结合，故产生塑性变形时不易破裂，因而使金属具有较高的强度和良好的塑性。

晶格类型不同的金属，性能也不同。一般来说，面心立方晶格与体心立方晶格的金属比密排六方晶格的金属具有较好的塑性，而体心立方晶格的金属则强度较高。

金属的结晶包括晶核形成与晶核长大两个同时进行的过程。在非自由结晶条件下，由于各个晶核在长大过程中互相抵触和约束，使各个长大的晶体形成不规则的形状。单个的不规则的小晶体称为晶粒。由很多晶粒组成的晶体称为多晶体，如图 6.2 所示。由于内部各晶粒的取向不相同，所以多晶体呈各向同性。多晶体中各晶粒之间的分界面称为晶界，它处于一个晶粒转向另一个晶粒的过渡区。该区原子排列位向紊乱，又富集杂质原子及空位，晶格畸变，能量较高，因此在受力时晶界能阻碍晶体的滑移，提高了对塑性变形的抗力。所以，金属的晶粒愈细，晶界总面积愈大，对塑性变形的抗力愈大，金属的强度和硬度也就愈高。

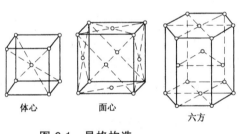

图 6.1　晶格构造

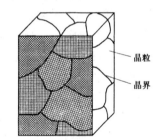

图 6.2　多晶体构造

另外，晶界还有阻止裂纹扩展的作用。若晶粒愈细，则晶界总面积愈大、愈曲折，愈不利于裂纹的传播，使材料在断裂前能承受较大的塑性变形，因此塑性和韧性愈好。

总之，金属晶粒愈细，不仅强度和硬度愈高，而且塑性和韧性也愈好，因此细化晶粒是目前对金属及其合金进行强韧化的重要手段之一，通常称之为细晶强化。

（二）钢中的晶体组织与性能

1. 同素异晶转变概念

某些金属在结晶后，当温度改变时，其组成元素虽然未变，但晶格类型会发生变化，这种在固态下晶格类型发生的变化称为同素异晶转变。例如常温下柔软的白锡在大约 −18℃时，会发生异晶转变，成为高脆性、粉末状的灰锡。钢（铁碳合金）是最常见的同素异晶材料，当钢从熔融的液态冷却时，晶体结构将发生如下转变：

$$\text{液态铁} \underset{}{\overset{1\,535\,℃}{\rightleftharpoons}} \underset{\text{体心立方}}{\delta\text{-Fe}} \underset{}{\overset{1\,394\,℃}{\rightleftharpoons}} \underset{\text{面心立方}}{\gamma\text{-Fe}} \underset{}{\overset{912\,℃}{\rightleftharpoons}} \underset{\text{体心立方}}{\alpha\text{-Fe}}$$

2. 合金的基本概念

所谓合金，是指溶合两种或两种以上元素（其中至少一种是金属元素）所组成的具有金属特性的物质，其组成方式分为以下三种基本类型：

（1）固溶体。以一种金属为溶剂，另一种金属或非金属为溶质，共溶后所形成的固体溶液。固溶体中的溶剂元素仍保持原来的晶格，而溶质原子则可置换溶剂的个别原子或向间隙嵌入溶剂晶格，形成所谓置换固溶或间隙固溶。由于溶质和溶剂两种原子大小不同，造成溶剂金属的晶格畸变，增加了晶面间滑移变形的阻力，使固溶体的强度和硬度比溶剂金属的高，但塑性和韧性则有所降低。这种因形成固溶体使材料强度和硬度得以提高的现象，称为固溶强化。它是金属及其合金进行强化的一种常用方法。

（2）化合物。两种元素发生化学作用而组成的一种新的金属化合物。其晶格与原来两种元素的晶格截然不同，多数金属化合物具有较复杂的晶体结构，且具有熔点高、性脆、质硬的特点。钢中常见的化合物是碳化物、氮化物等，它们会给钢的性能带来重大影响。

（3）机械混合物。既不固溶也不化合，而是机械混合形成的一种组成物。在混合物中，原来两种组成物仍保持各自的晶格和性质，其混合物的性质则取决于各组成物的相对比例。

钢的晶体组织基本上是由上述三种类型的合金相结构组成的。

3. 钢中的晶体组织与性能

（1）奥氏体是碳在 γ-Fe 中的固溶体，一般多在高温下存在，含碳量最高为 2.11%（1 148°C 时）。随着温度的降低，碳在 γ-Fe 中的固溶程度降低，并析出二次渗碳体（以区别由液态析出的一次渗碳体），当冷却到 727°C 时，它的含碳量降为 0.77%，奥氏体便分解为珠光体。奥氏体的含碳量虽高，但碳全部嵌在 γ-Fe 的晶格里而不以渗碳体的形式存在，故在高温下的塑性和韧性较好，可进行各种形式的压力加工而不发生脆断。

（2）铁素体是碳在 α-Fe 中的固溶体。铁素体内原子间的空隙较小，溶碳能力较低，常温下仅能溶入小于 0.006% 的碳，在 727°C 时溶碳量最大，但仅有 0.02%。由于溶碳量少且晶格滑移面较多，其性质极其柔软，塑性和韧性很好，但强度和硬度较低。

（3）渗碳体是碳和铁形成的化合物 Fe_3C，其含碳量高达 6.69%，晶体结构复杂，外力作用下不易变形，故性质非常硬脆，抗拉强度很低，塑性及韧性几乎等于零。

（4）珠光体是铁素体和渗碳体组成的机械混合物，两成分相间成片状存在于同一晶粒内，含碳量为 0.77%，其性质介于铁素体和渗碳体之间，既有一定的强度和硬度，也有一定的塑性和韧性。

综上所述，钢在常温下的基本组织分为铁素体、渗碳体和珠光体，它们的机械性能如表 6.1 所示，而钢的性质则取决于这些晶体组织在钢中所占的比例。

表 6.1　室温下钢中晶体组织的机械性能

名　称	符　号	组合类型	R_m/MPa	HB/Pa	A/%	a_k/J·cm^{-2}
铁素体	α	碳在 α-Fe 中的固溶体（体心立方晶格）	230	785	50	200
渗碳体	Fe_3C	铁和碳的化合物（复杂晶格）	30	7 850	0	0
珠光体	P	铁素体与渗碳体的层片状机械混合物	750	1 765	20~25	30~40

注：R_m—强度极限；A—拉伸断裂时的伸长率；HB—布氏硬度；a_k—冲击韧性值。

（三）铁碳合金状态图的概念

铁碳合金状态图是表示不同含碳量的铁碳合金，在平衡状态下处于不同温度时晶体组织变化的一种图形，是研究各晶体组织随温度和含碳量变化而变化的规律性图形。如图 6.3 所示为 Fe-Fe₃C 的合金状态图。图中晶体组织是在极缓慢冷却条件下得到的平衡组织，故又称铁碳平衡图。

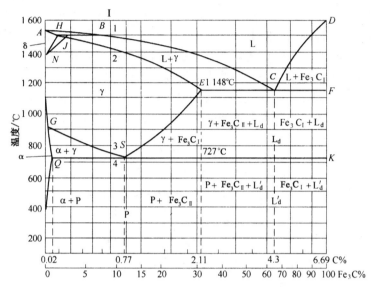

L—液态合金；γ—奥氏体；α—铁素体；P—珠光体；Fe₃C—渗碳体；Lₔ—莱氏体。

图 6.3　Fe-Fe₃C 合金状态图

图 6.3 中的横坐标表示含碳量的百分数，纵坐标表示温度。平衡图左端含碳量为 0% 的纵轴，实际上反映了纯铁的状态，即纯铁在不同温度下同素异晶变化的规律。平衡图右端含碳量为 6.69% 的纵轴，则代表碳化三铁 Fe₃C。图中 E 点含碳量为 2.11%，是钢和生铁的分界点。E 点左侧属于钢的范围，右侧属于生铁范围。这里只分析左侧钢的部分，图中 Q 点左侧含碳量小于 0.02% 的部分，为工业纯铁，由于质地太软，无实用价值。

图中上部的 ABCD 线是合金的液相线，表示液态合金冷却到此线时便开始结晶，析出固相。

AIIJECF 线是合金的固相线，表示合金冷却到此线时，全部结晶为固相。

GSE 线是上临界温度线（即相变线），其中左端 GS 段，表示合金冷却到此线时，奥氏体开始分解出铁素体，而右端 SE 段，则表示奥氏体冷却到此线时开始析出二次渗碳体 Fe₃C_{II}。

QSK 线是下临界温度线，即奥氏体存在的下限温度，表示奥氏体冷却到此线时，同时析出铁素体和二次渗碳体，两者以片状相间共存于同一晶粒内组成珠光体，这一过程称为共析。此时的温度为 727℃，含碳量为 0.77%，S 点称为共析点。

现以含碳量为 0.6% 的合金为例（成分一定）来说明缓慢冷却时钢的组织变化过程，如图 6.3 中的 I 线所示。当液态合金从高温冷却至 1 点时，开始析出奥氏结晶体，从 1 点以下便是液态合金与奥氏体固相的混合物。当温度下降至 2 点时，液态合金全部变成奥氏体。当温度下降至 3 点时，奥氏体开始析出铁素体，从 3 点以下便是奥氏体与铁素体的混合物。随着温度的下降，铁素体逐渐增多，奥氏体逐渐减少，但奥氏体中的含碳量却逐渐增加。当温度下降至 4 点（727℃）时，奥氏体中的含碳量恰好升为 0.77%，一次全部转变为珠光体。后续温度下降，组织基本不再变化。因此，常温下此成分钢的晶体组织为铁素体和珠光体。

从平衡图中还可看到常温条件下（温度不变），含碳量变化时晶体组织的变化，并由此可判断不同含碳量的钢的性质。

含碳量在 0.02%～0.77% 之间的钢，晶体组织为铁素体和珠光体，称为亚共析钢。在此范围内，随着含碳量的增加，钢中铁素体逐渐减少，珠光体逐渐增加，因而钢的强度和硬度逐渐提高，而塑性和韧性则逐渐降低。含碳量为 0.77% 的钢，晶体组织全部为珠光体，称为共析钢。含碳量在 0.77%～2.11% 之间的钢，晶体组织为珠光体和渗碳体，称为过共析钢。在此范围内，随着含碳量的增加，钢中珠光体逐渐减少，渗碳体逐渐增多，因而钢的强度和硬度逐渐增高，塑性和韧性逐渐降低，但含碳量超过 1.0% 以后，强度极限开始下降。现将铁碳合金的含碳量、晶体组织与性能之间的关系综合表示于图 6.4 中。

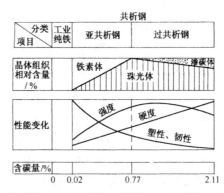

图 6.4　铁碳合金的含碳量、晶体组织与性能之间的关系

必须指出，铁碳平衡图中的晶体组织是在缓慢冷却条件下得到的平衡组织。如改变冷却速度（热处理）或加入合金元素（合金钢）均会改变晶体组织，得到一系列与平衡组织极不相同的非平衡组织，因而性质也会发生很大变化。铁碳平衡图对实际工作具有重要的指导作用，它不仅为选材提供了依据，也为钢的铸造、热加工、焊接、热处理等确定工艺参数提供了理论根据。

四、化学成分对钢性质的影响

钢中主要化学成分为铁，在碳素钢中除含有碳、硅、锰元素外，还含有少量的磷、硫、氧、氮、氢等有害元素，在合金钢中还含有钛、钒、铜、铬、镍等合金元素。这些元素虽然含量少，但对钢材性能有很大影响。

（1）碳（C）。碳是决定钢材性能的主要元素。其对钢材机械力学性能的影响如图 6.5 所示。因为含碳量的变化直接引起晶体组织的变化，导致钢材性能发生相应的变化。随着含碳量的增加，钢材的强度和硬度提高，而塑性和韧性降低；但含碳量超过 1.0% 时，钢材的强度反而下降，这是因为过共析钢中的渗碳体，以网状分布在珠光体的晶界上，割裂了基体，使钢材变脆。此外，随着含碳量的增加，钢材的焊接性能变差（含碳量大于 0.3% 时，钢材的可焊性显著下降），冷脆性和时效敏感性增大，耐大气锈蚀性下降。因此，建筑钢材的含碳量远小于 1.0%。一般工程所用碳素钢均为低碳钢，其含碳量小于 0.25%。

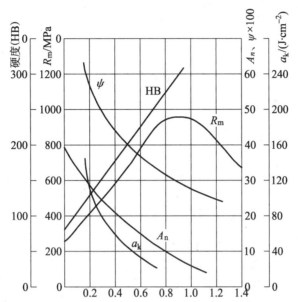

R_m—抗拉强度；ψ—断面收缩率；α_k—冲击韧性；A_n—伸长率；HB—硬度。

图 6.5　含碳量对碳素钢性能的影响

（2）硅（Si）。硅是作为脱氧剂而加入钢中，大部分溶于铁素体中形成固溶体，可提高钢材的硬度和强度。硅含量较低（小于 1.0%）时，对塑性和韧性影响不大。

（3）锰（Mn）。锰是炼钢时用来脱氧去硫而加入钢中。大部分溶于铁素体中形成固溶体，可显著提高钢的强度和硬度。同时锰具有很强的脱氧去硫能力，降低了硫、氧所引起的热脆性，从而改善钢材的热加工性能。但锰含量大于 1.0% 时，将降低钢材的塑性、韧性和可焊性。

（4）硫（S）。硫是钢中有害元素。硫多数以 FeS 的形式存在于钢中。FeS 与 Fe 形成共晶熔点很低（985℃）的物质，多分布于奥氏体的晶界上。当进行焊接等热加工时，该物质首先熔化造成晶粒脱开，使钢的内部出现热裂纹，引起钢材的脆断，这种现象称为热脆性。硫的存在加大了钢材的热脆性，降低了钢材的各种机械性能，也使钢材的可焊性、冲击韧性、耐疲劳性和抗腐蚀性等性能降低。因此应严格控制其含量，一般不应超过 0.065%。

（5）磷（P）。磷是钢中有害元素。磷是炼铁原料中带入的，多数溶入铁素体中形成固溶体，使钢材的强度和硬度增加。但随着磷含量的增加，将以磷化铁（Fe_3P）夹杂物形式存在，使钢塑性和韧性显著降低，特别是温度愈低，对塑性和韧性的影响愈大。磷显著提高钢材的脆性转变温度，另外还降低了钢材的可焊性。应严格控制其含量，一般不超过 0.085%。

（6）氧（O）。氧是钢中的有害元素。多数以 FeO 的形式存在于非金属夹杂物中，氧使钢材的强度有所提高，但塑性特别是韧性显著降低，可焊性变差。钢中氧的含量一般不应超过 0.05%。

（7）氮（N）。多数溶于铁素体中形成固溶体，氮虽能提高钢的强度和硬度，但却显著降低钢的塑性和韧性，增加钢的时效敏感性和冷脆性。氮在铝、铌、钒等元素的配合下能够减少其不利影响，改善钢材性能，可作为低合金钢的合金元素。

（8）钛（Ti）、钒（V）。钛是强脱氧剂，钒是弱脱氧剂。二者能显著提高强度，细化晶粒，改善韧性。钒能够减弱碳和氮的不利影响；钛能够提高可焊性和抗大气腐蚀性。它们都是合金钢中常用的微量元素。

第二节 钢材的技术性质

一、钢材的力学性能

钢材的力学性能包括弹性、塑性、强度、冲击韧性、硬度和疲劳强度等。

（一）钢材的弹性、塑性和强度

抗拉性能是建筑钢材最重要的技术性质，下面通过低碳钢受拉时的应力-应变关系曲线说明钢材的弹性、塑性和强度的概念。低碳钢（软钢）受拉时，钢材应力-应变曲线可分为四个阶段：弹性阶段、屈服阶段、强化阶段和颈缩阶段（见图6.6）。

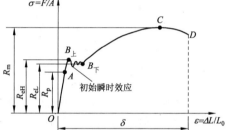

图6.6 低碳钢受拉时的应力-应变曲线

1. 弹性阶段（OA 段）

OA 基本上是一条直线，此阶段中，如果撤去外力，试件的变形能够完全恢复，此种性质称为弹性，此变形为弹性变形。此阶段最高点 A 点所对应的应力称为弹性极限（R_p），弹性极限与对应的弹性变形之比称为弹性模量（E），$E = R_p/\varepsilon_p$。弹性模量是钢材在静力荷载作用下计算结构变形的一个重要指标。常用的 Q235 钢的弹性模量 $E = 2.0 \times 10^5 \sim 2.1 \times 10^5 \text{MPa}$。

2. 屈服阶段（AB 段）

A 点以后，应力与应变不再成正比关系，此阶段中如果撤去荷载，变形不能完全恢复，说明除弹性变形外，还有塑性变形。图 6.5 中锯齿形的最高点所对应的应力称为屈服上限，锯齿形的最低点所对应的应力称为屈服下限。很多因素对屈服上限的数值有影响，而屈服下限则较为稳定，国家规范以屈服下限的应力值作为钢材的屈服强度或屈服点，用 R_{eL} 表示。中碳钢和高碳钢没有明显的屈服现象，名义屈服强度非比例延伸率等于 0.2%时所对应的应力值 $R_{p0.2}$ 表示（规定非比例延伸强度）。屈服强度对钢材使用意义重大，碳素结构钢和低合金结构钢在受力到达屈服强度以后，应变急剧增长，从而使结构的变形迅速增加，以致不能继续使用。所以钢材的强度设计值一般均以其屈服强度为依据而确定。钢材的屈服强度是衡量结构的承载能力和确定强度设计值的重要指标。

3. 强化阶段（BC 段）

当应力超过屈服极限后，钢材抵抗外力的能力又重新提高。C 点是此阶段的最高点，在此点试件中的名义应力达到最大值，C 点的名义应力称为材料的强度极限或抗拉强度，用 R_m

表示。钢材的抗拉强度是衡量钢材抵抗拉断的性能指标，它不仅是一般强度的指标，也直接反映钢材内部组织的优劣，并与疲劳强度有着较密切的关系。抗拉强度虽然不能直接作为设计依据，但抗拉强度与屈服强度的比值，即"强屈比"（R_m/R_{eL}）是评价钢材使用可靠性的参数之一，对工程应用有较大意义。强屈比越大，反映钢材的应力超过屈服强度工作时的可靠性越大，即延缓结构损坏过程的潜力越大，结构越安全。强屈比过大时，钢材强度的利用率偏低，不经济。钢材的强屈比一般不低于1.2。

值得注意的是，用于抗震结构建筑钢材用钢中，结构钢采用规定的标准实验方法测试其冲击值作为韧性指标，普通钢筋实测的强屈比应不低于1.25。

4. 颈缩阶段（CD段）

当试件应力超过C点后，钢材的抵抗变形能力明显下降，在试件某处产生较大的变形，该断面将显著缩小，产生颈缩现象，最后断裂。

钢材的塑性是在外力作用下产生永久变形时抵抗断裂的能力，其大小通常用拉伸断裂时的伸长率和断面收缩率表示。

伸长率反映钢材拉伸断裂时所具有的塑性变形能力，是衡量钢材塑性的重要技术指标。伸长率的大小是以试件拉断后标距长度的增量与原标距长度之比的百分率表示。按下面公式计算：

$$A_n = \frac{L_1 - L_0}{L_0} \times 100\%$$

式中　L_1——试件拉断后标距部分的长度（mm）；

　　　L_0——试件的原标距长度（mm）；对于金属材料通常取 $5.65\sqrt{S_0}$，热轧钢筋 $L_0 = 5.65\sqrt{S_0} = 5d_0$，$S_0$ 为平行长度原始截面面积。

　　　n——长或短试件的标志，$n = L_0/d$，长试件 $n = 10$，短试件 $n = 5$。

试件拉断后的长度 L_1 内既包括材料整个工作段均匀的伸长，也包括颈缩部分的局部伸长，颈缩处的伸长较大，故试件原始标距（L_0）与直径（d_0）之比越大，颈缩处的伸长值所占比例越小，计算所得伸长率也越小。通常钢材拉伸试件取 $L_0 = 5d$，或 $L_0 = 10d$，其伸长率分别以 A_5 或 A_{10} 表示。对于相同钢材，$A_5 > A_{10}$。

断面收缩率按下面公式计算：

$$\psi = \frac{F_0 - F_1}{F_0} \times 100\%$$

式中　F_0——试件的原横截面面积（mm²）；

　　　F_1——试件断裂后颈缩处的横截面面积（mm²）。

通常，钢材是在弹性范围内使用，但在应力集中处，其应力可能超过屈服强度，此时产生一定的塑性变形，可使结构中的应力产生重分布，从而免遭结构的破坏。

为反映钢材在达到最大破坏荷载前的变形状况，防止突然的脆断，定义钢筋在最大力下的总伸长率用 A_{gt} 表示，即：

$$A_{gt} = \frac{\Delta L_m}{L_e} \times 100\%$$

式中　ΔL_{m} —— 用引伸计得到的力-延伸曲线图上测定最大力时的总延伸（mm）；

　　　　L_{e} —— 引伸计标距（mm）。

若用人工方法测定 A_{gt}，采用下面公式计算：

$$A_{\mathrm{gt}} = \left(\frac{L_1 - L_0}{L_0} + \frac{R_{\mathrm{m}}}{E} \right) \times 100\%$$

式中　E —— 弹性模量，其值可取为 2×10^5 MPa。

（二）冲击韧性

冲击韧性是钢材抵抗冲击荷载的能力。如图 6.7 所示为钢材冲击试验示意图。钢材的冲击韧性用冲断试件时单位面积所吸收的能量表示。冲击韧性值按下式计算：

$$a_{\mathrm{k}} = \frac{W}{A}$$

式中　a_{k} —— 冲击韧性值（J/cm²）；

　　　　W —— 试件冲断时所吸收的冲击能（J），$W = G(H_1 - H_2)$；

　　　　A —— 试件槽口处最小横截面面积（cm²）。

钢的化学成分与组织状态以及冶炼、轧制质量等对钢材的冲击韧性有较大影响。含碳量高，含硫、磷等杂质多，成分偏析大及焊接质量低（虚焊或出现微裂纹）等均会降低冲击韧性。

同时钢材冲击韧性还受环境温度和时效的影响。

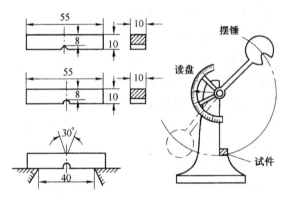

图 6.7　钢材冲击试验示意图（单位：mm）

钢材的冲击韧性与温度有关。在较高的环境温度下，随温度的降低，冲击韧性缓慢下降，但当温度降至一定的范围（狭窄的温度区间）时，钢材的冲击韧性骤然下降而呈脆性，即冷脆性，此时的温度称为脆性转变温度，如图 6.8 所示。脆性转变温度越低，表明钢材的冷脆性越小。因此，在寒冷及严寒地区使用的结构，设计时必须考虑钢材的冷脆性，应选用脆性转变温度低于最低使用温度的钢材，并要求冲击韧性值大于规范规定的冲击韧性指标。如铁路桥梁钢 Q345qE 在 -40°C 下的冲击功应不小于 34 J。

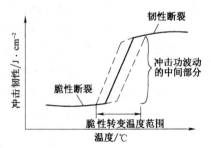

图 6.8　钢的脆性转变温度

随时间的延续，钢材的硬度和强度逐渐提高，而塑性和韧性逐渐降低的现象称为时效。时效也将降低钢材的冲击韧性。

值得一提的是，为避免钢结构的脆断破坏，按断裂力学的观点，应用断裂韧性 K_{IC} 表示材料抵抗裂纹失稳扩展的能力。但对建筑钢结构来说，要完全用断裂力学的方法分析判断脆断问题，目前在具体操作上尚有一定困难，国际上仍以冲击韧性作为抗脆断能力的主要指标。冲击韧性值是衡量钢材断裂时所做功的指标，它在冲击荷载或多向拉应力下具有可靠性能的保证，可间接反映钢材抵抗低温、应力集中、多向拉应力、加荷速率（冲击）和重复荷载等因素导致脆断的能力。因此，对需要验算疲劳的结构钢材，规范规定了钢材应具有在不同试验温度下的冲击韧性值。

（三）硬 度

硬度是指钢材抵抗硬物压入表面的能力。通过硬度的测试可估计钢材的力学性能，判定钢材材质的均匀性或热处理后的效果。

我国现行标准测定金属硬度的方法有：布氏硬度法、洛氏硬度法和维氏硬度法。常用的硬度指标为布氏硬度和洛氏硬度。

1. 布氏硬度

布氏硬度试验是对一定直径的硬质合金球施加试验力压入试样表面，经规定保持时间后，卸除试验力，测量试样表面压痕的直径，试验力与压痕表面积之比，即为布氏硬度，用 HB 表示。

$$HB = 0.102 \times \frac{2F}{\pi D(D - \sqrt{D^2 - d^2})}$$

式中 F —— 试验力（N）；

D —— 硬质合金球的直径（mm）；

d —— 压痕直径（mm）。

公式中常数项 0.102 是重力加速度的倒数，即单位换算系数。工程应用时，常由压痕直径查表，直接确定 HB。

布氏硬度法较为准确，但受硬质钢球（淬火所得）的硬度限制，布氏硬度只能测试 $HB<450$ 的钢材，HB>450 的钢材的硬度用洛氏法进行测试。另外，布氏硬度压痕较大，不宜用于成品检验。

根据布氏硬度可以估算碳素钢的抗拉强度 R_m：

HB<175 时，$R_m = 0.36HB$

175<HB<450 时，$R_m = 0.35HB$

2. 洛氏硬度

洛氏硬度试验是用金刚石锥体或钢球压头，按照规定的荷载压入钢材表面，以压痕深度表示硬度值，用 HR 表示。根据压头和荷载的不同，又分为洛氏 A、洛氏 B 和洛氏 C 三种方法。洛氏硬度法的压痕小，所以常用于判断工件的热处理效果。

承受耐磨的部件，对钢材的硬度有一定的要求，如钢轨钢、工具钢等必须满足规范的要求。

（四）疲劳强度

钢构件承受重复或交变荷载作用时，可能在远低于屈服强度的应力作用下突然发生断裂，这种断裂现象称为疲劳破坏。研究表明，金属的疲劳破坏要经历疲劳裂纹的萌生、缓慢发展和最后的迅速断裂三个过程。也就是说，在交变应力作用下，先在材料的薄弱处萌生微观裂纹，由于裂纹尖端处产生应力集中，使微观裂纹逐渐扩展成肉眼可见的宏观裂纹，宏观裂纹再进一步扩展，使构件断面不断削弱，直到最后导致突然断裂。由此可见，疲劳破坏的过程虽然是缓慢的，但断裂却是突发性的，事先并无明显的塑性变形，故危险性较大，往往造成灾难性事故。试验证明，材料内部的各种缺陷（晶界、微孔、非金属夹杂物等）、成分偏析、过大的内应力、构件截面沿长度方向的急剧变化、构件受力最大处以及表面不光滑等因素，均是易产生微裂纹的地方，所以为了提高材料的疲劳强度，必须消除上述各种不良因素。

疲劳强度除了与材质有关外，还与所受应力的种类（拉、压或弯曲）、应力循环特征值（$\rho = \sigma_{min}/\sigma_{max}$）、应力循环次数（$N$）及应力集中程度有关。一般来说，钢材强度极限愈高，其疲劳强度愈高。我国现行的设计规范是以应力循环次数 $N = 2 \times 10^6$ 的疲劳曲线作为确定疲劳强度的取值依据。

二、钢材的工艺性能

建筑钢材在使用之前，多数需要进行一定形式的加工处理。良好的工艺性能可保证钢材能够顺利通过各种处理而无损于制品的质量。建筑钢材的工艺性能包括热加工性能、冷加工性能、冷弯性能、焊接性能与热处理性能等。这里只说明在建筑工程最常遇到的冷弯和焊接两种工艺性能。

（一）冷弯性能

冷弯性能是钢材在常温条件下，承受弯曲变形的能力。"冷"表示常温，钢材的加工、轧制一般是在"热"（高温）的条件下进行的，"冷"是相对于"热"而言的。后面介绍的"冷拔""冷轧"等中的"冷"也是同一含义。

冷弯性能是揭示钢材缺陷的一种重要工艺性能。在土木工程中，经常要把钢筋、钢板等材料弯曲成要求的形状，冷弯性能就是为模拟钢材加工而确定。

钢材的冷弯性能试验参数为：弯曲角度 α 和弯心直径 d，以及其相对于钢材厚度 a 的比值 d/a。在进行冷弯试验时，试件弯曲处的外拱面和两侧面未出现裂缝和起层现象之前，钢材弯曲角度 α 愈大，d/a 愈小，则表示冷弯性能愈好。

钢材的冷弯性能与伸长率一样，也是反映钢材在力作用下的塑性性质。但在冷弯过程中，受弯部位产生局部的不均匀塑性变形，因此，它更能反映出钢材内部组织是否均匀、是否存在内应力及夹杂物等缺陷。如图 6.9 所示为钢材冷弯示意图。在工程中，结构在制作和安装过程中要进行冷加工，尤其是焊接结构焊后变形的调直等工序，均需要钢材有较好的冷弯性能，冷弯试验还常用作检验钢材焊接质量的手段之一。

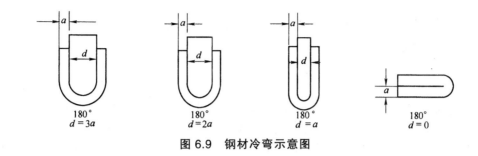

图6.9 钢材冷弯示意图

（二）可焊性

在土木工程中，钢结构、钢筋混凝土的钢筋骨架、接头和连接件、预埋件等大多采用焊接方式连接。因此，钢材应具有良好的可焊性。

钢材在焊接过程中，由于高温的作用，焊缝及其附近的过热区将发生晶体组织和晶体结构的变化，使焊缝周围的钢材产生硬脆倾向，降低焊件的使用质量。可焊性是指钢材是否适用通常的焊接方法与工艺的性能。可焊性好的钢材焊接时，硬脆倾向小，不易形成裂纹、气孔、夹渣等缺陷，焊接后仍能保持与母材基本相同的性质。

钢的化学成分、冶炼质量和冷加工等对可焊性影响很大。对焊接结构用钢，宜选用含碳量低、杂质含量少的镇静钢。对于高碳钢和合金钢，为改善焊接后的硬脆性，焊接时一般需采用焊前预热和焊后热处理等措施。

钢材的焊接主要采用电弧焊和接触对焊两种基本方法。钢材焊接后必须取样进行焊接质量检验，一般包括拉伸试验和冷弯试验，要求试验时试件的断裂不能发生在焊接处。

第三节 钢材的加工处理

一、冷加工强化

（一）冷加工强化的机理

将钢材于常温下进行冷拉、冷拔或冷轧使其产生塑性变形，从而提高屈服强度，降低塑性韧性，这个过程称为冷加工强化处理。冷加工强化的机理描述如下：金属的塑性变形通过位错运动实现。位错是指原子行列间相互滑移形成的线缺陷。如果位错运动受阻，则塑性变形困难即变形抗力增大，因而强度提高。在塑性变形过程中，位错运动的阻力主要来自位错本身。随着塑性变形的进行，位错在晶体中运动时可通过各种机制发生增殖，使位错密度不断增加，位错之间的距离越来越小并发生交叉，使位错运动的阻力增大，导致塑性变形抗力提高。另一方面，由于变形抗力的提高，位错运动阻力的增大，位错更容易在晶体中发生塞积，反过来使位错的密度加速增长。这相当于汽车通过一个十分拥挤又没有交通指挥的十字路口。由于相互争抢，汽车行进十分困难，甚至完全堵塞。所以，在冷加工时，依靠塑性变形时位错密度提高和变形抗力增大这两方面的相互促进，很快导致金属强度和硬度的提高，但也会导致其塑性降低。

（二）冷加工强化方法

1. 冷 拉

冷拉是将钢筋拉至其应力－应变曲线的强化阶段内任一点 K 处，再缓慢卸去荷载，则当再度加载时，其屈服极限将有所提高，而其塑性变形能力将有所降低。冷拉一般可控制冷拉率。钢筋经冷拉后，一般屈服点可提高 20% ~ 25%。钢筋冷拉还有利于简化施工工序，冷拉盘条钢筋可省去开盘和调直工序；冷拉直条钢筋则可与矫直、除锈等工序一并完成。

2. 冷 拔

冷拔是将光圆钢筋通过硬质合金拔丝模孔强行拉拔。冷拔作用比纯拉伸的作用强烈，钢筋不仅受拉，且同时受到挤压作用。经过一次或多次冷拔后得到的冷拔低碳钢丝，其屈服点可提高 40% ~ 60%，但这使钢的塑性和韧性下降，从而具有硬钢的特点。

建筑工程中大量使用的钢筋采用冷加工强化具有明显的经济效益。经过冷加工的钢材，可适当缩小钢筋混凝土结构设计截面，或减少混凝土中配筋数量，从而达到节约钢材的目的。但冷拔钢丝的屈强比较大，相应的安全储备较小。

3. 冷 轧

冷轧是将圆钢在冷轧机上轧成断面形状规则的钢筋，可提高其强度及与混凝土的黏结力。钢筋在冷轧时，纵向与横向同时产生变形，因而可较好地保持其塑性和内部结构均匀性。

二、时效处理

将冷加工处理后的钢筋，在常温下存放 15 ~ 20 d，或加热至 100 ~ 200 ℃ 后保持一定时间（2 ~ 3 h），其屈服强度进一步提高，且抗拉强度也提高，同时塑性和韧性也进一步降低，弹性模量则基本恢复。这个过程称为时效处理。

时效处理方法有两种：在常温下存放 15 ~ 20 d，称为自然时效，适合用于低强度钢筋；热至 100 ~ 200 ℃ 后保持一定时间（2 ~ 3 h），称为人工时效，适用于高强钢筋。

钢材经冷加工和时效处理后，其性能变化的规律明显地在应力-应变图上得到反映，如图 6.10 所示。图中 OBCD 为未经冷拉试件的应力-应变曲线。将试件拉至超过屈服极限的某一点 K 时卸荷载，此时由于试件已产生塑性变形，曲线沿 KO_1 下降，KO_1 大致与 BO 平行。

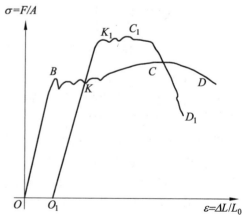

图 6.10　钢筋冷拉时效后应力–应变曲线

三、热处理

铁碳平衡图（见图 6.3）中的晶体组织，是在极缓慢冷却条件下得到的。若将钢加热到临界温度以上，并保持一定时间后，以不同的速度冷却，则会形成与铁碳平衡图完全不同的晶体组织。这种对钢进行加热、保温和冷却的综合操作工艺称为热处理。其目的在于通过不同的工艺，改变钢的晶体组织，从而改变钢的性质。建筑钢材一般只在生产厂进行处理并以热处理状态供应。在施工现场的部分情况下须对焊件进行热处理。钢的热处理有退火、正火、淬火、回火等形式，热处理的加热范围如图 6.11 所示。

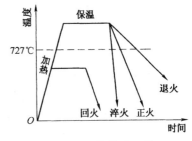

图 6.11　热处理工艺

1. 退　火

退火是将钢加热到铁碳平衡图中的 GSK 线以上 30~50 ℃，保温一定时间，然后极缓慢地冷却（随炉冷却），以获得接近平衡状态组织的一种热处理工艺。退火可降低钢的硬度，提高塑性和韧性，并能消除冷、热加工或热处理所形成的缺陷和内应力。含碳量较高的高强度钢筋焊后和经过多次冷拔的钢丝再冷拔时，均需要进行退火处理，以保证焊接质量或冷拔工序的进行。

2. 正　火

正火是将钢加热到 GSE 线以上 30~50 ℃，保温一定时间，然后在空气中冷却的一种热处理工艺。正火主要用于提高钢的塑性和韧性，获得强度、塑性和韧性三者之间的良好配合。如常对厚度较大的热轧低合金钢钢板进行正火处理，则要消除在热过程中造成的组织不均匀性和内应力，使塑性和韧性提高，而强度却降低很少，以取得良好的综合技术性质。

3. 淬　火

淬火是把钢加热到 GSK 线以上 30~50 ℃，保持一定时间，然后把它放到适当的介质（水或油）中进行急速冷却的一种热处理工艺。淬火可显著提高钢的硬度和耐磨性，但塑性和韧性却显著降低，且有很大的内应力，脆性很高。可在淬火后进行回火处理，以消除部分脆性。钢轨表面特别是两端轨头部分，通常都要进行淬火处理，以提高硬度和耐磨性。

4. 回　火

回火是把钢加热到下临界温度 QSK 线（727 ℃）以下某一适当的温度，保持一定时间，然后在空气中冷却的一种热处理工艺。根据加热温度的高低，分低温（150~250 ℃）、中温（350~500 ℃）和高温（500~650 ℃）三种回火制度。回火主要是为了消除淬火后钢材的内应力和脆性，可根据不同要求选择加热温度。一般来说，要求保持高强度和高硬度时，采用低温回火；要求保持高弹性极限和屈服强度时，采用中温回火；要求既有一定强度和硬度，又有适量塑性和韧性时，采用高温回火。淬火和高温回火的联合处理称为调质。调质的目的主要是为了获得良好的综合技术性质，既有较高的强度，又有良好的塑性和韧性。经调质处理过的钢称为调质钢，它是目前用来强化钢材的有效措施。如建筑上用的某些高强度低合金钢及某些热处理钢筋等均经过调质处理得到强化。

第四节　建筑钢材的标准与选用

建筑钢材分为钢结构用钢、混凝土结构用钢及其他用途钢。

一、钢结构用钢

钢结构用钢主要有碳素结构钢、优质碳素结构钢和低合金结构钢。

（一）碳素结构钢

1. 碳素结构钢的牌号

根据国家标准《碳素结构钢》（GB 700—2006）规定，牌号由代表屈服点的字母、屈服点数值、质量等级符号和脱氧程度四部分组成。其中"Q"代表屈服点。碳素结构钢按照其屈服点分为四个牌号，即 Q195、Q215、Q235 和 Q275；按照质量等级（硫、磷杂质含量由多到少）分为 A、B、C 和 D 共四个质量等级。按照脱氧程度分为沸腾钢（F）、半镇静钢（b）、镇静钢（Z）和特种镇静钢（TZ）四种。镇静钢和特殊镇静钢在钢牌号中 Z 和 TZ 予以省略。例如，Q235-AF 表示屈服点为 235 MPa，质量等级为 A 级的沸腾钢；Q235-C 表示屈服点为235 MPa，质量等级为 C 级的镇静钢。

2. 碳素结构钢的技术要求

碳素结构钢的技术性能要求包括化学成分、力学性能和工艺性能。

碳素结构钢的力学性能和工艺性能应符合如表 6.2 和表 6.3 所示的规定。

表 6.2　碳素结构钢的力学性能

牌号	质量等级	拉伸试验												冲击试验	
		屈服点 R_{eH}/MPa						抗拉强度 σ_b/MPa	伸长率 A/%					温度 /℃	V 形冲击功（纵向）/J
		钢材厚度（直径）/mm							钢材厚度（直径）/mm						
		≤16	16~40	40~60	60~100	100~150	>150		≤40	40~60	60~100	100~150	150~200		
		不　小　于							不　小　于						不小于
Q195	—	(195)	(185)	—	—	—	—	315~430	33	—	—	—	—	—	—
Q215	A	215	205	195	185	175	165	335~450	31	29	28	27	25	—	—
	B													20	27
Q235	A	235	225	215	205	195	185	375~500	26	24	23	22	21	—	—
	B													20	27
	C													0	
	D													−20	
Q275	A	275	265	255	245	225	215	410~540	22	21	20	18	17	—	—
	B													20	27
	C													0	
	D													−20	

表 6.3　碳素结构钢的冷弯性能

牌　号	试样方向	冷弯试验（$B=2a$，$180°$）	
		钢材厚度（直径）/mm	
		$\leqslant 60$	$>60 \sim 100$
		弯心直径 d	
Q195	纵	0	—
	横	$0.5a$	
Q215	纵	$0.5a$	$1.5a$
	横	a	$2a$
Q235	纵	a	$2a$
	横	$1.5a$	$2.5a$
Q275	纵	$1.5a$	$2.5a$
	横	$2a$	$3a$

注：B 为试样宽度；a 为钢材厚度（直径）。

在碳素钢中，同一牌号钢材的屈服点、抗拉强度、伸长率、冷弯的要求是一样的，但冲击韧性还与质量等级有关；碳素结构钢随着牌号的增大，其含碳量和含锰量增加，强度和硬度提高，而塑性和韧性降低，冷弯性能逐渐变差。

3. 碳素结构钢的应用

Q195 和 Q215 钢的含碳量小于 0.15%，强度虽然低，但塑性和韧性较好，性质柔软，易于冷加工，建筑上一般用作钢钉、铆钉、螺栓等。Q215 钢经冷加工后可代替 Q235 钢使用。

Q235 是建筑工程中应用最广泛的碳素结构钢，由于其强度、塑性、韧性及可焊性等综合性能好，且成本较低，能够较好地满足一般钢结构和混凝土结构的用钢要求。因此，在钢结构中，用 Q235 钢大量轧制成各种型钢、钢板、钢管等；在钢筋混凝土中，使用最多的Ⅰ级钢筋也是由 Q235 钢轧制而成。

Q275 钢，强度高，但塑性、韧性和可焊性较差，不易冷弯加工，可用于轧制成人字纹钢筋用于混凝土中，但较多的是用于机械零件和工具等。

在选用钢材牌号和材性时，为保证承重结构的承载能力和防止在一定条件下出现脆性破坏，应根据结构的重要性、荷载特征、结构形式、应力状态、连接方法、钢材厚度和工作环境等因素综合考虑。例如，Q235A 级钢一般仅适用于承受静荷载作用的结构，但主要焊接结构中不能使用 Q235A 级钢；Q235B 级钢用于承受动荷载焊接的普通钢结构；Q235C 级钢可用于承受动荷载焊接的重要钢结构；Q235D 级钢可用于低温条件下承受动荷载焊接的重要钢结构。

因沸腾钢脱氧不充分，含氧量较高，内部组织不够致密，硫、磷的偏析大，氮是以固溶氮的形式存在，故冲击韧性较低，冷脆性和时效倾向大。因此，需对其使用范围加以限制。具体来说，下列情况的承重结构和构件不应采用 Q235 沸腾钢：

1）焊接结构

（1）直接承受动力荷载或振动荷载且需要验算疲劳的结构。

（2）工作温度低于－20℃时的直接承受动力荷载或振动荷载，但可不验算疲劳的结构以及承受静力荷载的受弯及受拉的重要承重结构。

（3）工作温度等于或低于－30℃的所有承重结构。

2）非焊接结构

工作温度等于或低于－20℃的直接承受动力荷载且需要验算疲劳的结构。

（二）优质碳素结构钢

优质碳素结构钢对有害杂质含量控制更严格（S<0.035%，P<0.035%），质量更稳定，性能优于普通碳素结构钢。

根据国标《优质碳素结构钢》（GB/T 699—2015）规定，优质碳素结构钢共分为28个牌号。表示方法与其平均含碳量（以0.01%为单位）及含锰量相对应。如序号6的优质碳素结构钢统一数字代号为U20302,牌号30,其碳含量为0.27%～0.34%,Mn含量为0.50%～0.80%。又如序号14的优质碳素结构钢统一数字代号为U20702,牌号70,其碳含量为0.67%～0.75%,Mn含量为0.50%～0.80%。序号18～28的优质碳素结构钢Mn含量比序号1～17的优质碳素结构钢高，牌号还注明Mn。如序号21的优质碳素结构钢统一数字代号为U21302,其碳含量与统一数字代号U20302的优质碳素结构钢碳含量相同，亦为0.27%～0.34%,但Mn含量为0.70%～1.00%,其牌号为30Mn。

在建筑工程中,牌号30～45的优质碳素结构钢主要用于重要结构的钢铸件和高强度螺栓等,牌号65～80的优质碳素结构钢用于生产预应力混凝土用钢丝和钢绞线。

（三）低合金高强度结构钢

低合金高强度结构钢是一种在碳素钢的基础上添加总量小于5%的一种或多种合金元素的钢材。合金元素有：硅（Si）、锰（Mn）、钒（V）、铌（Nb）、铬（Cr）、镍（Ni）及稀土元素等。

1. 牌 号

根据国标《低合金高强度结构钢》（GB/T 1591—2018）的规定，低合金钢牌号由代表钢材屈服强度的字母"Q"、屈服强度值、交货状态代号、质量等级符号（B、C、D、E、F）四个部分组成。交货状态为热轧时，交货状态代号AR或WAR可省略；交货状态为正火或正火轧制状态时，交货状态代号均用N表示。如Q355ND表示屈服强度不小于355 MPa，交货状态为正火或正火轧制质量等级为D级的低合金高强度结构钢。

2. 技术要求及特性

低合金高强度结构钢的力学性能应符合如表6.4所示的要求。

低合金高强度结构钢与碳素结构钢相比具有以下特点：

（1）成分上，含碳量较低，均不高于0.2%，且一般为氧气转炉、平炉或电炉冶炼的镇静钢，硫、磷杂质含量少，含氧量及成分偏析少，加入了合金元素。

表 6.4　低合金高强度结构钢的拉伸性能

牌号	质量等级	以下公称厚度（直径、边长）下屈服强度（R_{eL}）/MPa									以下公称厚度（直径、边长）下抗拉强度（R_m）/MPa				断后伸长率（A）/%　公称厚度（直径、边长）					
		≤16 mm	>16~40 mm	>40~63 mm	>63~80 mm	>80~100 mm	>100~150 mm	>150~200 mm	>200~250 mm	>250~400 mm	≤100 mm	>100~150 mm	>150~250 mm	>250~400 mm	≤40 mm	>40~63 mm	>63~100 mm	>100~150 mm	>150~250 mm	>250~400 mm
Q355	B	≥355	≥345	≥335	≥325	≥315	≥295	≥285	≥275	—	470~630	450~600	450~600	—	≥20	≥19	≥19	≥18	≥17	—
Q355	C	≥355	≥345	≥335	≥325	≥315	≥295	≥285	≥275	—	470~630	450~600	450~600	—	≥21	≥20	≥20	≥19	≥18	—
Q355	D	≥355	≥345	≥335	≥325	≥315	≥295	≥285	≥275	≥265	470~630	450~600	450~600	450~600	≥21	≥20	≥20	≥19	≥18	≥17
Q390	B	≥390	≥380	≥360	≥340	≥340	≥320	—	—	—	490~650	470~620	—	—	≥20	≥19	≥19	≥18	—	—
Q390	C	≥390	≥380	≥360	≥340	≥340	≥320	—	—	—	490~650	470~620	—	—	≥20	≥19	≥19	≥18	—	—
Q390	D	≥390	≥380	≥360	≥340	≥340	≥320	—	—	—	490~650	470~620	—	—	≥20	≥19	≥19	≥18	—	—
Q420	B	≥420	≥410	≥390	≥370	≥370	≥350	—	—	—	520~680	500~650	—	—	≥19	≥18	≥18	≥18	—	—
Q420	C	≥420	≥410	≥390	≥370	≥370	≥350	—	—	—	520~680	500~650	—	—	≥19	≥18	≥18	≥18	—	—
Q460	C	≥460	≥450	≥430	≥410	≥410	≥390	—	—	—	550~720	530~700	—	—	≥17	≥16	≥16	≥16	—	—

（2）性能上，具有更高的强度，且还具有良好的塑性、韧性、可焊性、耐磨性、耐蚀性、耐低温性等性能，是综合性能更为理想的建筑钢材。低合金高强度结构钢主要用于轧制各种型钢、钢板、钢管及钢筋，广泛用于钢结构和钢筋混凝土结构，特别适用于各种重型结构、高层结构、大跨度结构及桥梁工程等。

（3）应用上，低合金高强度结构钢和碳素钢一样，主要用于轧制各种型钢、钢板、钢管及钢筋，但特别适用于各种重型结构、高层结构以及大跨度结构和桥梁工程等承受动荷载的结构物。在相同使用条件下，可比碳素结构钢节省用钢 20% ~ 30%，可有效地减轻结构自重。

二、钢筋混凝土结构用钢

按照生产方式的不同，钢筋混凝土结构用钢可分为热轧钢筋、热处理钢筋、冷轧带肋钢筋、预应力混凝土用钢丝和钢绞线等。

（一）热轧钢筋

根据其表面特征不同，热轧钢筋可分为光圆钢筋和带肋筋。带肋钢筋有月牙肋钢筋和等高肋钢筋等，如图 6.12 所示。

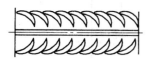

（a）月牙肋钢筋　　　　　　　　　　（b）等高肋钢筋

图 6.12　带肋钢筋

1. 钢筋混凝土用热轧直条光圆钢筋

按照《钢筋混凝土用钢　第 1 部分：热轧光圆钢筋》（GB/T 1499.1—2017）的规定，热轧光圆钢筋按屈服强度特征值为 300 级。热轧光圆钢筋的力学性能和工艺性能应符合如表 6.5 所示的规定。

表 6.5　直条光圆钢筋的力学性能、工艺性能

牌　号	公称直径 a/mm	屈服点 R_{eL} /MPa	抗拉强度 R_m /MPa	断后伸长率 A /%	最大力总伸长率 A_{gt}/%	冷弯试验（180°）弯心直径 d
		不　小　于				
HPB300	6 ~ 22	300	420	25.0	10.0	$d = a$

2. 热轧带肋钢筋

根据《钢筋混凝土用钢　第 2 部分：热轧带肋钢筋》（GB/T 1499.2—2018）的规定，热轧带肋钢筋分为普通热轧带肋钢筋（Hot rolled Ribbed Bars，简称 HRB）和细晶粒热轧钢筋（Hot rolled Ribbed Bars of Fine grains，简称 HRBF）两种，其晶体组织主要为铁素体和珠光体，不得有影响使用性能的其他晶体组织存在。细晶粒热轧钢筋是在热轧过程中，通过控轧和控冷工艺形成的细粒钢筋。热轧带肋钢筋的力学性能和工艺性能应符合如表 6.6 所示的规定。

表 6.6　热轧钢筋的力学性能和工艺性能

牌　号	公称直径 d/mm	屈服点 R_{eL}/MPa	抗拉强度 R_m/MPa	伸长率 A/%	最大力总伸长率 A_{gt}/%	冷弯试验（180°）弯心直径 d
		不　小　于				
HRB400 HRBF400	6~25	400	540	16	7.5	4d
	28~40					5d
	>40~50					6d
HRB400E HRBF400E	6~25	400	540	—	9.0	4d
	28~40					5d
	>40~50					6d
HRB500 HRBF500	6~25	500	630	15	7.5	6d
	28~40					7d
	>40~50					8d
HRB500E HRBF500E	6~25	500	630	—	9.0	6d
	28~40					7d
	>40~50					8d
HRB600	6~25	600	730	14	7.5	6d
	28~40					7d
	>40~50					8d

注：HRB—热轧带肋钢筋的英文缩写；F—"细"的英文（Fine）首位字母。E—"地震"的英文（Earthquake）首字母。

公称直径 28~40 mm 各牌号钢筋的断后伸长率 A 可降低 1%，公称直径大于 40 mm 各牌号钢筋的断后伸长率 A 可降低 2%。

同时,《混凝土结构工程施工质量验收规范》（GB 50204—2015）和（GB/T 1499.2—2018）规定,为了保证在地震作用下,结构的某些部位出现塑性铰以后,钢筋具有足够的变形能力。对有抗震设防要求的框架结构（一、二级抗震等级）,检验所得的强度实测值应符合下列规定：

（1）钢筋抗拉强度实测值与屈服强度实测值之比不小于 1.25；

（2）钢筋屈服强度实测值与强度标准值之比不应大于 1.30；

（3）钢筋最大力总伸长度 A_{gt} 不小于 9%。

《混凝土结构设计规范》（GB 50010—2010）给出了热轧钢筋的标准值（f_{yk}）、抗拉强度的设计值（f_y）、抗压强度的设计值（f_y'）和钢筋的弹性模量（E_s）。

3. 应　用

光圆钢筋是用 Q235 碳素结构钢轧制而成的钢筋。其强度较低,塑性及焊接性能好,伸长率高,便于弯曲成型。光圆钢筋可作为中小型钢筋混凝土结构的主要受力钢筋和各种钢筋混凝土结构箍筋等,也可用于钢、木结构的拉杆等。此外,可作为冷轧带肋钢筋的原材料,盘条可作为冷拔低碳钢丝的原材料。

带肋钢筋中,HRB400（HRBF400）用低合金镇静钢和半镇静钢轧制而成,由于强度较高,塑性和焊接性能较好,广泛用作大中型钢筋混凝土结构的受力钢筋,现行规范积极提倡用 HRB400（HRBF400）级钢筋作为钢筋混凝土结构的主要钢筋。在有抗震设防要求的框架梁、框架柱、剪力墙等结构构件的纵向受力钢筋宜选用 HRB400（HRBF400）、热轧钢筋，箍筋宜选用、HRB400（HRBF400）或 HPB235 热轧钢筋。HRB400（HRBF400）经冷拉后可用作预应力钢筋。

HRB500（HRBF500）用中碳低合金镇静钢轧制而成。钢筋表面轧有纵肋和横肋，是房屋建筑的主要预应力筋。由于含碳量较高，可焊性下降，如需焊接时，应采取适当的焊接方法和焊后热处理工艺，以保证焊接质量，防止发生脆性断裂。HRB500（HRBF500）钢筋使用前也可进行冷拉处理，以提高屈服强度，节约钢材。

HRB600 级钢筋因其强度高、延性好、拥有良好的使用性能，在国外已经应用。国内对 HRB600 级钢筋在实际工程中应用不多，仅在我国上海、江苏和云南地区一定数量工程中得到应用。

（二）冷轧带肋钢筋

冷轧带肋钢筋是由普通低碳钢、优质碳素钢或低合金钢热轧圆盘条为母材，经冷轧减径后，在其表面冷轧成具有三面或二面月牙形横肋的钢筋。

1. 级别代号

冷轧带肋钢筋（Cold Rolled Ribbed Steel bars）是由热轧圆盘条经冷轧后，在其表面带有沿长度方向均匀分布的横肋的钢筋。其横肋呈月牙形。《冷轧带肋钢筋》（GB/T 13788—2017）规定，冷轧带肋钢筋按延性高低分为两类：冷轧带肋钢筋，代号 CRB；高延性冷轧带肋钢筋，代号由 CRB、抗拉强度特征值及 H 构成。C、R、B、H 分别为冷轧（Cold Rolled）、带肋（Ribbed）、钢筋（Bar）、高延性（High Elongation）四个词的英文首位字母。钢筋分为 CRB550、CRB650、CRB800、CRB600H、CRB680H 和 CRBH800H 六个牌号。

2. 技术性能

冷轧带肋钢筋的化学成分、力学性能和工艺性能应符合国家标准《冷轧带肋钢筋》（GB 13788—2017）的有关规定。其力学性能和工艺性能要求如表 6.7 所示。与热轧钢筋不同，其是以抗拉强度作为牌号标识。

表 6.7　冷轧带肋钢筋的力学性能和工艺性能

分类	牌号	$R_{p0.2}$/MPa 不小于	R_m/MPa 不小于	伸长率/% 不小于		冷弯试验 180°	反复弯曲次数	应力松弛 初始应力 $R_{com} = 0.7R_m$ 1 000 h 不大于/%
				A	A_{100}			
普通钢筋混凝土用	CRB550	500	550	11.0	—	$D = 3d$	—	—
	CRB600H	540	600	14.0	—	$D = 3d$	—	—
	CRB680H[b]	600	680	14.0	—	$D = 3d$	4	5
预应力钢筋混凝土用	CRB650	585	650	—	4.0	—	3	8
	CRB800	720	800	—	4.0	—	3	8
	CRB800H	720	800	—	7.0	—	4	5

注：表中 D 为弯心直径；d 为钢筋公称直径。当该牌号钢筋作为普通钢筋混凝土用钢筋使用时，对反复弯曲和应力松弛不做要求；当该牌号钢筋作为预应力混凝土用钢筋使用时应进行反复弯曲试验代替 180°弯曲试验，并检测松弛率。

3. 应　用

CRB550、CRB600H 为普通钢筋混凝土用钢筋，CRB650、CRB800、CRBH800H 为预应力混凝土用钢筋，CRB680H 既可作为普通钢筋混凝土用钢筋，也可作为预应力混凝土用钢筋。CRB550、CRB600H、CRB680H 钢筋的公称直径范围为 4~12 mm。CRB650、CRB800、CRB800H 公称直径为 4 mm、5 mm、6 mm。

冷轧带肋钢筋提高了钢筋的强度，特别是锚固强度较高，而塑性下降，但一般伸长率仍较同类冷加工钢材更大。

（三）预应力混凝土用钢棒

预应力混凝土用钢棒是由热轧盘条（低合金钢）经加工后（或不经冷加工）淬火和回火等调质处理制成。经调制处理后，钢筋的特点是塑性降低幅度不大，但强度幅度提高很多，综合性能较为理想。

1. 分　类

预应力混凝土用钢棒按照表面形状分为光圆钢棒、螺旋槽钢棒、螺旋肋钢棒和带肋钢棒。光圆钢棒只用于后张法预应力工程，其他钢棒用于先张法预应力工程。

2. 技术性能

根据《预应力混凝土用钢棒》（GB/T 5223.3—2017）规定，其公称直径、横截面积及性能应符合表 6.8 的规定。伸长率、应力松弛同样为强制性条款，应满足相应的规定。

表 6.8　预应力混凝土用钢棒的公称直径、横截面积及性能

表面形状类型	公称直径 d_n/mm	公称横截面积 S_n/mm^2	抗拉强度 R_m 不小于/MPa	规定非比例延伸强度 $R_{p0.2}$ 不小于/MPa	弯曲性能	
					性能要求	弯曲半径/mm
光圆	6	28.3	对所有规格钢棒	对所有规格钢棒	—	15
	7	38.5			—	20
	8	50.3	1 080	930	—	20
	10	78.5	1 230	1 080	—	25
	11	95.0	1 420	1 280	弯曲 160°~180°后弯曲处无裂纹	弯心直径为钢棒公称直径的 10 倍
	12	113	1 570	1 420		
	13	133				
	14	154				
	16	201				
螺旋槽	7.1	40				
	9	64				
	10.7	90				
	12.6	125				

表面形状类型	公称直径 d_n/mm	公称横截面积 S_n/mm²	抗拉强度 R_m 不小于/MPa	规定非比例延伸强度 $R_{p0.2}$ 不小于/MPa	弯曲性能	
					性能要求	弯曲半径/mm
螺旋肋	6	28.3			反复弯曲不小于4次/180°	15
	7	38.5				20
	8	50.3				20
	10	78.5				25
	12	113			弯曲160°~180°后弯曲处无裂纹	弯心直径为钢棒公称直径的10倍
	14	154				
带肋	6	28.3				
	8	50.3				
	10	78.5				
	12	113				
	14	154				
	16	201				

预应力混凝土用钢棒常弹性盘条或成捆供应，盘条开盘后可自行伸直。使用时应按照要求的长度采用砂轮锯或切断机切割，不能采用电弧切割，也不能焊接，以免引起强度下降或脆断（此项也适用于其他预应力钢筋）。

3. 应用

预应力混凝土用钢棒具有强度高、韧性好、与混凝土黏结性能好、应力松弛低、施工方便、节约钢筋等优点，主要用于预应力混凝土轨枕，还用于预应力梁、预应力板及吊车梁等。

（四）预应力混凝土用钢丝

预应力混凝土用钢丝是优质碳素结构钢盘条，经酸洗、拔丝模或轧辊冷加工后再经消除应力等工艺制成的高强度钢丝。

根据《预应力混凝土用钢丝》（GB/T 5223—2014）规定：按加工状态分为冷拉钢丝（代号为WCD）和消除应力钢丝，消除应力钢丝又分为低松弛钢丝（代号为WLR）和普通松弛钢丝（代号为WNR）；按外形分为光圆钢丝（P）、螺旋肋钢丝（H）和刻痕钢丝（I）。

冷拉钢丝和消除应力光圆、螺旋肋及刻痕钢丝的力学性能应符合有关的规定。消除应力光圆及螺旋肋钢丝的力学性能要求如表6.9所示。

冷拉钢丝和消除应力光圆、螺旋肋及刻痕钢丝均属于冷加工强化的钢筋，没有明显的屈服点，材料检验只能以抗拉强度为依据。设计强度取值以条件屈服点（规定非比例伸长应力 $R_{p0.2}$）的统计值确定，并且规定非比例伸长应力 $\sigma_{p0.2}$ 值不小于公称抗拉强度的75%。

表 6.9 消除应力光圆及螺旋肋钢丝的力学性能

公称直径 d/mm	抗拉强度 R_m/MPa ≥	0.2%屈服力 $F_{p0.2}$/kN ≥	最大力下 总伸长率 ($L_0 = 200$ mm) A_{gt}/% ≥	弯曲次数/ (次/180°) ≥	弯曲半径 R/mm	应力松弛性能	
						初始应力相当 于公称抗拉强 度的百分数/%	1 000 h 后应 力松弛率 r/% ≤
4.00	1 470	16.22	3.5	3	10	70	2.5
4.80		23.35		4	15		
5.00		25.32		4	15		
6.00		36.47		4	15		
6.25		39.58		4	20		
7.00		49.64		4	20		
7.50		56.99		4	20		
8.00		64.84		4	20		
9.00		82.07		4	25		
9.50		91.44		4	25		
10.00		101.32		4	25		
11.00		122.59		—	—		
12.00		145.90		—	—		
4.00	1 570	17.37		3	10	80	4.5
4.80		25.00		4	15		
5.00		27.12		4	15		
6.00		39.06		4	15		
6.25		42.39		4	20		
7.00		53.16		4	20		
7.50		61.04		4	20		
8.00		69.44		4	20		
9.00		87.89		4	25		
9.50		97.93		4	25		
10.00		108.55		4	25		
11.00		131.30		—	—		
12.00		156.26		—	—		

公称直径 d/mm	抗拉强度 R_m/MPa ≥	0.2%屈服力 $F_{p0.2}$/kN ≥	最大力下总伸长率（$L_0 = 200$ mm）A_{gt}/% ≥	弯曲次数/（次/180°）≥	弯曲半径 R/mm	应力松弛性能	
						初始应力相当于公称抗拉强度的百分数/%	1 000 h 后应力松弛率 r/% ≤
4.00	1 670	18.47		3	10		
5.00		28.85		4	15		
6.00		41.54		4	15		
6.25		45.09		4	20		
7.00		56.55		4	20		
7.50		64.93		4	20		
8.00		73.86		4	20		
9.00		93.50		4	25		
4.00	1 770	19.58		3	10		
5.00		30.58		4	15		
6.00		44.03		4	15		
7.00		59.94		4	20		
7.50		68.81		4	20		
4.00	1 860	20.57		3	10		
5.00		32.13		4	15		
6.00		46.27		4	15		
7.00		62.98		4	20		

  预应力混凝土用钢丝具有强度高、柔性好、松弛率低、抗腐蚀性强、质量稳定、安全可靠等特点，主要用于大跨度屋架及薄腹梁、大跨度吊车梁、桥梁等预应力混凝土结构。

（五）预应力混凝土用钢绞线

  预应力混凝土用钢绞线一般是由 2 根、3 根或 7 根直径为 2.5 ~ 6.0 mm 的高强度光面或刻痕钢丝绞捻后，再经稳定化处理而制成。稳定化处理是指为了减少应用时的应力松弛，钢绞线在一定的张力下进行的短时热处理。

  根据《预应力混凝土用钢绞线》（GB/T 5224—2014）的规定，钢绞线按照结构分为五类：用 2 根钢丝捻制的钢绞线（1×2）；用 3 根钢丝捻制的钢绞线（1×3）；用 3 根刻痕钢丝捻制的钢绞线（1×3I）；用 7 根钢丝捻制的标准钢绞线（1×7）；用 7 根钢丝捻制又经模拔的钢绞线（1×7）C；另外还有用 19 根钢丝捻制的钢绞线。标准钢绞线是指由冷拉光圆钢丝捻制成的钢绞线，模拔型钢绞线是指由捻制后再经冷拔而成的钢绞线。

预应力钢绞线的力学性能应符合《预应力混凝土用钢绞线》（GB/T 5224—2014）的有关规定。1×7 结构钢绞线的力学性能要求如表 6.10 所示。

表 6.10 1×7 结构钢绞线的力学性能

钢绞线结构	钢绞线公称直径 D_n/mm	抗拉强度标准值 R_m/MPa 不小于	整根钢绞线的最大力 F_m/kN 不小于	规定非比例延伸力 $F_{p0.2}$/kN 不小于	最大力总伸长度（$L_0 \geq 500$ mm）A_{gt}/% 不小于	应力松弛性能	
						初始负荷相当于公称最大力的百分数/%	1 000 h 后应力松弛率 r/% 不小于
1×7	9.50	1 720	94.3	84.9	对所有规格	对所有规格	对所有规格
		1 860	102	91.8			
		1 960	107	96.3			
	11.10	1 720	128	115			
		1 860	138	124			
		1 960	145	131			
	12.70	1 720	170	153			
		1 860	184	166			
		1 960	193	174			
	15.20	1 470	206	185	3.5	70	2.5
		1 570	220	198			
		1 670	234	211			
		1 720	241	217			
		1 860	260	234			
		1 960	274	247		80	4.5
	15.70	1 770	266	239			
		1 860	279	251			
	17.80	1 720	327	294			
		1 860	353	318			
（1×7）C	12.70	1 860	208	187			
	15.20	1 820	300	270			
	18.00	1 720	384	346			

注：规定非比例延伸力 $F_{p0.2}$ 值不小于整根钢绞线公称最大力 F_m 的 90%。

预应力钢绞线具有强度高、塑性好、易于锚固等特点，多用于大跨度、重荷载的预应力混凝土结构。

三、桥梁结构钢

铁路与公路的桥梁除了承受静载外，还要直接承受动载，其中某些部位还承受交变应力的作用。桥梁全部暴露在大气中，有的处于多雨潮湿地区，有的处于冰雪严寒地带，它们要长期在受力状态下经受气候变化和腐蚀介质的严峻考验。因此，和一般结构钢相比，桥梁结构钢除了必须具有较高的强度外，还要求有良好的塑性、韧性、可焊性及较高的疲劳强度。考虑到严寒地区的低温影响和长期的使用安全，还要求具有较小的冷脆性和时效敏感性，以免发生脆断事故。

1. 桥梁结构钢的牌号及其表示方法

根据国家标准《桥梁用结构钢》（GB/T 714—2015）的规定，牌号由代表屈服点的汉语拼音字母、屈服点数值、桥梁钢的汉语拼音字母和质量等级符号四部分组成。如 Q345qC 代表屈服点为 345 MPa、质量等级为 C 级的桥梁钢。桥梁结构钢按照钢材的屈服点分为 8 个牌号，即 Q345q、Q370q、Q420q、Q460q、Q500q、Q550q、Q620q、Q690q；按照质量等级（硫、磷杂质含量由多到少）分为 C、D、E、F 共 4 个质量等级，其中 C 级硫、磷杂质含量与低合金高强度结构钢 C 级要求相当，D、E、F 级比低合金高强度结构钢相应等级要求更高。

2. 桥梁结构钢的技术要求

桥梁钢各牌号化学成分、性能应符合《桥梁用结构钢》（GB/T 714—2015）的规定。其力学性能和工艺性能的要求如表 6.11 所示，并要求一组三个试件的平均值应不小于表 6.11 中规定的最小值。冲击功试验的三个试样中，允许其中有一个试样的单值低于规定值，但不得低于规定值的 70%。标准适用于厚度不大于 150 mm 的桥梁用结构钢板、厚度不大于 25.4 mm 的桥梁用结构钢带及厚度不大于 40 mm 的桥梁用结构型钢。桥梁钢屈服强度从 345 MPa 到 690 MPa，规定了热轧、正火轧制、热机械轧制、调质及耐候钢，对残余元素 B、H、P、S、N 有严格的规定，在抗疲劳、耐低温、可焊性方面适应国内桥梁设计及结构制造的绝大部分需求。

桥梁结构钢的钢板表面不应有裂纹、气泡、结疤、夹杂、折叠，钢材不应有分层。对厚度大于 20 mm 的钢板应进行超声波探伤检验。

表 6.11 桥梁结构钢的力学性能和工艺性能（GB/T 714—2015）

牌号	质量等级	下屈服强度 R_{eL}/MPa			抗拉强度 R_m/MPa	伸长率 A/%	冲击吸收能量		180 ℃弯曲试验	
		厚度≤50 mm	50 mm≤厚度≤100 mm	100 mm≤厚度≤150 mm			温度/℃	KV_2/J	钢材厚度/mm	
									≤16	>16
		不小于								
Q345q	C	345	335	305	490	20	0	120	$d=2a$	$d=3a$
	D						−20			
	E						−40			
Q370q	C	370	360	—	510	20	0	120		
	D						−20			
	E						−40			

牌　号	质量等级	下屈服强度 R_{eL}/MPa			抗拉强度 R_m/MPa	伸长率 A/%	冲击吸收能量		180 °C 弯曲试验	
		厚度≤50 mm	50 mm≤厚度≤100 mm	100 mm≤厚度≤150 mm			温度/°C	KV_2/J	钢材厚度/mm	
									≤16	>16
		不　小　于								
Q420q	C	420	410	—	540	19	−20	120		
	D						−40			
	E						−60	47		
Q460q	C	460	450	—	570	18	−20	120		
	D						−40			
	E						−60	47		
Q500q		500	480	—	630	18	−20	120		
							−40			
							−60	47		
Q550q		550	530	—	660	16	−20	120		
							−40			
							−60	47		
Q620q		620	580	—	720	15	−20	120		
							−40			
							−60	47		
Q690q		690	650	—	770	24	−20	120		
							−40			
							−60	47		

注：当屈服不明显时，可测量 $R_{p0.2}$ 代替下屈服强度；拉伸试验取横向式样；冲击试验取纵向试样。

3. 特性与应用

从发展历程来看，国内在桥梁结构用钢的化学成分、工艺控制、实物性能等方面已经开展了深入研究，朝着具有高强度、优良低温韧性、良好的耐蚀性及抗疲劳性的高性能钢方向发展。

Q345q（原牌号 16 Mnq）和 Q370q（原牌号 14MnNbq）钢是低合金钢，经过完全脱氧，杂质含量控制较严，具有良好的综合机械性能，不仅强度较高，而且塑性、韧性、可焊性等方面均较好。我国著名的南京长江大桥就是用 Q345q 钢建造的。但 Q345q 钢对板厚效应敏感，枪焊钢桥一般只能用到 32 mm 板厚。1987 年，武汉钢铁公司采用适当降低 Q345q 钢含碳量和严格控制杂质含量（特别是硫含量），加入少量铌元素，并采用钢锭模内稀土处理技术，使钢材晶粒细化，极大地降低了钢的板厚效应，提高了厚钢板的强度和韧性。新的钢种定为14MnNbq，即现在的钢种Q370q。1993年，Q370qE钢用于京九线京杭运河大桥的试验钢桁梁，并于1996年通过鉴定，1998年又成功用于芜湖长江大桥钢梁。Q345q和Q370q是我国目前建造大桥钢梁主体结构的基本钢材。

Q420q（原牌号15MnVNq）由鞍山钢铁公司生产，Q420qE成功应用于九江长江大桥正桥钢梁中的受拉及疲劳控制构件和箱形截面的部件上。与国外（美国ASTM AS72-72，日本SM58）同等级的钢材性能相比，Q420q钢的屈服强度、抗拉强度与之相当，韧性高于国外标准。Q420q钢的强度、塑性、韧性和可焊性均很好，且具有较小的冷脆性和时效敏感性，比Q345q钢节约钢材10%以上，是很有发展前途的钢材。

Q500q及以上强度桥梁用钢，其板材厚度在一定范围内，因为材料的强度高而减少了钢材的用量，例如可采用更矮的主梁以增加桥下净空，可增加跨度以减少水中桥墩的数量。具有良好的焊接性能，提高了焊缝的可靠性。材料的高韧性，大幅度降低了低温条件下钢桥发生脆断和突然失效的可能性，而且，高韧性也意味着增大对裂纹的容忍度，这就争取到更多时间在桥梁出现严重问题之前进行检测和修复。500 MPa及以上级别钢均采用了微合金化成分。目前桥梁建设用钢依然以345～500 MPa级钢为主，高强度是未来的发展方向。

四、钢轨钢

铁路钢轨经常处在车轮压力、冲击和磨损的作用下，要求钢轨不仅应具有较高的强度以承受较高的压力和抗剥离，且还应具有较高的硬度、耐磨性、冲击韧性和疲劳强度。由于无缝线路的发展，还应具有良好的可焊性。用于多雨潮湿地区、盐碱地带和隧道中的钢轨，会经常受到各种侵蚀作用，所以还应具有良好的耐腐蚀性能。为了满足上述要求，一般应选用含碳量较高（高碳钢）的平炉或氧气转炉镇静钢进行轧制。含碳量过高，将使钢轨钢的塑性和韧性显著下降，因此一般含碳量不超过0.82%。锰能有效地提高钢材的强度（固溶强化）及耐磨性，硅易与氧化合去除钢中的气泡，使钢质密实细致，硬度、耐磨性也有所提高，因此钢轨钢常含有这两种元素。钢轨接头处轮轨的冲击力很大，为提高接头处的耐磨性，在钢轨两端30～70 mm的范围内应进行轨顶淬火处理，淬火深度为8～12 mm。

随着中国铁路事业的发展，牵引质量、行车速度、运输密度和年通过总重都有很大程度的提高，这些因素大大增加了铁路钢轨的负荷，加大了钢轨的损伤，所以迫切需要提高钢轨强度，增加钢轨的耐磨性，延长其使用寿命。钢轨强化可采用热处理和合金化两种方法，多年来的研究和使用结果表明，热处理优于合金化强化。目前中国主要钢轨厂家生产和研制的高速钢轨主要是U75V钢轨，其强度、硬度和韧性均随着珠光体片层间距的减小而增加。细小的珠光体片层间距有利于提高U75V钢轨的综合力学性能。与普通铁路相比，重载铁路钢轨所受的动载荷加大、受荷频率增高、载荷效应更大、材料应力幅加大，对钢轨的质量要求更为严苛。长尺重载钢轨钢大多采用大断面连铸坯轧制生产，优良的连铸坯母材内部质量是成品重载钢轨性能与稳定性的重要前提保障。

如表6.12所示给出铁路用钢轨钢技术条件《43 kg/m～75 kg/m 钢轨订货技术条件》（TB/T 2344—2012）。

表 6.12　铁路用钢轨钢技术条件（TB/T 2344—2012）

钢轨钢号	化学成分/%						R_m/MPa	A/%	钢轨类型/kg·m^{-1}
	C	Si	Mn	Cr	P	S			
					不大于		不小于		
U71Mn	0.65~0.76	0.15~0.58	0.70~1.20	—	0.030	0.025	880	10	43, 50, 60
U75V	0.71~0.80	0.50~0.80	0.75~1.05	—	0.030	0.025	980	10	43, 50, 60, 75
U77MnCr	0.72~0.82	0.10~0.50	0.80~1.10	0.25~0.40	0.025	0.025	980	9	—
U78CrV	0.72~0.82	0.50~0.80	0.70~1.05	0.30~0.50	0.025	0.025	1080	9	60.75
U76CrRE	0.71~0.81	0.50~0.80	0.80~1.10	0.25~0.35	0.025	0.025	1080	9	—

钢轨还应进行落锤试验（评定冲击韧性），要求试样经打击一次后，两支点间不得有断裂现象。轧制后的钢轨应尽量避免弯曲，钢轨均匀弯曲不得超过钢轨全长的 0.5%。钢轨表面不得有裂纹、线纹、折叠、横向划痕及缩孔残余、分层等缺陷。钢轨截断时，应采用锯切工艺以避免钢轨断面出现微裂纹。

钢轨的类型以每米钢轨的质量表示，我国铁路钢轨主要分为 75 kg/m、60 kg/m、50 kg/m 和 43 kg/m。标准长度有 12.5 m 和 25 m 两种，对于 75 kg/m 钢轨只有 25 m 一种。随着重载高速线路的迅速发展，钢轨需要重型化。我国已大量使用 60 kg/m 钢轨，在重载线路上逐步铺设 75 kg/m 钢轨[*]。目前世界上最重的钢轨已达到 77.5 kg/m，而且对钢轨的性能和质量要求愈来愈高。单一地通过对碳素钢钢轨增加含碳量或热处理的方法来提高钢轨的综合性能，已很难满足使用上的要求。近年来，采取了钢轨合金化、热处理和控制轧制等综合措施，研制发展新一代的合金钢钢轨，取得了较好的效果。如攀钢生产的 PD3 高碳微钒轨，抗拉强度在 1 000 MPa 以上。PD3 全长淬火轨抗拉强度达到 1 300 MPa，且综合性能好，可以延长寿命 50% 以上，已在我国铁道工程中应用。

第五节　建筑钢材的锈蚀及其防止

钢材因受到周围介质的化学作用或电化学作用而逐渐被破坏的现象称为锈蚀。钢材锈蚀不仅使截面积减小，性能降低甚至报废，且因产生锈坑，可造成应力集中，加速了结构的破坏。尤其在冲击荷载和循环交变荷载作用下，将产生锈蚀疲劳现象，使钢材的疲劳强度大为降低，甚至出现脆性断裂。在混凝土中，钢筋的锈蚀使得混凝土开裂，降低了对钢筋的握裹力。有资料显示，当锈蚀率大于 3% 时，混凝土与钢筋之间的握裹力迅速下降，锈蚀率为 5% 时，握裹力在未锈蚀钢筋的 50% 以下；锈蚀率达 8% 时，混凝土裂缝宽度达 1.5~3 mm，握裹力在未锈蚀钢筋的 10% 以下。

---

[*] 年通过总量在 2 500 万吨以上的繁忙线路应铺设 60 kg/m 钢轨无缝线路，年通过总量在 5 000 万吨以上的特别繁忙线路应逐步铺设 75 kg/m 钢轨。

一、钢材的锈蚀

根据锈蚀作用机理，钢材的锈蚀可分为化学锈蚀和电化学锈蚀。

（一）化学锈蚀

化学锈蚀是指钢材直接与周围介质发生化学反应而产生的锈蚀。这种锈蚀多数是氧化作用，使钢材表面形成疏松的氧化物。在常温下，钢材表面形成一薄层氧化保护膜 FeO，可以起到一定的防止钢材锈蚀作用，故在干燥环境中，钢材锈蚀进展缓慢。但在温度或湿度较高的环境中，化学锈蚀进展加快。

（二）电化学锈蚀

电化学锈蚀是指钢材与电解质溶液接触，形成微电池而产生的锈蚀。暴露在潮湿的空气或土壤中的钢材，表面附着一层电解质水膜，由于表面成分或受力变形不均匀等原因，使局部产生电极电位差，形成许多"微电池"。在阳极区，铁被氧化失去电子，呈 Fe^{2+} 进入水膜；在阴极区得到电子，与溶入水中的氧作用形成 OH^-，两者结合成 $Fe(OH)_2$，进一步氧化成 $Fe(OH)_3$。

阳极反应：$Fe \longrightarrow Fe^{2+} + 2e$

阴极反应：$O_2 + 2H_2O + 4e \longrightarrow 4OH^-$

两者结合：$Fe^{2+} + 2OH^- == Fe(OH)_2$

$$4Fe(OH)_2 + 2H_2O + O_2 == 4Fe(OH)_3$$

如水膜中溶有酸，则阴极被还原的 H^+ 沉积，造成阴极极化，使腐蚀停止，但水膜中含有一定浓度的氧时，则能够与 H^+ 结合成水，阴极不能极化，腐蚀迅速进行。

上述分析说明，影响钢材锈蚀的主要因素是环境中的湿度和氧，另外还有介质中的酸、碱、盐，钢材的化学成分及表面状况等。一些卤素离子，特别是氯离子可破坏保护膜，促进锈蚀反应，使锈蚀迅速发展。

二、防止钢材锈蚀的措施

防止钢材锈蚀主要有以下三种方法：

1. 制成合金钢

在碳素钢中加入可提高抗腐蚀能力的合金元素，制成合金钢，如加入铬、镍、钛等元素制成不锈钢，或加入 0.1%~0.15% 的铜，制成含铜的合金钢，可显著提高抗锈蚀的能力。

2. 表面覆盖

在钢材表面用电镀或喷镀的方法覆盖其他耐蚀金属，以提高其抗锈能力，如镀锌、镀锡、镀铬、镀银等。还可在钢材表面漆以防锈油漆或塑料涂层，使之与周围介质隔离，防止钢材锈蚀。油漆防锈是建筑上常用的一种方法，简单易行，但不耐久，需要经常维修。油漆防锈的效果主要取决于防锈漆的质量。

3. 设置阳极或阴极保护

阳极保护是在钢结构附近埋设废钢铁，外加直流电源，将阴极接在被保护的钢结构上，阳极接在废钢铁上，通电后废钢铁成为阳极而被腐蚀，钢结构成为阴极而被保护。

阴极保护是在被保护的钢结构上，连接一块比钢铁更活泼的金属，如锌、镁等，使锌、镁成为阳极而被腐蚀，钢结构成为阴极而被保护。

混凝土中钢筋的防锈，一方面依靠水泥石的高碱度（$pH \geqslant 12$）介质，使钢筋表面产生一层具有保护作用的钝化膜而不生锈；另一方面是保证混凝土的密实度和足够的钢筋保护层厚度，同时限制含氯盐外加剂的掺入或掺入阻锈剂等，保护钢筋不被锈蚀。

对于钢筋混凝土，也可采用环氧树脂涂层钢筋和阴极保护法等。环氧树脂涂层的优点在于涂层致密与钢筋黏结好，特别是对混凝土握裹力影响小，弯曲后涂层不出现裂纹，耐碱和耐化学腐蚀。但在钢筋运输、装卸和混凝土施工中应最大限度地保证不碰伤、划伤成破损钢筋表面环氧树脂涂层。对于阴极保护法，目前美国已有数百座桥梁采用了此种方式进行保护，有人认为，在已经遭受氯盐侵蚀的钢筋混凝土结构中，实行阴极保护是最有效的方法。但由于暴露于大气中的钢筋混凝土结构的阴极保护，与常规水下、地下金属的阴极保护相比，增加了难度且具有一些独特的技术要素，这一技术尚未得到较好的推广，国内对钢筋混凝土结构采用此技术的还不多。

第六节　铝及铝合金

建筑工程除了广泛应用钢材外，目前铝及铝合金也逐渐广泛应用于门窗、装修工程及围护结构等方面。国外甚至已开始将铝合金用于轻型大跨度结构，因此铝合金在建筑工程中的应用具有广阔的发展前景。

一、铝的性质

铝是银白色的有色金属，在自然界中铝以化合物状态存在。通常是用铝矾土作炼铝的原料，从中提取 Al_2O_3，再从 Al_2O_3 中分解出金属铝。从化学元素来讲，铝在地壳中的含量占 8.13%，仅次于氧和硅，占第三位，所以铝在自然界的资源是丰富的。

纯铝的密度为 2.70 g/cm^3，是钢的 1/3；熔点低，只有 660 ℃；导电性和导热性均很好。

铝的化学性质很活泼，极易与空气中的氧化合，形成的一层氧化铝薄膜起到保护作用，使铝具有一定的耐腐蚀性。但由于自然生存的氧化铝膜很薄（一般小于 0.1 μm），因而耐蚀性有限。另外，纯铝不耐碱和强酸，也不能与卤素元素接触，否则会被迅速腐蚀。

铝的电极电位较低，如与电极电位高的金属接触并有电解质存在时，将形成微电池，发生电化学腐蚀。因此铝合金门窗等铝制品的连接件，应当采用不锈钢件。

铝的塑性很好，伸长率可达 35% ~ 50%，极易加工成各种型材、铝箔等制品。试验表明，铝材的冷加工强化现象虽较为明显，但在低温下的塑性和韧性不会明显下降。铝材的缺点是强度和硬度不高（$R_{p0.2} = 35 \sim 150$ MPa，$R_m = 90 \sim 170$ MPa，HBW = 23 ~ 44），刚度低，故工程中不使用纯铝制品，而是在其中加入合金元素制成铝合金使用。铝粉可作为涂料的银色填料及生产加气混凝土的加气剂使用。

二、铝合金

在铝中加入适量的合金元素，如铜、镁、锰、硅、锌等即可制得铝合金。铝合金不仅强度和硬度比纯铝高很多，还能保持铝材的轻质、高延性、耐腐蚀、易加工等优点。

按加工方式的不同，铝合金可分为铸造铝合金与变形铝合金。

1. 铸造铝合金

将液态铝合金直接浇注在模型内，可铸成各种形状复杂的铝合金制件。对这类铝合金要求具有良好的铸造性，目前常用的有铝硅（Al-Si）、铝铜（Al-Cu）、铝镁（Al-Mg）及铝锌（Al-Zn），其牌号用符号 ZL 和三位数字组成，如 ZL101、ZL201 等。三位数中的第一位数表示合金种类，其中 1 代表铝硅合金，2 代表铝铜合金，3 代表铝镁合金，4 代表铝锌合金；后面两位数表示该合金的顺序号。铸造铝合金常用于制作建筑五金配件，它具有美观、耐久等特点。

2. 变形铝合金

通过冲压、冷弯、辊轧等工艺可加工成板材、管材、棒材及各种型材的铝合金。对这类铝合金要求具有良好的塑性和可加工性。

按强化的方式不同，变形铝合金可分为热处理非强化型和热处理强化型。前者不能用淬火热处理提高强度，如 Al-Mn、Al-Mg 合金；后者可通过热处理提高强度，如 Al-Cu-Mg（硬铝，强度在 392 MPa 以上）、Al-Zn-Mg（超硬铝，强度在 539 MPa 以上）、Al-Si-Mg（锻铝）合金等。热处理非强化型的铝合金一般是通过冷加工达到强化目的，它们具有适中的强度和优良的塑性与耐蚀性，且易于焊接，我国称之为防锈铝合金。

根据我国标准，变形铝合金可分为防锈铝合金（LF）、硬铝合金（LY）、超硬铝合金（LC）、锻铝合金（LD）和特殊铝合金（LT）等牌号，其牌号用代号加顺序号表示，如 LF12、LD31 等。不过，国家标准正逐步采用国际上相对通用的牌号或合金状态的表示方法，如国标《铝合金建筑型材》（GB/T 5237—2017）中，采用 6061、6031 分别代替 LD30、LD31。由于不同的热处理对变形铝合金有不同的影响，因此牌号中还有热处理方式，如 6031-T6，T6 表示热处理为固溶热处理后进行人工时效的状态（固溶处理温度为 515～550 ℃，水淬，时效温度为 170～180 ℃，时效时间为 8 h）。建筑工程上常用的变形铝合金型材，主要是由锻铝合金制成，另外还有一部分特殊铝合金。

三、包覆铝

将薄的纯铝用辊轧的方法包覆在热态的硬铝板毛坯上，然后把板冷轧到最终厚度，并进行热处理，即成包覆铝。它是纯铝与铝合金的复合制品。硬铝和超硬铝合金强度很高，但抗蚀性低，而纯铝抗蚀性高，强度却低，两者复合可取长补短，相得益彰。

四、铝及铝合金的表面处理

由于铝材表面的自然氧化膜很薄而耐蚀性有限，因此国家规范规定，铝合金建筑型材基材（未经表面处理的型材）不能直接用于建筑物，需要经过表面处理后提高其耐蚀性与耐磨性，还可通过表面着色增加装饰性。

五、常用铝合金制品

（一）铝合金型材

用于加工门窗、幕墙等建筑用铝合金型材，主要采用变形铝合金 6063，其次是 6061。根据国家规范《铝合金建筑型材》（GB/T 5237.1—2017），铝合金型材分为基材，氧化、着色型材，电泳涂漆型材，粉末喷涂型材和氟碳漆喷涂型材，其中基材不能直接用于建筑物。铝合金型材的尺寸规格及偏差、力学性能和化学成分应符合有关规定，除基材外的其他型材，还应同时满足涂层的质量要求。

表面涂层材料、形式及厚度等对铝合金的耐久性有很大的影响。电泳涂漆型材、粉末喷涂型材、氟碳漆喷涂型材适用于酸雨和 SO_2 含量较高的环境；阳极氧化、着色型材适应的环境条件与氧化膜的厚度有关，AA10（单件氧化膜平均厚度不小于 10 μm）适用于室内门窗，室外大气清洁、远离工业污染和远离海洋处；AA15、AA20 适用于有工业大气污染，存在酸碱气氛，环境潮湿或常受雨淋、海洋性气候的地方，但上述环境状态并不十分严重；AA20 和 AA25 适用于长期受大气污染，受潮或雨淋，受摩擦，特别是表面可能发生凝霜的地方。

（二）铝合金门窗

铝合金门窗是将按特定要求成型并经表面处理的铝合金型材，经一定工艺加工成门窗框构件，再加连接件、密封件、五金件等组合而成。对铝合金门窗来说，要求有一定的抗风压强度，有良好的气密性和水密性，还应有良好的隔热、隔音与开闭性。根据铝合金的抗风压强度、气密性与水密性三项指标，可将铝合金产品分为优等品、一等品与合格品三个等级。

铝合金门窗按其结构与开启方式可分为：推拉窗（门）、平开窗（门）、悬挂窗、回转窗（门）、百叶窗、纱窗等，每种形状规格很多，国家已制定了相应的技术标准，用户可根据需要进行选用。

（三）铝合金装饰板

用于装饰工程的铝合金板，其品种和规格多样。按其表面处理方式的不同，可分为阳极氧化处理与喷涂处理装饰板；按装饰效果可分为花纹板、波纹板、压型板与浅花纹板等；按几何形状可分为条形板和方形板；按色彩可分为银白色、古铜色、金色、红色、蓝色等。

铝合金装饰板是目前应用较为广泛的新型装饰材料。它具有重量轻、外观美、耐久性好、安装方便等优点，主要用于屋面、墙面、楼梯踏面等处。

复习思考题

1. 冶炼方法与脱氧程度对钢材性能有何影响？

2. 什么是沸腾钢？有何优缺点？哪些条件下不宜选用沸腾钢？

3. 常温下钢材有哪几种晶体组织？各有何特性？简述钢中含碳量、晶体组织与性能三者之间的关系。

4. 什么是屈强比？它对选用钢材有何意义？

5. 何谓冷脆性和脆性转变温度？它们对选用钢材有何意义？

6. 硫、磷、氮、氧元素对钢材性能各有何影响？

7. 什么叫调质热处理？它对钢材性能有何影响？

8. 什么叫冷加工的强化和时效？分别对钢材性能有何影响？

9. 什么是低合金结构钢？与碳素结构钢相比，在成分、性能和应用上有何特点？

10. 选用钢结构用钢时，应考虑哪些因素？

11. 解释钢号 Q235AF 和 Q235D 代表的意义，并比较两者在成分、性能和应用上的异同。

12. 热轧钢筋分为几个等级？各级钢筋有什么特性和用途？

13. 什么是热处理钢筋、冷轧带肋钢筋、预应力混凝土用钢丝和钢绞线？它们各有哪些特性和用途？

14. 桥梁用钢在性能和材质上有何要求？

15. 钢轨用钢在性能和材质上有何要求？

16. 简述钢材的锈蚀过程，如何防止钢筋锈蚀？

17. 铝合金建筑型材分为哪几种？各有何要求？并说明其应用范围。

第七章　木　材

　　木材作为一种天然的植物材料，由于其可用性、相对较低的成本、易用性和耐久性，因此是一种重要的土木工程材料，在我国建筑工程中广泛使用。然而，由于树木的生长缓慢，且地区差异大，我国林木资源相对较为贫乏，森林覆盖率低，曾占不到22%，未达到世界各国平均森林覆盖面积。近些年，经过国家及人民群众的不断努力，持续植树造林，控制木材采伐，2021年年底，全国森林覆盖率为23.04%。因此，工程技术人员在利用林木资源时，要求正确了解木材的基本性质、特性和局限性，以合理有效地使用木材及节约木材。

　　木材作为建筑和装饰材料具有以下几个优点：比强度高（重量轻、强度高）；具有很强的弹性和韧性，能承受一定等级的冲击；导热系数低，隔热性好；如果妥善保养，可具备良好的耐久性；易于加工，可制成各种形状的产品；纹理美观，色调柔和，风格优雅，装饰效果好；弹性、隔热性和温暖色调的结合可提高舒适感；具有高绝缘能力，无毒。在我国，木材可作为桁架、梁柱、墙体等结构用材，但更多是在工程建设中用作脚手架、混凝土模板及临时支撑，以及作为制作门窗、室内装饰、家具、地板等的优选材料之一。

第一节　木材的分类与构造

一、木材的分类

　　根据木材的树种和树木的外观形状，可将木材分为针叶树和阔叶树两大类。

　　1. 针叶树

　　针叶树生长较快，树干通直高大，纹理平顺，材质均匀，木质较软，表观密度和胀缩变形小，耐腐蚀性强，故又称为软木材，为建筑工程中的主要用材，多用作承重构件。常用的有红松（东北松）、白松（臭松或臭冷松）、樟子松（海拉尔松）、鱼鳞松（鱼鳞云杉）、马尾松（本松或宁国松）及杉木（沙木）等。

　　2. 阔叶树

　　阔叶树大都生长缓慢，树干通直部分较短，纹理美观，木质较硬，表观密度和胀缩变形大，易翘曲开裂，故又称为硬木材，适于作室内装饰，制作家具等。常用的有水曲柳、榆木、栎木（麻栎或蒙古栎）、桦木、椴木（柴椴或籽椴）、柚木、樟木、榉木等。

二、木材的构造

工程中所用的木材主要取自树干。树干由树皮、形成层、木质部和髓心组成。木材的构造主要是指木质部的构造，一般以三个切面来观察，如图 7.1 所示。

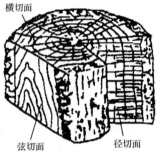

（1）横切面：垂直于树干主轴的切面。

（2）径切面：通过髓心的径向纵切面。

（3）弦切面：不通过髓心，但与树轴平行的切面。

从横切面可以观察到木质部中的年轮、髓线及髓心等。

髓心居于树干中心，是最早形成的木质部分，其材质松软，强度较低，易腐朽。

髓线是以髓心为中心横贯年轮而呈放射状分布的横向细胞组织，它长短不一，在树干生长过程中起横向输送和储藏养料的作用。

图 7.1 树干的三个切面

年轮是指在木材横切面上的同心圆圈。一般树木每年生长一圈，同一年轮内有深浅两部分组成。春季树木树液多，木质生长快，质软，色浅，称为春材或早材；在夏秋两季，木质生长缓慢，质硬，色深，称为夏材或晚材。树种相同时，如果年轮分布细密且均匀，则材质好。晚材所占比例越高，木材的表观密度越大，则其强度也就越高。

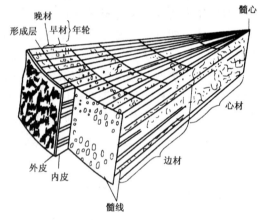

此外，部分树种在横切面上可以看到木质部由深浅不同的内外两圈组成。靠近髓心的内圈颜色较深，其中的细胞已失去生机，通称心材；靠近树皮部分，颜色较浅，称为边材。一般来说，心材中储存的树脂较多，抗腐朽能力较强，含水量较少，翘曲变形较小；边材的含水量较多，易变形，抗腐朽能力较差，故心材比边材的利用价值大，但在力学性质上两者无显著差别。木材不同切面的构造特征如图 7.2 所示。

图 7.2 木材不同切面的构造特征

从显微镜下可以观察到木材是由无数管状细胞紧密结合而成。每个细胞均由细胞壁与细胞腔两部分构成，而细胞壁由细纤维组成，其纵向联结较横向牢固，细纤维间具有极小的空隙，可吸附与渗透水分。

第二节　木材的物理力学性质

一、木材的物理性质

1. 木材的密度与表观密度

木材的密度为 $1.48 \sim 1.56 \ \mathrm{g/cm^3}$，由于木材均由同一物质（纤维素）组成，各树种相差不大，常取 $1.54 \ \mathrm{g/cm^3}$。

木材的表观密度波动较大，即使同一树种也有差异。原因是木材生长的土壤、气候及其他自然条件不同，其构造和孔隙率也不同，致使表观密度有很大差别，为 280～980 kg/m³。木材的孔隙率也在很大的范围内变化，为 30%～80%。

2. 木材的含水率

木材中所含的水可分为自由水与吸附水。自由水为存在于细胞腔与细胞间隙中的水；吸附水是被吸附在细胞壁内细纤维中的水。当木材中细胞壁内被吸附水充满，而细胞腔与细胞间隙中没有自由水时，该木材的含水率被称为纤维饱和点，它一般为 25%～35%，平均为 30%。纤维饱和点是木材物理力学性质发生改变的转折点，它是木材含水率是否影响其强度和湿胀干缩的临界值。

木材具有较强的吸湿性。当木材的含水率与周围空气的温度和相对湿度达到平衡时，此含水率称为平衡含水率。我国各地的年平均平衡含水率一般在 10%～18%。木材使用前，须干燥至使用环境长年平均平衡含水率，以免制品变形或干裂。

按照《木结构设计规范》（GB 50005—2017）的规定，制作构件时，木材含水率应符合下列要求：

（1）板材、规格材和工厂加工的方木不应大于 19%。

（2）方木、原木受拉构件的连接板不应大于 18%。

（3）作为连接件，不应大于 15%。

（4）胶合木层板和正交胶合木层板应为 8%～15%，且同一构件各层木板间的含水率差别不应大于 5%。

（5）井干式木结构构件采用原木制作时不应大于 25%；采用方木制作时不应大于 20%；采用胶合原木木材制作时不应大于 18%。

3. 木材的湿胀干缩

木材的湿胀干缩变形是由于细胞壁中吸附水量的变化引起的。当木材由潮湿状态干燥至纤维饱和点时，其尺寸不变，而继续干燥到其细胞壁中的吸附水开始蒸发时，则木材开始发生体积收缩（干缩）。在逆过程中，即干燥木材吸湿时，随着吸附水的增加，木材将发生体积膨胀（湿胀），直到含水率达到纤维饱和点为止。此后，随着木材含水量继续增加，即自由水增加，体积不再发生膨胀。木材的胀缩性随树种而存在差异，一般体积密度大的，夏材含量多的，胀缩较大。另外，各方向胀缩值也不一样，顺纹方向最小，径向较大，弦向最大。木材的含水率与胀缩的关系如图 7.3 所示。胀缩会使木材构件接头松弛或凸起。

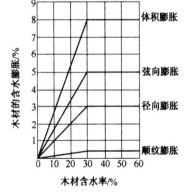

图 7.3 木材的含水率与胀缩的关系

二、木材的力学性质

（一）强 度

木材强度等级应根据选用树种进行划分，如表 7.1 所示。木材强度等级决定了木结构设计时的强度设计值，它要比试件实际强度低数倍，应按表 7.2 所示进行取值。

表 7.1　木材强度等级评定标准

木材种类	针　叶　木　材				阔　叶　木　材				
强度等级	TC11 A/B	TC13 A/B	TC15 A/B	TC17 A/B	TB11	TB13	TB15	TB17	TB20
弯曲强度最低值/MPa	11	13	15	17	11	13	15	17	20

表 7.2　木材强度设计值和弹性模量　　　　　　　　单位：N/mm²

强度等级	组别	抗弯	顺纹抗压 及承压	顺纹 抗拉	顺纹 抗剪	横纹承压			弹性模量
						全表面	局部表面和 齿面	拉力螺栓垫 板下	
TC17	A	17	16	10	1.7	2.3	3.5	4.6	10 000
	B		15	9.5	1.6				
TC15	A	15	13	9	1.6	2.1	3.1	4.2	10 000
	B		12	9	1.5				
TC13	A	13	12	8.5	1.5	1.9	2.9	3.8	10 000
	B		10	8	1.4				9 000
TC11	A	11	10	7.5	1.4	1.8	2.7	3.6	9 000
	B		10	7	1.2				
TB20		20	18	12	2.8	4.2	6.3	8.4	12 000
TB17		17	16	11	2.4	3.8	5.7	7.6	11 000
TB15		15	14	10	2	3.1	4.7	6.2	10 000
TB13		13	12	9	1.4	2.4	3.6	4.8	8 000
TB11		11	10	8	1.3	2.1	3.2	4.1	7 000

　　工程上常利用木材抗压、抗拉、抗弯和抗剪强度作为设计依据。由于木材构造的不均匀性决定了它的许多性质为各向异性，在强度方面尤为突出。

　　同一木材，以顺纹抗拉强度为最大，抗弯、抗压、抗剪强度依次递减，横纹抗拉、抗压强度比顺纹小得多。木材各种强度比较如表 7.3 所示。

表 7.3　木材各种强度比较

抗　　压		抗　　拉		抗　　剪		抗　　弯
顺纹	横纹	顺纹	横纹	顺纹	横纹切断	
1	1/10 ~ 1/3	2 ~ 3	1/20 ~ 1/3	1/7 ~ 1/3	1/2 ~ 1	3/2 ~ 2

　　木材的弹性模量为 7 000 ~ 12 000 N/mm²。通常材质越硬，弹性模量越高。

（二）影响木材强度的主要因素

　　影响木材强度的因素有树种、表观密度、天然疵病、温度、负荷时间和含水率等。

1. 含水率

当木材含水率在纤维饱和点以下时，其强度随含水率的增加而降低，这是由于吸附水的增加使细胞壁逐渐软化所致。当木材含水率在纤维饱和点以上时，木材的强度等性能基本稳定，不随含水率的变化而变化。含水率对木材的顺纹抗压及抗弯强度影响较大，而对顺纹抗拉强度几乎无影响（见图 7.4）。

我国现行标准（GB/T 1935—2009，GB/T 1936.1—2009，GB/T 1936.2—2009，GB/T 1937—2009，GB/T 1938—2009，GB/T 1939—2009）规定：以含水率为 12% 时的强度值作为标准值。其他含水率时的强度可用下式换算为强度标准值：

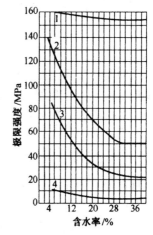

1—顺纹抗拉；2—顺纹抗弯；3—顺纹抗压；
4—顺纹抗剪。

图 7.4　木材含水率对其强度的影响

$$\sigma_{12} = \sigma_W[1 + \alpha(W - 12)]$$

式中　σ_{12}、σ_W —— 含水率为 12% 和 $W\%$ 时的木材强度（MPa）；

W —— 试验时的木材含水率（%）；

α —— 校正系数，随外力作用方式和树种不同而异，如表 7.4 所示。

表 7.4　校正系数 α 取值表

强度类型	抗压强度		顺纹抗拉强度		抗弯强度	顺纹抗剪强度
	顺纹	横纹	阔叶材	针叶材		
α 值	0.05	0.045	0.015	0	0.04	0.03

当木材含水率在 9% ~ 15% 范围内时，上式计算有效。

2. 负荷时间、温度及木材缺陷

木材长期负荷下的强度，一般仅为极限强度的 50% ~ 60%。木材如果使用环境温度长期超过 50 ℃ 时，强度会因木材缓慢炭化而明显下降，故这种环境下不应采用木结构。

木材的缺陷有木节、斜纹、裂纹、腐朽及虫害等。一般来讲，缺陷越多，木材强度越低。木节主要使顺纹抗拉强度显著降低，而对顺纹抗压强度影响较小。

（三）木材各向异性

木材是一种各向异性材料，因为它在每个方向上都有不同和独特的性质。木材中的三个轴方向为：

（1）平行于纹理；

（2）径向或与生长环方向交叉；

（3）与生长环相切。

木材的各向异性会影响物理和机械性能，如收缩率、刚度和强度。木材的各向异性行为由木材细胞管状几何结构导致。

第三节　木材的防护处理

木材的防护处理包括木材的干燥、防腐、防蛀和防火处理，它是提高木材耐久性、延长木材使用寿命、充分利用木材和节约木材的重要措施。土建工程中使用的木材，一般均要经过干燥和防腐处理，重要建筑物的木构件则常要进行防火或防蛀处理。

一、木材的干燥

木材在加工和使用之前，经干燥处理可有效防止腐朽、虫蛀、变形、开裂和翘曲，可提高其耐久性和使用寿命。

木材的干燥方法分为自然干燥和人工干燥。自然干燥是将木材架空堆放于棚内，利用空气对流作用，使木材的水分自然蒸发，达到风干的目的。这种方法简便易行，成本低，但干燥时间长，过程不易控制，易发生虫蛀、腐朽等问题。控制含水率不应大于当地的平衡含水率。人工干燥是将木材置于密闭的干燥室内，通入蒸汽使木材中的水分逐渐扩散而达到干燥的目的。这种方法速度快，效率高，但应适当地控制干燥温度和湿度，如控制不当，会因收缩不均匀而导致木材开裂和变形。一般控制含水率小于 12%。

二、木材的防腐和防蛀

腐朽和虫蛀会大幅度缩短木材的使用寿命，降低木材品质，上等木材不允许有任何腐朽与虫蛀。

1. 木材的防腐

木材的腐朽主要是真菌侵害所致。木材中常见的真菌分为霉菌、变色菌和腐朽菌。霉菌生长在木材表面，变色菌以木材细胞腔内所含物质为养料，它们不破坏细胞壁，只会使木材变色，影响外观，而不影响木材的强度。对木材起破坏作用的是腐朽菌。腐朽菌通过分泌酶来分解细胞壁中的纤维素、半纤维素和木质素，并作为养料吸取，使木材腐朽破坏。

腐朽菌的生存和繁殖必须具备四个条件：温度、水分、空气和养料。温暖潮湿的环境最适于菌类生长。腐朽菌最适宜的温度是 25～30 ℃，当温度高于 60 ℃ 或低于 5 ℃ 时，则不能生存。木材的含水率在 30%～50% 时最适合腐朽菌繁殖，完全浸在水中或深埋地下的木桩由于缺乏空气，反而不会腐朽。木材含水率在 20% 以下时，腐朽菌则停止繁殖。时干时湿，例如桩木靠近地面或与水面接触的部分，最易腐朽。

木材的防腐是指防止菌类的繁殖。防腐原理是设法破坏菌类的生存条件，使之不能寄生和繁殖。如能使木材经常保持干燥或表面涂油漆，可有效防止菌害，也可采用化学药剂，使木材具有毒性，将菌类赖以生存的养料毒化，以达到防腐的目的。枕木的防腐就是在压力罐内利用高压（0.7～1.3 MPa）将煤焦油等防腐剂渗入木材进行毒化处理。

限制木结构腐化的常见施工程序包括：

（1）用干燥的且没有早期腐烂和过多污渍与霉菌的木材进行建造；

（2）使用保持木质部件干燥的设计；

（3）在暴露于地面有腐朽危害的部分使用耐腐树种的心材或经压力处理的木材；

（4）将已经压力处理过的木材用于直接接触部件。

2. **木材的防蛀**

木材除了受菌类破坏外，还会受到虫类的侵害。在陆地上，木结构常会受到白蚁或甲壳虫的蛀蚀。在水中，也有蛀船虫或海虫等的侵害，严重的可使木材完全失去使用价值。

经过防腐处理的木材，一般都能同时起到防止虫蛀的作用。但白蚁的预防却较为困难，往往要采取特殊的处理方法，如摸清白蚁的来龙去脉，或采取措施断其水源，或用诱捕的方法以药物捕杀。

三、木材的防火

木材是易燃材料，为了提高木材的耐火性，常对木材进行防火处理。最简单的办法是表面涂刷或覆盖难燃材料，如薄铁皮、水泥砂浆、耐火涂料等，防止木材直接与火焰接触。防火处理要求较高时，可采用溶液浸注法，可将木材在防火剂中浸渍，或以压力（ 0.8 ~ 1.0 MPa ）将防火剂注入木材内部，使木材遇到高温时，表面能形成一层玻璃状的保护膜，以阻止或延缓起火燃烧。常用的防火剂有硼酸、硼砂、碳酸铵、磷酸铵、氯化铵、硫酸铝和水玻璃等。

第四节　木材的综合利用

一、木材的种类与规格

按加工程度和用途的不同，木材可分为原条、原木、锯材和枕木，如表 7.5 所示。建筑工程中多用锯材。按缺陷可将锯材分为特等锯材和普通锯材两个级别。普通锯材又可分为一等、二等和三等。原木的径级以原木的小头直径来衡量，并统一按 2 cm 进级。

表 7.5　木材的分类

分类名称	说　　明	主要用途
原条	指除去皮、根、树梢的木料，但尚未按一定尺寸加工成规定的直径和长度	建筑工程的脚手架、建筑用材、家具等
原木	指除去皮、根、树梢的木料，并已按一定尺寸加工成规定的直径和长度	直接使用的原木：用于建筑工程（如屋架、檩、椽等）、桩木、电杆、坑木等
		加工原木：用于胶合板、造船、车辆、机械模型及一般加工用材等
锯材	指已经加工锯解成材的木料。凡宽度为厚度3倍或3倍以上的，称为板材；不足3倍的，称为枋材	建筑工程、桥梁、家具、造船、车辆、包装箱板等
枕木	指按轨枕断面和长度等尺寸加工而成的成材	铁道工程

二、人造板材

人造板材以木材或其他含有一定量纤维的植物为原料加工而成。充分利用木材的边角废料生产的各种人造板材有利于节约木材，提高木材利用率，是对木材进行综合利用的重要途径。

1. 胶合板

它是用数张（一般为3~13层，层数为奇数）由原木沿年轮方向旋切的薄片，使其纤维方向互相垂直叠放，经热压而成。胶合板克服了木材各向异性的缺点，木材缺陷可剔除。它可分为普通胶合板与特种胶合板两类，普通胶合板按特性分为Ⅰ类（耐气候、耐沸水）、Ⅱ类（耐水）、Ⅲ类（耐潮）和Ⅳ类（不耐潮），各项指标见GB 9846—2015的规定。

2. 刨花板

它是以木材加工的剩余物，如枝丫、板皮、刨花、锯屑等为原料，经削片制成一定规格的刨花，干燥筛选后拌和胶黏剂、防火剂等，再经铺装成型和热压后制成的一种人造板。平压板分一、二两个等级，挤压板只有一个等级，各项指标见GB/T 4897—2015的规定。刨花板的特点是板面平整、幅面大。刨花板的物理力学性能、加工性能良好，可开榫、钉圆钉。

3. 浸渍纸贴面刨花板

浸渍纸贴面刨花板是一种新型装饰材料。该板是以刨花板为基材，两面各贴一张或两张改性三聚氰胺甲醛树脂或脲醛树脂浸渍纸，在规定的温度、压力条件下压制而成的双面贴面的刨花板。板面有各种木纹或花纹图案，其表面可获得从麻面一直到高光洁度的效果。板面有较高的耐磨性和耐燃性，可用普通清洗剂清洗。贴面板可用于住宅、医院、办公室以及饭店的墙壁和天花板等。

4. 细木工板

细木工板是一种特殊的胶合板，是由规格厚度相同的板条拼接成芯板，并在芯板两面胶黏一层或二层单板，再加压制成。细木工板两面的单板厚度和层数均应相同。各项指标见GB/T 5849—2016的规定。中板厚度与胶贴的单板厚度之比平均为3：1，即细木工板的中板厚度为板厚的0.7~0.8，此比值可使细木工板获得最大强度和稳定形状。细木工板广泛地应用于建筑内部装修和制作家具。

5. 硬质纤维板

硬质纤维板是一种以森林采伐剩余物，如枝丫、树头或木材加工厂的边角废料、林业工厂的废料等为原料（也可用禾本科植物秸秆），经干燥、热压等加工工序而制成的一种人造板。各项指标见GB/T 11718—2021和GB/T 12626.2—2009的规定。它的特点是幅面大，表面没有木材常见的疵病，在板的平面内各个方向的力学性能均匀，质地紧密，吸水性弱，吸湿率低，不易翘曲和变形。硬质纤维板广泛应用于建筑内部装修和制作家具。

复习思考题

1. 针叶树和阔叶树在性质和应用上各有何特点?

2. 什么叫木材纤维饱和点、平衡含水率和标准含水率? 它们对木材的物理力学性质有何影响?

3. 影响木材强度的主要因素有哪些? 各种强度受含水率影响的程度有何不同?

4. 木材在吸湿和干燥过程中, 不同方向 (纵向、径向、弦向) 的尺寸变化有何不同?

5. 造成木材腐朽的条件是什么? 防止措施有哪些?

第八章　合成高分子建筑材料

　　高分子也称高分子化合物、大分子、聚合物或高聚物，其分子量有几万、几十万甚至可达几百万。高分子材料是指以高分子为主要组分，同时还含有一定添加剂的材料。高分子根据来源不同可分为天然高分子（如棉、木、天然橡胶等）和合成高分子（如合成塑料、合成纤维、合成橡胶）。由于合成高分子材料的原料（煤、石油、天然气等）来源广泛，化学合成效率高，产品具有多种建筑功能以及质轻、高强、高韧、耐化学腐蚀、易加工成型等优点，已成为一种新型建筑材料，越来越广泛应用于建筑领域。本章主要介绍建筑上常用的合成高分子材料。

第一节　合成高分子材料基础知识

　　合成高分子材料是以人工合成的高分子化合物为基础材料加工制成。高分子化合物一般是由一种或几种小分子化合物（称为单体）通过化学聚合反应，以共价键方式结合，故又简称为高聚物或聚合物。

一、聚合物及聚合反应的类型

　　常用的聚合方法分为加聚反应和缩聚反应。

　　加聚反应是指由不饱和的或环状的单体分子加成在一起，且不析出小分子副产物的反应。加聚反应得到的聚合物为加成聚合物，简称为加聚物。例如，聚氯乙烯是由氯乙烯单体打开双键并彼此连接形成，呈链状结构，结构中重复的结构单元称为链节，链节数目称为聚合度。聚合度越大，聚合物的分子链越长，分子量越大，黏滞度越大。

　　加聚物一般为线型结构，它的组成与单体完全相同。由同一种单体聚合成的加聚物称为均聚物，如聚氯乙烯、聚乙烯等。由两种或两种以上的单体经过加聚反应生成的加聚物称为共聚物，如丁二烯、丙烯腈和苯乙烯三种单体的共聚物为 ABS 塑料。

　　缩聚反应是由具有两个或两个以上带有官能团（H—，—OH，Cl—，—NH$_2$，—COOH 等）的单体，相互缩合并析出水、卤化氢、氨及醇等低分子化合物的反应。由缩聚反应得到的聚合物，简称为缩聚物。

　　缩聚物可以是线型的，也可以是体型的。它的组成与单体的化学组成完全不同，如环氧树脂、脲醛树脂、聚酯树脂、聚酰胺等均属缩聚物。

二、聚合物的结构特征

从结构上看，聚合物大分子链的几何形状分为线型、支链型和体型结构 3 种，如图 8.1 所示。

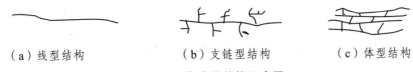

（a）线型结构 　　　（b）支链型结构 　　　（c）体型结构

图 8.1　聚合物结构示意图

（1）线型结构。主链是线状长链大分子，部分线型长链大分子呈卷曲状。

（2）支链型结构。主链为长链形状，但带有大量的支链。

（3）体型（网状型或交联型）结构。长链被许多横跨键交联成网状，或在单体聚合过程中在二维或三维空间交联成空间网络，分子彼此固定。

由线型和支链型高分子组成的聚合物称为线型聚合物；具有体型结构的高分子聚合物称为体型聚合物。一般来说，线型聚合物在受热时可以熔化，也能溶于特定的溶剂中，强度较低，弹性模量较小，耐热性、耐腐性较差。体型聚合物大分子间的结合力较强，在高温下不熔化，一般在有机溶剂中也不溶解，强度、硬度、脆性较高，塑性较差。

在不同温度下，由于链节的热运动程度不同，聚合物会呈现出不同的力学状态。低于某一温度时，聚合物所有分子间的运动和链段运动均停止，聚合物处于无定形的硬脆状态，这一状态称为玻璃态。转变为玻璃态时的温度称为玻璃化转变温度（T_g）。当温度高于 T_g 时，聚合物变得柔软而富有弹性，类似橡胶。这时聚合物受外力作用，分子链会被拉直，产生较大变形，一旦外力除去，聚合物又会恢复到原来形状，这时聚合物呈高弹态。当温度升高超过黏流温度，聚合物开始变为流动的黏液时，此种状态称为黏流态。聚合物的上述三种状态和两个转变温度对其应用和加工有着重要意义。通常将 T_g 高于室温的聚合物称为塑料，塑料在常温下呈玻璃态。对于塑料而言，T_g 是其最高使用温度，若超过 T_g，塑料则变软失去原有的刚性。T_g 低于室温的聚合物称为橡胶，橡胶在常温下呈高弹态。T_g 是橡胶最低使用温度，当温度低于 T_g 时，橡胶失去弹性而呈脆性。聚合物的成型与加工通常在黏流态进行，以便塑制成型。

合成高分子材料按其性能和用途可分为塑料、橡胶和纤维。塑料在常温下为玻璃态的高分子，弹性模量为 10 ~ 100 MPa。橡胶在常温下为高弹态的支链型或体型的高分子，弹性模量为 0.1 ~ 1 MPa。纤维在结构上主要是高度定向的结晶化的线型高分子，弹性模量最大，为 1 000 ~ 100 000 MPa。但这三大类也难以严格划分，如聚氯乙烯是典型的塑料，但也可拉丝成为纤维（氯纶），加增塑剂后可制成类似橡胶的软质制品或黏稠的增塑溶胶。

三、聚合物的命名方法

最简单的化学结构名称由构成高分子材料的单体名称，再冠以"聚"字组成。大多数烯烃类单体高分子材料均采用此法命名，如聚乙烯（PE）、聚丙烯（PP）、聚苯乙烯（PS）、聚丁二烯（PB）、聚甲基丙烯酸甲酯（PMMA）等。

以材料中所有品种共有的特征化学单元名称进行命名。如环氧树脂（EP）是一大类材料的统称，该类材料均具有特征化学单元——环氧基，故统称环氧树脂。另如聚酰胺（PA）、聚酯、聚氨酯（PU）等杂链高分子材料也均以此法命名，它们分别含有特征化学单元——酰胺基、酯基和氨基。各类材料中的某一具体品种往往还从更具体的名称以示区别，如聚酰胺（PA）中有尼龙6、尼龙66等品种；聚酯中的 PETP 称聚对苯二甲酸乙二醇酯，PBTP 称聚对苯二甲酸丁二醇酯等。

以生产该聚合物的原料名称进行命名。如生产酚醛树脂的原材料为苯酚和甲醛，生产脲醛树脂的原料为尿素和甲醛，取其原料简称，后面再加上"树脂"二字，构成高分子材料名称。

共聚物的名称多从其共聚单体的名称中各取一字组成，部分共聚物为树脂，则再加"树脂"二字构成其新名，如 ABS 树脂，A、B、S 三字母分别取自其共聚单体丙烯腈、丁二烯、苯乙烯的英文名称开头；部分共聚物为橡胶，则从共聚单体中各取一字，再加"橡胶"二字构成新名，如丁苯橡胶的丁、苯二字取自共聚单体"丁二烯""苯乙烯"，乙丙橡胶的乙、丙二字取自共聚单体"乙烯""丙烯"等。

除化学结构名称外，许多高分子材料还有商品名称、专利商标名称及习惯名称等。商品名称、专利商标名称多由材料制造商自行命名，许多厂家制定了形形色色的企业标准，由商品名不仅可了解到主要的高分子材料基材品质，部分还包括了配方、添加剂、工艺及材料性能等信息。习惯名称是沿用已久的习惯叫法，如聚酯纤维习惯叫涤纶；聚丙烯腈纤维习惯称腈纶等。

第二节　塑　料

塑料是指以天然树脂或合成树脂为主要原料，在一定温度和压力下塑制成型，且在常温下保持产品形状不变的材料。

一、塑料的基本组成

1. 树　脂

树脂是塑料中的主要组分，在单组分塑料中树脂含量接近 100%，多组分塑料中树脂的含量占 30%~70%。树脂分为天然树脂和人工合成树脂。在现代塑料工业中主要采用合成树脂。在塑料中，树脂不仅起着胶结其他组分的作用，而且树脂的种类、性质、数量也是决定塑料类型、性能、用途及成本的根本因素。

2. 填　料

为了改善塑料的性能，提高塑料的机械强度、硬度或耐热性，降低塑料的成本，在多组分塑料中常加入填料，其掺量为 40%~70%。填料一般为化学性质不活泼的粉状、片状或纤维状的固体物质。常用的有机填料有木粉、棉布、纸张和木材单片等；无机填料有滑石粉、石墨粉、云母、玻璃纤维等。

3. 增塑剂

为了增加塑料的柔顺性和可塑性，减小脆性而加入的化合物称为增塑剂。增塑剂为分子量小、熔点低和难挥发的有机化合物。常用的增塑剂有邻苯二甲酸二丁酯、邻苯二甲酸二辛酯、二苯甲酮、樟脑等。增塑剂可降低塑料制品的机械性能和耐热性等，所以在选择增塑剂的种类和加入量时，应根据塑料的使用性能来决定。

4. 着色剂

加入着色剂可使塑料具有鲜艳的色彩和美丽的光泽。所选用的着色剂应色泽鲜明、分散性好、着色力强和耐热耐晒，在塑料加工过程中稳定性良好，与塑料中的其他组分不起化学反应，同时，还应不影响塑料的性能。常用的着色剂有有机染料、无机染料或颜料，部分情况下也采用能产生荧光或磷光的颜料。

5. 润滑剂

在塑料加工时，为降低其内摩擦和增加流动性，便于脱模和使制品表面光滑美观，可加入 0.5% ~ 1% 的润滑剂。常用的润滑剂有高级脂肪酸及其盐类，如硬脂酸钙、硬脂酸镁等。

6. 稳定剂

为防止塑料过早老化，延长塑料使用寿命，常加入少量稳定剂。塑料在热、光、氧和其他因素的长期作用下，会过早地发生降解、氧化断链、交链等现象，而使塑料性能降低，丧失机械强度，甚至不能继续使用。这种因结构不稳定而使材料变质的现象，称为老化。稳定剂应是耐水、耐油、耐化学侵蚀的物质，可与树脂相溶，并在成型过程中不发生分解。常用的稳定剂有光屏蔽剂、紫外线吸收剂、能量转移剂、热稳定剂和抗氧剂。

7. 固化剂

它的主要作用是使合成树脂中的线型分子结构交联成体型分子结构，从而使树脂具有热固性。固化剂的种类很多，通常因塑料的品种及加工条件不同而异。如环氧树脂常用的固化剂有胺类和酸酐类。热塑性酚醛树脂常用的固化剂为乌洛托品。

8. 其他添加剂

它是为使塑料具有某种特定的性能或满足某种特定的要求而掺入的其他添加剂，如掺入发泡剂可制得泡沫塑料；掺入阻燃剂可阻滞塑料制品的燃烧，并使之具有自熄性；掺入香酯类物品，可制得长久发出香味的塑料。

二、塑料的主要特性

塑料与传统建筑材料相比具有以下特性：

（1）密度小，比强度高。塑料的密度一般为 0.90 ~ 2.20 g/cm³，与木材相近，约为铝的 1/2，钢的 1/5，混凝土的 1/3。有些塑料的比强度高于钢材和混凝土，例如用玻璃纤维增强的环氧树脂（俗称玻璃钢）的比强度比一般钢材高2倍左右，为轻质高强材料。

（2）导热性低。导热系数小，一般为0.024~0.810 W/（m·K），为金属的1/500~1/600，是良好的绝热保温材料。

（3）耐腐蚀性好。一般塑料对酸、碱等化学药品的耐腐蚀性均比金属材料和一些无机材料更好。

（4）电绝缘性好。一般塑料均是电的不良导体，绝缘性较好。

（5）耐磨性好。许多塑料具有良好的耐磨损性。

（6）优良的装饰性。塑料可制成完全透明的制品；加入颜料或填料时，即可制得色彩鲜艳的半透明或不透明的制品。

（7）有良好的加工性能和施工性能。塑料可使用多种方法加工成型，且可直接进行锯、刨、钻等机械加工，并可采用胶接、铆接、焊接等方法连接。

（8）塑料的缺点。弹性模量较小，只有钢材的1/10~1/20，刚度差；热膨胀系数较大；耐热性差，一般只能在100℃以下长时间使用；不同品种的塑料其可燃性有较大的差异，部分点火即燃，而其他部分只有放在火焰中才会燃烧，当移去火焰后就自动熄灭，总体来说，塑料防火性较差，部分塑料不仅可燃，燃烧时还会产生大量的烟雾，甚至产生有毒气体；易老化等。

三、塑料的分类及常用品种

（一）按热性能分类

1. 热塑性塑料

这类塑料具有受热软化，冷却后硬化的性能，且不发生化学反应。因而加工成型较方便，且具有较好的机械性能，但耐热性及刚性较差。热塑性塑料中的树脂均为线型分子结构，包括全部加聚树脂和部分缩合树脂。常用品种有：

（1）聚乙烯（PE）塑料。聚乙烯塑料为一种产量极大，用途广泛的热塑性塑料。聚乙烯由乙烯单体聚合而成。按其密度不同，可分为高密度聚乙烯、中密度聚乙烯和低密度聚乙烯。低密度聚乙烯较柔软，熔点、抗拉强度较低，伸长率和抗冲击性较高，适用于制造防潮防水工程中使用的薄膜。高密度聚乙烯较硬，耐热性、抗裂性和抗腐蚀性较好，可制成阀门、衬套、管道、水箱、油罐或作耐腐蚀涂层等使用。聚乙烯密度较小（0.910~0.965 g/cm³），具有良好的化学稳定性，常温下不与酸、碱作用，在有机溶剂中也不溶解，具有良好的抗水性和耐寒性。在低温下使用不发脆，但耐热性较差，在110℃以上就变得很软，故一般使用温度不超过100℃。聚乙烯易燃烧，无自熄性，在日光照射下，聚乙烯的分子链会发生断裂，使机械性能降低。

（2）聚氯乙烯（PVC）塑料。它是一种多组分的塑料。聚氯乙烯由乙炔和氯化氢合成的氯乙烯单体聚合而成。在聚氯乙烯树脂中加入不同量的增塑剂，可制成硬质或软质制品。聚氯乙烯的密度为1.20~1.60 g/cm³，耐水性、耐酸性和电绝缘性好，硬度和刚性均较大，具有很好的阻燃性。软质聚氯乙烯塑料中含有较多增塑剂，故较为柔软且具有弹性，断裂时的延伸率较高，可制成各种板、片型材作地面材料和装修材料使用。硬质聚氯乙烯塑料不含或仅含少量的增塑剂，因而强度较高，抗风化能力和耐蚀性均较好，可制成管材及棒、板等型材，也可用作防腐蚀材料、泡沫保温材料等，或用作塑料地板、墙面板、屋面采光板、给排水管等。在铁路上还可制成钢轨与轨枕之间的缓冲垫板以及道钉下面的垫片等。

（3）聚四氟乙烯（PTFE）塑料。聚四氟乙烯由四氟乙烯单体聚合而成。聚四氟乙烯的密度为 $2.20 \sim 2.30$ g/cm^3，是热塑性塑料中密度最大的。它在薄片时呈透明状，厚度增加时，便成灰白色，外观和手感均与蜡相似。它具有良好的电绝缘性，一片 0.025 mm 厚的薄膜，能耐 500 V 高压。完全不燃烧，化学稳定性极好。即使在高温条件下，与浓酸、浓碱、有机溶剂及强氧化剂均不起反应，甚至在王水中煮沸几十小时，也不发生任何变化，故又名"塑料王"。它有优良的耐高低温能力，可在 $-195 \sim 250$ ℃ 温度下长期使用。有极其优良的润滑性，具有非常小的摩擦系数，动、静摩擦系数均为 0.04。具有突出的表面不黏性，几乎所有黏性物质均不能黏附在其表面。具有良好的耐水性、耐气候性和耐老化性，长期暴露于大气中其性能保持不变。但强度、硬度不如其他工程塑料，温度高于 390 ℃ 会发生分解，并放出有毒气体。这种塑料主要用在对温度以及抗腐蚀性要求较高的地方，如高温输液管道、输送强腐蚀性流体的管道，制作绝缘材料、密封材料等；桥梁施工时，则利用其摩擦系数低的优点，在顶梁时作滑道用；表面质量要求极高的制品模板或模具，如用作活性粉末混凝土制品专用模板、模具。

（4）聚甲基丙烯酸甲酯（PMMA），俗称有机玻璃，是以丙酮、氰化钠、甲醇、碳酸等为原料制成甲基丙烯酸甲酯，再经聚合而成。有机玻璃透光率很高，可达 92% 以上，并能透过 73.5% 的紫外线；质轻，密度为 $1.18 \sim 1.19$ g/cm^3，为无机玻璃的一半，而耐冲击强度是普通玻璃的 10 倍，不易碎裂；有优良的耐水性、耐候性，但耐磨性差，表面硬度较低，易擦毛而失去光泽。可制成板材、管材等，用作屋面采光天窗、室内隔断、广告牌、浴缸等。

（5）聚酰胺（PA）塑料，俗称尼龙或锦龙，是由二元酸和二元胺、氨基酸缩聚而成。聚酰胺有优良的机械性能，抗拉强度高，冲击韧性好，坚韧耐磨；耐油性和耐候性好，具有良好的消音性；有一定的耐热性，但对强酸、强碱和酚类等的抗蚀能力较差；吸水性高，热膨胀系数大。它的最大用途是制成纤维，用于居室装饰，如窗帘、地毯等；制作各种建筑小五金，家具脚轮、轴承及非油润滑的静摩擦部件等，还可喷涂于建筑五金表面作保护装饰层使用，也可配制胶黏剂、涂料等。在日本新干线上用的铁路枕木，即使用炭黑填充尼龙制造。

2. 热固性塑料

其在加工过程中一旦加热即行软化，然后发生化学变化，相邻的分子互相交联成体型结构而逐渐硬化，再次受热时不会再软化，也不会溶解，温度过高将分解。其优点是耐热性好，刚性大，受压不易变形。缺点为机械强度较低。大多数缩合树脂制得的塑料均是热固性的，常用品种有：

（1）酚醛（PF）塑料。它是一种最常用的，也是最古老的塑料，俗称电木或胶木。用苯酚（或甲酚、二甲酚）与甲醛（浓度为 37% ~ 40% 的水溶液）缩聚可得到酚醛树脂。酚醛树脂具有较大的刚性和强度，耐热、耐磨和耐腐蚀，具有良好的电绝缘性，难燃且具有自熄性，但色暗、性脆。酚醛树脂用途很广，可制成层压塑料、泡沫塑料、蜂窝夹层塑料、酚醛压模塑料等，用作电工器材、装饰材料和隔音隔热材料。酚醛树脂还可配制油漆、胶黏剂、涂料、防腐蚀用胶泥等。

（2）有机硅（SI）塑料。有机硅树脂是以硅氧键相连接的高分子聚合物，具有优良的耐高温（500~600℃）和耐水性，有良好的电绝缘性和防火性，抗腐能力很强，黏结力高。可用于黏结金属材料与非金属材料。有机硅树脂根据结构和分子量的不同，可分为硅油和硅树脂。低分子线型的硅油由二甲基二氯硅烷水解得到；体型硅树脂由二甲基二氯硅烷和一甲基三氯硅烷的混合物经水解制得。硅油常用作清漆、润滑油、消泡剂、塑料制品和家具的抛光剂。硅树脂用玻璃纤维、石英粉或云母等填料增强，可制成耐热、耐水、耐腐及电绝缘性能均好的模压塑料或层压塑料制品，还可用作黏结剂、防水涂料、混凝土外加剂等。

（3）脲醛（UF）塑料，又称电玉。脲醛树脂由尿素与甲醛缩聚而成。低分子量的脲醛树脂呈液态，溶于水和某些有机溶剂，常用作胶黏剂、涂料等。高分子量的脲醛树脂为无色、无味、无毒的白色固体，黏结强度高，着色性好，有一定的耐菌性，可自熄，但耐水性较差，更不耐沸水，耐热性较低。用其生产的胶合板、刨花板、纤维板等，可作装饰材料；若经发泡处理可制得闭孔型硬质泡沫塑料，可作填充性的保温绝热材料。脲醛树脂还可配制油漆、涂料、胶黏剂等。

（二）按应用范围分类

（1）通用塑料，指产量大、用途广、价格低的一类塑料，主要包括五大品种，即聚烯烃（包括聚乙烯、聚丙烯、聚丁烯及各种烯烃的共聚物）、聚氯乙烯、聚苯乙烯、酚醛塑料和氨基塑料。这类塑料虽说品种只有五个，但产量却占塑料总产量的3/4以上。

（2）工程塑料，指综合性能好，如机械性能、电性能、耐高低温性能等，可作为工程材料和代替金属制造各种设备和零件的塑料，主要品种有ABS、聚酰胺、聚碳酸酯、聚甲醛塑料等。

（3）特种塑料，指具有特种性能和特种用途的塑料，如有机硅树脂、导磁塑料、离子交换树脂等。

（三）按增强类型分类

增强塑料（RP）是用纤维、织物或者片状材料增强的塑料。它是将合成树脂浸涂于纤维或片状材料上经加工成型制得。用片状材料增强的塑料称为层压塑料。增强塑料的机械强度远高于一般塑料，可用作装饰材料、轻质结构材料和电绝缘材料。增强塑料主要分为以下几种：

（1）玻璃纤维增强塑料（GRP），俗称玻璃钢。它是一种以热固性或热塑性树脂胶结玻璃纤维或玻璃布制成的轻质高强的塑料。常用的热固性树脂有不饱和聚酯树脂、环氧树脂、酚醛树脂、有机硅树脂等。常用的热塑性树脂有聚乙烯、聚丙烯、聚酰胺等。使用最多的是不饱和聚酯树脂。

玻璃钢的性能主要取决于所用树脂的种类、纤维的性能和相对含量，以及它们之间结合的情况等。合成树脂和纤维的相对含量，随玻璃钢的品种不同而有所差异，一般合成树脂含量占总质量的30%~40%。合成树脂与纤维强度越高，则玻璃钢的强度越大，纤维对强度影响更为明显。玻璃钢是用纤维或玻璃布为增强材料，故不同于一般塑料，具有明显的方向性，为各向异性材料。就玻璃钢的力学性能而言，玻璃布层与层之间的强度较低，而沿玻璃布方向的强度较高。玻璃钢的密度为1.5~2.0 g/cm³，为钢的1/4。抗拉强度超过碳素钢，比强度与高级合金钢相近，是一种轻质高强材料。玻璃钢具有耐热、耐腐、绝缘、抗冻、耐久等一系列优点，但刚度较差，易产生较大变形，部分情况下还会出现分层现象，耐磨性差；可应用于航空、宇航及高压容器，在工程上常用作建筑结构材料、屋面采光材料、墙体围护材料、门窗框架和卫生用具等。制作排水复合管代替原钢筋混凝土下水管等，不渗透、耐生物酸性腐蚀，寿命可大幅提高。

除用玻璃纤维增强材料之外，近年来又发展了采用性能更优越的碳纤维、玄武岩纤维、硼纤维、氧化锆纤维和晶须（纤维状晶体）作增强材料，使纤维增强塑料的性能更优异，可用于飞机及宇宙航行方面的结构或零部件等。

（2）蜂窝塑料。以塑料板或金属薄板、胶合板为两侧面板，中间夹有格子（蜂窝）夹层，用氨基树脂或环氧树脂将夹层紧密黏合在两片面板之间而制成的轻质板材，其抗压和抗弯性能好且质量轻，可制作隔墙板、门板、地板以及家具等。

（3）增强塑料薄膜。它是用玻璃纤维或尼龙纤维网络做成的塑料薄膜，有较好的韧性，可用来建造临时性的或可拆迁的大跨度充气结构的仓库和房屋等。

第三节　橡　胶

橡胶分为天然橡胶和合成橡胶。橡胶是一种有机高分子弹性化合物。它的分子量一般都在几十万以上，甚至达到一百万左右。它具有高弹性，在外力作用下，易发生极大的形变，外力去除后，又可恢复到原来的状态。它有极高的可挠性、耐磨性、绝缘性、不透水性和不透气性，因而用途十分广泛。

一、天然橡胶

天然橡胶的主要成分是异戊二烯的高聚物。它采自橡胶植物（如三叶橡胶树、杜仲橡树、橡胶草）的浆汁，在浆汁中加入少量醋酸、氯化锌或氟硅酸钠即可凝固。凝固体经压制后成为生橡胶。天然生橡胶常温下弹性很大，低于 $10\,^{\circ}C$ 时逐渐结晶变硬；耐拉伸，伸长率可达 1200%；电绝缘性良好；在光及氧的作用下会逐渐老化；易溶于汽油、苯、二硫化碳及卤烃等溶剂，但不溶于水、酒精、丙酮及乙酸乙酯。由于生橡胶性软，遇热变黏，又易老化而失去弹性，易溶于油及有机溶剂，为克服这些缺点，常在生橡胶里面加硫，经硫化处理得到软质橡胶（熟橡胶）。若用 30%~40% 的硫，得到硬质橡胶。橡胶经硫化后，其强度、变形能力和耐久性均有所提高，但可塑性降低。

天然橡胶一般作为橡胶制品的原料，配制胶黏剂和制作橡胶基防水材料等。

二、合成橡胶

天然橡胶的年产量有限，远不能满足日益发展的需要，因而合成橡胶工业得到了迅速的发展。合成橡胶主要是二烯烃的高聚物，它的综合性能虽不如天然橡胶，但它也具有某些天然橡胶所不具备的特性，加上原料来源较广，因此目前广泛使用的是合成橡胶。按其性能和用途，合成橡胶可分为：

（1）丁苯橡胶（SBR）。它是目前产量最大、应用最广的合成橡胶。丁苯橡胶是丁二烯与苯二烯的共聚物，为浅黄褐色的弹性体，具有优良的绝缘性，在弹性、耐磨性和抗老化性方面均超过天然橡胶，溶解性与天然橡胶相似，但耐热性、耐寒性、耐挠曲性和可塑性较天然橡胶差，脆化温度为 −50 ℃，最高使用温度为 80～100 ℃。可与天然橡胶混合使用。丁苯橡胶用于制造汽车的内外胎、运输带和各种硬质橡胶制品。

（2）丁腈橡胶（NBR）。丁腈橡胶是丁二烯和丙烯腈的共聚物，为淡黄色的弹性体，密度随丙烯腈含量增加而增大；耐热性和耐油性较天然橡胶好，抗臭氧能力强；但耐寒性不如天然橡胶和丁苯橡胶，且成本较高。丁腈橡胶为一种耐油橡胶，可用于制造输油胶管、油料容器的衬里和密封胶垫，制造输送温度达 140 ℃ 的各种物料输送带和减震零件等。

（3）氯丁橡胶（CR）。氯丁橡胶是由氯丁二烯聚合而成的，为黑色或琥珀色的弹性体，它的物理机械性能和天然橡胶相似，耐老化、耐臭氧、耐候性、耐油性、耐化学腐蚀性及耐热性比天然橡胶好；耐燃性好，黏结力较高，最高使用温度为 120～150 ℃。用氯丁橡胶可制造各种模型制品、胶布制品、电缆、电线和胶黏剂等。

（4）丁基橡胶（IIR），也称异丁橡胶。丁基橡胶是以异丁烯与少量异戊二烯为单体，在低温下（−95 ℃）聚合的共聚物。它为无色的弹性体，透气性约为天然橡胶的 1/10～1/20。它是耐化学腐蚀、耐老化、不透气性和绝缘性最好的橡胶，且耐热性好，吸水率小，抗撕裂性能好；但在常温下弹性较小，只有天然橡胶的 1/4，黏性较差，难与其他橡胶混用。丁基橡胶耐寒性较好，脆化温度为 −79 ℃，最高使用温度为 150 ℃。它可用于制造汽车内胎、气囊等不透气制品，也可制作电气绝缘制品、化工设备衬里等，还可用作浅色或彩色橡胶制品。

另外，还有乙丙橡胶、硅橡胶（硅有机橡胶）、氟橡胶等多种合成橡胶。乙丙橡胶密度仅为 0.85 g/cm³ 左右，为最轻的橡胶；硅橡胶（硅有机橡胶）无毒、无味，能耐 300 ℃ 高温，可用于食品工业的耐高温制品、医用人造心脏、人造血管等。氟橡胶具有耐高温、耐油及耐多种化学药品侵蚀的特性，用于现代航空、宇宙航行等尖端科学技术方面。

第四节　合成高分子防水卷材及防水涂料

随着合成高分子材料的发展，以合成橡胶或塑料为主体的高效能防水卷材，得到广泛的开发和应用。这类卷材采取冷施工，铺设成单层防水层，其效果远超过热施工的多层沥青油毡防水层。现将其中有代表性的品种介绍如下：

1. 三元乙丙橡胶防水卷材

这种卷材以三元乙丙橡胶为主体，掺入适量的填充料、硫化剂、促进剂等添加剂，经密炼、压延或挤出成型及硫化制成。三元乙丙橡胶是一种合成橡胶，是乙烯、丙烯和少量的二烯烃聚合而成的共聚物。三元乙丙橡胶卷材具有优良的耐候性、耐低温、耐化学腐蚀及电绝缘性能，且机械强度较高。卷材宜用合成橡胶胶黏剂粘贴，粘贴可采用全粘贴或局部粘贴等多种方式。

2. 氯丁橡胶防水卷材

氯丁橡胶防水卷材以氯丁橡胶为主体，掺入适量的填充料、硫化剂、增强剂等添加剂，经过密炼、压延或挤出成型及硫化制成。氯丁橡胶由氯丁二烯单体聚合而成。这种卷材与三元乙丙橡胶卷材相比，除耐低温性能稍差外，其他性能基本相似。卷材粘贴时宜用氯丁橡胶胶黏剂。

3. 聚氯乙烯防水卷材

聚氯乙烯防水卷材以聚氯乙烯为主体，掺入填充料、软化剂（如煤焦油）、增塑剂及其他助剂，经混炼、压延或挤出成型而成。聚氯乙烯本身的低温柔性和耐老化性较差，通过改性之后，性能得到改善，可满足建筑防水工程的要求。聚氯乙烯卷材的生产成本较上述两种卷材低，粘贴时可采用多种胶黏剂。

4. 聚氨酯（PU）防水涂料

聚氨酯防水涂料是由异氰酸酯、聚醚等经加成聚合反应而成的含异氰酸酯基的预聚体，配以催化剂、无水助剂、无水填充剂、溶剂等，经混合等工序加工制成的单组分聚氨酯防水涂料。聚氨酯防水涂料为反应固化型（湿气固化）涂料，具有强度高、延伸率大、耐水性能好等特点，对基层变形的适应能力较强，是目前市场上普遍采用的防水涂料。

第五节　合成胶黏剂

一、组成及分类

胶黏剂又称黏合剂或黏结剂，是一种可在两个物体表面间形成薄膜，并能把它们紧密黏结在一起的物质。

胶黏剂与塑料一样，大多数为多组分组成，除了起基本黏结作用的物质外，为满足特定的物理化学性能，还需加入各种添加剂，如为使基料形成网状或体型结构，以增加胶层的内聚强度，需加入固化剂；为提高胶层的柔韧性需加入增塑剂；为调节黏度，需加入溶剂；为提高耐老化性，需加入防老剂。另外，为使胶黏剂具有某些特殊性能，还可加入防霉剂、防腐剂等添加剂。

胶黏剂种类繁多，性能各异，分类方法很多。

（1）按基料成分，可分为有机胶黏剂和无机胶黏剂。其中有机胶黏剂又可分为天然和合成。本节主要简介合成胶黏剂。

（2）按固化后的强度特性，可分为结构型、次结构型和非结构型。结构型胶黏剂指黏结后能承受较大的荷载，经受热、低温和化学药品等作用，不降低其性能或不变形的胶黏剂，一般用于结构部件的受力部位；非结构型胶黏剂一般不能承受较大的荷载，只用于黏结受力较小的部件或定位；次结构型胶黏剂（准结构胶）其性能介于结构型与非结构型之间，可承受某种限度的负荷。

（3）按固化条件，可分为室温固化胶黏剂、高温固化胶黏剂、低温固化胶黏剂、光敏固化胶黏剂和电子束固化胶黏剂等。

二、胶黏剂的基本要求及胶粘机理

对胶黏剂的基本要求主要是：胶黏剂应有足够的流动性，保证被黏物表面充分被浸润，易于调节黏性和硬化速度，胀缩变形小，黏结强度大，不易老化。

胶黏剂之所以能与被黏物牢固地黏结在一起，主要有以下几方面的理论观点：

（1）机械黏结理论。该理论认为被黏物表面粗糙多孔，胶黏剂可渗透到被黏物表面的孔隙中，固化后形成许多微小的机械啮合。胶黏剂主要依靠这些机械啮合与被黏物牢固地黏结在一起。

（2）物理吸附理论。该理论认为胶黏剂分子与被黏物分子在界面层上相互吸附，从而产生分子间的次价键力，即范德华力。

（3）化学键理论。该理论认为胶黏剂与被黏物之间能产生化学反应形成化学键而得到牢固的黏结力。

（4）扩散理论。该理论认为胶黏剂分子不仅与被黏物紧密接触，而且相互间的分子会越过界面互相扩散而交织起来，形成牢固的黏结。相互扩散的结果使更多的胶黏剂分子与被黏物分子更接近，从而增强它们的物理吸附。

以上各种理论均只反映了黏结现象本质的一个方面。事实上，胶黏剂与被黏物之间的牢固黏结是以上各种作用的综合结果。当采用的胶黏剂不同，被黏物不同，或被黏物表面处理或黏结头的制作工艺不同时，所产生的黏结力大小也不一样。其中胶黏剂对被黏物表面的完全浸润是获得高黏结强度的先决条件。

三、建筑常用的胶黏剂

1. 热塑性树脂胶黏剂

（1）聚醋酸乙烯（PVAC）胶黏剂。聚醋酸乙烯乳液胶黏剂俗称白乳胶，是由醋酸乙烯乳液聚合而成的。它无毒、无味，黏结强度高，常温下固化速度快，但耐水性和耐热性差；可单独使用，也可与水泥、羧甲基纤维素等复合使用；常用作非结构型胶黏剂，黏结各种非金属材料，如木材、塑料壁纸、陶瓷饰面材料等，还可配制乳液涂料、乳液泥子等。

（2）聚乙烯醇（PVAL）和聚乙烯醇缩醛（PVAM）胶黏剂。聚乙烯醇是由聚醋酸乙烯水解而得到的水溶性胶黏剂，常用它黏结纸张、织物等。聚乙烯醇缩醛树脂是由聚乙烯醇与醛类反应得到的。市场上常用的107胶为聚乙烯醇缩甲醛（PVFL）胶，由聚乙烯醇与甲醛在酸性介质中缩聚而成。107胶是无毒、无味的透明水溶液，具有较高的黏结强度和较好的耐水性和耐老化性。它可单独使用，也可与其他材料混合使用，可用作非结构胶黏剂，粘贴塑料壁纸、玻璃布等，也可用它配制内外墙、地面用的涂料及泥子等。

2. 热固性树脂胶黏剂

（1）环氧树脂（EP）胶黏剂。环氧树脂是指分子结构中至少含有两个环氧基的线性高分子化合物。凡用环氧树脂为基料配制的胶黏剂均称为环氧树脂胶黏剂。目前应用最多的是由二酚基丙烷（简称双酚 A）与环氧氯丙烷在碱性催化剂作用下缩聚而成的双酚 A 环氧树脂，它在加入固化剂之前是热塑性的，固化后为热固性。环氧树脂与金属、木材、塑料、橡胶、混凝土等均有很高的黏结力，有万能胶之称。它黏结强度高，收缩率小（约 2%），有较好的稳定性和电绝缘性，能在室温至高温（150～180 ℃）条件下用不同的固化剂固化。但在固化后脆性较大，耐热性、耐紫外线较差，抗冲击强度较低，这些缺点可通过掺加不同的添加剂进行改善。

环氧树脂不仅用作结构胶黏剂，黏结金属、陶瓷、玻璃、混凝土等多种材料，还可用于混凝土构件补强，裂缝修补，配制涂料和防水防腐材料等，如杭州湾特大桥等桥梁表面用环氧涂层，内部钢筋用环氧涂层钢筋。

（2）丙烯酸酯树脂胶黏剂。丙烯酸酯树脂胶黏剂以丙烯酸酯树脂为基料配制而成。常用的 α-氰基丙烯酸酯胶黏剂是由氰基乙酸酯和甲醛在碱性介质中经缩合反应得到的低聚物加热裂解制得。该胶黏剂为快速固化胶黏剂，室温下在几分钟甚至几秒钟内即可固化，故称瞬干胶。α-氰基丙烯酸酯胶黏剂为无色透明的液体，黏结力强，固化速度快，胶结表面不必打毛，使用方便，且易清除；但耐热性、耐水性差，性脆，不宜大面积黏结，可用于黏结多种金属和非金属材料，特别是对 ABS 塑料、有机玻璃、聚苯乙烯等与金属之间的黏结，可得到较为理想的胶结强度。常用的 502 胶即属丙烯酸酯树脂胶黏剂。

3. 橡胶胶黏剂

它是以橡胶为基料配制而成的胶黏剂。几乎所有的天然橡胶和合成橡胶均可用于配制胶黏剂。橡胶胶黏剂富有柔韧性，有优异的耐蠕变、耐挠曲及耐冲击震动等特性，起始黏结性高，但耐热性差。常用的有氯化天然橡胶胶黏剂、氯丁橡胶胶黏剂、丁苯橡胶胶黏剂、丁腈-氯化胶等。橡胶胶黏剂用于橡胶、金属和非金属等多种材料的黏结。

复习思考题

1. 简述聚合物类型、合成及命名方法。
2. 简述合成高分子聚合物的分子结构与性能的关系。
3. 简述塑料各组成成分对性能的影响。
4. 什么叫热塑性塑料、热固性塑料？
5. 简述胶黏剂的胶粘机理。

第九章 沥青及防水材料

沥青是一种有机胶凝材料。它是复杂的高分子碳氢化合物及非金属（氧、硫、氮等）衍生物的混合物，常温下的沥青呈固体、半固体或液体状态，颜色由黑褐色至黑色。

沥青属于憎水性材料，它不透水，也几乎不溶于水。它与混凝土、石材、钢材以及木材等材料之间具有良好的黏结性，且具有较强的耐酸、碱、盐腐蚀性。

沥青按其在自然界中获得的方式，可分为地沥青和焦油沥青。

地沥青主要分为天然（地）沥青和石油（地）沥青。

焦油沥青主要分为煤沥青、木沥青和页岩沥青。

在土木工程中，沥青是应用广泛的防水材料和防腐材料，主要用于屋面、地面、地下结构的防水，木材、钢材的防腐。沥青也是道路工程中应用广泛的路面结构胶黏材料，它与不同组成的矿质集料按比例配合后，可构成不同结构的沥青路面。

第一节　石油沥青与煤沥青

一、石油沥青

石油沥青是由石油原油经蒸馏提炼出各种轻质油品（汽油、煤油、柴油等）及润滑油后的残留物，经再加工而得的产品。

（一）石油沥青的分类

按原油的成分分为：石蜡基沥青、沥青基沥青和混合基沥青。

按石油加工方法不同分为：直馏沥青、氧化沥青和溶剂沥青。

按沥青产品在常温下的稠度分为：液体沥青和黏稠沥青。

按沥青的用途分为：道路石油沥青、建筑石油沥青和普通石油沥青。

道路石油沥青主要用于路面，通常为直馏沥青或氧化沥青。

建筑石油沥青主要用于建筑工程中屋面及地下防水的胶黏料、涂料及制造油毡、油纸和防腐绝缘材料等，通常为氧化沥青。

普通石油沥青（又称多蜡沥青）因含蜡量高，黏性低，塑性差，在建筑中较少单独使用，一般与建筑石油沥青掺配或经改性处理后使用。

（二）石油沥青的组分与结构

由于沥青的组成非常复杂，因此，在研究沥青的化学组成时，一般将沥青化学成分与物理性质相似而具有某些共同特征的部分划分成几个组，即组分。沥青中各组分含量的多少，会直接影响沥青的性质。沥青组分一般有三个：油分、树脂和地沥青质。对于沥青中含量很少的其他组分，如沥青酸和沥青酸酐可忽略不计。各组分的主要特征和在沥青中的作用如表 9.1 所示。

表 9.1　石油沥青各组分的特征及其对沥青性质的影响

组分	含　　量	分子量	碳氢比	密度/g·cm⁻³	特　　征	在沥青中的主要作用
油分	45%～60%	100～500	0.5～0.7	0.70～1.00	无色至淡黄色，黏性液体，可溶于大部分溶剂，不溶于酒精	是决定沥青流动性的组分。油分多，流动性大，黏性小，温度稳定性差
树脂	15%～30%	600～1000	0.7～0.8	1.00～1.10	红褐至黑褐色的黏稠半固体，多呈中性，少量酸性，熔点低于 100 ℃	是决定沥青塑性的主要组分。树脂含量增加，沥青塑性增大，温度稳定性变差
地沥青质	5%～30%	1000～6000	0.8～1.0	1.10～1.50	黑褐至黑色的硬而脆的固体微粒，加热后不熔化，而是分解为坚硬的焦炭，使沥青带黑色	是决定沥青黏性的组分。含量高，沥青黏性大，温度稳定性好，塑性降低，脆性增加

石油沥青主要组分之间的相互亲和程度不同。地沥青质对油分显示出憎液性，互不溶解，但对树脂则显示出亲液性，可被浸润，而树脂在油分中，则显示亲液性，两者可以互溶。这就使得地沥青质的微细颗粒通过树脂质的亲和及桥梁作用，形成一种以地沥青质为核心，周围吸附有部分树脂和油分的胶团，这种胶团高度分散在油分中，构成了沥青的胶体结构。

图 9.1（a）为液态沥青所具有的溶胶结构示意图。由于其中油分较多，胶团之间相对运动较为自由，因而这种沥青的流动性和塑性较好，开裂后自愈合能力较强，但温度稳定性较差，温度升高时易流淌。当沥青中油分较少，而地沥青质含量较多时，则胶团由于凝聚作用，会形成互相连接且呈不规则空间网状的凝胶结构，如图 9.1（b）所示。由于胶团靠近聚集，相互吸引力较大，因而这种沥青的弹性和黏性较高，温度稳定性较好，但流动性与塑性较低。常温下的固态建筑石油沥青即为这种结构状态。

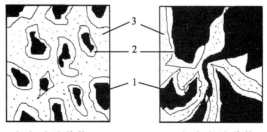

（a）溶胶结构　　　　　　（b）凝胶结构

1—地沥青质；2—树脂；3—油分。

图 9.1　沥青胶体结构示意图

此外，石油沥青的结构状态还随着温度不同而发生改变。当温度升高时，固态沥青中易熔的树脂会转变为液体，则原来的凝胶结构将转变为溶胶结构，于是沥青的黏性降低，流动性和塑性增大。当温度降低时，则又会恢复到原来的凝胶结构。

（三）石油沥青的技术性质

1. 黏性（黏滞性）

沥青的黏性是指沥青在外力或自重的作用下，沥青抵抗变形的能力。黏性的大小，反映了胶团之间吸引力的大小，实际上反映了胶体结构的致密程度。

石油沥青的黏度大小，取决于各组分的相对含量，如地沥青质含量较高时，则黏性大；同时也与温度有关，随温度升高，黏性下降。

沥青的黏性通常是通过试验测得，即以测出的相对黏性值的大小表示。对于在常温下呈固体或半固体的石油沥青用针入度表示黏性的大小。针入度（见图 9.2）是在规定条件下，标准针自由贯入沥青中的深度［以（1/10）mm 为单位］，针入度越大，则黏度越小。

对于液体沥青，用标准黏性计测定黏度。即在标准温度下，50 mL 液体沥青通过规定直径的小孔所用的时间（以 s 为单位），流出时间越长，黏度越大。

2. 塑　性

沥青的塑性是指沥青在受到外力作用时，产生变形而不破坏，去除外力后，仍保持变形后形状的性质。

沥青中树脂含量高，则沥青的塑性较大。温度升高时，沥青的塑性增大。塑性小的沥青在低温或负温下易产生开裂。塑性大的沥青可随建筑物的变形而变形，不致产生开裂。塑性大的沥青在开裂后，由于其特有的黏塑性，裂缝可能会自行愈合，即塑性大的沥青具有自愈性。沥青的塑性是沥青作为柔性防水材料的原因之一。

沥青的塑性用延度（延伸度）表示。延度是在规定的条件下，沥青试件被拉断时伸长的数值（以 cm 计）。延度值（见图 9.3）越大，沥青的塑性越大，防水性越好。

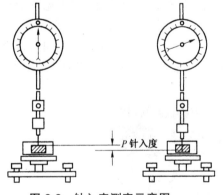

图 9.2　针入度测定示意图

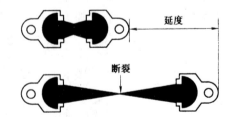

图 9.3　沥青延度测定示意图

3. 温度稳定性

温度稳定性是指沥青的黏性和塑性随温度变化而改变的程度。沥青是非晶体高分子物质，没有固定的熔点，随着温度的升高，沥青的状态会发生连续的变化，塑性增大，黏性减小，并逐渐软化，此时的沥青如液体般发生黏性流动。在这一过程中，不同的沥青，其塑性和黏性变化程度不同。如果性质变化程度小，则此沥青的温度稳定性好；反之，温度稳定性差。

在建筑上，特别是用于屋面防水的沥青材料，为了避免温度升高发生流淌，或温度下降发生硬脆，应优先使用温度稳定性好的沥青。

沥青温度稳定性取决于地沥青质的含量，其含量越高，温度稳定性越好。此外，沥青温度稳定性也与沥青中石蜡的含量有关，石蜡含量高，则其温度稳定性差。

沥青温度稳定性常用软化点表示（见图 9.4），

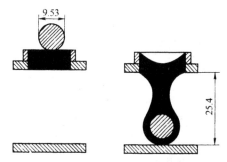

图 9.4　沥青软化点测定示意图（单位：mm）

它反映了沥青状态改变（由固态或半固态转变为黏流态）时的温度。软化点是在规定试验条件下，沥青受热软化垂至规定距离时的温度（以 ℃ 计）。软化点越高，沥青的温度稳定性越好。

4. 大气稳定性

石油沥青的大气稳定性是指石油沥青在很多不利因素（如阳光、热、空气等）的综合作用下，性能稳定的程度。石油沥青在储运、加热和使用过程中，易发生一系列的物理化学变化，如脱氢、缩合、氧化等，使沥青变硬变脆。这一过程，实际上是沥青中低分子组分向高分子组分的转变，且树脂转变为地沥青质的速度比油分转变为树脂的速度快得多，即油分和树脂含量减少，而地沥青质含量增加。因此，沥青的塑性降低，黏性增大，且逐步变得硬脆、开裂。这种现象称为沥青的"老化"。

石油沥青的大气稳定性（抗老化性），用蒸发损失率和针入度比表示。蒸发损失率是指将沥青试样加热至 160 ℃，恒温 5 h 时测得的蒸发前后的质量损失率。针入度比为上述条件下蒸发后与蒸发前针入度的比值。如蒸发损失率越小，针入度比越大，则大气稳定性越好。

5. 其他性质

石油沥青的闪点是指沥青加热至挥发的可燃气体遇火时着火的最低温度。燃点则是若继续加热，一经引火，燃烧就能继续下去的最低温度。因此，在熬制沥青时，加热温度不应超过闪点。

石油沥青具有良好的耐蚀性，对多数酸、碱、盐均具有耐蚀能力。但是，它可溶解于多数有机溶剂中，如汽油、苯、丙酮等，使用时应予以注意。

（四）石油沥青的标准、选用、掺配

1. 石油沥青的标准

土建工程中使用的石油沥青分为建筑石油沥青、道路石油沥青和普通石油沥青。

道路石油沥青、建筑石油沥青的牌号主要根据针入度、延度、软化点等划分，并用针入度值表示。两种沥青的技术要求应满足表 9.2 和表 9.3 的规定。同种石油沥青中，牌号越大，针入度越大（黏性越小），延度越大（塑性越大），软化点越低（温度稳定性越差），使用寿命越长。

表 9.2　道路石油沥青技术要求（NB/SH/T 0522—2010）

项　目	质量指标				
	200 号	180 号	140 号	100 号	60 号
针入度（25 ℃，100 g，5 s）/（1/10 mm）	200～300	150～200	110～150	80～110	50～80
延度*（25 ℃）/cm　不小于	200	100	100	90	70
软化点/℃	30～48	35～48	38～51	42～55	45～58
溶解度/%　不小于	99.0				
闪点（开口）/℃　不低于	180	200	230		
密度（25 ℃）/（g/cm³）	报告				
蜡含量/%　不大于	4.5				
薄膜烘箱试验（163 ℃，5 h）					
质量变化/%	1.3	1.3	1.3	1.2	1.0
针入度比/%	报告				
延度（25 ℃）/%	报告				

*如 25 ℃延度达不到，15 ℃延度达到时，也认为合格，指标要求与 25 ℃延度一致。

表 9.3　建筑石油沥青技术要求（GB/T 494—2010）

项　目	质量指标		
	10 号	30 号	40 号
针入度（25 ℃，100 g，5 s）/（1/10 mm）	10～25	26～30	36～0
针入度（46 ℃，100 g，5 s）/（1/10 mm）	报告 [a]	报告 [a]	报告 [a]
针入度（0 ℃，200 g，5 s）/（1/10 mm）　不小于	3	6	6
延度（25 ℃，5 cm/min）/cm　不小于	1.5	2.5	3.5
软化点（环球法）/℃　不低于	95	75	60
溶解度（三氯乙烯）/%　不小于	99.0		
蒸发后质量变化（163 ℃，5 h）/%　不大于	1		
蒸发后 25 ℃针入度比 [b]/%　不小于	65		
闪点（开口杯法）/℃　不低于	260		

注：a. 报告应为实测值。
　　b. 测定蒸发损失后样品的 25 ℃针入度与原 25 ℃针入度之比乘以 100 后，所得的百分比，称为蒸发后针入度比。

2. 石油沥青的选用

石油沥青应根据工程性质与要求（房屋、防腐、道路）、使用部位、环境条件等因素选用。在满足使用条件的前提下，应选用牌号较大的石油沥青，以保证使用寿命较长。

土建工程中，特别是屋面防水工程，应防止沥青因软化而流淌。由于夏日太阳直射，屋面沥青防水层的温度高于环境气温 25～30 ℃。为避免夏季流淌，所选沥青的软化点应高于屋面温度 20～25 ℃，并适当考虑屋面的坡度。

建筑石油沥青的黏性较大、温度稳定性较好、塑性较小，主要用于生产或配制屋面与地下防水、防腐蚀等工程用的各种沥青防水材料。对不受较高温度作用的部位，宜选用牌号较大的沥青。根据要求可选用 10 号或 30 号，或将 10 号与 30 号、60 号掺配使用。严寒地区屋面工程不宜单独使用 10 号沥青。

道路石油沥青多用于配制沥青砂浆、沥青混凝土，用于道路路面、车间地面等。建筑工程中，部分情况下使用 60 号沥青与其他建筑石油沥青掺配使用。

普通石油沥青的石蜡含量较多（一般均大于 5%），因而温度稳定性较差，土建工程中不宜单独使用，只能与其他种类石油沥青掺配使用。

3. 石油沥青的掺配

在选用沥青牌号时，由于生产和供应的局限性，或现有沥青不能满足要求时，可按使用要求，进行沥青的掺配，从而得到满足技术要求的沥青。

进行沥青掺配时，按下列公式计算掺配比例：

$$P_1 = \frac{T - T_2}{T_1 - T_2} \times 100\% \tag{9.1}$$

$$P_2 = 1 - P_1 \tag{9.2}$$

式中　P_1 —— 高软化点沥青的用量（%）；

　　　P_2 —— 低软化点沥青的用量（%）；

　　　T_1 —— 高软化点沥青的软化点值（℃）；

　　　T_2 —— 低软化点沥青的软化点值（℃）；

　　　T —— 要求达到的软化点值（℃）。

根据计算出的掺配比例，及其 ±（5%～10%）的邻近掺配比例，分别进行不少于三组的试配试验，绘制出掺配比例-软化点曲线，从曲线上确定实际掺配比例。

二、煤沥青

煤沥青是由煤干馏得到的煤焦油经再加工得到的产品，也称煤焦油沥青或柏油。

煤焦油干馏温度和蒸馏程度不同，煤沥青性质也不同。煤沥青技术标准规定，煤沥青分为低温煤沥青（按软化点又分为两类，一类软化点为 30～45 ℃，另一类为 45～75 ℃），中温煤沥青（软化点为 75～95 ℃）及高温煤沥青（软化点为 95～120 ℃）。土建工程中所采用的煤沥青主要是半固体状的低温煤沥青。

煤沥青的主要化学成分为未饱和的芳香族碳氢化合物及非金属衍生物的复杂混合物。其组分有油分、固态和液态树脂及游离碳等，还有少量酸性和碱性表面活性物质。

由于煤沥青的组分与石油沥青有明显差别，因此，与石油沥青比较，煤沥青有如下特点：

（1）煤沥青密度比石油沥青大，一般为 1.10～1.26 g/cm³。

（2）塑性差。煤沥青中含有较多的自由碳和固体树脂，受力后产生变形，易开裂，尤其在低温条件下易变得脆硬。

（3）温度稳定性差。煤沥青中可溶性树脂含量较高，受热后软化溶于油分中，使煤沥青温度稳定性差。

（4）大气稳定性差。低温煤沥青中易挥发的油分多，且化学不稳定的成分（不饱和的芳香烃）含量多，在光、热和氧的综合作用下，老化较快。

（5）有毒、有臭味，防腐能力强。煤沥青中含有酚、蒽等易挥发的有毒成分，施工时对人体有害，但将其用于木材防腐中，有较好的效果。

（6）与矿物质材料表面黏附力较强。煤沥青中含表面活性物质较多，能与矿物质材料表面较好地黏附，可提高煤沥青与矿物质材料的黏结强度。

煤沥青的抗腐蚀性能较好，适用于地下防水工程及防腐工程，还可以浸渍油毡。

煤沥青质量比石油沥青差，多用于较次要的工程。但若以煤沥青配制沥青混合料，用于铺筑停车场时，可不被滴漏的燃料油、润滑油等溶解侵蚀，具有较高的耐久性。

使用煤沥青应严格控制加热温度和时间，以免降低其质量，同时采取防毒安全措施。

煤沥青与石油沥青外观相似，使用时注意区分，防止用错。鉴别的方法如表9.4所示。

表 9.4　煤沥青与石油沥青的鉴别方法

鉴别方法	煤沥青	石油沥青
密　　度	大于 1.10 g/cm^3（约为 1.25 g/cm^3）	接近 1.00 g/cm^3
锤　　击	音清脆、韧性差	音哑、富有弹性且韧性好
燃　　烧	烟呈黄色，有刺激味	烟无色，无刺激性臭味
溶液颜色	用 30～50 倍汽油或煤油溶解后，将溶液滴于滤纸上，斑点分内外两圈，呈内黑外棕或黄色	溶解方法同左，斑点完全均匀散开，呈棕色

三、沥青改性及改性材料

沥青基防水材料是以纯沥青为主制成的各种防水制品，其缺点是：低温下的塑性和韧性差，高温下的强度和稳定性低，且易老化，使用寿命短。为改善性能，可在沥青中加入适量的磨细矿物填充料、橡胶、树脂等添加剂制成改性沥青基材料。因此建筑防水工程中，除直接使用沥青外，更多地使用改性沥青基材料制成的防水制品。常用的改性沥青及改性材料分为：

（1）橡胶改性沥青。在沥青中掺入橡胶（天然橡胶、丁基橡胶、氯丁橡胶、丁苯橡胶、再生橡胶）后，使沥青具有一定橡胶特性，改善其气密性、低温柔性、耐化学腐蚀性、耐光性、耐气候性和耐燃烧性，可制作卷材、片材、密封材料或涂料。

（2）树脂改性沥青。树脂改性沥青可提高沥青的耐寒性、耐热性、黏结性和不透水性，常用树脂有聚乙烯树脂、聚丙烯树脂、酚醛树脂等。

（3）橡胶和树脂改性沥青。同时加入橡胶和树脂，可使沥青同时具备橡胶和树脂的特性，性能更加优良，主要用于制作片材、卷材、密封材料和防水涂料。

（4）矿物填充料改性沥青，是指为了提高沥青的黏结力和耐热性，提高沥青的温度稳定性，扩大沥青的使用温度范围，加入一定数量矿物填充料（滑石粉、石灰粉、云母粉、硅藻土）的沥青。

第二节 防水卷材

防水卷材是建筑工程中最常用的柔性防水材料,目前的防水卷材主要包括沥青防水卷材、高聚物改性沥青防水卷材和合成高分子防水卷材。防水卷材分类及其主要品种如图 9.5 所示。

防水卷材 ┌ 沥青防水卷材（纸胎石油沥青油毡、玻璃布胎沥青油毡等）
　　　　 │ 高聚物改性沥青防水卷材（SBS 改性沥青柔性油毡、APP 改性沥青油毡、PVC 改性
　　　　 │ 　　　　煤焦油沥青耐高低温油毡、再生胶改性沥青油毡等）
　　　　 │ 合成高分子防水卷材 ┌ 橡胶类（三元乙丙卷材、丁基橡胶卷材、再生胶卷材等）
　　　　 └ 　　　　　　　　　├ 塑料类（聚氯乙烯卷材、氯化聚乙烯卷材、聚乙烯卷材等）
　　　　 　　　　　　　　　　└ 橡塑类（氯化聚乙烯橡胶共混卷材）

图 9.5　防水卷材分类及其主要品种

以上防水卷材中合成高分子防水卷材已在本书的第八章中介绍，故在此仅介绍沥青基防水卷材。

一、沥青卷材

沥青卷材是建筑工程中用量较大的沥青制品。按照制造方法，沥青卷材可分为浸渍卷材和辊压卷材。浸渍卷材为有胎卷材，辊压卷材为无胎卷材。

（一）有胎卷材

1. 纸胎沥青卷材（油纸和油毡）

（1）油纸。以熔化的低软化点的沥青浸渍原纸而制得的卷材。原纸是以旧布、棉、麻、纸等为原料制成的纸板。

（2）油毡。用较高软化点的热沥青，涂敷油纸的两面，然后撒布一层滑石粉或云母片而制得的卷材。

按所用沥青品种不同，可分为石油沥青油纸、石油沥青油毡和煤沥青油毡。油纸和油毡的标号是用纸胎（原纸）每平方米面积的质量（g）来表示。油纸分为 200 号和 350 号两个标号。油毡分为 200、350 和 500 三个标号。煤沥青油毡只有 350 号。

石油沥青油毡的物理力学性能应满足如表 9.5 所示的要求。油毡适用于建筑防潮和多层防水。屋面工程常用 350 号及 500 号石油沥青油毡。粉毡适用于多层防水的各层，而片毡只适用于单层防水或多层防水的面层。

表 9.5 石油沥青纸胎油毡（GB 326—2007）

项　目		指　标		
		Ⅰ 型	Ⅱ 型	Ⅲ 型
单位面积浸涂材料总量/（g/cm²）　≥		600	750	1 000
不透水性	压力/MPa　≥	0.02	0.02	0.10
	保持时间/min　≥	20	30	30
吸水率/%　≤		3.0	2.0	1.0
耐热度		（85±2）℃，2 h涂盖层无滑动、流淌和集中性气泡		
拉力（纵向）/（N/50 mm）　≥		240	270	340
柔　度		（18±2）℃，绕 ϕ20 mm棒或弯板无裂纹		

注：本标准Ⅲ型产品物理性能要求为强制性的，其余为推荐的。

施工时，黏结材料要与油毡使用的沥青为同系列材料，即石油沥青油毡要用石油沥青胶黏结。储运时，卷材要直立，堆高不超过两层。要避免日晒雨淋，并注意通风。

2. 其他胎用材料的卷材

若以玻璃布、石棉布、麻布、合成纤维布等为胎基代替原纸，经浸渍、涂敷、撒布制得的油毡，分别称为沥青玻璃布油毡、石棉布油毡、麻布油毡、合成纤维布油毡等。此外，还有玻璃毛纱布油毡、玻璃纤维油毡等。由于这些油毡的胎基材料比原纸抗拉强度高，柔韧性好，吸水率小，耐蚀性和耐久性好，因而提高了油毡的性能。它们的用途与纸胎油毡基本相同。

（二）无胎卷材

无胎卷材是将填充料、改性材料等添加剂掺入沥青材料或其他主体材料中，经混炼、压延或挤出成型而成的卷材。沥青再生胶油毡即是 10 号建筑石油沥青与再生橡胶和填料按比例混炼压延而制成的无胎防水卷材。

沥青再生胶油毡具有抗拉强度高、弹性好、低温柔韧性高、抗渗、耐腐蚀等优良特性，广泛应用于建筑物的沉降缝、变形缝以及对延伸性、低温柔性要求高的防水和防腐工程。

二、改性沥青防水卷材

高聚物改性沥青防水卷材分为弹性体沥青防水卷材和塑性体沥青防水卷材，均属高分子改性沥青防水卷材。

（一）弹性体沥青防水卷材

弹性体沥青防水卷材是热塑性弹性体改性沥青（简称弹性体沥青）涂盖在经沥青浸渍后的胎基两面，上表面撒以细砂、矿物粒（片）料或覆盖聚乙烯膜，下表面撒以细砂或覆盖聚乙烯膜所制成的防水卷材。胎基材料主要为聚酯无纺布和玻璃纤维毡，也可使用麻布或聚乙烯膜。目前，国内生产的主要为 SBS 改性沥青柔性防水卷材。SBS 卷材是目前我国大力推广使用的防水卷材。《弹性体改性沥青防水卷材》（GB 18242—2008）规定：按所用增强材料

（胎基）、上表面隔离材料及下表面隔离材料进行分类，按胎基分为聚酯毡（PY）、玻纤毡（G）和玻纤增强聚酯毡（PYG），按上表面隔离材料分为聚乙烯膜（PE）、细砂（S）和矿物粒料（M），按下表面隔离材料分为细砂（S）和聚乙烯膜（PE）。卷材幅宽 1 000 mm，聚酯毡的厚度有 3 mm、4 mm 和 5 mm，具有强度高、延伸率大和抗穿刺特点，耐温范围在 −30～130 ℃，因而在严寒地区和炎热地区均可适用，但根据其不同耐温程度所体现的成本价格相差较大。聚酯毡在施工上也简便易行，可靠性高，是一种实用性很强的防水材料（见图 9.6）。玻纤毡的厚度分为 3 mm 和 4 mm，具有耐腐蚀性能好、抗拉强度高和使用寿命长等优点，且施工性能好，操作效率高，也是一种运用广泛的防水材料，但也具有延伸率较低的缺点（见图 9.7）。玻纤增强聚酯毡的厚度为 5 mm，卷材公称面积有 7.5m²、10m² 和 15m²，具备超强的抗腐蚀性、耐高温性和使用寿命长的特点，且适合在高温、腐蚀性强的生产厂房中使用。

图 9.6　聚酯毡卷材加工存放及施工应用

图 9.7　玻纤毡卷材加工存放及施工应用

SBS 改性沥青柔性防水卷材，具有良好的不透水性和低温柔韧性，在 −15～25 ℃ 下仍保持其柔韧性；同时还具有抗拉强度高、延伸率较大、耐腐蚀性及高耐热性等优点。

弹性体沥青防水卷材适用于建筑屋面、地下及卫生间等的防水防潮，以及游泳池、隧道、蓄水池等的防水工程，尤其适用于寒冷地区建筑物防水，并可用于 I 级防水工程。

弹性体沥青防水卷材施工时主要采用热熔法施工包装，储运基本与石油沥青油毡相似。

（二）塑性体沥青防水卷材

塑性体沥青防水卷材是热塑性树脂改性沥青（简称塑性体沥青）涂盖在经沥青浸渍后的胎基两面，在上表面撒以细砂、矿物粒（片）料或覆盖聚乙烯膜，下表面撒以细砂或覆盖聚乙烯膜所制成的一种沥青防水卷材。胎基材料有玻纤毡、聚酯毡等。目前生产的主要为 APP

改性沥青防水卷材。

与弹性体沥青防水卷材相比，塑性体防水卷材具有更高的耐热性，但低温柔韧性较差，其他性质基本相同。塑性体沥青防水卷材除了与弹性体沥青防水卷材的适用范围基本一致外，尤其适用于高温或有强烈太阳辐射地区的建筑物防水。

第三节　沥青基防水涂料

目前，土建工程中使用的防水涂料主要有沥青基防水涂料和合成高分子防水涂料；主要应用于屋面、墙面、沟槽、地下管道、卫生间、水池及各种地下工程的防水；具有施工方便和较好的防水、防潮、防腐、抗大气渗透等效果。

沥青基防水涂料由沥青基料、分散介质和改性材料配制而成。

沥青基防水涂料按分散介质种类不同，可分为溶剂型涂料（以汽油或煤油、甲苯等有机溶剂为分散介质）和水乳型涂料（以水为分散介质）；按改性材料品种不同，可分为氯丁橡胶沥青涂料、再生橡胶沥青涂料、鱼油改性沥青涂料和掺入树脂的沥青涂料等。经改性后的沥青涂料比冷底子油（溶剂型）和乳化沥青（水乳型）涂料的防水性、耐化学腐蚀性、大气稳定性、抗裂性和冲击韧性都有较大改善。目前，我国使用的改性沥青涂料主要有氯丁橡胶沥青涂料、再生橡胶沥青涂料和鱼油改性沥青涂料等品种。

一、基层处理剂

1. 冷底子油

冷底子油是将沥青溶解于有机溶剂中的沥青涂料。它可用 30%～40% 的 10 号或 30 号石油沥青与 60%～70% 的稀释剂（汽油、煤油、柴油）按比例配制而成。

冷底子油的黏度小，可渗透到混凝土、砂浆、木材等基底的表层内，待溶剂挥发后，会在基底表面形成一层黏结牢固的沥青膜层。

冷底子油的作用是使基底表面具有憎水性，并为粘贴同类防水材料创造有利条件。由于它多在常温下用于防水工程的底层，故称为冷底子油。

冷底子油要随用随配，在储存时，应使用密闭容器，以防止溶剂挥发。

2. 乳化沥青

乳化沥青是微小（1～6 μm）的沥青颗粒均匀分散在含有乳化剂的水溶液中所得到的稳定的悬浮体。在生产时，可将热熔沥青加入含有乳化剂的水中，并使用机械强力搅拌。

1）乳化沥青的组成

沥青是乳化沥青的主要成分，同时也是其具有防水性、黏结性等的主要原因。因此，乳化沥青是否具有良好的综合性能主要取决于沥青本身的性质。在选择沥青时还要考虑其乳化难易程度。在建筑工程中常用 30 号及 60 号石油沥青进行乳化。

乳化剂属于表面活性剂，其憎水基团强烈地吸附在沥青微粒的表面，而亲水基团则与水分子很好地吸附并结合，从而显著降低沥青与水的表面张力或表面能，使沥青微粒能够稳定、均匀地分散于水中而获得稳定的乳化液，即乳化沥青。

乳化剂的种类繁多，性能差异较大。阴离子型乳化剂价格低廉，但由其配制的乳化沥青易凝聚、泡沫多，在酸、碱或硬水中乳化作用降低，常用品种有洗衣粉、肥皂、OP 乳化剂等。阳离子乳化剂价格较高，但具有分散稳定性好、抗冻、黏结力强以及成膜好等优点，常用品种有十六烷基三甲基溴胺和十八烷基三甲基氯化铵。非离子型乳化剂耐酸碱、无毒、低泡沫，可与其他表面活性剂、填料、外加剂等混合使用而不发生沉淀现象，常用品种为平平加（OP）、匀染剂（O）、聚乙烯醇（PVA）、石灰膏及膨润土等。

2）乳化沥青的成膜及其性质、应用

乳化沥青的成膜可分为两个阶段：一是水分蒸发，使乳化沥青的乳液结构破坏，沥青微粒相互靠拢；二是由于沥青微粒靠拢，使微粒间接触面积增大，逐渐使沥青微粒形成连续相而成膜。成膜速度主要与空气的温度和湿度、风速、基层的干燥情况等有关。另外，也与沥青微粒的大小有关，微粒越小，成膜越快。

乳化沥青可在常温下施工。主要应用于防水工程的底层，以代替冷底子油。乳化沥青也用于粘贴玻璃纤维网、拌制沥青砂浆和沥青混合料等。建筑上主要使用的有皂液乳化沥青和用化学乳化剂配制的乳化沥青（又称水性沥青基薄质防水涂料）。

当乳化沥青加入矿物填料或石棉纤维等时，成膜后的膜层或涂层较厚（大于 4 mm），称为水性沥青基厚质防水涂料，可直接作为防水涂料单独使用于 Ⅲ、Ⅳ 级防水工程。水性沥青基防水涂料有水性石棉沥青防水涂料（AE-l-A）、膨润土沥青乳液（AE-l-B）和石灰乳化沥青（AE-l-C）。

二、聚氨酯及高聚物改性沥青涂料

高聚物改性沥青防水涂料是以高聚物改性沥青为基料制成的水乳型或溶剂型防水涂料，主要分为：

（一）树脂改性沥青

用树脂对沥青进行改性，可改善沥青的低温柔韧性、耐热性、黏结性、不透气性及抗老化能力。由于石油沥青中芳香类物质含量很少，故一般树脂和石油沥青的相溶性较差，而与煤焦油及煤沥青的相溶性较好。用于沥青改性的合成树脂主要有 PVC，APP，SBS 等，部分情况下也用 PE、古马隆树脂等。

1. 无规聚丙烯（APP）改性沥青

无规聚丙烯常温下为白色橡胶状物质，无明显的熔点。因此，生产时可将 APP 加入熔化沥青中，经强烈搅拌均化而成。

由于 APP 具有一些良好的性能，因此，掺入沥青中也使沥青的性能得以改善。首先使改性沥青的软化点提高，从而提高了温度稳定性。同时，其化学稳定性、耐水性、耐冲击性、低温柔韧性及抗老化能力大大提高，主要用于防水卷材。

2. SBS 改性沥青

SBS（苯乙烯-丁二烯-苯乙烯）是热塑性弹性体的典型代表。用它改性的沥青具有热不黏、冷不脆、塑性好、抗老化及稳定性高等优良性能；掺用 15% 的 SBS，在常温下可充分显示出橡胶的弹性，延伸率可达 200%，热塑性范围可扩大到 - 25 ~ 100 ℃，而且在 - 50 ℃ 下仍具有防水功能，是目前沥青改性中使用量较大，也是较为成功的一种高分子改性材料；主要用于防水涂料，防水卷材，也可应用于密封材料。

（二）橡胶改性沥青

橡胶是沥青的主要改性材料。这是因为沥青和橡胶的混溶性较好，可使沥青具有类似橡胶的很多优点，如在高温下变形小，低温下具有一定的柔韧性。常用的橡胶有再生橡胶和氯丁橡胶，此外还可使用丁基橡胶、丁苯橡胶、丁腈橡胶等。

再生橡胶改性沥青的生产有两种方法：一是将废旧橡胶加工成直径为 1.5 mm 或更小的颗粒，然后与沥青相混合，经过加热脱硫后即可得到有一定弹性、塑性和良好黏结力的橡胶沥青；二是在沥青中加入废橡胶粉，吹入空气制得。废旧橡胶掺量视需要而定，一般为 3% ~ 15%。再生橡胶改性沥青也具有良好的气密性、低温柔韧性及耐老化等优点。

1. 氯丁橡胶沥青涂料

氯丁橡胶沥青涂料是由氯丁橡胶（氯丁二烯橡胶）溶液和沥青溶液混溶配制而成。其中氯丁橡胶溶液是以 1 份氯丁橡胶溶于 4 份甲苯中配制而成；沥青溶液是以 1 份沥青溶于 1 份甲苯中配制而成。再将这两种溶液以 5:6 的比例混合即可制得氯丁橡胶沥青涂料。由于氯丁橡胶的掺入，克服了单用沥青时塑性低、冷脆性大及大气稳定性差等缺点。氯丁橡胶沥青涂料的弹塑性好，抗裂性和抗老化性均强。

2. 再生橡胶沥青涂料

再生橡胶沥青涂料分为溶剂型和水乳型两种。

溶剂型再生橡胶沥青涂料是以 1 份石油沥青，掺入 0.8 份的再生橡胶作为基料，再掺入适当的填料和辅助材料，以汽油等溶剂溶制而成的。这种涂料的优点是防水性、柔韧性、抗冻性及抗老化性均较强，但需要较多的溶剂和改性材料，成本较高。

水乳型再生橡胶沥青涂料是以再生胶乳液与乳化沥青溶液配制成的一种涂料。其优点是具有溶剂型再生橡胶沥青涂料的主要性质，且可在潮湿基层上使用，可节约大量溶剂，成本低，但需要增加乳化工艺设备。

3. 鱼油改性沥青防水涂料

鱼油改性沥青防水涂料是在沥青基料中加入硫化鱼油改性后制得的涂料。硫化鱼油是鱼油和硫黄反应的产物，可提高沥青涂料的弹性、黏性和塑性，可用于屋面防水层。

第四节　沥青基建筑密封材料

建筑密封材料是表面能够成膜的黏结膏状材料，广泛用于钢筋混凝土大型屋面板和墙板的接缝处，作为嵌缝之用，建筑密封材料除了应有较高的黏结强度外，还必须具备良好的弹性、柔韧性、耐冻性和一定的抗老化性，以适应屋面板和墙板的热胀冷缩、结构变形、高温不流淌、低温不脆裂的要求，保证接缝处不渗漏和不透气的密封作用。

改性沥青基建筑密封材料是以石油沥青为基料，加入改性材料、稀释剂及填充料混合制成的冷用膏状材料。主要品种有：

1. 建筑防水沥青嵌缝油膏

建筑防水沥青嵌缝油膏是以石油沥青为基料，加入改性材料及填充材料制成的一种用于建筑防水接缝的冷用膏状材料。常用的改性材料为废橡胶粉、桐油、磺化鱼油等。

建筑防水沥青嵌缝油膏广泛用于各种屋面板、空心板及墙板等的防水密封，也可用于混凝土跑道、桥梁及各种构筑物的伸缩缝、施工缝等的防水密封。

建筑防水沥青嵌缝油膏与接缝基层材料要有良好的黏结性，同时还应具有较好的耐热性、低温柔韧性、保油性以及较低挥发率和适宜的施工度。其技术要求如表 9.6 所示。

表 9.6　沥青嵌缝油膏技术性能指标（JC/T 207—2011）

项　　目	技　术　指　标	
	702	801
密度/（g/cm^3）	不小于规定值 ±0.1	
施工度/mm	不小于 22.0	不小于 20.0
耐热性	70 ℃下垂值不大于 4.0 mm	80 ℃下垂值不大于 4.0 mm
低温柔性	−20 ℃时无裂纹剥离	−10 ℃时无裂纹剥离
拉伸黏结性	最大延伸率不小于 125%	
浸水后黏结性	最大延伸率不小于 125%	
浸出性	渗出幅度不大于 5 mm，渗出张数不多于 4 张	
挥发性	不超过 2.8%	

建筑防水沥青嵌缝油膏施工时首先要清理基层表面并涂刷冷底子油或乳化沥青，待干透后，先将少量油膏在沟槽两边反复刮涂，再将油膏分两次嵌入，并且使油膏略高于板面 3 ~ 5 mm，呈弧形并盖过板缝。

2. 聚氯乙烯建筑防水接缝材料

聚氯乙烯建筑防水接缝材料系以煤焦油为基料，按一定比例加入聚氯乙烯树脂、增塑剂、稳定剂及填充料，在 140 ℃温度下塑化而成。

聚氯乙烯建筑防水接缝材料具有良好的黏结性、防水性、弹塑性、耐热性、低温柔性及抗老化性，延伸率较大，成本较低，属中低档防水密封材料。

聚氯乙烯建筑防水接缝材料，可以热用，也可以冷用。热用时，将其先加热（加热温度不超过 140 ℃），达到塑化状态后，立即浇灌于缝隙或接头部位；冷用时，需加入适量溶剂稀释。它适用于各种屋面、墙板、楼板等的接缝，也可表面涂布作为防水层，当接缝较宽时不宜使用。

3. SBS 改性沥青弹性密封膏

SBS 改性沥青弹性密封膏系以石油沥青为基料，加入 SBS 热塑性弹性体改性材料及软化剂、防老化剂配制而成，具有更高的回弹性、耐热性和低温柔韧性，是一种各项性能均较为理想的密封油膏。SBS 改性沥青弹性密封膏主要用于各种建筑物的屋面、墙板接缝、水工、地下建筑、混凝土公路路面的接缝防水，也适用于建筑物裂缝的维修，并可作屋面防水层。

根据《屋面工程质量验收规范》（GB 50207—2012）用于屋面工程的改性石油沥青密封材料按耐热度和低温柔性分为 I 和 II 类，质量要求依据《建筑防水沥青嵌缝油膏》（JC/T 207—2011），I 类产品代号为 "702"，即耐热性为 70 ℃，低温柔性为 – 20 ℃，适合北方地区使用；II 类产品代号为 "801"，即耐热性为 80 ℃，低温柔性为 – 10 ℃，适合南方地区使用。具体指标要求如表 9.6 所示。

第五节　沥青混合料及沥青砂浆

一、沥青混合料

沥青混合料是由矿料与沥青拌和而成的混合料的总称。矿料是用于沥青混合料的粗集料、细集料和填料的总称。沥青混合料主要用于道路路面，也可用于水工建筑物表面或内部的防渗层。

沥青混合料可按下列方法分类：

（1）按胶结材品种分类，可分为石油沥青混合料和煤沥青混合料。

（2）按拌和或铺筑时的温度分类，可分为热拌热铺、热拌冷铺和冷拌冷铺沥青混合料。

（3）按矿料最大粒径分类，可分为粗粒式、中粒式、细粒式以及砂粒式。沥青碎石混合料除这四类外，尚有特粗式沥青碎石混合料。

（4）按沥青混合料的密实度分类，沥青混合料按标准压实后的空隙率分为 I 型（密实型，剩余空隙率为 3% ~ 6%）和 II 型（空隙型，剩余空隙率为 6% ~ 10%）。

（5）按矿料级配类型分类，可分为连续级配和间断级配。国内主要采用连续型级配沥青混合料。

沥青混合料作为高等级公路最主要的路面材料，是因为其具有许多其他土木工程材料无法比拟的优越性，具体表现在以下几个方面：

（1）沥青混合料是一种弹塑性黏性材料，因而它具有一定的高温稳定性和低温抗裂性。无须设置施工缝和伸缩缝，路面平整且有弹性，行车较为舒适。

（2）沥青混合料路面有一定的粗糙度，雨天具有良好的抗滑性。路面又能保证一定的平整性，如高速公路路面，其平整度可达 1.0 mm 以下。且沥青混合料路面为黑色，无强烈反光，行车较为安全。

（3）施工方便，速度快，不需要较长的养护期，可及时开放交通。

（4）沥青混合料路面可分期改造和再生利用。随着道路交通量的增大，可对原有的路面拓宽和加厚。对旧有的沥青混合料，可运用现代技术，再生利用，以节约原材料。

在各种沥青混合料中，热拌沥青混合料是最典型的品种，其他各种沥青混合料均由其发展而来。故本节主要简述热拌沥青混合料的一些作用机理、技术性质、影响因素和设计方法等。

热拌沥青混合料是经人工组配的矿质混合料与黏稠沥青在专门设备中加热拌和而成。热拌沥青混合料用保温运输工具运送至施工现场,并在热态下进行摊铺和压实。

(一)沥青混合料的组成结构和强度理论

1. 组成结构

沥青混合料是由矿料骨架和沥青胶黏料所组成的,具有空间网络结构的一种分散系统。在此系统中,沥青为分散介质,它在高温下为可流动的液体,从而赋予沥青混合料流动性;而它在常温下为固体,从而起到胶结作用。矿料在混合料中为分散相,主要起骨架和填充作用。矿料骨架是由不同粒径的矿质颗粒,即粗骨料(碎石或轧制砾石)、细骨料(砂、石屑)以及矿粉所构成的密实矿质混合料。良好的矿料骨架级配可减少沥青胶黏材料的用量,且改善混合料的体积稳定性。在一定条件下,沥青中的活性组分还能与矿料表面物质产生化学作用,从而进一步提高界面性能。

2. 强度理论

沥青混合料在路面结构中之所以发生破坏,主要是由于高温的抗剪强度不足,以致产生大量塑性变形而产生推挤等现象。所以沥青混合料在高温时必须具备一定的抗剪强度和抵抗变形的能力,总称为高温的强度和稳定性。

沥青混合料的强度可按照其在路面结构中实际受力状态,用三轴剪切试验方法进行研究。研究结果表明,沥青混合料的抗剪强度(τ)主要取决于沥青与矿料物理化学交互作用而产生的黏结力(c),以及主要由矿料骨架作用产生的内摩阻角(φ),即:

$$\tau = f(c, \varphi)$$

上式表明,沥青混合料的抗剪强度由黏结力和内摩阻角决定,影响 c、φ 的因素也同样是影响 τ 的因素。一般情况下,随着 c 和 φ 值的增大,τ 值也增大。

(二)沥青混合料的技术要求

1. 高温稳定性

高温稳定性是沥青混合料在夏季高温条件下,经受长期交通荷载作用,不产生车辙和波浪等破坏现象的性质。

我国现行国家规范规定采用马歇尔稳定度和流值作为评定沥青混合料高温稳定性的指标。由于马歇尔试验设备和试验方法较为简单,且可作为现场质量控制,因此目前较多国家采用此方法。

马歇尔稳定度和流值的测定是用按规定方法击实成型的试件(直径 101.6 mm、高 63.5 mm 的圆柱体),在专用的马歇尔试验机上进行。试验时先将试件放入 60 ℃(煤沥青 37.8 ℃)水中浸泡 30~40 min,然后将试件侧立在试验机的上下压头之间,并装好百分表(或专用流值表)后加载,以试块破坏时的极限荷载 N 和最大荷载时对应的压缩变形值[以(1/10)mm 为一个流值单位]为沥青混合料的马歇尔稳定度和流值。对于一级公路、城市快速路和主干路的沥青路面的上、中面层还应进行抗车辙能力检验,以确定其动稳定度。

2. 耐久性

道路沥青混合料长期处于各种自然因素的作用下，要保证路面具有较长的使用年限，必须具备较好的耐久性。在组成材料品质、种类等条件一定时，影响沥青混合料耐久性的主要因素有沥青混合料的空隙率、耐水性以及沥青在混合料中的填隙率（沥青用量）。

空隙率是表征沥青混合料密实程度的指标，它直接影响混合料的力学性能和耐久性。对于一般建筑材料，强度和耐久性总随密实度增大而提高。但对于沥青混合料来说，由于沥青具有较大的热膨胀性和温度感应性，因此，保留一定限度的空隙率是必要的，以防止高温时体积膨胀而产生路面泛油现象和内摩阻角降低过多而降低抗滑性等。当然，空隙率过大也会对混合料的力学性能及耐久性产生不利影响。因此，对各类沥青混合料均有一个最佳的空隙率指标，可依照有关规范通过试验确定。

沥青混合料的耐水性主要取决于沥青材料与矿料表面的黏结力。在饱水后矿料与沥青黏附力降低，易发生剥落，同时引起体积膨胀等现象。评价沥青混合料耐水性的指标是残留稳定度，它被定义为浸水 48 h 和按常规试验的两种试件马歇尔稳定度的比值。

沥青的填隙率即沥青用量对路面使用寿命也有很大影响。沥青用量过少，混合料的塑性显著降低，空隙率增大，耐水性下降。另外，较大的空隙使沥青膜暴露在外，加速了老化作用。沥青过多则降低路面高温稳定性和抗滑性能。因此，对每一种确定矿料配合比的沥青混合料均有一个最佳沥青用量。沥青用量可参照有关规范，并通过试验确定。

除以上各项技术性质外，沥青混合料还有施工和易性、低温抗裂性以及抗滑性等技术性质。沥青混合料的低温抗裂性与抗疲劳性能有关。抗滑性则受混合料的级配组成、矿料表面特征、硬度、黏结性能以及沥青用量的影响。影响施工和易性的主要因素是矿料级配、沥青用量等。

（三）沥青混合料组成设计方法简介

沥青混合料配合比设计包括：实验室配合比设计、生产配合比设计和试拌试铺配合比调整三个阶段。本节主要介绍实验室配合比设计。

实验室配合比设计可分为矿质混合料配合组成设计和沥青最佳用量确定两部分。

1. 矿质混合料的组成设计

矿质混合料组成设计的目的，是选配一个具有足够密实度且有较高内摩阻力的矿质混合料。可根据级配理论，计算出需要的矿质混合料的级配范围。但为了应用已有的研究成果和实践经验，通常采用规范推荐的矿质混合料级配范围确定。

2. 确定沥青混合料的最佳沥青用量

沥青混合料的最佳沥青用量，可通过各种理论计算的方法求得。但由于实际材料性质的差异，按理论公式计算得到的最佳沥青用量，仍要通过试验方法修正，因此理论法只能得到一个供试验的参考数据。采用试验的方法确定沥青最佳用量，目前最常用的有 F. N. 维姆煤油当量法和马歇尔法。

我国现行国标规定的方法，是在马歇尔法和美国沥青学会方法的基础上，结合我国多年研究成果和生产实践总结发展起来的更为完善的方法。该法确定沥青最佳用量按以下步骤进行：

（1）按确定的矿质混合料配合比，计算各种矿质材料的用量。

（2）按规定的方法测定试件的密度，并计算空隙率、沥青饱和度、矿料间隙率等物理指标，进行体积组成分析。

（3）进行马歇尔试验，测定马歇尔稳定度及流值、空隙率、密度及饱和度等物理力学性能指标。选择的沥青用量范围应使密度及稳定度曲线出现峰值。以沥青用量为横坐标，测定的各项指标为纵坐标，分别将试验结果点放入图中并连成圆滑的曲线。

（4）从图中求取相应于密度最大值的沥青用量为 a_1，相应于稳定度最大值的沥青用量 a_2 及相应于规定空隙率范围的中值（或要求的目标空隙率）的沥青用量 a_3，取三者平均值作为最佳沥青用量的初始值。再按 GB 50092—96 的规定对初始值进行调整计算。同时还应检验高温稳定性及水稳定性，必要时还要调整配合比。经配合比设计确定的混合料的技术指标应符合如表 9.7 所示的规定。

表 9.7 热拌沥青混合料马歇尔试验技术指标

试验项目	沥青混合料类型	高速公路、一级公路城市快速路、主干路	其他等级公路与城市道路	行人道路
击实次数/次	沥青混凝土	两面各 75	两面各 50	两面各 35
	沥青碎石、抗滑表层	两面各 50	两面各 50	两面各 35
稳定度/kN	Ⅰ型沥青混凝土	>7.5	>5.0	>3.0
	Ⅱ型沥青混凝土、抗滑表层	>5.0	>4.0	—
流值/（1/10）mm	Ⅰ型沥青混凝土	20～40	20～45	20～50
	Ⅱ型沥青混凝土、抗滑表层	20～40	20～45	—
空隙率/%	Ⅰ型沥青混凝土	3～6	3～6	2～5
	Ⅱ型沥青混凝土、抗滑表层	4～10	4～40	—
	沥青碎石	>10	>10	—
沥青饱和度/%	Ⅰ型沥青混凝土	70～85	70～85	75～90
	Ⅱ型沥青混凝土、抗滑表层	60～75	60～75	—
	沥青碎石	40～60	40～60	—
残留稳定度/%	Ⅰ型沥青混凝土	>75	>75	>75
	Ⅱ型沥青混凝土、抗滑表层	>70	>70	—

注：① 粗粒式沥青混凝土稳定度可降低 1 kN。

② Ⅰ型细粒式及砂粒式沥青混凝土的空隙率为 2%～6%。

③ 沥青混凝土混合料的矿料间隙率（VMA）宜符合表 9.8 要求：

表 9.8 矿料间隙率要求

最大集料粒径/mm	方孔筛	37.5	31.5	26.5	19.0	16.0	13.2	9.5	4.75
	圆孔筛	50	35 或 40	30	25	20	15	10	5
VMA/% ≥		12	12.5	13	14	14.5	15	16	18

④ 当沥青碎石混合料试件在 60 ℃ 水中浸泡即发生松散时，可不进行马歇尔试验，但应测定密度、空隙率、沥青饱和度等指标。

⑤ 稳定度可根据需要采用浸水马歇尔试验或真空饱水后浸水马歇尔试验进行测定。

二、沥青砂浆

沥青砂浆是砂子、矿物粉与热熔状态下的沥青均匀拌和而成的防水材料。它与**沥青混凝土**的主要区别在于不用粗骨料。其他方面与沥青混凝土的要求基本相同。

沥青砂浆主要用于铺设沥青混凝土路面、人行道、屋面防水层或有防腐要求的仓库地面等。

复习思考题

1. 沥青有哪些组分？石油沥青胶体结构有何特点？溶胶结构和凝胶结构有何区别？

2. 石油沥青的黏性、塑性、温度稳定性及大气稳定性的概念和表达方法。

3. 沥青按用途分为几类？其牌号是如何划分的？牌号大小与其性质有何关系？

4. 实验室有 A、B、C 三种石油沥青，但不知其牌号。经过性能检测，针入度（0.1 mm）、延度（cm）、软化点（℃）结果分别如下：

（1）A：70，50，45；

（2）B：100，90，45；

（3）C：15，2，100。

请确定三种石油沥青的牌号。

5. 某工程欲配制沥青胶，需软化点不低于 85 ℃ 的混合石油沥青 15 t，现有 10 号石油沥青 10.5 t，30 号石油沥青 3 t 和 60 号石油沥青 9 t。试通过计算确定出三种牌号的沥青各需要多少吨？

6. 某建筑物的屋面防水拟采用多层油毡防水方案。已知这一地区历年极端最高温度为 42 ℃，屋面坡度为 12%。问应选用哪一标号的石油沥青胶？配制该沥青胶时，最好选用哪种牌号的石油沥青？

7. 某工地运来两种外观相似的沥青，可不知是什么种类，只知一种是石油沥青，另一种是煤沥青。为了不造成错用，请用两种方法进行鉴别。

8. 高聚物改性沥青的主要品种有哪些？常用高聚物改性材料及其对沥青主要性能的影响如何？

第十章　墙体材料及石材

第一节　墙体材料

在建筑物中，墙体起承重、围护和分割作用。传统的墙体材料主要是烧结黏土砖和石块，应用的历史悠长，在我国，有"秦砖汉瓦"之说。随着我国墙体材料改革的深入，为适应现代建筑的轻质高强、多功能的需要，实现建筑节能，相继出现了多种新型材料。主要产品有空心多孔砖、煤矸石砖、粉煤灰砖、灰砂砖、页岩砖等砖类；普通混凝土砌块、轻质混凝土砌块、加气混凝土砌块、石膏砌块等砌块类；GRC 石膏板、各种纤维增强墙板及复合墙板等板材类。这些墙体材料的使用，既可以节约黏土资源又可以利用工业废渣，有利于环境保护。

一、砖

砖是建筑用的小型块材，外形多为直角六面体，也有各种异形的，其长度不超过 365 mm，宽度不超过 240 mm，高度不超过 115 mm。砖，按规格尺寸可分为普通砖、八五砖、异型砖和配砖；按孔洞率可分为实心砖、微孔砖、多孔砖和空心砖；按制作工艺又可分为烧结砖和非烧结砖。在当前的墙体材料改革过程中，为实现材料的可持续发展，实现建筑节能，逐渐限制烧结黏土砖的生产和使用。至 2003 年 6 月 1 日全国 170 个城市取缔烧结黏土砖，并于 2005 年在全国范围内禁止生产，彻底取缔。墙体材料必须向节能、利废、隔热、高强、空心、大块的方向发展，发展以粉煤灰、页岩、炉渣、煤矸石为主要材料的空心砌块及板材。

（一）烧结普通砖

烧结普通砖是以黏土、页岩、粉煤灰、煤矸石、淤泥等为主要原料，经成型、干燥、焙烧而制成的实心砖。按主要原料分为烧结黏土砖（N）、烧结页岩砖（Y）、烧结煤矸石砖（M）、烧结粉煤灰砖（F）、烧结建筑渣土砖（Z）、烧结淤泥砖（U）、烧结污泥砖（W）和烧结固体废弃物砖（G）。

1. 烧结普通砖的技术要求

1）规　格

烧结普通砖的外形为直角六面体，标准尺寸为 240 mm×115 mm×53 mm。常用配砖规格尺寸为 175 mm×115 mm×53 mm，其他配砖规格由供需双方协商确定。

2）强度等级

按抗压强度划分为 MU30，MU25，MU20，MU15，MU10 五个强度等级，各个强度等级的抗压强度值分别如表 10.1 所示。

表 10.1　烧结普通砖强度等级　　　　　　　　单位：MPa

强度等级	抗压强度平均值 $\bar{f}$ ≥	抗压强度标准值 f_k ≥
MU30	30.0	22.0
MU25	25.0	18.0
MU20	20.0	14.0
MU15	15.0	10.0
MU10	10.0	6.5

3）外观缺陷

烧结普通砖的外观必须完整，其表面的裂纹长度、弯曲程度、杂质凸出高度、缺棱掉角的三个破坏尺寸、两条面高度差均必须满足《烧结普通砖》（GB/T 5101—2017）相关要求。

4）抗风化性能

抗风化性能是指烧结普通砖在环境中的风吹日晒、干湿变化、温度变化、冻融作用等物理因素作用下，材料不破坏，仍保持其原有功能的能力，可反映砖耐久性的好坏。在我国不同地区，风化破坏程度不同，因此，把不同省份和直辖市划为严重风化区和非严重风化区。严重风化地区的砖必须做冻融试验；其他地区砖的抗风化性能符合如表 10.2 所示规定时，可不再做冻融试验，否则必须做冻融试验以保证砖在正常使用条件下的使用年限。淤泥砖、污泥砖和固体废弃物砖应进行冻融试验。

表 10.2　烧结普通砖的抗风化性能

项　　目	严重风化区				非严重风化区			
	5 h 沸煮吸水率/% ≤		饱和系数 ≤		5 h 沸煮吸水率/% ≤		饱和系数 ≤	
	平均值	单块最大值	平均值	单块最大值	平均值	单块最大值	平均值	单块最大值
黏土砖、建筑渣土砖	18	20	0.85	0.87	19	20	0.88	0.90
粉煤灰砖	21	23			23	25		
页岩砖	16	18	0.74	0.77	18	20	0.78	0.80
煤矸石砖								

2．产品质量判定

烧结普通砖，根据尺寸偏差、外观质量、强度等级、抗风化性能、泛霜和石灰爆裂、放射性核素限量判定为合格或者不合格。外观检验样品中有欠火砖、酥砖和螺旋纹砖，则判该批产品不合格；抗风化性能、石灰爆裂及泛霜等各项技术指标中有一项不合格，则判该批产品不合格。泛霜和石灰爆裂均会使砖的耐久性降低，同时影响砖的受力面积，而降低其强度。

泛霜是指可溶性盐类在砖或砌块表面的盐析现象，一般呈白色粉末、絮团或絮片状。这些结晶的粉状物有损于建筑物的外观，且结晶膨胀会使得砖的表面出现疏松、剥落。国家标准《普通烧结砖》（GB/T 5101—2017）规定，检验中每块砖均未出现严重泛霜判定为合格，否则判为不合格。

石灰爆裂是指烧结砖或烧结砌块的原料或内燃物质中夹杂着石灰质，焙烧时被烧成生石灰，砖或砌块吸水后，体积膨胀而发生的爆裂现象。关于烧结普通砖的石灰爆裂的国家标准规定：

（1）破坏尺寸大于 2 mm 且小于或等于 15 mm 的爆裂区域，每组砖不得多于 15 处。其中大于 10 mm 的不得多于 7 处。

（2）不准许出现最大破坏尺寸大于 15 mm 的爆裂区域。

（3）试验后抗压强度损失不得大于 5 MPa。

符合上述规定，则判定为合格，否则判定为不合格。

3. 烧结普通砖的应用

烧结普通砖具有较高的强度，耐久性好，保温、隔热、隔声性能好，价格低，生产工艺简单，原材料丰富，用于砌筑墙体、基础、柱、拱、烟囱，铺砌地面。由于烧结普通砖大多采用黏土制作，故各地方对其使用有一定的规定限制。主要推广使用工业废渣如：粉煤灰、煤矸石为主要原料的砖以节约耕地。

（二）烧结多孔砖

烧结多孔砖是以黏土、页岩、粉煤灰、煤矸石、淤泥（江河湖淤泥）及其他固体废弃物等为主要原料，经焙烧制成主要用于承重部位的多孔砖，孔洞率不小于 28%。

按主要原料可分为烧结黏土砖（N）、烧结页岩砖（Y）、烧结粉煤灰砖（F）、烧结煤矸石砖（M）、烧结淤泥砖（U）和烧结固体废弃物砖（G）。

1. 烧结多孔砖的技术要求

《烧结多孔砖和多孔砌块》（GB 13544—2011）的规定如下：

1）规格尺寸

多孔砖的外形为直角六面体，外形尺寸应分别符合规范要求，长：290 mm，240 mm；宽：190 mm，180 mm，140 mm，115 mm；高：90 mm。外形如图 10.1 所示。

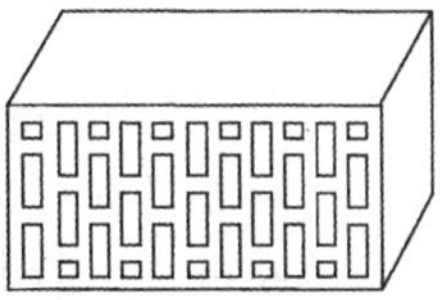

图 10.1　烧结多孔砖的外形示意图

2）孔型孔结构及孔洞率

矩形孔或矩形条孔的宽度尺寸不大于 13 mm，长度尺寸不大于 40 mm。最小外壁厚不小于 12 mm，最小肋厚不小于 5 mm。规格大的砖应设置手抓孔，手抓孔尺寸为（30～40）mm×（75～85）mm。孔洞率大于等于 28%。

孔洞排列，所有孔宽应相等。孔采用单向或双向交错排列。孔洞排列上下、左右对称，分布均匀，手抓孔的长度方向尺寸必须平行于砖的条面。

3）强度等级

根据《烧结多孔砖和多孔砌块》（GB 13544—2011）规定，烧结多孔砖的抗压强度平均值和抗压强度标准值分别按下式计算：

$$\overline{f} = \frac{1}{10}\sum_{i=1}^{10} f_i$$

$$s = \sqrt{\frac{1}{9}\sum_{i=1}^{10}(f_i - \overline{f})^2}$$

$$f_k = \overline{f} - 1.83s$$

$$C_v = \frac{s}{\overline{f}}$$

式中　　f_i —— 第 i 块试样的抗压强度值（MPa）；

　　　　$\overline{f}$ —— 10 块试样的抗压强度平均值（MPa）；

　　　　s —— 10 块试样的抗压强度标准差（MPa）；

　　　　f_k —— 10 块试样的抗压强度标准值（MPa）；

　　　　C_v —— 砖强度变异系数，精确至 0.01。

按抗压强度划分为 MU30，MU25，MU20，MU15 和 MU10 五个强度等级。烧结多孔砖的强度等级对抗压强度平均值和强度标准值的要求，同烧结普通砖强度等级要求（见表 10.1）。

4）其他技术要求

泛霜和石灰爆裂、抗风化性能、欠火砖和酥砖、放射性核素限量的要求同烧结普通砖的要求。另外，密度等级也应满足对应规范要求。

2. 产品质量判定

烧结多孔砖，根据尺寸偏差、外观质量、密度等级、强度等级、抗风化性能、孔形孔结构及孔洞率、泛霜和石灰爆裂等各项技术指标判定为合格或不合格。其中有一项不合格，则判定该批产品为不合格。若出现欠火砖和酥砖，也判定该批产品不合格。

3. 烧结多孔砖的应用

烧结多孔砖代替烧结黏土砖，可节省黏土，降低生产能耗，提高生产效率，改善墙体的保温隔热性能，有利于实现建筑节能。烧结多孔砖主要用于砌筑六层以下建筑物的承重墙或高层框架结构。因其为多孔构造，故不宜用于基础墙的砌筑。

（三）烧结空心砖和空心砌块

烧结空心砖和空心砌块是以黏土、页岩、煤矸石、粉煤灰、淤泥（江、河、湖等淤泥）、建筑渣土及其他固体废弃物为主要原料，经焙烧而成主要用于建筑物非承重部位的砖和砌块，其孔洞率大于等于 40%，而且孔洞数量少，尺寸大。

1. 技术要求

1）尺寸规格

烧结空心砖和空心砌块的外形为直角六面体，混水墙用空心砖和空心砌块，应在大面和条面上设有均匀分布的粉刷槽或类似结构，深度不小于 2 mm。

空心砖和空心砌块的长度、宽度、高度尺寸应符合下列要求。长度规格尺寸（单位：mm）：

390，290，240，190，180（175），140；宽度规格尺寸（单位：mm）：190，180（175），140，115；高度规格尺寸（单位：mm）：180（175），140，115，90。其他规格尺寸由供需双方协商确定。

2）强度等级

烧结空心砖和空心砌块主要用于填充墙和隔断墙，只承受自身重量。因此，大面和条面的抗压强度要比实心砖和多孔砖低得多。各强度等级的抗压强度值应符合如表 10.3 所示（GB 13545—2014）规定。

表 10.3 空心砖和空心砌块的强度等级

强度等级	抗 压 强 度			密度等级范围 /kg·m^{-3}
	抗压强度平均值 $\overline{f}$ /MPa	变异系数 $C_v \leq 0.21$	变异系数 $C_v > 0.21$	
		抗压强度标准值 f_k/MPa	单块最小抗压强度值 f_{min}/MPa	
MU10.0	≥10.0	≥7.0	≥8.0	≤1 100
MU7.5	≥7.5	≥5.0	≥5.8	
MU5.0	≥5.0	≥3.5	≥4.0	
MU3.5	≥3.5	≥2.5	≥2.8	

2. 产品质量评判

烧结空心砖和空心砌块，根据尺寸偏差、外观质量、密度等级、强度等级、孔洞排列及其结构、抗风化性能、泛霜和石灰爆裂、放射性核素限量等各项技术指标，判定为合格或不合格。其中有一项不合格，则判定该批产品为不合格。若出现欠火砖和酥砖，也判定该批产品不合格。

3. 烧结空心砖的应用

烧结空心砖的孔数少，孔径大，具有良好的保温和隔热功能，主要用于非承重墙体，如框架结构填充墙和非承重内隔墙。

采用多孔砖和空心砖，可节约燃料 10%～20%，节约黏土 25% 以上，减轻墙体自重，提高工效 40%，降低造价 20%，改善墙体的热工性能，是当前墙体改革中取代黏土实心砖的重要品种。

（四）非烧结砖

不经焙烧而制成的砖均为非烧结砖，如碳化砖、免烧免蒸砖、蒸养（压）砖等。目前，应用较广的为蒸养（压）砖。这类砖是以含钙材料（石灰、电石渣等）和含硅材料（砂子、粉煤灰、煤矸石灰渣、炉渣等）与水拌和，经压制成型，在自然条件下或人工水热合成条件（蒸养或蒸压）下，反应生成以水化硅酸钙和水化铝酸钙为主要胶黏料的硅酸盐建筑制品。其主要品种有蒸压灰砂砖、蒸压粉煤灰砖等。

1. 蒸压灰砂砖

蒸压灰砂砖，分为蒸压灰砂实心砖、蒸压灰砂多孔砖、非承重蒸压空心砖等类型。下面着重介绍蒸压灰砂实心砖。

蒸压灰砂实心砖是以石灰和砂为主要原料，允许掺入颜料和外加剂，经胚料制备、压制成型、高压蒸汽养护而成的实心砖，养护温度为 175～191 ℃，压力为 0.8～1.2 MPa。颜色可分为彩色（C）、本色（N）。

蒸压灰砂实心砖，应考虑工程应用砌筑灰缝的宽度和厚度要求，由供需双方协商后，在订货合约中确定其标示尺寸。按抗压强度划分为 MU30、MU25、MU20、MU15 和 MU10 五个强度等级。

蒸压灰砂实心砖，根据外观质量、尺寸偏差、强度、抗冻性、吸水率、线性干燥收缩率、碳化系数、软化系数等各项技术指标，评判为合格品或不合格品。彩色砖的颜色应基本一致。

同其他砖相比，蒸压灰砂实心砖具有较高的蓄热能力，隔声性能十分优越。蒸压灰砂实心砖中的 MU30、MU25、MU20、MU15 的砖可用于基础和其他建筑；MU10 的砖用于防潮层以上的建筑。蒸压灰砂实心砖不得用于长期受热 200 ℃ 以上、受急冷急热和有酸性侵蚀的建筑部位，也不适用于有流水冲刷的部位。

2. 蒸压（养）粉煤灰砖

蒸压（养）粉煤灰砖是指以粉煤灰和生石灰（电石炉）为主要原料，可掺加适量石膏等外加剂和其他集料，经坯料制备、压制成型、经高（常）压蒸汽养护而制成的砖。砖的外形、公称尺寸同烧结普通砖。

《蒸压粉煤灰砖》（JC/T 239—2014）按抗压强度和抗折强度划分为 MU30、MU25、MU20、MU15 和 MU10 五个等级。按外观质量、尺寸偏差、强度和线性干燥收缩值等判定为合格或不合格。合格品，线性干燥收缩值应不大于 0.50 mm/m，碳化系数 K_c 应不小于 0.85，吸水率应不大于 20%。

蒸压粉煤灰砖可用于工业及民用建筑的墙体和基础，但用于基础、易受冻融和干湿交替作用的部位，必须使用 MU15 及以上强度等级的砖。蒸压粉煤灰砖不得用于长期受热 200 ℃ 以上、受急冷急热和有酸性侵蚀的建筑部位。为避免或减少收缩裂缝的产生，用蒸压粉煤灰砖砌筑的建筑物，应适当增设圈梁及伸缩缝。

二、砌 块

砌块是指建筑用的人造块材，外形多为直角六面体，也有各种异形的。砌块系列中主规格尺寸中的长度、宽度和高度，至少有一项或一项以上分别大于 365 mm, 240 mm 或 115 mm。但高度不大于长度或宽度的 6 倍，长度不超过高度的 3 倍。

按用途划分为承重砌块和非承重砌块；按产品规格可分为大型（主规格高度大于980 mm）、中型（主规格高度为 380～980 mm）和小型（主规格高度为 115～380 mm）砌块；按生产工艺可分为烧结砌块和蒸养蒸压砌块。按其主要原料命名，主要品种有普通混凝土砌块、轻骨料混凝土砌块、硅酸盐混凝土砌块、石膏砌块等。

砌块的生产工艺简单，生产周期短；可充分利用地方资源和工业废渣，有利于环境保护；尺寸大，砌筑效率高；通过空心化，可改善墙体的保温隔热性能，是当前大力推广的墙体材料之一。下面主要介绍蒸压加气混凝土砌块、混凝土小型空心砌块和粉煤灰硅酸盐砌块。

（一）蒸压加气混凝土砌块

蒸压加气混凝土是以钙质材料（水泥、石灰等）和硅质材料（矿渣和粉煤灰）为主要原材料，掺加发气剂及其他调节材料，通过配料浇注、发气静停、切割、蒸压养护等工艺制成的多孔轻质硅酸盐建筑制品。其中，用于墙体砌筑的矩形块材，称为蒸压加气混凝土砌块。

蒸压加气混凝土砌块长度为 600 mm；宽度为 100 mm，120 mm，125 mm，150 mm，180 mm，200 mm，240 mm，250 mm，300 mm；高度为 200 mm，240 mm，250 mm，300 mm。如需要其他规格，可由供需双方协商解决。

砌块按尺寸偏差分为Ⅰ型和Ⅱ型，Ⅰ型适用于薄灰缝砌筑，Ⅱ型适用于厚灰缝砌筑。按抗压强度划分为 A1.5，A2.0，A2.5，A3.5 和 A5.0 五个级别。按干密度划分为 B03，B04，B05，B06 和 B07 五个级别。砌块根据尺寸偏差、外观质量、干密度、抗压强度、干燥收缩值、抗冻性及导热系数等各项技术指标，判定为合格或不合格。

这种砌块表观密度小，保温及耐火性好，易于加工，干燥收缩大，抗震性强，隔声性好，施工方便，其耐火等级按厚度从 75 mm，100 mm，150 mm，200 mm 分别为 2.50 h，3.75 h，5.75 h，8.00 h，但干燥收缩大，耐水性差，耐蚀性差。适用于低层建筑的承重墙，多层和高层建筑的非承重墙、隔断墙、填充墙及工业建筑物的维护墙体和绝热材料。这种砌块易干缩开裂，必须做好饰面层，同时其砌筑砂浆的技术性能应符合《蒸压加气混凝土墙体专用砂浆》（JC 890—2017）的规定。

如无有效措施不得用于以下部位：建筑物基础；长期浸水或经常受干湿交替作用；受侵蚀介质作用；制品表面温度长期高于 80 ℃。

（二）混凝土小型砌块

在此部分，主要介绍普通混凝土小型空心砌块和轻集料混凝土小型空心砌块。

1. 普通混凝土小型空心砌块

普通混凝土小型空心砌块是以水泥做胶黏材料，砂、石作集料，经搅拌、振动（或压制）成型、养护等工艺制成，且空心率不小于 25%，常用于承重部位的小型空心砌块。

砌块的外形宜为直角六面体(见图 10.2)，主规格尺寸为 390 mm × 190 mm × 190 mm。要求承重空心砌块的最小外壁厚应不小于 30 mm，最小肋厚应不小于 25 mm；非承重空心砌块的最小外壁厚和肋厚应不小于 20 mm。空心砌块按抗压强度分为 MU5.0、MU7.5、MU10.0、MU15.0、MU20.0 和 MU25.0 六个等级。砌块按尺寸偏差、外观质量、外壁与肋厚、强度等级、吸水率等各项技术指标，评判为合格或不合格。

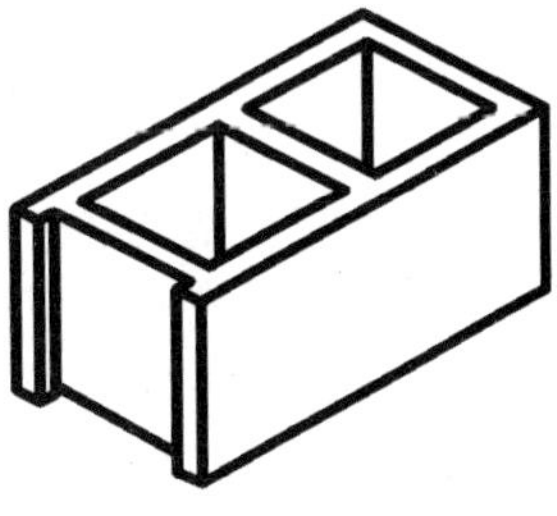

图 10.2 混凝土小型空心砌块外形

承重砌块的吸水率应不大于 10%，非承重砌块的吸水率应不大于 14%。夏热冬暖地区，要求抗冻指标达到 F15；夏热冬冷地区，要求抗冻指标达到 F25；寒冷地区，要求抗冻指标达到 F35；严寒地区，要求抗冻指标达到 F50。冻融试验后，质量损失率的平均值不大于 5%，单块最大值不大于 10%；强度损失率的平均值不大于 20%，单块最大值不大于 30%。砌块的碳化系数应不小于 0.85，软化系数也应不小于 0.85。

混凝土小型空心砌块的优点是：强度高、自重轻、安全、美观、耐久性好、施工速度快、建造和维护成本低等；其不足是：易产生收缩变形、不便于砍削等现场操作，因单块体积大而使块体较重，搬运困难，破损率高。

这种砌块分为承重和非承重两种，适用于抗震设计烈度为 8 度及以下地区的一般民用与工业建筑物的墙体。用于承重墙和外墙的砌块要求干缩值小于 0.45 mm/m，用作非承重或内墙的砌块要求干缩值小于 0.65 mm/m。混凝土小型空心砌块，适用于包括高层、大跨度、围墙、挡土墙、桥梁、花坛等各类建筑中。

2. 轻集料混凝土小型空心砌块

采用轻粗集料、轻砂（或普通砂）、水泥和水等原材料配制而成的干表观密度不大于 1 950 kg/m³ 的混凝土制成的小型空心砌块，其中轻集料有天然轻集料（浮石、火山渣）、工业废渣（煤渣、天然煤矸石）和人造轻集料（黏土陶粒、页岩陶粒、粉煤灰陶粒）。

主规格尺寸为 390 mm × 190 mm × 190 mm。其他规格尺寸可由供需双方商定。砌块密度等级分为：700，800，900，1 000，1 100，1 200，1 300，1 400 八个级别。砌块强度等级分为：MU2.5，MU3.5，MU5.0，MU7.5 和 MU10.0 五个级别。砌块按尺寸偏差、外观质量、密度等级、强度等级、吸水率、干缩率等各项技术指标，评判砌块合格或不合格。

采用轻砂配制的全轻集料混凝土小型空心砌块，表观密度小，保温性能好，表面质量优良，可满足自重或既承重又保温的外墙体使用；采用普通砂配制的砂轻集料混凝土小砌块，表观密度大，强度高，表面质量好，可用于承重的内外墙体。采用无细集料或少细集料配制的无砂轻集料混凝土小型砌块，具有更小的表观密度和更好的保温性能，适用于作保温自承重的框架结构填充墙。

混凝土小型空心砌块具有保护耕地，节约能源，充分利用地方资源和工业废渣，劳动生产率高等优点，有利于建筑节能和综合效益的提高，是一种可持续发展的墙体材料，发展前景广阔。

（三）粉煤灰小型空心砌块

粉煤灰小型空心砌块是以粉煤灰、石灰、各种轻重集料、水为主要组分（也可加入外加剂等）拌合制成的小型空心砌块，其中粉煤灰用量应不低于原材料质量的 20%，水泥用量应不低于原材料质量的 10%。

砌块的主规格尺寸为 390 mm × 190 mm × 190 mm，其他规格尺寸可由供需双方商定。砌块按密度等级分为：600，700，800，900，1000，1200 和 1400 七个等级。砌块按抗压强度分为：MU3.5，MU5，MU7.5，MU10，MU15 和 MU20 六个等级。砌块按外观质量、尺寸偏差、密度等级、强度等级、干燥收缩率、相对含水率等各项技术指标，评判砌块为合格或不合格。

这类砌块主要用于工业与民用建筑的墙体和基础。但不适用于有酸性侵蚀介质、密封性要求高、易受较大震动的建筑物，以及受高温潮湿的承重墙。粉煤灰小型空心砌块适用于非承重墙和填充墙。

三、墙体板材

墙体板材是指用于墙体的各种建筑板材。随着建筑结构体系的改革和大开间多功能框架结构的发展，各种轻质和复合墙体板材也蓬勃兴起。我国目前可用于墙体的板材品种较多，根据主要的组成材料，可分为水泥类墙板、石膏类墙板和复合墙板，下面分别进行简单介绍。

（一）水泥类墙板

水泥类墙板又主要包括 GRC 轻质多孔墙板、预应力混凝土空心墙板和纤维增强水泥墙板。GRC 轻质多孔墙板是以低碱水泥为胶凝材料、抗碱玻璃纤维网格布为增强材料、膨胀珍珠岩为集料（也可用煤渣、粉煤灰等），并加入起泡剂和防水剂等，经配料、搅拌、浇注、振动成型、脱水、养护制成的水泥类板材。GRC 轻质多孔板的特点是：密度小、韧性好、耐水、耐火、隔热、隔声、强度较高、易于加工等。其适用于工业与民用建筑的分室、分户、厨房、厕浴间、阳台等非承重的内隔墙和复合墙体的外墙面等。预应力混凝土空心墙板是以高强度低松弛预应力钢绞线、52.5R 水泥及砂、石为主要原料，经张拉、搅拌、挤压、养护、放张、切割而制成的水泥类墙用板材。其适用于承重或非承重外墙板、内墙板、楼板、屋面板和阳台板等。纤维增强水泥墙板是以低碱水泥、耐碱玻璃纤维为主要原料，经制浆、成坯、养护等工序制成的薄型平板。其用于各类建筑物的复合外墙和内隔墙，特别是高层建筑有防火、防潮要求的隔墙。

（二）石膏类墙板

石膏类墙板因其平面平整、光滑细腻、装饰性好、具有特殊的呼吸功能、原材料丰富、制作简单等特点，得到广泛使用。石膏类墙板在轻质墙体材料中占有很大比例，主要有纸面石膏板、纤维石膏板、石膏空心板和石膏刨花板等。对于常用石膏板的制作和应用，在第二章已做介绍，在此不再详述。

（三）复合墙板

用单一材料制成的板材，常因材料本身不能满足墙体的多功能要求，而使其应用受到限制。为具有良好的综合性能，常采用两种或两种以上不同材料组合成多功能的复合墙板。复合墙板主要由承受或传递外力的结构层（多为普通混凝土或金属板）、保温层（矿棉、泡沫塑料、加气混凝土等）及面层（各类具有可装饰性的轻质薄板）组成。主要有玻璃纤维增强水泥（GRC）外墙内保温板和外墙外保温板。玻璃纤维增强水泥（GRC）外墙内保温板以玻璃纤维增强水泥砂浆或玻璃纤维增强水泥膨胀珍珠岩砂浆为面板，阻燃型聚苯乙烯泡沫塑料或其他绝热材料为芯材复合而成的外墙内保温板。外墙外保温板，则采用墙体外保温措施，消除或降低热桥，使墙体蓄热能力增强，提高室内的热稳定性和舒适感，还能减少墙体内表面的结露，延长墙体的使用寿命等。复合墙板的优点是使承重材料和轻质保温材料的功能均可得到合理利用。

第二节 石　材

　　石材是指以天然岩石为主要原材料经加工制作并用于建筑、装饰、碑石、工艺品或路面等用途的材料，包括天然石材和人造石材。本节主要介绍天然石材的基本性能及在土木工程中的普遍应用情况，装饰石材品种及人工石材将在装饰材料中介绍。工程中常用的天然石材是指经选择和加工成的特殊尺寸或形状的天然岩石。天然石材是古老的建筑材料之一，具有强度高、耐久性与耐磨性好等优点，部分石材具有良好的装饰性，产源分布很广，便于就地取材。有许多古建筑（如古埃及的金字塔，我国福建泉州的洛阳桥等）和现代建筑（如我国北京天安门广场的人民英雄纪念碑等）均由天然石材建造而成。但由于石材自重大，脆性大，抗拉强度低，石结构抗震性能差，加之开采加工较困难，石材作为结构材料，目前已逐步被其他材料所替代。但天然石材经加工后，具有良好的装饰性；随着现代开采与加工技术的进步，石材在现代建筑中，尤其在建筑装饰中的应用将更为广泛。

　　在建筑中，块状的毛石、片石、条石、块石等，常用来砌筑基础、桥涵、墙体、勒脚、渠道、堤岸、护坡与隧道衬砌等；石板用于建筑物的内外墙面、柱面、台面和地面等；页片状的石料可用作屋面材料。纪念性的建筑雕刻和花饰均可采用各种天然石材。散粒状的砂、砾石（卵石）、碎石等，则广泛用作道路材料、道砟材料及各种混凝土、砂浆和人造石材的主要原料。部分天然石材还可作为生产砖、瓦、石灰、水泥、陶瓷、玻璃等建筑材料的原料。

一、天然石材的分类

1. 按成因分类

　　天然石材采自岩石，岩石是由各种不同的地质作用所形成的天然矿物的集合体。根据其形成的地质条件的不同，可分为岩浆岩、沉积岩和变质岩。

2. 按材质分类

　　按材质，主要分为大理石、花岗石、石灰石、砂岩、板石等。

3. 按用途分类

　　（1）结构用石材。用作砌筑基础、墙、柱、梁、拱、桥涵、渠道、护坡等。

　　（2）装饰用石材。用作建筑物立面及室内墙、柱、地面的饰面材料，还可用作雕刻、花饰等。

　　（3）耐磨用石材。用作室外地坪、台阶踏步、路面及路边石等，还可作某些工业设备的耐磨衬板等。

　　（4）耐酸用石材。用作耐酸衬板、耐酸洗槽、耐酸地面等。

　　（5）建筑材料用原料。用作生产石灰、石膏、水泥、砖、瓦、陶瓷、玻璃、无机绝热材料及其他各种无机建筑材料的原料。

　　（6）混凝土、砂浆及其他人造石材的骨料。如砂、砾石、碎石和各种石渣等。

4. 按应用形式分类

　　按应用形式分为毛石、料石、条石、石板、异型石等。

二、天然石材的技术性质

天然石材因生成条件各异，常含有不同种类的杂质，矿物组成会有所变动，即使同一类岩石，性质也可能有较大差别。因此，在使用时，都必须检验和鉴定，以保证工程质量。天然石材的技术性质包括物理性质、力学性质与工艺性质。

1. 物理性质

（1）表观密度。石材的表观密度与其矿物组成和孔隙率有关，并对其抗压强度、耐久性等产生影响。通常，同种石材，表观密度越大，则抗压强度越高，吸水率越小，耐久性越好，导热系数越大。

（2）吸水性。石材的吸水性主要与其化学成分、孔隙率及孔隙特征有关。吸水性的大小用吸水率表示。

岩浆岩中的深成岩以及许多变质岩，它们的孔隙率均较小，因而吸水率也较小，如花岗岩的吸水率通常小于 0.5%。沉积岩由于其形成条件的不同，密实程度与胶结情况亦有所不同，孔隙率与孔隙特征变化很大，因而吸水率的波动也很大，如致密的石灰岩吸水率可小于 1%，而多孔贝壳石灰岩可高达 15%。与其他材料一样，石材吸水后会对其强度、耐水性、导热性、抗冻性等产生很大影响。

（3）耐水性。石材的耐水性以软化系数表示，并按软化系数大小分为高、中、低三等。软化系数大于 0.90 的为高耐水性石材；软化系数在 0.70～0.90 的为中耐水性石材；软化系数在 0.60～0.70 的为低耐水性石材。一般软化系数低于 0.80 的石材，不允许应用于重要建筑。

（4）抗冻性。石材的抗冻性指标用石材在吸水饱和状态下所能经受的冻融循环次数表示。通常在 $-15\ ℃$ 的温度（水在微小的毛细管中低于 $-15\ ℃$ 才能冻结）冻结后，再在 20 ℃ 的水中融化，这样的过程为一次冻融循环。石材所能经受的冻融循环次数越多，则抗冻性越好。

石材的抗冻性与吸水性有密切关系，吸水率小的石材抗冻性较好。通常认为吸水率小于 0.5% 的石材具有抗冻性，可不进行抗冻试验。

（5）耐热性。石材的耐热性与其化学成分及矿物组成有关。含有石膏的石材，在 100 ℃ 以上时开始被破坏；含有碳酸镁的石材，温度高于 725 ℃ 会发生破坏；含有碳酸钙的石材，温度达 827 ℃ 时开始破坏。由石英与其他矿物所组成的结晶石材（如花岗石等），当温度达到 700 ℃ 以上时，由于石英受热发生晶形转化而使体积膨胀，强度迅速下降。

（6）导热性。石材的导热性用导热系数表示，主要与其致密程度和结构状态有关。具有高孔隙率，且为封闭孔隙的石材，导热性差。相同成分的石材，玻璃态比结晶态的导热性差。

（7）坚固性。坚固性是指石材在自然风化和其他外界物理化学因素作用下抵抗破裂的能力，是对石材耐候性的一种快速且简易的检验。

2. 力学性质

（1）抗压强度。用于砌体等的石材，其抗压强度采用边长为 70 mm 的立方体试件进行测试，并以三个试件的强度平均值表示。试件也可采用如表 10.4 所示边长尺寸的立方体，但其实验结果应乘以相应的换算系数。用于装饰的石材，其抗压强度则采用边长为 50 mm 的立方体试件进行测试。石材的矿物组成、结构及构造特征对其抗压强度均有很大影响。

表 10.4　石材强度等级的换算系数

立方体边长/mm	200	150	100	70	50
换算系数	1.43	1.28	1.14	1	0.86

（2）其他力学性质与要求。根据天然石材的用途，对其还有抗弯强度、硬度、耐磨性、冲击韧性等方面的技术要求。这些性质同样取决于石材的矿物组成、结构、构造特征和均匀性，其中沉积岩类石材还与胶结物质的种类有关。由石英和长石组成的岩石，其硬度和耐磨性大，如花岗岩、石英岩等；由白云石和方解石组成的岩石，其硬度和耐磨性较差，如石灰岩、白云岩等；晶粒细小或含有橄榄石、角闪石等时，冲击韧性好。

3. 工艺性质

石材的工艺性质是指其开采和加工过程的难易程度及可能性，包括加工性、磨光性与抗钻性等。

（1）加工性。加工性是指对岩石进行劈解、破碎、凿琢、磨光和抛光等加工工艺的难易程度。凡强度、硬度、韧性较高的石材往往不易加工。质脆而粗糙，有颗粒交错结构或含有层片状构造以及已风化的岩石，均难以满足加工要求。

（2）磨光性。磨光性是指石材能否磨成平整光滑表面的性质。一般来讲，具有致密、均匀、细粒结构的岩石磨光性较好，可磨成光滑亮洁的表面；而疏松多孔、有鳞片状构造的岩石，磨光性较差。

（3）抗钻性。抗钻性是指对石材进行钻孔加工的难易程度。影响抗钻性的因素很复杂，一般与岩石的强度、硬度等性质有关，强度越高，硬度越大，越不易钻孔。

三、天然石材在建筑工程中的应用

建筑工程在选用天然石材时，应根据建筑物的类型、使用要求和环境条件，再结合地方资源进行综合考虑，使所选用的石材满足适用、经济和美观等要求。建筑工程中常用的天然石料有毛（片）石、料石、板石、道砟、骨料等。

1. 毛　石

毛石是指由矿山直接分离下来，形状不规则的石料，中部厚度不小于 150 mm 的石块，也称为片石。毛石多用于砌筑基础、挡土墙、沟渠，也可用来干砌或浆砌护坡，浇筑毛石混凝土，砌筑桥墩、桥台、涵洞的边墙、端墙和翼墙以及房屋墙身等。针对铁路桥涵，毛石砌体可用于沉井填心、拱桥填腹及铺砌防护工程，其中毛石的强度等级不低于 MU30；可用于涵洞的翼墙及其基础，其中毛石的强度等级不低于 MU50。

2. 料　石

料石是指用毛料加工成的具有一定规格，用来砌筑建筑物用的石料，也称为块石。依料石的加工平整度分为毛料石、粗料石、半细料石和细料石。针对铁路桥涵，料石砌体适合用于涵洞的拱圈，其中要求料石的强度等级不得低于 MU50。粗毛料石砌体适合用于拱桥和拱涵的拱圈，其中粗毛料石的强度等级不得低于 MU60。

3. 板 石

商业上，板石指易沿流片理产生的劈理面裂开成薄片的一类变质岩类岩石。用致密岩石凿平或锯解而成的厚度不大的石材称为板材。天然饰面板材是指用天然石材加工成的板材，用作建筑物的内外墙、地面、柱面、台面等，是天然饰面石材的一部分。按板材的表面加工程度分为粗面板、细面板和镜面板。粗面板是指表面平整粗糙的板材，多用于室外墙面、柱面、台阶、地面等部位。细面板是指表面平整光滑的板材，镜面板是指表面平整，具有镜面光泽的板材，这两种板材多用于室内饰面及门面装饰、家具的台面等。板材，一般多由花岗岩或大理岩锯解而成；其中，大理岩主要矿物组成是方解石或白云石，在大气中受二氧化碳、硫化物、水汽等作用，易于溶蚀，失去表面光泽而风化、崩裂，故大理石板材主要用于室内装饰。

4. 道砟材料

道砟是指铁路有砟轨道道床用的标准级配碎石、卵石、砂子、熔炉矿砟等散粒体。我国铁路干线上基本使用碎石道砟，在较小一部分的一些次要线路上才使用卵石道砟或炉砟道砟。下面仅介绍常用的碎石道砟。碎石道砟应选用开山块石破碎和筛选加工生产，且颗粒表面全部为破碎面。碎石道砟根据材料性能及参数指标将道砟分为特级和一级碎石道砟。特级和一级碎石道砟粒径级配均需满足规范的要求，并且规范对新建铁路用和既有线路用一级碎石道砟粒径级配分别做了对应要求。碎石道砟的石质，其抗磨耗、抗冲击性能、抗压碎性能、渗水性、抗大气腐蚀性和稳定性均应符合规定限值。

5. 其 他

（1）用规则或不规则的板材、方石、条石、拳石、砾石等，来铺筑广场地坪、路面及庭院小径等。

（2）碎石、砾石、各种石渣及砂等可用作混凝土、砂浆及其他人造石材的骨料。

（3）用作生产建筑材料的原料。例如，石灰岩、天然石膏等是生产石灰、水泥、建筑石膏的原料。

复习思考题

1. 什么叫砖？分哪几类？
2. 烧结普通砖的技术要求有哪些？
3. 烧结普通砖、空心砖、多孔砖，强度等级如何划分？各有什么用途？
4. 为什么推广使用多孔砖和空心砖代替普通砖？
5. 什么叫砌块？砌块与砖相比，有何优缺点？
6. 简述加气混凝土砌块和混凝土小型空心砌块的技术特性及其应用。

第十一章 常用建筑装饰材料

建筑装饰是依据一定的方法对建筑物进行美化的活动。建筑装饰效果的体现很大程度上受到建筑装饰材料的制约，尤其是受到材料的光泽、质地、质感、图案、花纹等装饰特性的影响。如高层建筑外墙面采用玻璃幕墙和复合铝板幕墙装饰时，它们所表现出的光亮夺目、交相辉映会使建筑表现出现代化的气息。而各种变幻莫测、立体感极强的新型涂料会营造出一种以有限空间向无限空间延伸的感觉。天然及人造饰面石材表现出的凝重与质朴给人以安定、可信赖的感觉。因此，建筑装饰材料是建筑装饰工程的物质基础。

此外，在建筑装饰工程中，装饰材料的费用通常占装饰工程造价的 50%~70%，因此，合理选用建筑装饰材料对降低建筑装饰工程的造价具有十分重要的意义。本章重点介绍几种常用的建筑装饰材料——玻璃、涂料、饰面石材和建筑陶瓷。

第一节 玻 璃

随着建筑技术的发展，玻璃制品由过去单纯的采光和装饰功能，逐步向控制光线、调节温度、控制噪声、降低建筑物自重、改善建筑环境、提高建筑艺术等方面综合发展。在建筑工程和室内外装饰工程中，玻璃已发展成为现代建筑中不可缺少的重要材料之一。

一、玻璃的组成、分类及基本性质

（一）玻璃的组成

玻璃是以石英砂、纯碱、长石和石灰石等为主要原料，经熔融、成型、冷却固化而成的非结晶无机材料。其组成很复杂，主要化学成分是 SiO_2（70% 左右）、Na_2O（15% 左右）、CaO（8% 左右）和少量的 MgO、Al_2O_3、K_2O 等，它们对玻璃的性质起着十分重要的作用。改变玻璃的化学成分、相对含量以及制备工艺，可获得性能和应用范围截然不同的玻璃制品。

为使玻璃具有某种特性或改善玻璃的某些性质，常在玻璃原料中加入一些辅助原料，如助熔剂、着色剂、脱色剂、澄清剂、发泡剂等。

（二）玻璃的分类

按化学组成可分为硅酸盐玻璃、磷酸盐玻璃、硼酸盐玻璃和铝酸盐玻璃等。应用最早、用量最大的为硅酸盐玻璃，它以二氧化硅为主要成分，根据所含化学成分不同，又可分为钠钙硅酸盐玻璃、钾钙硅酸盐玻璃、铝镁硅酸盐玻璃、钾铝硅酸盐玻璃和硼硅酸盐玻璃，其中钠钙硅酸盐玻璃在力学性质、热物理性质、光学性质以及化学稳定性等方面均比其他玻璃差，但因其易于熔制且成本较低，是最常见的一种建筑玻璃。

玻璃按功能不同可分为普通玻璃、吸热玻璃、防水玻璃、安全玻璃、装饰玻璃、漫射玻璃、镜面玻璃、热反射玻璃、低辐射玻璃、隔热玻璃等。

玻璃按用途不同可分为建筑玻璃、化学玻璃、光学玻璃、电子玻璃、工艺玻璃、玻璃纤维及泡沫玻璃。本节主要介绍建筑玻璃。

（三）玻璃的基本性质

1. 密 度

玻璃的密度与其化学组成有关，常用建筑玻璃的密度为 $2.50 \sim 3.60$ g/cm^3。

2. 光学性质

玻璃具有其他材料不可比拟的优良光学性能，是各种材料中唯一能利用透光性控制和隔断空间的材料，广泛应用于建筑的采光和装饰部位。

太阳光入射玻璃时，玻璃会对太阳光产生吸收、反射和透射三种作用，这三种作用的强弱可分别以吸收率、反射率和透光率表示。不同用途的玻璃，这三项指标的分配不同。当用于需要采光照明的部位时，要求其透光率高一些，比如质量好的 2 mm 厚的窗用玻璃，其透光率可达到 90%。当用于需要透光且隔热部位时，要求玻璃具有较高的反射率，通过改变玻璃表面状态，玻璃的反射率可达 40% 以上。而一些需要隔热、防眩的部位使用的玻璃，不仅对光线的吸收率较高，同时又具有良好的透射性。这种源于其内部结构非结晶性的光学透明性，使玻璃用作建筑物门窗开口部位的采光材料，是其他材料所不能代替的。

3. 热学性质

玻璃是热的不良导体，其热导率的高低与化学组成有关。玻璃的导热率低，普通玻璃的热导率为 $0.75 \sim 0.92$ W/（m·K）。

此外，由于玻璃具有较低的热导率，而其弹性模量却很高（48 000 ~ 83 000 MPa），一旦其表面经受温度骤变，就会在其内部与表面产生很高的温度应力，易导致玻璃的破坏，故玻璃的热稳定性很差。

4. 力学性质

玻璃的强度与其化学组成、表面处理、缺陷及其形状有关。普通玻璃的抗压强度为 60 ~ 120 MPa，抗拉强度很低，是典型的脆性材料，这也是玻璃的致命缺点。

此外，玻璃具有较高的硬度、耐划性和耐磨性（莫氏硬度为 6 ~ 7），可经受长期使用，不至于因磨损而失去透明性。

5. 化学稳定性

玻璃具有较高的化学稳定性，常见的硅酸盐类玻璃，可抵抗除氢氟酸、磷酸外其他酸类的侵蚀，但其耐碱性较差，长期受碱液侵蚀时，玻璃中的 SiO_2 会溶于碱液中，导致玻璃受到侵蚀。

二、普通平板玻璃

普通平板玻璃是未经进一步加工的钠钙硅酸盐质平板玻璃制品。其透光率为 85%~90%，也称单光玻璃或净片玻璃，是建筑工程中用量最大的玻璃，也是生产多种其他玻璃制品的基础材料，故又称原片玻璃。它主要用于一般建筑的门窗，起透光、保温、隔声、挡风雨等作用。

普通平板玻璃的成型均采用机械拉制的方法，常用的有垂直引上法和浮法。垂直引上法是我国生产玻璃的传统方法，它是将红热的玻璃液通过槽转向上引拉成玻璃板带，再经急冷而成。其主要缺点是产品易产生波纹和波筋。浮法是现代玻璃生产最常用和最先进的一种方法，生产过程是在锡槽中完成。高温玻璃液通过溢流回流到锡液表面上，在重力及表面张力的作用下，玻璃液摊成玻璃带，向锡槽尾部延伸，经抛光、拉薄、硬化和冷却后退火而成。这种生产工艺具有产量高、产品规格大、品种多、质量好的优点，已逐步取代其他生产方法，是目前世界生产平板玻璃最先进的方法。按生产工艺的不同，普通平板玻璃可分为引拉法玻璃和浮法玻璃。按其外观质量划分成优等品、一等品、合格品三个级别，各级玻璃均不允许有裂口存在。

三、深加工玻璃制品及其应用

所谓玻璃的深加工制品，是指将普通平板玻璃经加工制成具有某些特殊性能的玻璃。玻璃的深加工品种繁多，功能各异，广泛用于建筑物以及日常生活中。建筑中使用的玻璃深加工制品主要有以下品种：

（一）安全玻璃

玻璃是脆性材料，当外力超过一定值后即碎裂成具有尖锐棱角的碎片，破坏时几乎没有塑性变形。为减少玻璃的脆性，提高其强度，通常对普通玻璃进行增强处理，或与其他材料复合，或采用特殊成分加入等方法来加以改进。经过增强改性后的玻璃称为安全玻璃。常用的安全玻璃有钢化玻璃、夹丝玻璃和夹层玻璃。

1. 钢化玻璃

又称强化玻璃，按钢化原理不同分为物理钢化和化学钢化。经过物理（淬火）或化学（离子交换）钢化处理的玻璃，可使玻璃表面层产生的残余压缩应力为 70~180 MPa，而使玻璃的抗折强度、抗冲击性、热稳定性大幅提高。物理钢化玻璃破碎时，不像普通玻璃那样形成尖锐的碎片，而是形成较圆滑的微粒状，有利于人身安全，因此，可用作高层建筑物的门窗、幕墙、隔墙、桌面玻璃、炉门上的观察窗以及汽车风挡、电视屏幕等。

2. 夹层玻璃

夹层玻璃系两片或多片玻璃之间嵌夹透明塑料薄片，经加热、加压黏合而成。生产夹层玻璃的原片可采用一等品的引拉法平板玻璃或浮法玻璃，也可为钢化玻璃、夹丝抛光玻璃、吸热玻璃、热反射玻璃或彩色玻璃等，玻璃厚度可为 2 mm, 3 mm, 5 mm, 6 mm 和 8 mm。夹层玻璃的层数有 3, 5, 7 层，最多可达 9 层，达 9 层时则一般子弹不易穿透，称为防弹玻璃。

夹层玻璃按形状可分为平面和曲面两类。按抗冲击性、抗穿透性可分 L₁ 和 LⅡ 两类。按夹层玻璃的特性分为多个品种：如破碎时能保持能见度的减薄型，可减少日照量和眩光的遮阳型，通电后保持表面干燥的电热型、防弹型、玻璃纤维增强型、报警型，防紫外线型以及隔声夹层玻璃等。夹层玻璃的抗冲击性能比平板玻璃高几倍，破碎时只产生辐射状裂纹而不分离成碎片，不致伤人。它还具有耐久、耐热、耐湿、耐寒和隔音等性能，适用于有特殊安全要求的建筑物的门窗、隔墙，工业厂房的天窗和某些水下工程等。

3. 夹丝玻璃

夹丝玻璃是将平板玻璃加热到红热软化状态，再将预热处理的金属丝（网）压入玻璃中制成。夹丝玻璃的表面可以是压花或磨光的，颜色为无色透明或彩色的。与普通平板玻璃相比，它的耐冲击性和耐热性好，在外力作用和温度剧变时，破而不散，且具有防火、防盗功能。

夹丝玻璃适用于公共建筑的阳台、楼梯、电梯间、走廊、厂房天窗和各种采光屋顶。

（二）温控、声控和光控玻璃

1. 吸热玻璃

吸热玻璃是可吸收大量红外线辐射能并保持较高可见光透过率的平板玻璃。

生产吸热玻璃的方法有两种：一种是在普通钠钙硅酸盐玻璃的原料中加入一定量的有吸热性能的着色剂，如氧化铁、氧化钴以及硒等；另一种是在平板玻璃表面喷镀一层或多层金属或金属氧化物薄膜而制成。吸热玻璃的颜色有灰色、茶色、蓝色、绿色、古铜色、青铜色、粉红色和金黄色等。我国目前主要生产前三种颜色的吸热玻璃，厚度有 2 mm、3 mm、5 mm 和 6 mm 四种规格。

吸热玻璃与普通平板玻璃相比可吸收更多太阳辐射热，减轻太阳光的强度，具有反眩效果，且能吸收一定的紫外线。

由于上述特点，吸热玻璃已广泛应用于建筑物的门窗、外墙以及用作车、船挡风玻璃等，起到隔热、防眩、采光及装饰等作用。它还可按不同用途进行加工，制成磨光、夹层、镜面及中空玻璃。在外部围护结构中，用它配制彩色玻璃窗；在室内装饰中，用以镶嵌玻璃隔断，装饰家具，增加美感。

由于吸热玻璃两侧温差较大，热应力较高，易发生热炸裂，使用时应使窗帘、百叶窗等远离玻璃表面，以便于通风散热。

2. 热反射玻璃

热反射玻璃是具有较高的热反射能力而又保持良好透光性的平板玻璃，它是采用热解、真空蒸镀和阴极溅射等方法，在玻璃表面涂以金、银、铝、铬、镍、铁等金属或金属氧化物薄膜，或采用电浮法等离子交换方法，以金属离子置换玻璃表层原有离子而形成热反射膜。热反射玻璃也称镜面玻璃，有金色、茶色、灰色、紫色、褐色、青铜色和浅蓝色等。

热反射玻璃具有良好的隔热性能，热反射率高，反射率达到 30% 以上，而普通玻璃仅 7% ~ 8%。6 mm 厚浮法玻璃的总反射热为 16%，同样条件下，吸热玻璃的总反射热为 40%，而热反射玻璃则可达 61%，因而常用它制成中空玻璃或夹层玻璃以增加其绝热性能。镀金属膜的热反射玻璃还有单向透像的作用，即白天能在室内看到室外景物，而室外却看不到室内的景象。

热反射玻璃主要用于有绝热要求的建筑物门窗、玻璃幕墙、汽车和轮船的玻璃等。

3. 中空玻璃

中空玻璃是将两片或多片平板玻璃相互间隔 6 ~ 12 mm 镶于边框中，且四周加以密封，间隔空腔中充填干燥空气或稀有气体，也可在框底放置干燥剂。为获得更好的声控、光控和隔热等效果，还可充以各种能漫射光线的材料、电介质等。

中空玻璃可根据要求，选用各种不同性能和规格的玻璃原片，如浮法玻璃、钢化玻璃、夹层玻璃、夹丝玻璃、压花玻璃、彩色玻璃、热反射玻璃等制成。中空玻璃往往具有良好的绝热、隔声效果，而且露点低、自重轻（仅为相同面积混凝土墙的 1/16 ~ 1/30），适用于需要采暖、空调、防止噪声、防止结露，以及需要无直射阳光和特殊光的建筑物，如住宅、学校、医院、旅馆、商店、恒温恒湿的实验室以及工厂的门窗、天窗和玻璃幕墙等。目前已研制出在两片玻璃板的真空间放置支承物以承受大气压力的真空玻璃，其保温隔热性优于中空玻璃。

4. 自洁净玻璃

自洁净玻璃是一种新型的生态环保型玻璃制品，从表面上看与普通玻璃并无差别，但是通过在普通玻璃表面镀上一层纳米 TiO_2 晶体的透明涂层后，玻璃在紫外光照射下会表现出光催化活性、光诱导超亲水性和杀菌的功能。通过光催化活性可迅速将附着在玻璃表面的有机污物分解成无机物而实现自洁净，而光诱导超亲水性会使水的接触角在 5° 以下而使玻璃表面不易挂住水珠，从而隔断油污与 TiO_2 薄膜表面的直接接触，保持玻璃的自身洁净。

自洁净玻璃可应用于高档建筑的室内浴镜、卫生间整容镜、高层建筑物的幕墙、照明玻璃、汽车玻璃等。用自洁净玻璃制成的玻璃幕墙可长久保持清洁明亮、光彩照人，并大大降低保洁费用。

（三）结构玻璃

结构玻璃是作为建筑物中的墙体材料或地面材料使用，包括玻璃幕墙、玻璃砖、异型玻璃和仿石玻璃等。

1. 玻璃幕墙

所谓幕墙建筑，是用一种薄而轻的建筑材料把建筑物的四周围起来代替墙壁。作为幕墙的材料不承受建筑物荷载，只起围护作用，它或悬挂或嵌入建筑物的金属框架内。目前多用玻璃作幕墙。使用玻璃幕墙代替非透明的墙壁，使建筑物具有现代化的气息，更具有轻快感，从而营造出一种积极向上的空间气氛。

2. 玻璃砖

玻璃砖分为实心和空心两类，它们均具有透光不透视的特点。空心玻璃砖又分为单腔和双腔两种，均具有较好的绝热、隔声效果，而且双腔玻璃砖的绝热隔声性能更佳，它在建筑上的应用更广泛。

实心玻璃砖用机械压制方法成型。空心玻璃砖则用箱式模具压制成箱形玻璃元件，再将两块箱形玻璃加热熔接成整体的空心砖，中间充以干燥空气，再经退火、涂饰侧面而成。

玻璃砖具有透光不透视、保温隔音、密封性强、不透灰、不结露、能短期隔断火焰、抗压耐磨、光洁明亮、图案精美、化学稳定性强等特点。玻璃砖主要用作建筑物的透光墙体，如建筑物隔墙、淋浴隔断、门厅、通道等。某些特殊建筑为了防火，或严格控制室内温度、湿度等要求，不允许开窗，使用玻璃砖既可满足上述要求，又解决了室内采光问题。

3. 异型玻璃

异型玻璃是近 20 年新发展起来的一种新型建筑玻璃，它是采用硅酸盐玻璃，通过压延法、浇注法和辊压法等生产工艺制成，为大型长条玻璃构件。

异型玻璃分为无色的和彩色的、配筋的和不配筋的、表面带花纹的和不带花纹的、夹丝的和不夹丝的以及涂层的等。其外形主要有槽形、波形、箱形、肋形、三角形、Z 形和 V 形等。异型玻璃有良好的透光、隔热、隔音和机械强度等优良性能，主要用作建筑物外部竖向非承重的围护结构，也可用作内隔墙、天窗、透光屋面、阳台和走廊的围护屏壁以及月台、遮雨棚等。

（四）饰面玻璃

饰面玻璃是指用于建筑物表面装饰的玻璃制品，包括板材和砖材。主要品种如下：

1. 玻璃锦砖

玻璃锦砖又称玻璃马赛克或玻璃纸皮石，它是含有未熔融的微小晶体（主要是石英）的乳浊状半透明玻璃质材料，是一种小规格的饰面玻璃制品。其一般尺寸为 20 mm × 20 mm，30 mm × 30 mm，40 mm × 40 mm，厚 4 ~ 6 mm，背面有槽纹，有利于与基面黏结。为便于施工，出厂前将玻璃锦砖按设计图案反贴在牛皮纸上，贴成 305.5 mm × 305.0 mm，称为一联。

玻璃锦砖颜色绚丽，分为透明、半透明和不透明。它的化学稳定性、急冷急热稳定性好，雨天能自洗，经久常新，吸水率小，抗冻性好，不变色，不积尘，且成本低，是一种良好的外墙装饰材料。

2. 压花玻璃

压花玻璃是将熔融的玻璃在急冷中通过带图案花纹的辊轴滚压而成的制品。可一面压花，也可两面压花。压花玻璃分为普通压花玻璃、真空冷膜压花玻璃和彩色膜压花玻璃，一般规格为 800 mm × 700 mm × 3 mm。

压花玻璃具有透光不透视的特点，这是由于其表面凹凸不平，当光线通过时产生漫射，因此，从玻璃的一面看另一面物体时，物像模糊不清。压花玻璃表面有各种图案花纹，具有一定的艺术装饰效果，多用于办公室、会议室、浴室、卫生间以及公共场所分离室的门窗和隔断等处。使用时应将花纹朝向室内。

3. 磨砂玻璃

磨砂玻璃又称毛玻璃，指经研磨、喷砂或氢氟酸溶蚀等加工，使表面（单面或双面）成为均匀粗糙的平板玻璃。其特点是透光不透视，且光线不刺眼，用于要求透光而不透视的部位，如建筑物的卫生间、浴室、办公室等的门窗及隔断，也可作黑板或灯罩。

4. 镭射玻璃

镭射玻璃是以玻璃为基材的新一代建筑装饰材料，其特征在于经特种工艺处理，玻璃背面出现全息或其他几何光栅，在光源照射下，形成物理衍射分光而出现艳丽的七色光，且在同一感光点或感光面上会因光线入射角的不同而出现色彩变化，使被装饰物显得华贵高雅，富丽堂皇。镭射玻璃的颜色有银白、蓝、灰、紫、红等多种。按其结构有单层和夹层之分。镭射玻璃适用于酒店、宾馆和各种商业、文化、娱乐设施的装饰，用作内外墙、柱面、地面、桌面、台面、幕墙、隔断、屏风等。使用时应注意，当用于地面时应采用钢化玻璃夹层光栅玻璃。

第二节　建筑涂料

涂料是指涂敷于物体表面，能与物体表面黏结在一起，并能形成连续性膜层以实现其保护功能、装饰功能及其他特殊功能的材料。

涂料最早是以天然树脂和天然植物油（如亚麻子油、桐油、松香、生漆等）作为主要原料，因此习惯上称为"油漆"。但随着石油化学工业的发展，人工合成树脂以品质、数量上的绝对优势逐步取代了天然树脂和植物油，成为涂料的主要原料，"油漆"一词已不能代表这类物质的确切含义，故常统称为"涂料"。

建筑涂料是指用于建筑物（墙面和地面）的涂料，建筑涂料以其多样的品种、丰富的色彩、良好的质感满足各种不同的要求。同时，由于建筑涂料还具有施工方便、高效且方式多样（刷涂、辊涂、喷涂、弹涂）、易于维修更新、自重小、造价低，可在各种复杂墙面作业的优点，成为建筑上一种很有发展前途的装饰材料。对于易受腐蚀的道路、桥梁用混凝土、钢材需要进行防腐处理，或为提高耐久性需进行保护处理，也常采用涂料，涂料在铁路、公路也具有广阔的应用前景。

由于全球范围内环保意识的加强，具有环保适用性的绿色涂料将成为世界环保型涂料的主流产品。

一、涂料的组成

涂料由多种物质经混合、溶解、分散而组成。其中各组分，可以是多种不同的材料，可相互组合成具有不同性能的涂料。一般情况，建筑涂料由基料、颜料和填料、溶剂及助剂等组分组成。

1. 基　料

基料是涂料中的主要成膜物质，又称固着剂或胶黏剂，是涂料的基础物质，具有独立成膜的能力，可黏结涂料中其他组分，使涂料在干燥或固化后能共同形成连续的涂膜。基料决定了涂料的技术性质（硬度、柔性、耐水性、耐腐蚀性、耐磨性、耐候性及其他物理化学性能）以及涂料的施工性质和使用范围。

常用作涂料基料的物质分为无机和有机两大类。其中以合成树脂类有机基料最为常见，如聚乙烯醇及其共聚物、聚酯酸乙烯及其共聚物、环氧树脂、醋酸乙烯-丙烯酸酯共聚乳液、聚氨酯树脂等。此外，还有以水玻璃、硅溶胶等无机胶黏材料作基料。部分情况下，为了满足对涂料多方面的要求，常将两种或两种以上具有良好混溶性的基料混合后作为基料使用。

建筑涂料用基料，应具有较好的耐碱性，能常温成膜，具有较好的耐水性和耐候性。且基料需来源广泛，资源丰富，价格便宜。

2. 颜料和填料

颜料在建筑涂料中也是构成涂膜的组成部分，也称为次要成膜物质。其特点是不具备单独成膜能力，需要与基料配合使用构成涂膜，且两者配合比例与混合的均匀性在很大程度上决定着涂料性能的优劣。

颜料按其着色功能，一般可分为两大类：着色颜料和体质颜料，另外还有不太常用的防锈颜料。着色颜料的主要作用是使涂膜具有一定的颜色、遮盖力和对比率，同时还可以起到减小涂膜收缩，提高涂膜机械强度的作用。涂料中常见的着色颜料品种有氧化铁红、氧化铁黄、钴蓝、钛白粉、炭黑、银粉等。

体质颜料又称为填料，它们大部分为白色或无色，遮盖力一般较低，不能阻止光线透过涂膜，也不具备着色能力，在涂膜中起填充和骨架作用，可以提高涂膜的密实性，增加涂膜厚度，减少固化收缩，加强质感，提高涂膜的耐磨性、抗老化性和耐久性，降低涂料成本。防锈颜料的作用是使涂膜具有良好的防锈能力，以防止被涂覆的金属表面发生锈蚀。常见防锈颜料的主要品种有红丹、锌铬黄、氧化铁红和银粉。

涂料工业中，常用颜基比表示颜料的相对用量。颜基比与涂膜的性能有密切关系。颜基比与光泽的关系：在 0.5/1 以下时为半光；在 1/1 以下时为半平光；在 1.5/1 以上时为平光。随颜基比增加，硬度越大，冲击弹性越小，耐污染性越好。在一定范围内，户外耐久性与颜基比关系不大，但颜基比的变化，对产品的成本价格影响较大，可以利用颜基比的变化来降低产品成本。

由于颜料随建筑涂料接触基层，且需要涂于户外曝晒之建筑物表面，所以，选用的颜料应具有良好的耐碱性和较好的耐候性，而且要求资源丰富，价格便宜。

3. 溶剂及助剂

溶剂和助剂是涂料中使用的两类辅助成膜物质，它们本身不是构成涂膜的材料，但它们对涂膜质量以及涂料成本，对主要成膜物质的溶解能力以及自身的挥发速率、改性效果等有直接影响。

溶剂是涂料的挥发性组分，它的主要作用是在涂料生产过程中用以溶解或分散涂料主要成分，使之具有流动性，并使涂料成品在储存期间，各种涂膜组成成分在液体状态下保持平衡，不致沉淀结块，还可以使涂料在良好的液体状态下，维持一定黏度，以符合施工工艺的要求。当涂料涂刷在基层上后，依靠溶剂的挥发，涂膜逐渐干燥硬化，形成均匀连续性的涂膜。常用的溶剂有两大类：一类是有机溶剂，常见的有松香水、酒精、苯、三甲苯、二甲苯、丙酮、醋酸丁酯等；另一类是水，用于水溶性建筑涂料。正确地使用溶剂可提高涂膜的光泽、致密性等物理性质，在控制涂膜的干燥速度和流动特征中起到重要的作用，它与涂膜形成的质量有很大关系。溶剂选用时，应注意溶剂的溶解力、挥发率、易燃性和毒性。

助剂是为了进一步改善或增加涂膜的性质而加入的一种辅助材料，其掺量极少，一般为基料的百分或千分甚至万分之几，但效果显著。助剂的品种很多，主要有催化剂、增塑剂、增稠剂、防冻剂、紫外线吸收剂、抗氧化剂、防老化剂、阻燃剂、防腐剂、防霉剂等。其中以催化剂、增塑剂使用较为普遍。

二、建筑涂料的分类

建筑涂料品种繁多，分类方法也有多种，主要有以下几种：

（1）按在建筑上的使用部位分类，可分为内墙涂料、外墙涂料、顶棚涂料、地面涂料、门窗涂料等。

（2）按涂料的特殊功能分类，可分为防火涂料、防水涂料、防腐涂料、防霉涂料、弹性涂料、变色涂料和保温涂料。

（3）按主要成膜物质的化学组成分类，可分为有机高分子涂料（包括溶剂型涂料、水溶性涂料、乳液型涂料）、无机涂料，以及无机和有机复合涂料。

（4）按涂膜厚度、形状与质感分类，厚度小于 1 mm 的建筑涂料称为薄质涂料，涂膜厚度为 1~5 mm 的为厚质涂料。按涂膜形状与质感可分为平壁状涂层涂料、砂壁状涂层涂料和凹凸立体花纹涂料。

实际上，建筑涂料分类时，常将上述的分类结合在一起使用。如合成树脂乳液内外墙涂料、水溶性内墙涂料、合成树脂乳液砂壁状涂料等。

三、建筑涂料的技术性质

不同的涂料品种及使用条件，对产品有各种各样的质量要求，从而提出了众多的质量指标以满足质量要求。这里主要介绍外墙建筑涂料的技术性质要求。

外墙建筑涂料的主要技术性能指标包括：

（1）容器中状态：应能搅拌均匀，不结块。

（2）施工性：施工无困难，不流挂。

（3）涂膜颜色及外观：符合标准样板及其色差范围，涂膜平整。

（4）细度：不大于 60 μm。

（5）干燥时间：其中表干时间不大于 2 h，实干时间不大于 24 h。

（6）遮盖力（白色和浅色）：乳液型涂料不大于 200 g/m²，溶剂型涂料不大于 170 g/m²。

（7）固体含量：不小于 45%。

（8）冻融稳定性（乳液涂料）：经历 3 次冻融循环时不变质。

（9）耐水性：在（23±2 ℃）下水中浸泡 96 h，不起泡，不剥落，允许稍有变色。

（10）耐碱性：在（23±2 ℃）下饱和氢氧化钙溶液中浸泡 48 h，不起泡，不剥落，允许稍有变色。

（11）耐洗刷性（0.5%皂液）：乳液涂料经 1 000 次洗刷不露底，溶剂型涂料经 2 000 次洗刷不露底。

（12）耐玷污性（白色或浅色）：5 次循环反射系数下降率，乳液型涂料不大于 50%，溶剂型涂料不大于 30%。

（13）耐候性：经 200 h 人工加速老化后，不起泡、不剥落、无裂纹、变色及粉化均不大于 2 级。

除了上述性能测试的主要项目以外，根据实际需要还可进行的测试项目有：附着强度、耐磨性、铅笔硬度、耐酸性、耐紫外线照射性等。

四、常用建筑涂料的主要品种及特点

1. 聚醋酸乙烯乳胶漆

聚醋酸乙烯乳胶漆属于合成树脂乳液型内墙涂料，是以聚醋酸乙烯乳液为主要成膜物质，加入适量着色颜料、填料和其他助剂经研磨、分散、混合均匀而制成的一种乳胶型涂料。该涂料无毒无味，不易燃烧，涂膜细腻、平滑、色彩鲜艳，涂膜透气性好，装饰效果良好，价格适中，施工方便，耐水、耐碱性及耐候性优于聚乙烯醇系内墙涂料，但较其他共聚乳液差，主要作为住宅、一般公用建筑等的中档内墙涂料使用。不直接用于室外，若加入石英粉、水泥等可制成地面涂料，尤其适于水泥旧地坪的翻修。

2. 多彩内墙涂料

多彩内墙涂料简称多彩涂料，是目前国内外流行的高档内墙涂料。目前生产的多彩涂料主要是水包油型（即水为分散介质，合成树脂为分散相），较其他三种类型（油包水型、油包油型、水包水型）储存稳定性好，应用也最广泛。水包油型多彩涂料分散相为多种主要成膜物质配合颜料及助剂等混合而成，分散介质为含稳定剂和乳化剂的水。两相界面稳定互不相溶，且不同基料间亦不互溶，即形成在水中均匀分散、肉眼可见的不同颜色基料微粒的稳定悬浮体状态，涂装后显出具有立体质感的多彩花纹涂层。

多彩涂料色彩丰富，图案变化多样，立体感强，装饰效果好，具有良好的耐水性、耐油性、耐碱性、耐洗刷性和较好的透气性，且对基层适应性强，是一种可用于建筑物内墙、顶棚的水泥混凝土、砂浆、石膏板、木材、钢板、铝板等多种基面的高档建筑涂料。

3. 彩色砂壁状外墙涂料

彩色砂壁状外墙涂料又称彩砂涂料，是以合成树脂乳液（一般为苯乙烯-丙烯酸酯共聚乳液或纯丙烯酸酯共聚乳液）为主要成膜物质配合彩色骨料（粒径小于 2 mm 的彩色砂粒、彩色陶瓷料等）或石粉构成主体，外加增稠剂及各种助剂配制而成的粗面厚质涂料。

彩色砂壁状外墙涂料由于采用高温烧结的彩色砂粒、彩色陶瓷或天然带色石屑为骨料，涂层具有丰富的色彩和质感，同时由于丙烯酸酯在大气中及紫外光照射下不易发生断链、分解或氧化等化学变化，因此，其保色性、耐候性比其他类型的外墙涂料有较大的提高。当采用不同的施工工艺时，可获得仿大理石、仿花岗石质感与色彩的涂层，又被称仿石涂料或石艺漆。彩色砂壁状建筑涂料主要用于办公楼、商店等公用建筑的外墙面，是一种良好的装饰保护性外墙涂料。

4. 聚氨酯系地面涂料

聚氨酯是聚氨基甲酸酯的简称。聚氨酯地面涂料分为薄质罩面涂料和厚质弹性地面涂料。前者主要用于木质地板或其他地面的罩面上光；后者用于刷涂水泥地面，可在地面形成无缝且具有弹性的耐磨涂层，因此称为弹性地面涂料。

聚氨酯弹性地面涂料是以聚氨酯为基料的双组分常温固化型的橡胶类溶剂型涂料。甲组分是聚氨酯预聚体，乙组分由固化剂、颜料、填料及助剂按一定比例混合、研磨均匀制成。两组分在施工应用时按一定比例搅拌均匀后，即可在地面上涂刷。涂层固化是靠甲、乙组分反应、交联后而形成具有一定弹性的彩色涂层。

该涂料与水泥、木材、金属、陶瓷等地面的黏结力强，整体性好，且弹性变形能力大，不会因地基开裂、裂纹而导致涂层开裂。它色彩丰富，可涂成各种颜色，也可在地面做成各种图案；耐磨性很好，且耐油、耐水、耐酸、耐碱，是化工车间较为理想的地面材料；其重涂性好，便于维修。但施工相对较复杂，原材料具有毒性，施工中应注意通风、防火及劳动保护。聚氨酯地面涂料固化后，具有一定的弹性，且可加入少量的发泡剂形成含有适量泡沫的涂层。因此，步感舒适，适用于高级住宅、会议室、手术室、放映厅等的地面，但价格较贵。

5. 绿色涂料

综合考虑各种类型的涂料，在施工以及使用过程中会造成室内空气质量下降以及可能含有影响人体健康的有害物质的特点，《建筑用封面涂料中有害物质限量》（GB 18582—2020）对 VOC、游离甲醛、可溶性重金属（铅、镉、铬、汞）及苯、甲苯、二甲苯含量作了严格限制，认为合成树脂乳液水性涂料相对于有机溶剂型涂料而言，有机挥发物极少，是典型的绿色涂料。水溶性涂料由于含有未反应完全的游离甲醛，在涂刷及养护过程中逐渐释放出来，会对人体造成危害，属于淘汰产品。目前，绿色生态类涂料的研制和开发正加快进行且初具规模，如引入纳米技术的改性内墙涂料、杀菌性建筑涂料等。

另外，为减小钢材、混凝土的腐蚀，可在其表面涂覆防腐蚀涂料。如钢材表面可采用涂覆富锌底漆+环氧中间漆+聚氨酯面漆的配套方案减缓腐蚀的发生。如混凝土、砂浆表面可涂覆环氧树脂防腐蚀涂料、聚氨酯防腐蚀涂料、乙烯树脂类防腐蚀涂料、橡胶树脂防腐蚀涂料、呋喃树脂类防腐蚀涂料等减缓腐蚀的发生，同时也具有一定的装饰效果。

第三节　建筑饰面石材

建筑石材的基本情况在第十章中已进行了介绍，现仅就建筑饰面石材中几个常用品种加以简述。

用于建筑工程中的饰面石材大多为板材，按其基本属性主要有花岗石和大理石两大类。

一、花岗石饰面石材

花岗石是花岗岩的俗称，也称麻石。是由石英、长石及少量的云母和暗色矿物（橄榄石类、辉石类、角闪石类及黑云母等）组成的全晶质的岩石。按晶粒大小分为细晶、粗晶和伟晶，以细晶结构为好。通常有灰、白、黄、粉红、红、纯黑等多种颜色，具有很好的装饰性。优质的花岗石应是石英和长石含量高，云母含量少，且晶粒细小、构造致密、无风化迹象。

某些花岗岩含有微量的放射性元素（如氡气），对于这类花岗岩应避免用于室内。

花岗岩的表观密度为 2.50～2.80 g/cm³，抗压强度为 120～300 MPa，孔隙率低，吸水率为 0.1%～0.7%，莫氏硬度为 6～7，耐磨性好，抗风化性及耐久性好，耐酸性好，但不耐火。使用年限为数十年至数百年，高质量的可达千年以上。

花岗石板材，是用花岗石荒料（由岩石矿床开采而得到的形状规则的大石块称为荒料）加工制成的板状产品。按板材的形状分为普形板材（正方形或长方形，代号 N），异型板材（其他形状的板材，代号 S）。按板材厚度分为薄板（厚度 <15 mm）和厚板（厚度≥15 mm）。按板材表面加工程度分为细面板材（RB）（表面平整光滑）、镜面板材（PL）（表面平整，具有镜面光泽）和粗面板材（RU）（表面粗糙平整，具有较规则加工条纹的机刨板、剁斧板、捶击板等）。同一批板材的花纹色调应基本调和，且镜面板材的光泽度应不低于 75 光泽单位。同时花岗石的表观密度应不小于 2.50 g/cm³，吸水率应不大于 1.0%，干燥抗压强度应不小于 60 MPa，抗弯强度应不小于 8.0 MPa。

花岗石属于高级装饰材料，但开采加工困难，故造价较高，因而主要用于大型建筑或有装饰要求的其他建筑。粗面板材和细面板材主要用于室外地面、台阶、墙面、柱面、台面等；镜面板材主要用于室内外墙面、地面、柱面、台面或台阶等。花岗石也可加工成条石、蘑菇石、柱头、饰物等用于室外装饰工程中。

二、大理石饰面石材

大理石是大理岩的俗称，又称云石。大理岩属于变质岩，是由石灰岩或白云岩变质而成。主要矿物成分为方解石和白云石，主要化学成分为碳酸盐类（碳酸钙或碳酸镁）。建筑上所用的大理石泛指具有装饰功能，并可磨光抛光的各种沉积岩和变质岩，大致包括各种大理岩、石英岩、蛇纹岩（以上属变质岩）、致密石灰岩、砂岩、石膏岩、白云岩等（以上属沉积岩）。大理石构造致密，表观密度为 2.50～2.70 g/cm³，抗压强度为 50～190 MPa，莫氏硬度为 3～4，较花岗石易于雕琢磨光，且石质细腻，光泽柔润，绚丽多彩，磨光后具有优良的装饰性。

天然大理岩具有纯黑、纯白、浅灰、绿、米黄等多种色彩，且斑纹多样，千姿百态，朴素自然。纯大理石为白色，我国常称汉白玉。当大理石中含有氧化铁、二氧化硅、云母、石墨、蛇纹石等杂质时，大理石呈现出红、黄、黑、绿、灰、褐等各色斑驳纹理，磨光后极为美丽典雅。在这类大理石中，大理岩、石灰岩、白云岩因其主要成分是碳酸盐，具有能抵抗碱的作用，但不耐酸，若用于城市外部的饰面材料，则因城市空气中常含有二氧化硫，遇水时会生成亚硫酸而后变为硫酸与岩石中的碳酸盐作用，生成易溶于水的石膏，使表面很快失去光泽，变得粗糙多孔而降低建筑性能。若是含石英为主的砂岩、石英岩则不存在此种问题。

将天然大理石荒料经锯切、研磨、抛光等加工后就成为天然大理石板材。装饰大理石多数为镜面板材，按板材的形状分为普形板材（N）和异型板材（S）。天然大理石板材按板材的规格尺寸允许偏差、平面度允许极限公差、角度允许极限公差、外观质量、镜面光泽度分为优等品（A）、一等品（B）和合格品（C），并规定同一批板材的花纹色调应基本调和。此外，大理石的表观密度应不小于 2.60 g/cm³，吸水率应不大于 0.75%，干燥抗压强度应不小于 20.0 MPa，抗弯强度应不小于 7.0 MPa。

大理石属于高级装饰材料，大理石镜面板材主要用于大型建筑或要求装饰等级高的建筑，如商店、宾馆、酒店、会议厅等的室内墙面、柱面、台面及地面。但由于大理石的耐磨性相对较差，故在人流较大的场所不宜作为地面装饰材料。大理石也常加工成栏杆、浮雕等装饰部件，但一般不宜用于室外。

三、人造石材

由于天然石材加工较为困难，花色品种较少，因此，自 20 世纪 70 年代后，人造石材得以较快发展。人造石材是以天然大理石碎料、石英砂、石渣等为骨料，以树脂、聚酯或水泥等为胶黏料，经拌和成型、聚合和养护后，打磨抛光切割而成的仿天然石材制品。按照使用胶黏料的不同分为水泥型、聚酯型、复合型（无机和有机）和烧结型。人造石材不仅具有天然石材的装饰效果，且花色品种、形状图案多样化，且具有质量轻、强度高、耐腐蚀、耐污染、施工方便等优点。缺点是色泽、纹理不及天然石材自然柔和。目前国内外人造石材主要有人造花岗石和人造大理石，且以聚酯类为最多。与天然大理石相比，聚酯型人造石材具有强度高、密度小、厚度薄、耐酸碱腐蚀、可加工性好、经济美观等优点，但其耐老化性能较差，在大气中光、热、氧等作用下会发生老化，表面会逐渐失去光泽、亮度，甚至翘曲变形，故多用于室内装饰，可用于宾馆、商店、公共建筑工程和制作各种卫生器具等。

第四节　建筑陶瓷

陶瓷是黏土原料在高温熔烧情况下经过一系列的物理化学变化后形成的坚硬物质。

建筑陶瓷用于建筑物墙面、地面及卫生设备的陶瓷材料及制品。建筑陶瓷因其坚固耐久、色彩鲜明、防火防水、耐磨耐蚀、易清洗、维修费用低等优点，成为现代建筑工程的主要装饰材料之一。

一、陶瓷制品的分类与特征

陶瓷制品品种繁多，分类方法各异，最常用的分类方法有以下两种：

（1）按用途分类，可分为日用陶瓷、艺术陶瓷和工业陶瓷。

（2）按坯体质地和烧结程度分类，可分为陶质、炻质和瓷质。

陶质制品通常有较大的吸水率（>10%），断面粗糙无光，不透明，敲之声音沙哑，有的施釉，有的无釉。由于原料中含有大量在焙烧过程中产生的气体，且溶剂性原料较少，形成了具有大量开口孔隙的多孔性坯体结构，故机械强度不高，吸水率大，吸湿膨胀也大，容易造成制品的后期龟裂，抗冻性也差。建筑陶瓷中陶质制品主要是釉面内墙砖，由于是墙砖，室内使用对机械强度要求不高，也不存在冻融问题。建筑琉璃制品由于件大体厚，采用可塑法成型，故也属于陶器，但琉璃制品在寒冷地区室外极少使用。

瓷质制品的坯体致密，基本上不吸水（吸水率 < 0.5%），断面细腻呈贝壳状，有一定的半透明性，敲之声音清脆，通常施有釉层。由于瓷器中含有较高的玻璃相物质，所以透光性

好，有较高的机械强度和耐化学侵蚀性。建筑陶瓷中瓷质制品主要有瓷质砖。

炻质制品是介于陶质制品与瓷质制品之间的一类制品，也称半瓷器，其吸水率介于 1%~ 10%。炻器与陶器的区别在于陶器的坯体是多孔结构，而炻器坯体结构致密，达到了烧结程度。炻器与瓷器的区别主要在于炻器坯体多数带有颜色且无半透明性。炻器按其坯体致密程度分为粗炻器（吸水率 4%~8%）和细炻器（吸水率 1%~3%）。建筑装饰工程中所用的一些有色的外墙砖、地砖均属于粗炻器，一些无色的外墙面砖、地砖、有釉陶瓷锦砖属于细炻器。

二、常用建筑陶瓷制品

现代建筑装饰工程中应用的陶瓷制品，主要是陶瓷墙地砖、卫生陶瓷、琉璃制品等，尤以墙地砖用量最大。

1. 釉面内墙砖

釉面内墙砖（简称釉面砖）是用于建筑物内部墙面装饰的薄板状施釉精陶制品，习惯上称作瓷砖。因其釉面光泽度好，装饰手法丰富，色彩鲜艳，易于清洁，防火、防水、耐磨、耐腐蚀，广泛应用于建筑内墙装饰。几乎成为厨房、卫生间不可替代的装饰和维护材料。釉面砖按颜色可分为单色（含白色）、花色（各种装饰手法）和图案砖，按形状可分为正方形、长方形和异型砖。异型砖一般用于屋顶、底、角、边、沟等建筑内部转角的贴面。由于釉面砖的吸水率较大（>10%）属陶质产品，其质量需满足国家标准对釉面砖在尺寸偏差、外观质量、平整度及理化性能等方面的要求，且根据其产品外观质量分为优等品、一等品和合格品三个等级。釉面砖坯体属多孔的陶质坯体，在长期与空气的接触中，特别是在潮湿的环境中使用，往往会吸收大量的水分而发生膨胀，而其外表面致密的玻璃质釉层吸湿膨胀量相对很小，这种坯体和釉层在应变应力上的不匹配，会导致釉面受拉应力而开裂，因此釉面砖不得用于室外。

2. 彩釉砖

彩釉砖是可用于外墙面与室内地面的有彩色釉面的炻质瓷砖。其产品按表面质量分为优等品、一等品和合格品三个等级。彩釉砖色彩图案丰富多样，表面光滑，且表面可制成压花浮雕画和纹点画，还可进行釉面装饰，因而具有优良的装饰性，适用于各类建筑的外墙面及地面装饰，用于地面时应考虑其耐磨类别的适应性，用于寒冷地区应选用吸水率小于 3% 的彩釉砖。

3. 劈离砖

劈离砖又称劈裂砖，是由于成型时为双砖背连坯体，烧成后再劈裂成两块砖而得名，是近年来开发的新型建筑陶瓷制品，适用于各类建筑物的外墙装饰和楼堂馆所、车站、候车室、餐厅等人流密集场所的室内地面铺设。厚砖（厚度 13 mm）适用于广场、公园、停车场、走廊、人行道等露天场所的地面铺设。劈离砖的特点在于它兼有普通黏土砖和彩釉砖的特性，即由于制品内部结构特征类似黏土砖，故其具有一定的强度，抗冲击性好，防潮、防腐、耐磨、耐滑；具有良好的抗冻性和可黏结性，且其表面可以施釉，故又具有一般压制成型的彩釉墙地砖的装饰效果和可清洗性。

复习思考题

1. 玻璃的基本性质有哪些？
2. 安全玻璃有哪些品种？
3. 热反射玻璃和吸热玻璃有何不同？
4. 简述建筑涂料的组成成分和它们所起的作用？
5. 常用建筑涂料有哪些？试简述其特性及用途。
6. 岩石按地质形成条件分为哪几类？其特性各有哪些？
7. 选择天然石材应考虑哪些原则？为什么？
8. 为什么天然大理石板材一般不宜用于室外装饰？
9. 试比较内墙面砖、外墙面砖和劈离砖的性质特点和主要用途，它们与坯体种类关系如何？

第十二章　绝热材料与吸声材料

绝热材料与吸声材料均属于功能材料。建筑物选用适当的绝热材料，一方面是保证室内有适宜的温度，为人们构筑一个温暖（或凉爽）舒适的环境；另一方面是为减少建筑物的采暖和空调能耗以节约能源。采用吸声材料是为了改善室内音质效果，减少噪声污染。绝热材料和吸声材料的应用与发展以改善工作和居住环境、提高生活质量为目的。

第一节　绝热材料

绝热材料指对热流具有显著阻抗性的材料或材料复合体，是保温材料和隔热材料的总称。保温即防止室内热量的散失，而隔热是防止外部热量的进入。在建筑工程中，对于处于寒冷地区的建筑物，为保持室内温度的恒定、减少热量的损失，要求围护结构具有良好的保温性能，而对于炎热夏季使用空调的建筑物则要求围护结构具有良好的隔热性能。

一、绝热材料的作用原理

在理解材料绝热原理之前，先了解传热的原理。传热是指热量从高温区向低温区的自发流动，是一种因温差而引起的能量转移。在自然界中，无论是在一种介质内部，还是在两种介质之间，只要有温差存在，就会出现传热过程。传热的方式有三种：导热、对流和热辐射。"导热"是依靠物体内各部分直接接触的物质质点（分子、原子、自由电子）等作热运动而引起的热能传递过程；"对流"是指较热的液体或气体因遇热膨胀而密度减小从而上升，冷的液体或气体就会补充过来，形成分子的循环流动，这样热量就从高温的地方通过分子的相对位移，转向低温的地方；"热辐射"是依靠物体表面对外发射电磁波而传递热量的现象，高温物体辐射给低温物体的能量大于低温物体辐射给高温物体的能量，其结果为热从高温物体传递给低温物体。因此，要实现绝热必须使材料表观密度降到极其小，对流弱到极其小，热辐射降到极其小。

在实际的传热过程中，往往同时存在着两种或三种传热方式。建筑材料的传热主要是靠导热，由于建筑材料内部孔隙中含有空气和水分，所以同时还有对流和热辐射存在，但其中对流和热辐射所占比例较小。

衡量材料导热能力的主要指标是导热系数 λ。λ 的物理意义为：在稳定传热条件下，当材料层单位厚度内的温差为 1 K 时，在单位时间内通过单位表面积的热量，其单位为 W/（m·K）；λ 值越小，材料的导热能力越差，而保温隔热性能越好。对绝热材料的基本要求是导热系数小于 0.23 W/（m·K），表观密度小于 1 000 kg/m³，抗压强度大于 0.3 MPa。

二、影响材料导热系数大小的主要因素

1. 材料的化学组成及分子结构

不同化学成分的材料其导热系数有很大的差异，通常金属导热系数最大，其次为非金属，液体较小，而气体则更小。化学成分相同但具有不同分子结构的材料，其导热系数也不一样。一般结晶结构的材料导热系数最大，微晶体结构次之，玻璃体结构最小。但对于多孔绝热材料而言，由于孔隙率高，气体的导热系数起着主要作用，因而固体部分无论是晶态或玻璃态对热导系数影响均较小。

2. 材料的表观密度和孔隙特征

由于固体物质的导热系数要比空气的导热系数大很多，因此，表观密度小的材料孔隙率大，其导热数也较小。当孔隙率相同时，孔隙尺寸小而封闭的材料，由于空气热对流作用的减弱，因而比孔隙尺寸粗大且连通者具有更小的导热系数。

3. 材料所处环境的温度和湿度

当材料受潮后，由于孔隙中增加了水蒸气的扩散和水分子的热传导作用，致使材料导热系数增大[$\lambda_水$ = 0.58 W/（m·K），$\lambda_{空气}$ = 0.023 W/（m·K），水的导热系数比空气大 20 多倍]；而当材料受冻后，水变成冰，其导热系数将更大[$\lambda_冰$ = 2.33 W/（m·K）]。因而绝热材料使用时切忌受潮受冻。当温度升高时，材料固体分子的热运动增强，同时材料孔隙中空气的导热和孔壁间的辐射作用也有所增强，材料的导热系数将随温度的升高而增大。但当温度在 0 ~ 50 ℃ 范围内变化时，这种影响并不显著，只有处于高温或负温下，才考虑温度的影响。

4. 热流方向的影响

材料如果是各向异性的，如木材等纤维质材料，当热流平行于纤维延伸方向时，受到的阻力小，而热流垂直于纤维延伸方向时受到的阻力最大。如松木，当热流垂直于木纹时，λ = 0.175 W/（m·K），而当热流平行于木纹时，则 λ = 0.349 W/（m·K）。

在评价材料绝热性能时，除了上述的导热系数 λ 外，还有以下指标：

（1）热阻 R[单位：（m²·K）/W]。热阻说明保温隔热材料抵抗热流通过的能力，即热流通过时所遇阻力。同样温度条件下，热阻越大，通过保温材料的热量越少。

（2）导温系数 α（单位：m²/s）。导温系数（也称热扩散率）$\alpha = \lambda/（c\rho_0）$，说明材料在不稳定的热作用下，内部温度变化的速度与材料的导热系数成正比，与热容量成反比。导温系数大，表示物体内部温度均匀一致的能力愈大，材料内部温度传播的速度愈快。

（3）蓄热系数 S[单位：W/（m²·K）]。蓄热系数是衡量保温隔热材料储热能力的重要指标。蓄热系数大的材料，蓄热性能好，相应地热稳定性也较好。

三、常用的绝热材料

绝热材料按其化学组成，可分为无机、有机和复合三大类型。

无机绝热材料由矿物质原材料制成，常呈纤维状、松散粒状和多孔状，可制成板、片、卷材或有套管型制品。有机绝热材料由有机原材料（各种树脂、软木、木丝、刨花等）制成。一般说来，无机绝热材料的表观密度大，不易腐蚀，耐高温；而有机绝热材料吸湿性大，不耐久，不耐高温，只用于低温绝热。

（一）无机保温隔热材料

1. 石棉及其制品

石棉为常见的保温隔热材料，是一种纤维状无机结晶材料，石棉纤维具有极高的抗拉强度，且具有耐高温、耐腐蚀、绝热、绝缘等优良特性，是一种优质绝热材料。通常将其加工成石棉粉、石棉板、石棉毡等制品，用于热表面绝热及防火覆盖。石棉在机械、交通、化工、冶金等工业中广泛用作传动、制动、密封和绝缘材料，在建筑工程中常作为保温、隔热、吸声和防震材料，如石棉水泥板、瓦、石棉沥青等。我国石棉资源丰富，储量约1亿吨，位列世界第三。需要指出的是，在石棉生产过程中产生的粉尘会对人体和环境造成巨大危害，可导致肺纤维化、肺癌、胸膜间皮瘤等病症。由于这一危害，目前许多国家都倾向于逐渐削减石棉的使用。我国也出台了相关产业政策，鼓励支持石棉的安全生产科学技术的推广应用。

2. 矿棉及其制品

岩棉和矿渣棉统称为矿棉。岩棉是由玄武岩、火山岩等矿物在冲天炉或电炉中熔化后，用压缩空气喷吹法或离心法制成；矿渣棉是以工业废料矿渣为主要原料，熔融后，用高速离心法或压缩空气喷吹法制成的一种棉丝状的纤维材料。矿棉具有质轻、不燃、绝热和电绝缘等性能，且原料来源广，成本较低，可制成矿棉板、矿棉保温带、矿棉管壳等。

矿棉用于建筑保温，大体可包括墙体保温、屋面保温和地面保温等几个方面。其中墙体保温最为重要，可采用现场复合墙体和工厂预制复合墙体两种形式。矿棉复合墙体的推广对我国尤其是三北地区的建筑节能具有重要的意义。目前矿棉外墙保温体系在我国已经形成了相当大的规模，每年完成的新建建筑外墙保温工程量超过了4亿平方，近年内矿棉板的用量仍呈上升趋势。矿棉的制备与使用按照国家标准《绝热用岩棉、矿渣棉及其制品》（GB/T 11835—2016）、《建筑外墙外保温用岩棉制品》（GB/T 25975—2018）、《四川省建筑工程岩棉制品保温系统技术规程》（DBJ 51/T 042—2015）等标准执行。

3. 膨胀珍珠岩及其制品

珍珠岩是一种酸性火山玻璃质岩石，内部含有3%~6%的结合水，当受高温作用时，玻璃质由固态软化为黏稠状态，内部水则由液态变为一定压力的水蒸气向外扩散，使黏稠的玻璃质不断膨胀，当迅速冷却达到软化温度以下时就形成一种多孔结构的物质，称为膨胀珍珠岩。其具有表观密度轻、导热系数低、化学稳定性好、使用温度范围广、吸湿能力小，且无毒、无味、吸声等特点，占我国保温材料年产量的一半左右，是国内使用最为广泛的一类轻质保温材料。膨胀珍珠岩的制备与使用按照国家标准GB/T 10303—2015《膨胀珍珠岩绝热制品》执行。

4. 膨胀蛭石及其制品

膨胀蛭石是由天然矿物——蛭石，经烘干、破碎、焙烧（850 ~ 1 000 ℃），在短时间内体积急剧膨胀（6 ~ 20 倍）而成的一种金黄色或灰白色的颗粒状材料，具有表观密度小、导热系数小、防火、防腐、化学性能稳定、无毒无味等特点，因而是一种优良的保温、隔热建筑材料。在建筑领域内，膨胀蛭石的应用方式和方法与膨胀珍珠岩相同，除用作保温绝热填充材料外，还可用胶黏材料将膨胀蛭石胶结在一起制成膨胀蛭石制品，如水泥膨胀蛭石制品、水玻璃膨胀蛭石制品等。

5. 保温隔热玻璃

在现代建筑工程中，玻璃不再只作为采光和装饰材料，而是向着控制光线、调节热量、降低噪声、保温隔热等多功能方面发展。具有保温隔热功能的玻璃主要可以分为中空玻璃、泡沫玻璃、热反射玻璃等。

中空玻璃由两片或多片平板玻璃组成，玻璃中间填充干燥空气或其他气体。它不仅具有单场玻璃的采光性能，而且具有更好的保温隔热和隔声性能，因此广泛应用于各种建筑以及交通工具的隔热、隔音等方面。中空玻璃的传热系数一般不大于 3.2 W/（m^2·K）。据研究，一栋 20 层大楼的所有玻璃用双层中空玻璃代替普通玻璃可以降低 69% 的空调能耗，起到保温节能的效果。随着国家建筑节能政策要求和人们节能意识的不断提升，中空玻璃因其优异的保温隔热性能，得到越来越广泛的应用。2020 年，中国中空玻璃产量为 1.5 亿平方米，同比增长 7.1%。中空玻璃的制备与使用按照国家标准《中空玻璃》（GB/T 11944—2012）执行。

泡沫玻璃是以天然玻璃或人工玻璃碎料和发泡剂配制成的混合物，经高温煅烧而得到的一种内部多孔的块状绝热材料。玻璃质原料在加热软化或熔融冷却时，具有很高的黏度，此时引入人发泡剂，体系内有气体产生，使黏流体发生膨胀，冷却固化后，便形成微孔结构。泡沫玻璃具有均匀的微孔结构，孔隙率高达 80% ~ 90%，且多为封闭气孔，因此，具有良好的防水抗渗性、不透气性、耐热性、抗冻性、防火性和耐腐蚀性。大多数绝热材料均具有吸水透湿性，随着时间的增长，其绝热效果也会降低，而泡沫玻璃的导热系数则长期稳定，不因环境影响发生改变。实践证明，泡沫玻璃在使用 20 年后，其性能没有任何改变。同时，其使用温度较宽，其工作温度一般在 – 200 ~ 430 ℃，这也是其他材料无法替代的。

热反射玻璃是一种具有较高热反射性的平板玻璃，采用不同的镀膜工艺改善玻璃对光和热辐射的透过及反射性能。通过镀膜反射室外太阳辐射，能有效阻碍热能进入室内。普通玻璃的辐射热一层反射率为 7% ~ 8%，而热反射玻璃可达 30%，具有良好隔热性能。在建筑工程中，热反射玻璃主要应用在玻璃幕墙及外窗上，除了隔热，还起到装饰效果，使建筑看起来雄伟壮观。

6. 玻璃棉及其制品

玻璃棉是以石灰石、萤石等天然矿物和岩石为主要原料，在玻璃窑炉中熔化后经喷制而成。建筑业中常用的玻璃棉分为两种，即普通玻璃棉和超细玻璃棉。普通玻璃棉的纤维长度一般 50 ~ 150 mm，直径为 12 μm，而超细玻璃棉细得多，一般在 4 μm 以下，其外观洁白如棉，可用于制作玻璃棉毡、玻璃棉板、玻璃棉套管及一些异型制品。我国的玻璃棉制品较少应用于建筑保温，主要原因是生产成本较高，在较长一段时间内，建筑保温仍会以矿棉及其他保温材料为主体。玻璃棉的制备与使用按照国家标准《绝热用玻璃棉》（GB/T 13350—

2017），《矿物棉及其制品试验方法》（GB/T 5480—2017）执行。

7. 硅酸铝纤维

硅酸铝纤维是一种优质保温隔热材料，其主要成分是 SiO_2 与 Al_2O_3，两者比例范围在 1 ~ 1.2 之间，Al_2O_3 含量越高，耐热性越好。通常采用辊式离心机甩丝法制备。硅酸铝纤维中含有大量的气体，而气体的导热系数远小于固体，使其具有优良的保温隔热性能。它具有质轻、高热熔、低热导率、高温抗氧化性能、高温强度高、抗高温蠕变等优点，因而广泛应用于电力、冶金、建材以及军工、航空及航天等领域。在"碳达峰、碳中和"背景下，硅酸铝纤维作为高性能纤维材料可应用于节能减碳、新相关领域，需求增长潜力大，目前我国有约 200 家硅酸铝纤维生产企业。硅酸铝纤维的制备与使用按照国家标准《绝热用硅酸铝棉及其制品》（GB/T 16400—2015）执行。

8. 微孔硅酸钙

微孔硅酸钙是无机硬质绝热材料中强度最高的保温材料。由于硅酸钙材料的容重很小，因此其导热系数比其他硬质块状材料低，是很好的保温隔热材料。它是以粉状 SiO_2、石灰、纤维和水为主要原料，经搅拌、凝胶化、成型、蒸压养护、干燥等工序制成。微孔硅酸钙的主要成分为水化硅酸钙，其化学组成和物理性能随原材料、配比及工艺的不同而有所差异，最主要的两种水化硅酸钙产物为托贝莫来石（tobermorite）型和硬硅钙石（xonotlite）型，前者用于一般建筑、管道的保温隔热，而后者主要用于高温窑炉。微孔硅酸钙的制备与使用按照国家标准《硅酸钙绝热制品》（GB/T 10699—2015）执行。

9. 纳米孔超级绝热材料

超级绝热材料的概念由美国学者 Hunt A. J.在 20 世纪 90 年代提出，其定义为导热系数低于"无对流空气"导热系数的绝热材料，具有轻质、耐高温、高孔隙率、低导热率等优点。目前研究最广泛的是以纳米 SiO_2 为原料制备的超级绝热材料，其导热系数非常低，在 0.01 ~ 0.023 W/（m·K），已在航空航天、冶金、建材、石化等领域得到应用。但目前制备的材料仍存在力学性能差、自身高温隔热性能差和耐高温性能较低等问题，还需要在其制备工艺上进行不断的改进。

（二）有机保温绝热材料

1. 泡沫塑料

泡沫塑料是高分子化合物或聚合物的一种，以各种树脂为基料，加入各种辅助料经加热发泡制得的轻质、保温、隔热、吸声、防震材料。常见的泡沫塑料包括聚苯乙烯泡沫塑料、聚氨酯泡沫塑料、聚氯乙烯泡沫塑料、聚乙烯泡沫塑料和酚醛泡沫塑料。泡沫塑料具有热导率小、重量轻、比强度大、施工方便等优点，但极限氧指数小，易燃烧，一般可通过添加阻燃剂提高泡沫塑料的阻燃性，以延缓燃烧、阻烟甚至使着火部位自熄。2011 年颁布的《民用建筑外保温系统及外墙装饰防火暂行规定》中明确要求民用建筑外保温材料的燃烧等级宜为 A 级，且不应低于 B2 级。今后随着这类材料性能的改善，将向着高效多功能的方向发展。

2. 碳化软木板和植物纤维复合板

碳化软木板是以软木橡树的外皮为原料，经适当破碎后再在模型中成型，在 300 ℃ 左右热处理而成。由于软木树皮层中含有无数树脂包含的气泡，所以成为理想的保温、绝热和吸声材料，且具有不透水、无味无毒等特性，有弹性，柔和耐用，不起火焰只能阴燃。

　　植物纤维复合板是以植物纤维为主要材料加入胶黏料和填料制成。如木丝板是以木材下脚料制成的木丝，加入硅酸钠溶液及普通硅酸盐水泥混合，经成型、冷压、养护、干燥制成。甘蔗板是以甘蔗渣为原料，经过蒸制、加压、干燥等工序制成的一种轻质、吸声和保温材料。

（三）反射型保温绝热材料

　　我国建筑工程的保温绝热，目前普遍采用的是利用多孔保温材料和在围护结构中设置普通空气层的方法解决。但在围护结构较薄的情况下，仅利用上述方法来解决保温隔热问题较为困难，反射型保温绝热材料为解决上述问题提供了一条新途径。如铝箔波形纸保温隔热板，它是以波形纸板为基层，铝箔作为面层经加工而制成的，具有保温隔热性能、防潮性能，吸声效果好，且质量轻、成本低，可固定在钢筋混凝土屋面板下及木屋架下作保温隔热天棚使用，也可设置在复合墙体内，作为冷藏室、恒温室及其他类似房间的保温隔热墙体使用。

第二节　吸声材料

一、吸声材料的作用原理和基本要求

　　声音起源于物体的振动，发出声音的发声体称为声源。当声源振动时，使邻近空气随之振动并产生声波，通过空气介质向周围传播。当声波入射到建筑构件（如墙、顶棚）时，声能的一部分被反射，一部分穿透，还有一部分由于构件的振动或声音在其内部传播时介质的摩擦或热传导而被损耗，通常称为材料的吸收。如图 12.1 所示，单位时间内入射到构件上的总声能为 E_0，反射声能为 E_r，透过构件的声能为 E_t，通常把材料吸收的能量（$E_a + E_t$）与全部声能的比值称为材料的吸声系数，用 α 表示，其表达式为：

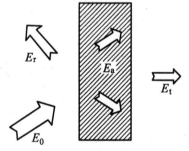

$$\alpha = \frac{E_a + E_t}{E_0}$$

图 12.1　声能的反射、透射和吸收

　　材料的吸声性能除与声波方向有关外，还与声波的频率有着密切的关系，同一种材料对高、中、低不同频率声波的吸声系数有着较大的差异，故不能按同一频率的吸声系数来评定材料的吸声性能。为了全面反映材料的吸声频率特性，工程上通常认为对 125 Hz，250 Hz，500 Hz，1 000 Hz，2 000 Hz，4 000 Hz 六个频率的平均吸声系数大于 0.2 的材料，称为吸声材料。

　　一般来讲，坚硬光滑、结构紧密的材料吸声能力差，反射能力强，如水磨石、大理石、混凝土、水泥粉刷墙面等；粗糙松软、具有互相贯穿内外微孔的多孔材料吸声能力好，反射性能差，如玻璃棉、矿棉、泡沫塑料、木丝板、半穿孔吸声装饰纤维板和微孔砖等。

二、影响多孔性材料吸声性能的因素

1. 材料内部孔隙率及孔隙特征

一般说来，相互连通的细小开放性孔隙的吸声效果好，而粗大孔、封闭的微孔对吸声性能是不利的，这与保温绝热材料有着完全不同的要求，同样都是多孔材料，保温绝热材料要求必须是封闭的不相连通的孔。

2. 材料的厚度

增加材料的厚度，可提高材料的吸声系数，但厚度对高频声波吸声系数的影响并不显著，因而为提高材料的吸声能力盲目增加材料的厚度是不可取的。

3. 材料背后的空气层

空气层相当于增加了材料的有效厚度，因此一般来说它的吸声性能随空气层厚度增加而提高，特别是改善对低频的吸收，它比增加材料厚度提高低频的吸声效果更有效。

4. 温度和湿度的影响

温度对材料的吸声性能影响并不很显著，温度的影响主要改变入射声波的波长，使材料的吸声系数产生相应的改变。

湿度对多孔材料的影响主要表现在多孔材料容易吸湿变形，滋生微生物，从而堵塞孔洞，使材料的吸声性能降低。

三、常用吸声材料

1. 多孔吸声材料

多孔吸声材料的构造特征是：材料从表到里具有大量内外连通的微小间隙和连续气泡，具有一定的通气性。这些结构特征和隔热材料的结构特征有区别，隔热材料要求封闭的微孔。当声波入射到多孔材料表面时，声波顺着微孔进入材料内部，引起孔隙内的空气振动，由于空气与孔壁的摩擦，空气的黏滞阻力使振动空气的动能不断转化成微孔热能，从而使声能衰减。在空气绝热压缩时，空气与孔壁间不断发生热交换，由于热传导的作用，也会使声能转化为热能。

凡是符合多孔吸声材料构造特征的，均可当成多孔吸声材料利用。目前，市场上出售的多孔吸声材料品种很多。有呈松散状的超细玻璃棉、矿棉、海草、麻绒等；有的已加工成毡状或板状材料，如玻璃棉毡、半穿孔吸声装饰纤维板、软质木纤维板、木丝板；另外还有微孔吸声砖、矿渣膨胀珍珠岩吸声砖、泡沫玻璃等。

2. 板式吸声共振结构

共振吸声结构又称共振器，它形似一个瓶子，结构中间封闭有一定体积的空腔，并通过有一定深度的小孔与声场相联系。受外力激荡时，空腔内的空气会按一定的共振频率振动，此时开口颈部的空气分子在声波作用下，像活塞一样往复振动，因摩擦而消耗声能，起到吸声的效果。如在腔口蒙一层细布或疏松的棉絮，可有助于加宽吸声频率范围和提高吸声量。也可同时用几种不同共振频率的共振器，加宽和提高共振频率范围内的吸声量。共振吸声结构在厅堂建筑中应用极广。

在各种穿孔板、狭缝板背后设置空气形成吸声结构，也属于空腔共振吸声结构，其原理同共振器相似，它们相当于若干个共振器并列在一起，这类结构取材方便，且有较好的装饰效果，所用试验广泛。穿孔板具有适合于中频的吸声特性。穿孔板还受其板厚、孔径、穿孔率、孔距、背后空气层厚度的影响，它们会改变穿孔板的主要吸声频率范围和共振频率。若穿孔板背后空气层还填有多孔吸声材料的话，则吸声效果更好。

3. 薄膜式共振吸声结构

薄膜式共振吸声结构，是由皮革、人造革、塑料薄膜等材料构成，因其具有不透气、柔软、受张拉时有弹性等特点，将其固定在框架上，背后留有一定的空气层，即构成薄膜共振吸声结构。当声波入射到薄膜结构时，声波的频率与薄膜的固有频率接近时，膜产生剧烈振动，由于膜内部和龙骨间摩擦损耗，使声能转变为机械运动，最后转变为热能，从而达到吸声的目的。由于低频声波比高频声波容易使薄膜产生振动，所以薄膜吸声结构是一种较为有效的低频吸声结构。某些薄板固定在框架上后，也能与其后面的空气层构成薄板共振吸声结构。

纺织品中除了帆布一类因流阻很大、透气性差而具有膜状材料的性质以外，大都具有多孔材料的吸声性能，只是由于它的厚度一般较薄，仅靠纺织品本身作为吸声材料使用无法得到大的吸声效果。如果帘幕、窗帘等离开墙面和窗玻璃有一定的距离，恰如多孔材料背后设置了空气层，尽管没有完全封闭，对高中频甚至低频的声波都具有一定的吸声作用。

4. 新型吸声材料

传统的吸声材料存在易形成粉尘散逸而污染环境，防火、防潮以及防腐性能差，使用寿命短等问题。新型吸声材料的出现有效地解决了上述问题，目前常见的新型吸声材料包括泡沫铝、纤维吸声复合材料、颗粒复合吸声材料、高分子吸声材料等。泡沫铝是在纯铝或铝合金中加入添加剂后，经过发泡工艺而成，具有优良的吸声、隔声、电磁屏蔽性能、不燃、不易氧化、不易老化、回收再利用性强等优点。由不同种类、比例混合制成的纤维吸声复合材料相较于传统的纤维吸声材料有更好的机械性能及环保性。颗粒复合吸声材料是以水泥浆覆盖珍珠岩颗粒或陶粒制备而成的多孔结构的水泥基吸声材料，成本低廉，工艺简单，是绿色环保型吸声材料。一些高分子材料可作为吸声材料，如石墨烯-聚氯乙烯隔声材料、硅藻土-聚丙烯复合吸声材料、膨胀珍珠岩-聚丙烯吸声材料等。

现有吸声材料相关的国家标准包括：《矿物棉装饰吸声板》（GB/T 25998—2020），《复合通孔吸声用铝合金板材》（GB/T 31976—2015）等。

四、隔声材料

能减弱或隔断声波传递的材料称为隔声材料。人们要隔绝的声音按其传播途径可分空气声（由于空气的振动）和固体声（由于固体撞击或振动）。两者隔声的原理不同。

对空气声的隔绝，主要是依据声学中的"质量定律"，即材料的密度越大，越不易受声波作用而产生振动，因此，其声波通过材料传递的速度迅速减小，其隔声效果越好。因此，应选择密实、沉重的材料（如黏土砖、钢板、钢筋混凝土等）作为隔声材料。而吸声性能好的材料，一般为轻质、疏松、多孔材料，不宜用作隔声材料。

对固体声隔绝的最有效措施是断绝其声波继续传递的途径，即在产生和传递固体声波的结构（如梁、框架与楼板、隔墙，以及它们的交接处等）层中加入具有一定弹性的衬垫材料，如软木、橡胶、毛毡、地毯或设置空气隔离层等，以阻止或减弱固体声波的继续传播。

复习思考题

1. 何谓绝热材料？评定绝热材料绝热性好坏的指标是什么？
2. 何谓材料的热导率？影响材料热导率大小的因素有哪些？
3. 为什么绝热材料总是轻质的？为什么使用时一定要注意防潮？
4. 试列举几种常用的绝热材料，并指出它们各自的用处。
5. 何谓吸声材料？何谓材料的吸声系数？
6. 影响多孔吸声材料吸声性能的因素有哪些？
7. 绝热材料与吸声材料在内部构造特征上有什么区别？
8. 简述吸声材料与隔声材料有何区别？试述隔绝空气声和固体撞击传声的处理原则。
9. 试列举几种常用的吸声材料和吸声结构。

参考文献

[1] 赵方冉，王起才，严捍东. 土木工程材料[M]. 上海：同济大学出版社，2004

[2] 余丽武，陈春. 建筑材料[M]. 南京：东南大学出版社，2013

[3] 夏燕，秦景燕，刘建国，王金银. 土木工程材料[M]. 武汉：武汉大学出版社，2009

[4] 王海波，冷超群，赵霞. 建筑材料[M]. 北京：北京理工大学出版社，2016

[5] 姜继圣. 新型建筑绝热、吸声材料[M]. 北京：化学工业出版社，2002.

[6] 秦颖，梁广. 我国建筑绝热节能材料现状及趋势研究[J]. 硅酸盐通报，2018，37（12）：
       3849-3853.

[7] 杜磊，唐强，林修洲，等. SiO_2 纳米孔超级绝热材料制备工艺研究进展[J]. 功能材料，
       2016，47（S2）：10-15.

[8] 蒋颂敏，段小华，王晓欢，等. 硅酸铝纤维增强 SiO_2 气凝胶复合材料的力学与隔热性
       能研究[J]. 玻璃钢/复合材料，2018（05）：79-83.

[9] 梁李斯，郭文龙，张宇，等. 新型吸声材料及吸声模型研究进展[J]. 功能材料，2020，
       51（05）：5013-5019.

[10] 李青，鄞磊，朱万旭，等. 新型多孔水泥基陶粒吸声材料的性能分析[J]. 科学技术与工
       程，2017，17（01）：103-107.

[11] 彭敏，赵晓明. 纤维类吸声材料的研究进展[J]. 材料导报，2019，33（21）：3669-3677.

[12] 王燕谋，苏慕珍，张量. 硫铝酸盐水泥[M]. 北京工业大学出版社，1999.